面向新工科普通高等教育系列教材

电气控制与S7-1200 PLC应用技术教程

主编　郑海春
参编　彭　昱　杨　勇　郑　敏　曹　林　曹太强

U0257914

机械工业出版社

本书是“电气控制”与“可编程控制器”两门课程内容的有机结合，包括电气控制系统设计和西门子 S7-1200 系列 PLC 控制系统设计。

本书由两部分组成。第一部分为第 1、2 章，介绍电气控制中常用的低压电器、基本电气控制电路。第二部分为第 3~12 章，介绍可编程控制器的硬件结构、开发环境、编程基础、指令系统、用户程序结构、HMI 组态、开关量控制系统梯形图设计方法、SCL 编程基础和 PLC 的通信等内容。

本书可作为高等院校自动化、电气工程、机电一体化及相关专业的“电气控制技术与 PLC”“可编程控制器原理及应用”或类似课程的教材，也可作为电子技术、电气技术、自动化技术等有关技术人员的参考书。

本书配有授课电子课件，需要的教师可登录 www. cmpedu. com 免费注册，审核通过后下载，或联系编辑索取（微信：15910938545，电话：010-88379739）。

图书在版编目（CIP）数据

电气控制与 S7-1200 PLC 应用技术教程 / 郑海春主编 . —北京：机械工业出版社，2022. 9（2024. 8 重印）
面向新工科普通高等教育系列教材
ISBN 978-7-111-71518-4

Ⅰ. ①电…　Ⅱ. ①郑…　Ⅲ. ①电气控制-高等学校-教材②PLC 技术-高等学校-教材　Ⅳ. ①TM571. 2②TM571. 61

中国版本图书馆 CIP 数据核字（2022）第 161173 号

机械工业出版社（北京市百万庄大街 22 号　邮政编码 100037）
策划编辑：汤　枫　　责任编辑：汤　枫　周海越
责任校对：张艳霞　　责任印制：邓　博

北京盛通数码印刷有限公司印刷

2024 年 8 月第 1 版 · 第 7 次印刷
184mm×260mm · 18. 25 印张 · 448 千字
标准书号：ISBN 978-7-111-71518-4
定价：69. 00 元

电话服务
客服电话：010-88361066
　　　　　010-88379833
　　　　　010-68326294

网络服务
机　工　官　网：www. cmpbook. com
机　工　官　博：weibo. com/cmp1952
金　　书　　网：www. golden-book. com
机工教育服务网：www. cmpedu. com

前　言

党的二十大报告中提出，实施科教兴国战略，强化现代化建设人才支撑。坚持教育优先发展、科技自立自强、人才引领驱动，加快建设教育强国、科技强国、人才强国，坚持为党育人、为国育才，全面提高人才自主培养质量，着力造就拔尖创新人才，聚天下英才而用之。

教育是国之大计、党之大计。培养什么人、怎样培养人、为谁培养人是教育的根本问题。报告中指出要加强教材建设和管理，推进教育数字化，建设全民终身学习的学习型社会、学习型大国。

电气控制与 PLC 作为一门包含软硬件设计与控制系统集成的与最新自动化技术发展密切相关的课程，应将课程思政与课程教学本身进行有机结合。正视我们国家和国外在 PLC 技术方面的差距，以及出现这种差距的深层次原因，从而激发学生为我国 PLC 技术发展而努力掌握核心技术的使命感和责任感。

TIA 博途（Totally Integrated Automation Portal）软件可在同一开发环境中组态西门子公司的可编程控制器、人机界面等，为全集成自动化的实现提供了统一的工程平台，是软件开发领域的一座里程碑，是工业领域第一个带有“组态设计环境”的自动化软件。

SIMATIC S7-1200 小型 PLC 充分满足中小型自动化的系统需求。在研发过程中充分考虑了系统、控制器、人机界面和软件的无缝整合和高效协调的需求。SIMATIC S7-1200 PLC 具有集成 PROFINET 接口、强大的集成工艺功能和灵活的可扩展性等特点，为各种工艺任务提供了简单的通信和有效的解决方案。

本书基于 TIA 博途软件和 SIMATIC S7-1200 PLC 编写，具有以下特色：

1）**工程应用，实用性强**。本书所举实例具有很强的实用价值，旨在以实例为导向，引导读者快速和深入地掌握相关开发技术，相关原理图的绘制依照工程应用标准。

2）**重点突出，注重引导**。本书悉心体贴读者的学习过程，以学为中心，注重对读者关键性知识点的提示和引导。

3）**习题建设，两性一度**。本书编写过程中，强调课后习题的建设，使得习题具有高阶性、创新性和挑战度。

4）**总结分享，交流生动**。本书注重编者的经验总结与分享，教材文字具有交流性和生动性。

5）**实物调试，科学严谨**。本书所有实例都基于实物的调试和验证，科学严谨，注重实物效果的展示，增强读者的感官体验。

6）**案例完整，贯穿对比**。本书的实例注重完整性、贯穿性和对比性。例如在介绍经验设计法和顺序控制设计法的过程中，本书将相同案例的不同设计方法进行对比，进而加深读者对设计方法的理解和掌握。

7）**校企协作，深度融合。**本书编写过程中，企业专家深度参与。由于PLC的工程性、实践性十分强，在实验室建设和教材编写过程中与西门子资深工程师深度协作，通过将企业专家的工程经验融入教材中，真正体现教材的工程与前沿性。

8）**追根溯源，探究本质。**本书注重问题本质的讲解。例如在介绍SCL时，把SCL源生成程序块以及程序块反向生成SCL源，让读者真正了解SCL程序的本质，使读者有豁然开朗的感觉。

9）**注重算法，体现高阶。**本书注重本科学生的特点，融入工程中的算法案例。关注本科学生从算法层面的进阶，为后续的深造以及高级应用打下基础。

本书共12章。第1~2章是电气控制的相关知识；第3~12章是S7-1200 PLC的相关知识。本书提供在TIA Portal V16集成开发环境中编译通过的全部示例源代码、配套课件等资源，读者可在www.cmpedu.com中获取。

本书由西华大学郑海春担任主编，并负责全书的编写。西华大学杨勇、曹林、郑敏、曹太强参与了本书部分程序代码的仿真调试工作，本书编写过程中还得到了企业专家彭昱的大力支持和帮助，在此一并表示感谢。

在本书编写过程中，参考了互联网上的资料、代码、网络视频以及图书，在此向这些资料的作者一并表示最诚挚的感谢。

由于编者水平有限，书中难免出现遗漏和错误之处，恳请广大读者不吝指正，提出意见和建议。

编　者

目　录

第 1 章　常用低压电器

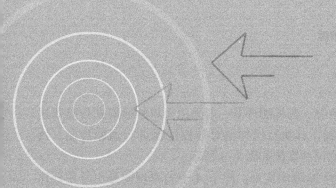

本章简要介绍工业上常用的两类控制系统，引出继电接触器控制系统的简单示例。重点讲解接触器、继电器、低压熔断器、低压断路器、主令电器、开关电器的结构、原理、技术参数和选择原则。通过本章的学习，读者应理解常用低压电器的工作原理，识记图形和文字符号，着重掌握如何对其进行正确选择和应用。

1.1　两类控制系统

1.1.1　模拟量控制——过程控制系统

过程控制系统（连续调节系统）：可对被控变量进行精确控制，其检测环节一般采用变送器进行连续测量，选择 PID 调节器进行调节控制，其执行机构能对被控过程进行连续调节。特点：被控变量可稳定在给定值上。锅炉水位调节系统如图 1-1 所示。

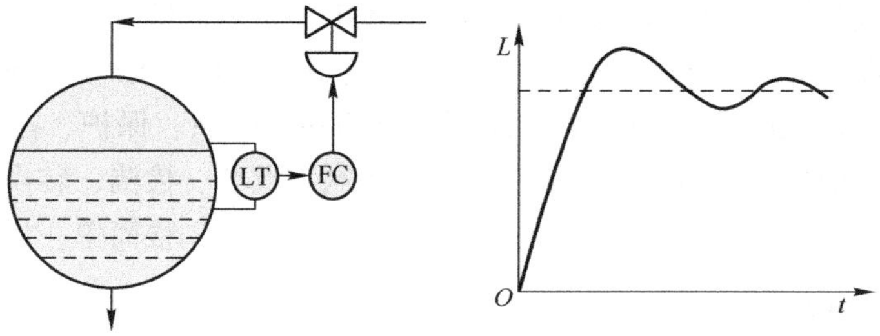

图 1-1　锅炉水位调节系统

提示：LT 为液位变送器，FC 为流量控制器，*L* 为水位。

图 1-1 的锅炉水位调节系统可以用图 1-2 的框图进行描述。

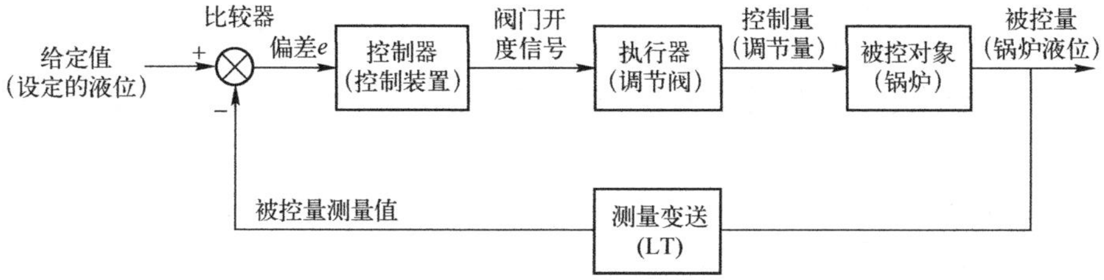

图 1-2　锅炉水位负反馈调节系统框图

1.1.2 开关量控制——逻辑控制系统

逻辑控制系统：可对被控变量进行通断控制，其检测环节一般采用简单的通断式传感器进行到位或非到位测量，通过逻辑运算进行控制，其执行机构也对被控过程进行通断控制。特点：被控变量可在一定范围内波动。水塔水位控制系统如图 1-3 所示。

图 1-3 的水塔水位控制可以用图 1-4 所示原理图实现。图 1-4 中的原理图是用常用低压电器实现的继电接触器控制系统。$S_上$和$S_下$分别为上、下水位传感器，淹没断开，未淹没闭合。

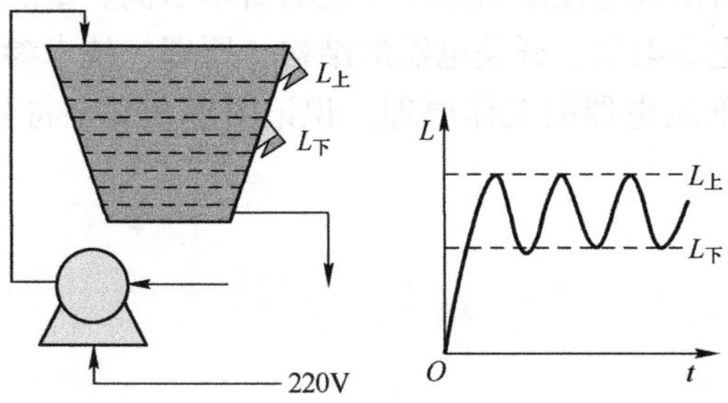

图 1-3 水塔水位控制系统

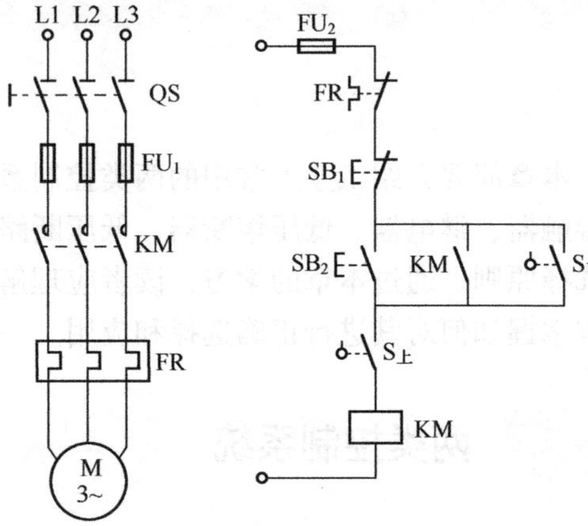

图 1-4 水塔水位控制原理图

1.2 低压电器的基本知识

工矿企业的电气控制系统中采用的基本都是低压电器，因此低压电器是电气控制中的基本组成部分。低压电器（Low-voltage Apparatus）通常指用于交流 50 Hz（或 60 Hz）、额定电压为 1000 V 及以下，直流额定电压为 1500 V 及以下的电路中起通断、保护、控制或调节作用的电器。电器是指对电能的生产、输送、分配和使用起控制、调节、检测、转换及保护作用的电气设备。它可以很大、很复杂，如一套自动化装置，也可以很小、很简单，如按钮。

1.2.1 低压电器的分类

低压电器种类繁多、功能多样、构造各异，工作原理各不相同，因而常用低压电器的分类方法很多。

1. 按用途或控制对象分类

配电电器：主要用于低压配电系统，进行电能的输送和分配。要求系统发生故障时准确动作、可靠工作，如刀开关、熔断器、低压断路器等。

控制电器：主要用于电气传动系统中，要求寿命长、体积小、质量轻、动作迅速、准确可靠，如接触器、继电器、主令电器等。

2. 按动作方式分类

自动电器：依靠外部信号的作用或自身参数的变化，自动完成接通或断开操作的电器，如接触器、继电器等。

手动电器：用手直接操作来进行切换的电器，如按钮、刀开关等。

3. 按触点类型分类

有触点电器：存在可分断的动、静触点，并利用触点的导通和分断来切换电路，如接触器、刀开关、按钮等。

无触点电器：无可分断的触点，仅仅利用电子元器件的开关效应，即导通和截止来实现电路的通断控制，如接近开关、霍尔式开关、光电开关、固态继电器等。

4. 按工作原理分类

电磁式控制电器：根据电磁感应原理来动作的电器，如接触器、继电器、电磁阀等。

非电量控制电器：依靠外力或非电量信号（如速度、压力、温度、液位等）的变化而动作的电器，如行程开关、速度继电器、压力继电器、温度继电器、液位继电器等。

5. 按低压电器型号分类

为了生产、销售、管理和使用方便，我国在 JB/T 2930—2007《低压电器产品型号编制方法》中，将低压电器分为若干个类别，每个类别用汉语拼音字母作为该产品型号的首字母，第二位用汉语拼音字母表示该类电器所属的组别。

1）刀开关和转换开关 H，例如 HD 为单掷（单投）式刀开关，HS 为双掷（双投）式刀开关，HH 为封闭式负荷开关，HK 为开启式负荷开关，HR 为熔断器式刀开关，HZ 为组合开关。

2）熔断器 R，例如 RL 为螺旋式熔断器，RM 为密闭管式熔断器，RS 为快速熔断器，RT 为有填料封闭管式熔断器。

3）断路器 D，例如 DW 为万能式断路器，DZ 为塑料外壳式断路器。

4）控制器 K，例如 KT 为凸轮控制器，KG 为鼓型控制器。

5）接触器 C，例如 CJ 为交流接触器，CZ 为直流接触器。

6）起动器 Q，例如 QJ 为减压起动器，QX 为星-三角起动器。

7）控制继电器 J，例如 JL 为电流继电器，JR 为热继电器，JS 为时间继电器，JZ 为中间继电器。

8）主令电器 L，例如 LA 为按钮，LJ 为接近开关，LX 为行程开关，LW 为万能转换开关。

9）电阻器/变阻器 Z，例如 ZP 为频敏变阻器。

10）电磁铁 M，例如 MZ 为制动电磁铁。

11）其他 A，例如 AD 为信号灯，AL 为电铃。

12）辅助电器 F，例如 FJ 为接线端子排。

1.2.2 电磁式电器的工作原理

电磁式电器在电气控制电路中应用最为普遍。各类电磁式电器在工作原理和构造上基本相同。其主要由电磁机构、触点系统和灭弧装置三部分组成。

1. 电磁机构

电磁机构是电磁式电器的感测部分。电磁机构的主要作用是将电磁能转换成机械能，并带动触头动作，从而完成电路的接通或分断。

（1）电磁机构的结构　电磁机构通常采用电磁铁的形式，由吸引线圈、铁心（静铁心）和衔铁（动铁心）三部分组成。其作用原理是，当吸引线圈中有工作电流通过时，产生电磁吸力，电磁吸力克服弹簧的反作用力，将衔铁吸向铁心，使衔铁与铁心接触，吸合过程由连接结构带动相应的触头动作。电磁机构分类如下：

1）按衔铁的运动方式分类。

① 衔铁绕棱角转动：如图 1-5a 所示，衔铁绕铁轭的棱角转动，磨损较小。铁心一般用整块电工软铁制成，适用于直流接触器和继电器。

② 衔铁绕轴转动：如图 1-5b 所示，衔铁绕轴转动，铁心一般用硅钢片叠成，适用于较大容量的交流接触器。

③ 衔铁直线运动：如图 1-5c 所示，衔铁做直线运动，较多用于中小容量的交流接触器和继电器中。

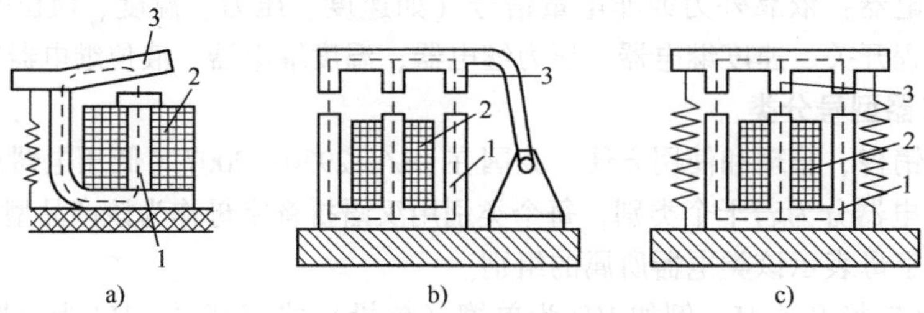

图 1-5　常用电磁机构的结构示意图

1—铁心　2—线圈　3—衔铁

2）按磁系统形状分类。电磁机构可分为 U 形（见图 1-5a）和 E 形（见图 1-5b、c）。

3）按线圈的连接方式分类。可分为并联（电压线圈，匝数多、导线细）和串联（电流线圈，匝数少、导线粗）。

4）按线圈电流的种类分类。其可分为直流线圈和交流线圈两种。

对于交流电磁线圈，为了减小因涡流造成的能量损失和温升，铁心和衔铁用硅钢片叠成。由于其铁心存在磁滞和涡流损耗，线圈和铁心都发热。因此交流电磁机构的吸引线圈设有骨架，使铁心与线圈隔离，并将线圈制成短而粗的"矮胖"形，这样有利于铁心和线圈的散热。

对于直流电磁线圈，铁心和衔铁可以用整块电工软铁制成。因其铁心不发热，只有线圈发热，所以直流电磁机构的吸引线圈做成细而长的"瘦高"形，且不设线圈骨架，使线圈与铁心直接接触，易于散热。

（2）吸力特性与反力特性　电磁机构的工作情况常用吸力特性与反力特性来表征。电磁机构使衔铁吸合的力与气隙的关系曲线称为吸力特性，如图 1-6 中曲线 1 和曲线 2 所示。电磁机构使衔铁释放的力与气隙的关系曲线称为反力特性，如图 1-6 中曲线 3 所示。电磁机构的吸力特性反映了电磁吸力与气隙的关系，而励磁电流的种类不同，其吸力特性也不同，即交、直流电磁机构的电磁吸力特性不同。电磁机构欲使衔铁吸合，在整个吸合过程中，吸力都必须大于反作用力，但也不能过大，否则会影响电器的机械寿命，反映在特性图上就是要保证吸力特性在反力特性的上方。由于铁磁物质有剩磁，它使电磁机构的励磁线圈失电后仍有一定的磁性吸力存在，剩磁的吸力随气隙 δ 的增大而减小。当切断电磁机构的励磁电流以释放衔铁时，其反力特性必须大于剩磁吸力，才能保证衔铁可靠释放。所以在特性图中，电磁机构的反力特性必须介于电磁吸力特性和剩磁特性之间。

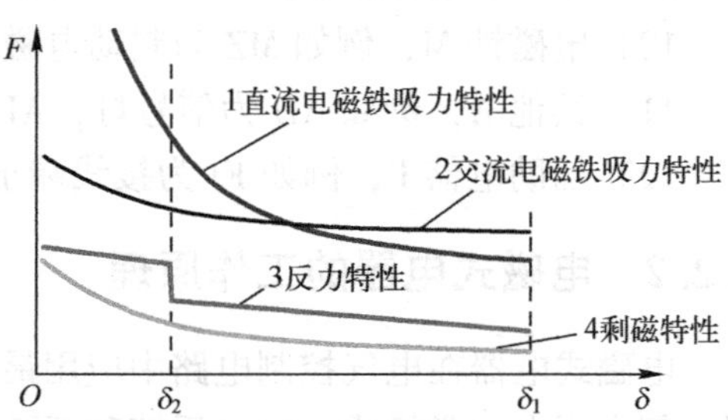

图 1-6　电磁机构的吸力特性与反力特性曲线

由麦克斯韦电磁理论可知，电磁机构的吸力 F 可近似为

$$F=\frac{B^2S}{2\mu_0}=\frac{\Phi^2}{2\mu_0 S} \tag{1-1}$$

式中，μ_0为真空磁导率，$\mu_0=4\pi\times10^{-7}$ H/m；B 为磁感应强度；Φ 为气隙中的磁通量；S 为气隙的截面积，当 S 为常数时，电磁吸力 $F\propto B^2\propto\Phi^2$。

1）直流电磁机构的吸力特性。对于具有电压线圈的直流电磁机构，因外加电压 U 与线圈电阻 R 不变，则流过线圈的电流 I 不变（为常数），与磁路的气隙大小无关。由磁路定律有

$$\Phi=\frac{IN}{R_m} \tag{1-2}$$

其中，R_m为气隙磁阻，N 为线圈匝数。又因为 R_m与 δ 的大小成正比，所以由式（1-1）和式（1-2）联立可知

$$F\propto\Phi^2\propto\frac{1}{R_m^2}\propto\frac{1}{\delta^2} \tag{1-3}$$

所以直流电磁机构的吸力特性为二次曲线形状，如图 1-6 中曲线 1 所示。它表明直流电磁机构在衔铁吸合过程中，电磁吸力是逐渐增加的，完全吸合时电磁吸力达到最大。

2）交流电磁机构的吸力特性。对于具有电压线圈的交流电磁机构，其吸力特性与直流电磁机构有所不同。设交流线圈外加电压 U 不变，交流吸引线圈的阻抗主要取决于线圈的电抗，电阻可忽略，则

$$U(\approx E)=4.44f\Phi N \tag{1-4}$$

$$\Phi=\frac{U}{4.44fN} \tag{1-5}$$

其中，E 为线圈感应电动势，f 为电源频率。当 U、f、N 均为常数时，Φ 为常数，即交流电磁机构在衔铁吸合前后 Φ 不变（为恒磁通工作），由式（1-3）$F\propto\Phi^2$可知，F 也不变，且 F 与气隙的大小无关。实际上考虑到漏磁的作用，F 随 δ 的减小略有增加。

由式（1-2）可知，交流电磁机构的气隙磁通 Φ 近似不变，气隙磁阻 R_m随着气隙 δ 的增大成正比增加，因此，交流励磁电流的大小也将随 δ 的增大成正比增大。交流电磁机构在线圈通电而衔铁尚未吸合瞬间，其电流将比吸合后的额定电流大很多，如果衔铁卡住不能吸合或者衔铁频繁动作，交流线圈可能因过电流而烧毁。对于可靠性要求高或频繁动作的场合，这就是一般采用直流电磁机构而不采用交流电磁机构的原因。

3）反力特性。反力特性如图 1-6 中曲线 3 所示。图中 δ_1为起始位置，δ_2为动、静触头接触时的位置。在 $\delta_1\sim\delta_2$区域内，反作用力随着气隙的减小而略有增大，在 δ_2位置，动、静触头接触，这时触点的初压力作用到衔铁上，反作用力突增。在 $0\sim\delta_2$区域内，气隙越小，触点压得越紧，反作用力越大，其特性曲线比较陡峭。

（3）交流电磁机构短路环　对于单相交流电磁机构，由于磁通是交变的，当磁通过零时吸力也为零，吸合后的衔铁在弹簧的作用下被拉开。磁通过零后吸力增大，当吸力大于反作用力时，衔铁又吸合。因此，在频率为 50 Hz 的交变电源时，交流电每一个周期内衔铁吸力要两次过零，电磁机构就出现了频率为 100 Hz 的持续抖动与撞击，产生很大的噪声，严重时将使铁心损坏，因此必须采取有效措施予以克服。具体办法是在铁心端部开一个槽，槽内嵌入一个用铜制成的短路环（或称分磁环），如图 1-7a 所示。

当励磁线圈通入交流电时，在短路环中有感应电流产生，该感应电流又会产生一个磁通。因此，铁心中有两个不同相位的磁通 Φ_1和 Φ_2，Φ_2在相位上落后于 Φ_1，只要电磁机构的总吸力始终大于反作用力，衔铁的振动现象就会消除，如图 1-7c 所示。图 1-7b 是未加短路环的

磁通与电磁吸力，图 1-7c 是加短路环后的磁通与电磁吸力。

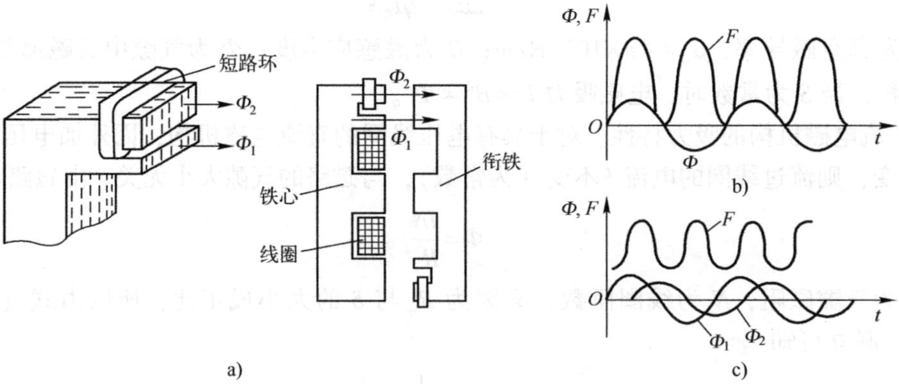

图 1-7 加短路环后的磁通和电磁吸力

2. 触点系统

触点是电器的主要执行部分，用来接通或断开被控制的电路。每对触点均由静触头和动触头组成。动触头与电磁机构的衔铁相连，当电磁机构的线圈通电时，衔铁带动动触头动作，使接触器的常开触点闭合，常闭触点断开。

提示： 常开触点（也叫动合触点）是指电器在未通电或未受外力作用时的常态下，触点处于断开状态，通电后，触点闭合；常闭触点（也叫动断触点）是指电器在未通电或未受外力作用时的常态下，触点处于闭合状态，通电后，触点断开。

触点要求导电、导热性能良好，接触电阻小，通常用铜材料制成，对于小容量电器，常用银质材料制成。触点按接触形式可分为 3 种，即点接触（见图 1-8a）、面接触（见图 1-8b）和线接触（见图 1-8c）。接触面越大，允许通过的电流也越大。

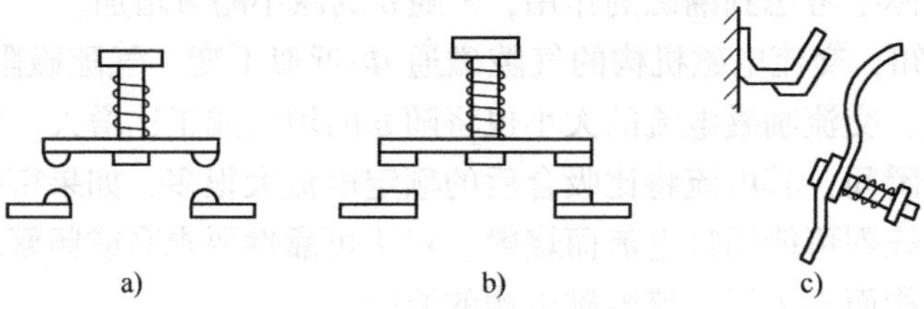

图 1-8 触点的接触形式

为了消除触头在接触时的振动，减小接触电阻，在触头上装有接触弹簧，用于在触头间施加一定的压力。未受激时的位置如图 1-9a 所示，当动触头刚与静触头接触时，由于安装时弹簧被预先压缩了一段，因而产生一个初压力 F_1，如图 1-9b 所示。触头闭合后由于弹簧在超行程内继续变形而产生一个终压力 F_2，如图 1-9c 所示。超行程指从静、动触头开始接触到触头压紧，整个触点系统向前压缩的距离。有了超行程，在触头磨损情况下仍具有一定压力，有利于保持良好接触。

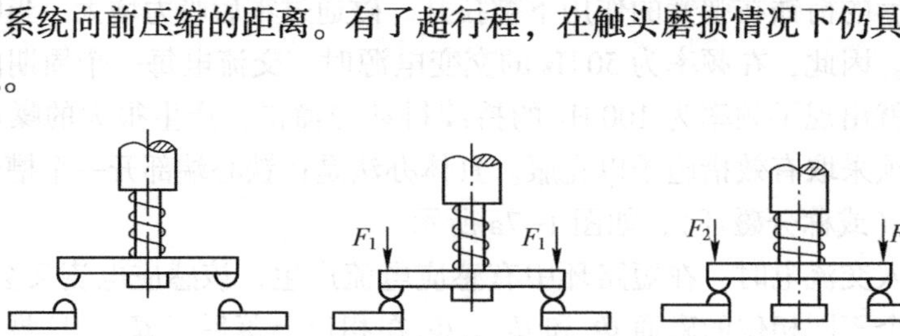

图 1-9 触头闭合过程位置示意图

3. 灭弧装置

自然环境中分断电路时，如果被断开电路的电压或电流超过某一数值（根据触头材料的不同，此值为 12~20 V 或 0.25~1 A），则拉开的两个触头间空气在强电场的作用下会产生电离放电现象，在触头间隙产生大量带电粒子，形成炽热的电子流，这实际上是一种气体放电现象，通常称为“电弧”。

电弧伴随高温、高热和强光，可能造成电路切断时间延长、高温引起电弧附近电气绝缘材料烧坏、形成飞弧造成电源短路事故引起火灾等。因此，必须采取适当措施迅速熄灭电弧。灭弧的原则：降低电弧的温度、降低电场的强度。

常见的灭弧装置有灭弧罩、灭弧栅和磁吹式灭弧装置。

（1）灭弧罩　灭弧罩通常采用陶土和石棉水泥等耐高温材料制成，用以隔弧和降温。其作用是分隔各路电弧，以防止短路发生，并使电弧与灭弧罩的绝缘壁接触，使电弧迅速冷却而熄灭。其可用于交流和直流灭弧。

（2）灭弧栅　灭弧栅灭弧原理如图 1-10 所示。灭弧栅由许多镀铜薄钢片（灭弧栅片）组成，片间距离为 2~3 mm，放在触头上方的灭弧罩内。一旦发生电弧，电弧周围产生磁场，使导磁的钢片上产生涡流，将电弧吸入栅片，电弧被栅片分割成许多串联的短电弧。当交流电压过零时电弧自然熄灭，同时由于栅片的散热作用，电弧自然熄灭后很难重燃。灭弧栅是一种常用的交流灭弧装置，用于大电流的刀开关与大容量交流接触器中。

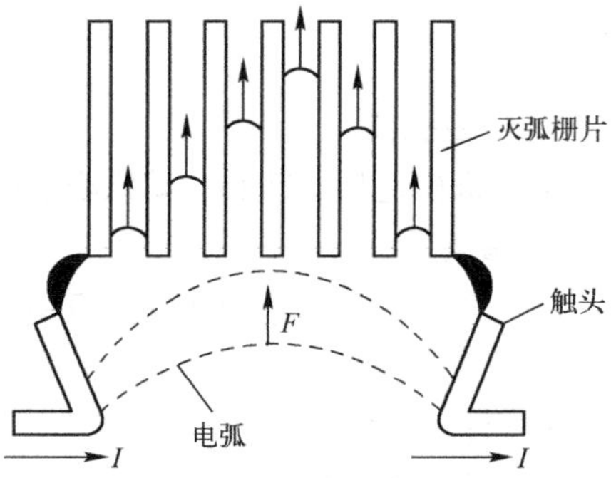

图 1-10　灭弧栅灭弧原理

（3）磁吹式灭弧装置　在一个与触头串联的磁吹线圈产生的磁场作用下，电弧受电磁力的作用而被拉长，被吹入由固体介质构成的灭弧罩内，与固体介质相接触，电弧被冷却而熄灭。由于这种灭弧装置是利用电弧电流本身灭弧，因而电弧电流越大，吹弧的能力也越强。它广泛应用于直流接触器中。

1.3 接触器

接触器是一种用于频繁地接通和切断交、直流电动机或其他大容量负载主电路的自动切换电器，除具有自动切换功能外，还具有远距离控制、低电压释放保护（即零电压或欠电压保护）功能。接触器由于生产方便、成本低廉、用途广泛，故在各类低压电器中生产量最大、使用面最广。

接触器利用电磁吸力的作用使触点闭合或断开大电流电路，是一种非常典型的电磁式电器。接触器的主要组成部分为电磁系统和触点系统。电磁系统是感测部分，触点系统是执行部分。触点工作时，需经常接通和分断额定电流或更大的电流，所以常有电弧产生，因此一般情况下接触器装有灭弧装置，并与触点共称触点-灭弧系统，只有额定电流很小时不设灭弧装置。

接触器按其主触点通过的电流种类，分为直流接触器和交流接触器，目前在控制电路中多采用交流接触器。

1.3.1 电磁式接触器的结构和工作原理

电磁式接触器主要由电磁机构、触点系统、灭弧装置等部分组成。图 1-11 所示为交流接触器的结构示意图及图形和文字符号。

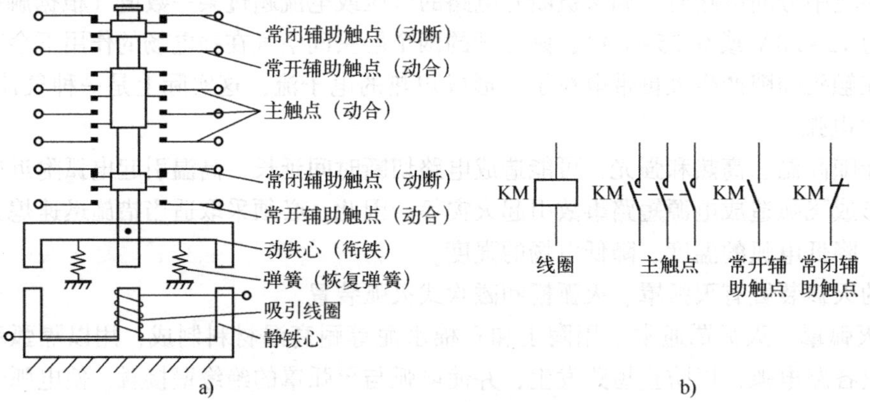

图 1-11 交流接触器的结构示意图及图形和文字符号
a）结构示意图 b）图形和文字符号

1. 电磁机构

电磁机构包括静铁心、动铁心、吸引线圈和弹簧。

2. 触点系统

触点系统由主触点和辅助触点组成。主触点用于通、断主电路，辅助触点用于控制电路，起电气联锁或控制作用。

3. 灭弧装置

直流接触器和电流在 20 A 以上的交流接触器均配置灭弧罩，部分还带有栅片或磁吹灭弧装置。

注意： 灭弧装置设置在主触点上，辅助触点不设灭弧装置。

接触器的工作原理很简单，当线圈接上额定电压时，静铁心就会产生磁场，从而产生电磁吸力，克服弹簧反作用力，吸引衔铁向下运动。当衔铁受力运动时，带动绝缘连杆和动触头向下运动使常开触点闭合，常闭触点断开，进而接通或断开受控电路。当线圈失电或电压低于释放电压时，电磁吸力小于弹簧反作用力，常开触点断开，常闭触点闭合，如图 1-11a 所示。直流接触器的图形和文字符号与交流接触器相同，如图 1-11b 所示。

1.3.2 接触器的主要技术参数

接触器的主要技术参数有极数、额定工作电压、额定工作电流、吸引线圈的额定电压、额定操作频率、动作值、机械寿命和电气寿命等。

1. 极数

按接触器主触点的数量不同，分为两极、三极和四极接触器。

2. 额定工作电压

接触器的额定工作电压是指主触点的额定工作电压，通常在接触器铭牌上标注。

直流接触器的额定工作电压等级有：110 V、220 V、440 V、660 V。

交流接触器的额定工作电压等级有：220 V、380 V、660 V、1140 V。

3. 额定工作电流

接触器的额定工作电流是指主触点的额定工作电流，通常在接触器铭牌上标注。它是额定工作条件下的电流值。目前常用的电流等级为 10~800 A。

4. 吸引线圈的额定电压

吸引线圈的额定电压指接触器正常工作时，吸引线圈所需要的电压，其等级如下。

直流线圈：24 V、48 V、110 V、220 V。

交流线圈：36 V、127 V、220 V、380 V。

注意： 接触器按其主触点通过的电流种类分为直流接触器和交流接触器。一般情况下，交流负载用交流接触器，直流负载用直流接触器。交流接触器吸引线圈的电压并没有硬性规定，通常施加交流电压，但对于交流负载频繁动作时可以采用直流吸引线圈的交流接触器，以增加接触器的动作频率和可靠性。

5. 额定操作频率

接触器的额定操作频率是指每小时允许的操作次数，此参数不同厂家产品均有说明。现代生产的接触器，允许接通次数为 150~1500 次/h。

6. 动作值

动作值是指接触器的吸合电压和释放电压。规定接触器的吸合电压大于线圈额定电压的 85%时应可靠吸合，释放电压不高于线圈额定电压的 70%。

7. 机械寿命和电气寿命

接触器的机械寿命是指触点在不通电流时接触器能正常动作的次数，电气寿命是指触点在额定电流下接触器能正常动作的次数。目前有些接触器的机械寿命已达 1000 万次以上，电气寿命是机械寿命的 5%~20%。

1.3.3 接触器的常用类型

1. 交流接触器

目前，国内常用的交流接触器有 CJ12、CJ20、CJX1、CJX2、3TB 和 3TD 等系列。这里以 CJX2 为例进行介绍，其结构如图 1-12 所示，参数信息如图 1-13 所示。

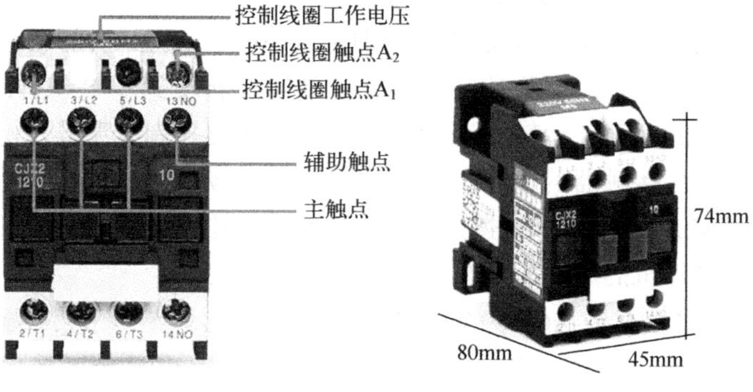

图 1-12 CJX2 交流接触器结构

基本信息	
品牌：	型号：CJX2-1210
产品名称：交流接触器	电流：12A/50Hz
产品电压：220V/380V	颜色：黑色

图 1-13 CJX2 交流接触器参数信息

1-1 接触器结构和工作原理

交流接触器型号 CJX2-1210 的意义：C 代表接触器，J 代表交流，CJ 代表交流接触器；X 代表小型；2 代表设计序号；12 代表额定工作电流为 12 A（380 V，AC3 时），AC3 类允许接通

6倍的额定电流和分断1倍的额定电流，也就是说，如果该接触器带380 V笼型电动机，可以带动额定电流为12 A的电动机；10代表触点数量，表示三对常开主触点，一对常开辅助触点。

2. 直流接触器

直流接触器主要用于远距离接通与断开额定直流工作电压至660 V、额定工作电流至1600 A的直流电力线路，并适宜于直流电动机的频繁起动、停止、换向及反接制动。直流接触器的电磁机构通常使用直流线圈。直流电弧不像交流电弧有自然过零点，更难熄灭，因此直流接触器常采用磁吹式灭弧装置。国内常用的直流接触器有CZ18、CZ21、CZ22等系列。直流接触器型号CZ21-16的意义：C代表接触器，Z代表直流，CZ代表直流接触器；21代表设计序号；16代表额定电流为16 A。

1.3.4 接触器的选择原则

1. 接触器类型的选择

根据负载电流的种类来选择接触器的类型，交流负载选择交流接触器，直流负载选择直流接触器。

2. 接触器额定工作电压的选择

接触器的额定工作电压（主触点的额定工作电压）应大于或等于负载的额定电压。

3. 接触器额定工作电流的选择

接触器的额定工作电流（主触点的额定工作电流）应大于或等于负载的额定电流。

4. 接触器吸引线圈额定电压的选择

交流线圈额定电压一般直接选用交流220 V、380 V。直流线圈的额定电压可选择和直流控制回路的电压一致。

5. 接触器触点数量的选择

接触器主触点和辅助触点的数量、种类等应满足控制电路的要求。

6. 接触器的使用类别应与负载性质相一致

交流接触器按负载种类一般分为4类，分别记为AC1、AC2、AC3、AC4，其中AC1类控制无感或微感负载，如白炽灯、电阻炉；AC2类控制绕线转子异步电动机的起动和停止；AC3类控制笼型异步电动机的起动、运转和运行中分断；AC4类控制笼型异步电动机的起动、反接制动、反转和点动。直流接触器的使用类别大致可分为3类，分别记为DC1、DC3、DC5，其中DC1类控制无感或微感负载；DC3类控制并励直流电动机的起动、反接制动、反转和点动；DC5类控制串励直流电动机的起动、反接制动、反转和点动。

提示： 对于额定电压为AC 380 V的交流接触器的选择可以采用经验法，即根据电动机的额定功率，确定接触器的额定电流。5.5 kW以下的电动机，接触器额定电流为电动机额定电流的2~3倍；5.5~11 kW的电动机，接触器额定电流为电动机额定电流的2倍；11 kW以上的电动机，接触器额定电流为电动机额定电流的1.5~2倍。

1.4 继电器

继电器是一类用于监测各种电量或非电量的电器，广泛用于电动机或电路的保护以及生产过程自动化的控制。一般来说，继电器通过测量环节输入外部信号（如电压、电流等电量或温度、压力、速度等非电量）并传递给中间机构，将它与设定值（即整定值）进行比较，当达到整定值时（过量或欠量），中间机构就使执行机构产生输出动作，从而闭合或分断电路，达到控制电路的目的。

常用的继电器有电压继电器、电流继电器、时间继电器、速度继电器、压力继电器、热继电器与温度继电器等。

继电器和传感器的区别：继电器是由电参数或非电参数控制的机械开关，而传感器是把非电参数转化成电压、电流等电参数的转换器件。继电器与传感器如图 1-14 所示。

继电器的主要特点是具有跳跃式的输入-输出特性，图 1-15 所示为继电特性曲线。当继电器输入量由 0 增加到 x_2以前，继电器输出量 $y=0$。当输入量增加到 x_2时，衔铁吸合，通过其触点的输出量为 y_1，若 x 再增大，y_1值保持不变。当 x 减小到 x_1时，衔铁释放，输出量由 y_1降到 0，x 再减小，y 值均为 0。

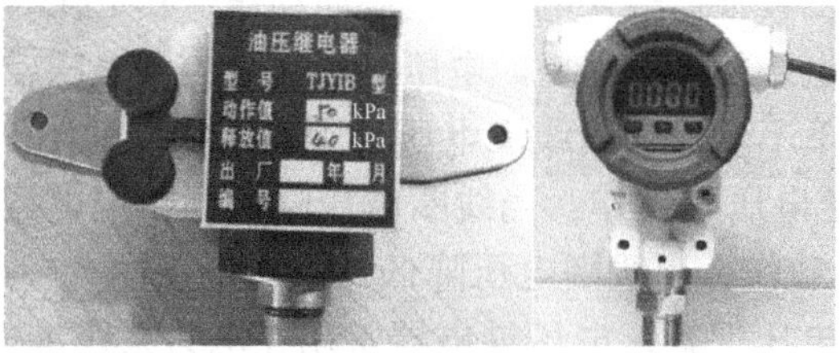

a)　　b)

图 1-14　继电器与传感器

a）油压继电器　b）液压传感器

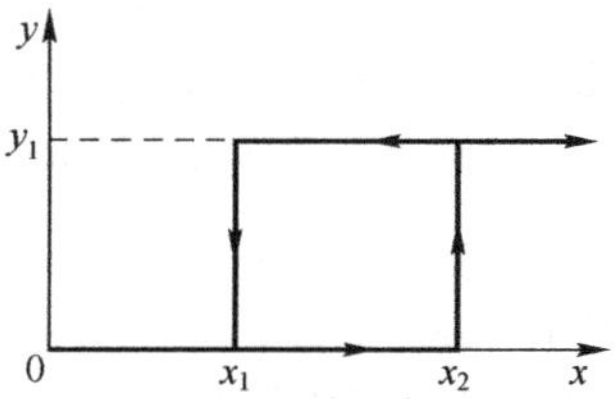

图 1-15　继电特性曲线

x_2称为继电器的吸合值，欲使继电器吸合，输入量必须大于此值；x_1称为继电器的释放值，欲使继电器释放，输入量必须小于此值。

$k=x_1/x_2$称为继电器的返回系数，它是继电器的重要参数之一。场合不同，k 值要求不同。例如，一般控制继电器要求 k 值较低，在 0.1~0.4 之间，这样继电器吸合后，输入量波动较大时不会引起误动作。保护继电器要求 k 值较高，在 0.85~0.9 之间。一般 k 值越大，继电器灵敏度越高；k 值越小，灵敏度越低。k 值是可调的，调节方法随继电器结构不同而有所差异。

1.4.1　电磁式继电器

电磁式继电器的结构和工作原理与接触器类似，但它们又有区别。一是控制的电路不同：接触器用于控制主电路等大电流电路，具有主触点和灭弧装置；继电器主要用于控制小电流电路及控制电路，没有灭弧装置，触点数量较多，无主辅触点之分。二是输入信号不同：继电器的输入信号可以是各种物理量，如电压、电流、时间、压力、速度等，而接触器的输入信号只有电压。

1. 中间继电器

中间继电器实质上是一种电压继电器，它是根据输入电压的有无而动作的，结构和工作原理与接触器相同。其在控制电路中起信号记忆、传递、联锁（顺序控制）、转换（电源类型）以及隔离（强弱电）的功能，以及用于扩展触点的容量和数量。它的触点数量较多，触点额定电流为 5~10 A。中间继电器体积小，动作灵敏度高，一般不用于直接控制电路的负载，但当电路的负载电流在 5~10 A 范围及以下时，也可代替接触器起控制负载的作用。中间继电器的型号主要根据控制电路和被控电路的电压等级、触点数量、触点种类来选择。图 1-16 所示为欧姆龙 MY2N-GS 和 MY2N-J 系列中间继电器。中间继电器的图形和文字符号如图 1-17 所示。

1-2　中间继电器实物展示

a)　　　　　　　　b)

图 1-16　欧姆龙中间继电器图
a) MY2N-GS　b) MY2N-J

图 1-17　中间继电器的图形和文字符号

2. 电压继电器

电压继电器的输入信号是电路的电压，其根据输入电压的大小而动作。其工作时线圈并联在电路中，反映电路中电压的变化，用于电路的电压保护。电压继电器分为过电压、欠电压和零电压继电器。过电压继电器在额定电压下不动作，当线圈电压达到额定电压的 105%～120%及 120%以上时动作；欠电压继电器在额定电压下动作，当线圈电压降低到额定电压的 40%～70%时释放；零电压继电器在额定电压下动作，当线圈电压降低到额定电压的 5%～25%时释放。它们用作电路的过电压、欠电压、零电压保护。电压继电器常用在电力系统继电保护中，在低压控制电路中使用较少。电压继电器的图形和文字符号如图 1-18 所示。

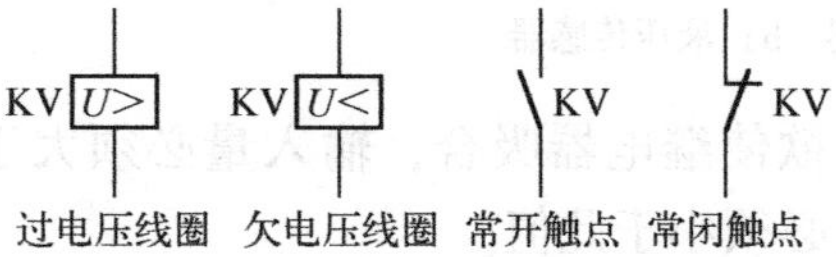

图 1-18　电压继电器的图形和文字符号

提示： 零电压继电器本质上属于欠电压继电器，实际中常用接触器实现零电压保护。直流电压不会产生波动较大的过电压，所以没有直流过电压继电器。

3. 电流继电器

电流继电器的输入信号为电流，其线圈串联在被测电路中，用来反映电路电流的变化，用于电路的电流保护。电流继电器分为过电流和欠电流继电器。过电流继电器在额定电流下不动作，当线圈的电流值超过正常的负载电流，达到某一整定值时，衔铁吸合，同时带动触点动作。过电流继电器用于过电流保护，如起重机电路中的过电流保护。欠电流继电器在额定电流下，衔铁吸合，同时带动触点动作，当电路出现不正常现象或故障现象导致电流下降或消失时，继电器线圈中流过的电流小于释放电流而使衔铁释放，触点复位。欠电流继电器用于欠电流保护，如直流电动机励磁绕组的弱磁保护。电流继电器的图形和文字符号如图 1-19 所示。

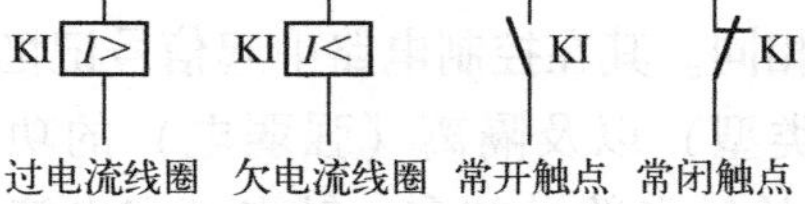

图 1-19　电流继电器的图形和文字符号

1.4.2　时间继电器

自有输入信号（线圈通电或断电）开始，经过一定的延时后输出信号（触点的闭合或断开）的继电器，称为时间继电器，它也是一种常用的低压控制电器。在工业自动化控制系统中，基于时间原则的控制要求较为常见。时间继电器按动作原理可分为电磁式、空气阻尼式、电动式、电子式、数字式等类型。目前应用最广泛的是电子式和数字式时间继电器。时间继电器按延时方式可分为通电延时型和断电延时型。

通电延时型时间继电器：接收输入信号后，要延迟一段时间输出信号才能发生变化。当输入信号消失后，输出即时复位。

断电延时型时间继电器：接收输入信号后，立即产生相应的输出信号，当输入信号消失后，继电器需经过一定的延时，输出才复位。

时间继电器的图形和文字符号如图 1-20 所示。

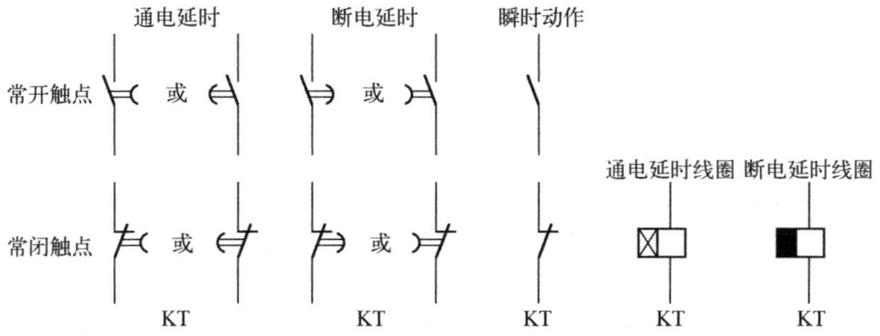

图 1-20　时间继电器的图形和文字符号

1-3　时间继电器工作原理

提示： 时间继电器延时触点的半圆弧符号可以画在左侧也可以画在右侧，但半圆弧圆心的方向必须指向延时动作的方向。

1.4.3　速度继电器

速度继电器是根据转速的大小和转向通断电路的电器，主要用于三相笼型异步电动机的反接制动控制，所以也称为反接制动继电器。

速度继电器主要由转子、定子和触点三部分组成。转子是一个圆柱形永久磁铁，定子是一个笼型空心圆环，由硅钢片叠成，并装有笼型绕组。

速度继电器转子的轴与被控电动机的轴相连，而定子空套在转子上。当电动机转动时，速度继电器的转子随之转动，产生一个旋转磁场，速度继电器定子中的笼型绕组切割磁力线而产生感应电流，此电流受转子磁场力的作用产生转矩，于是定子开始同向转动。当达到一定转速，定子转到一定角度时，装在定子上的摆锤推动簧片动作，使常闭触点分开，常开触点闭合。当电动机转速低于某一值时，定子产生的转矩减小，触点在簧片的作用下复位。速度继电器的结构原理如图 1-21 所示，实物图与图形和文字符号如图 1-22 所示。

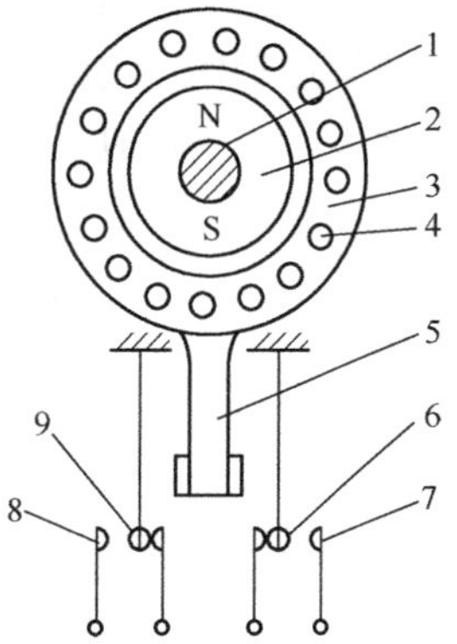

图 1-21　速度继电器的结构原理

1—转轴　2—转子　3—定子　4—绕组　5—胶木摆锤　7、8—静触头　6、9—动触头（簧片）

常用的速度继电器有 JY1 型和 JFZ0 型。一般速度继电器都具有两对转换触点，一对用于正转时动作，另一对用于反转时动作。JY1 型速度继电器动作转速为 150 r/min，复位转速在 100 r/min 以下。

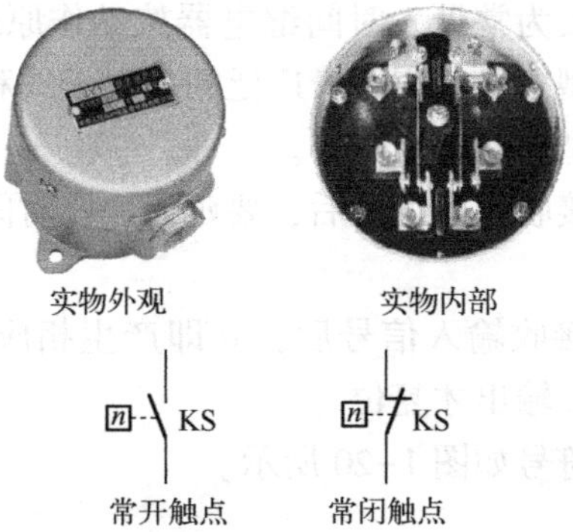

图 1-22 速度继电器的实物图与图形和文字符号

1-4 速度继电器工作原理

1.4.4 热继电器

热继电器是利用电流的热效应原理来工作的保护电器，专门用来对电动机的过载及电源断相进行保护，防止电动机过热而损坏。热继电器有单相式、两相式、三相式和三相带断相保护等形式。

三相异步电动机在实际运行中出现长期带负载欠电压运行、过载运行以及单相运行等不正常情况时，电动机转速将下降，绕组中的电流将增大，致使绕组的温升超过允许值，使电动机绕组老化，缩短电动机的使用寿命，严重时甚至会使电动机绕组烧毁。

1. 热继电器的工作原理

热继电器主要由发热元件、双金属片和触点及动作机构等部分组成。双金属片是热继电器的感测元件，它由两种膨胀系数不同的金属片用机械碾压而成。膨胀系数大的称为主动层，膨胀系数小的称为被动层。双金属片在受热后将向被动层一面弯曲。

热继电器的工作原理如图 1-23 所示。在使用时，一般将热继电器的发热元件串接到电动机的工作回路中。当电动机正常运行时，发热元件产生的热量虽能使主双金属片弯曲，但还不足以使触点动作；当电动机过载时，发热元件产生的热量增加，使双金属片弯曲得更严重，位移量增大，经一段时间后，主双金属片推动导板，并通过补偿双金属片与推杆将动触头和静触

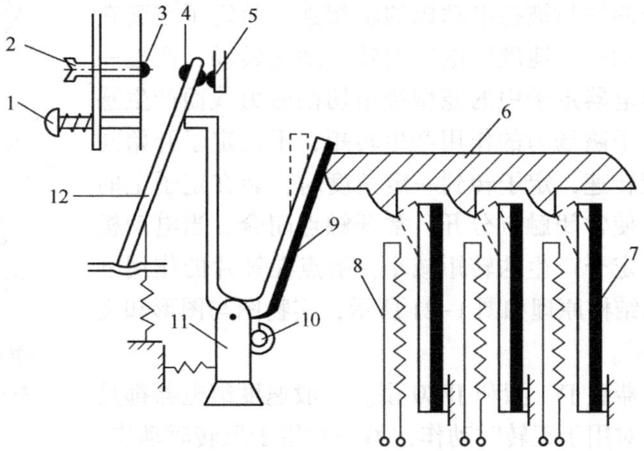

1-5 热继电器工作原理

图 1-23 热继电器的工作原理

1—手动复位按钮 2—复位调节螺钉 3—常开静触头 4—动触头 5—常闭静触头 6—导板
7—主双金属片 8—发热元件 9—补偿双金属片 10—调节旋钮 11—支撑件 12—推杆

头分开，切断电动机的控制电路，使电动机停车。热继电器动作后，一般不能自动复位，要等双金属片冷却后，按下复位按钮才能复位，可通过调节旋钮调节整定动作电流。

注意： 热继电器的整定值是指热继电器长久通过而不会动作的最大电流值，超过此值即动作。热继电器中发热元件有热惯性，不能用于瞬时过载保护及短路保护。

热继电器的图形和文字符号如图 1-24 所示。热继电器实物图如图 1-25 所示。

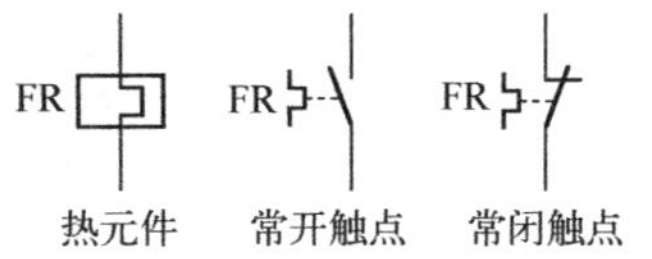

图 1-24　热继电器的图形和文字符号

图 1-25　热继电器的实物图

2. 热继电器的选择原则

热继电器主要用于电动机的过载保护，使用时应考虑电动机的工作环境、起动情况、负载性质等因素，具体应考虑以下 5 点：

1）一般情况可选用两相结构的热继电器。三相结构的热继电器适用于电网均衡性差的电动机。

2）三相电动机采用△联结并发生断相时，由于电动机的相电流与线电流不等，应使用具有断相保护的三相热继电器做断相和过载保护。

3）三相电动机采用Y联结并发生断相时，由于电动机的相电流与线电流相等，因此普通的两相或三相热继电器可以对此做出断相和过载保护。

4）发热元件的额定电流是个范围，一般情况下按电动机的额定电流选取，选定发热元件后，再依据电动机的额定电流调整热继电器的整定电流，使热继电器的整定电流为电动机额定电流的 0.95~1.05。对于起动频繁、工作环境恶劣的电动机，热继电器的整定电流为电动机额定电流的 1.1~1.5 倍，以保证热继电器在电动机的起动过程中不产生误动作。

5）热继电器的额定电流是指可装入的发热元件的最大额定电流值，每种额定电流的热继电器可装入几种不同规格的发热元件，热继电器的额定电流应大于电动机的额定电流。

提示： 热继电器脱扣等级共分 4 个等级，分别为 10 A、10、20、30，规定了从冷态开始，对称的三相负载在 7.2 倍整定电流时，不同的脱扣等级具有不同的最大脱扣时间：10 A 级脱扣时间为 2~10 s；10 级脱扣时间为 4~10 s；20 级脱扣时间为 6~20 s；30 级脱扣时间为 9~30 s。

1.5 低压熔断器

熔断器以串联的方式接入电路，当电路发生严重过载或短路时，熔断器的熔体熔断，从而切断电路，达到保护电路的目的。

1.5.1 熔断器的工作原理

熔断器由熔体和安装熔体的熔管（或熔座）两部分组成。熔体既是感受元件，又是执行元件。当严重过载或短路时，电路电流通过熔体时，因其自身发热而熔断，从而分断电路。严重过载电流或短路电流越大，熔断时间越短。熔体的这个特性称为安秒特性（或反时限特性），如图 1-26 所示。I_r为临界电流（最小熔断电流），电流小于该值时不会熔断。I_{re}为熔体的额定电流，熔体在电流为I_{re}时不能熔断（即$I_{re}<I_r$）。熔断器的图形和文字符号如图 1-27 所示。

注意： 熔断器主要用于短路保护，不能用于过载保护。

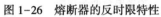

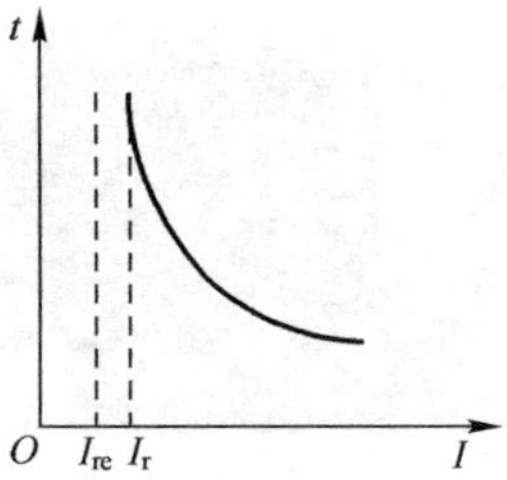

图 1-26 熔断器的反时限特性

图 1-27 熔断器的图形和文字符号

1-6 熔断器工作原理

1.5.2 熔断器的类型

熔断器有瓷插式（RC）、螺旋式（RL）、有填料封闭管式（RT）、无填料封闭管式（RM）、快速（RS）、自恢复式等。

1. 瓷插式熔断器

瓷插式熔断器常用于低压分支电路中，它具有结构简单、分断能力小的特点，一般用于民用和照明电路中，如图 1-28a 所示。型号如 RC1A-60/40，R 代表熔断器，C 代表瓷插式，1 代表设计序号，A 代表改进型，60 代表熔断器（底座）的额定电流为 60 A，40 代表熔丝（熔体）的额定电流为 60 A。

2. 螺旋式熔断器

螺旋式熔断器如图 1-28b 所示，熔管内装有惰性气体或者石英砂作灭弧介质，有利于电弧的熄灭，因此具有较高的分断能力。熔断器端帽上有指示器，熔断时指示器立即弹出，可透过瓷帽上的玻璃孔观察到。型号如 RL1-60/40，R 代表熔断器，L 代表螺旋式，1 代表设计序号，60 代表熔断器的额定电流为 60 A，40 代表熔体的额定电流为 40 A。

3. 有填料封闭管式熔断器

有填料封闭管式熔断器中装有石英砂，用来冷却和熄灭电弧，熔体为网状，短路时发热熔断，可使电弧分散，由石英砂将电弧冷却熄灭，可将电弧在短路电流达到最大值之前迅速熄灭，以限制短路电流，即限流式熔断器，常用于大容量电网或配电设备中，如图 1-28c 所示。型号如 RT36-1/200，R 代表熔断器，T 代表有填料封闭管式，36 代表设计序号，1 代表尺码代号，200 代表熔断器的额定电流为 200 A。

4. 无填料封闭管式熔断器

无填料封闭管式熔断器，如图 1-28d 所示主要用于供配电系统作为电路的短路保护，它采用变截面锌片作熔体和密封钢纸管作熔管。由于熔体较窄处的电阻小，在短路电流通过时产生的热量最大，先熔断，因而可产生锌片几处狭窄部位同时熔断使电弧分散，以利于灭弧。短路时其电弧燃烧密封钢纸管，钢纸管内壁在电弧热量作用下产生高压气体，使电弧迅速熄灭。型号如 RM10 60-100 A 500 V，R 代表熔断器，M 代表无填料封闭管式，10 代表设计序号，60-100 A 代表熔断器额定电流在 60~100 A 之间，500 V 为熔断器额定电压。

5. 快速熔断器

快速熔断器主要用于半导体整流元件或整流装置的短路保护，如图 1-28e 所示。由于半导体元件的过载能力很低，只能在极短时间内承受较大的过载电流，因此要求短路保护具有快速熔断的能力。型号如 RS711B-63 A 800 V，R 代表熔断器，S 代表快速，711B 为熔断器型号、63 A 为熔断器额定电流、800 V 为熔断器额定电压。

6. 自恢复式熔断器

自恢复式熔断器是一种采用气体、超导体或液态金属钠等作熔体的限流元件。在故障短路电流产生的高温下，使熔体瞬间呈现高阻状态，从而限制了短路电流。当故障消失后，温度下降，熔体又自动恢复原来的低阻导电状态。它具有限流作用显著、动作时间短、动作后不必更换熔体、能反复使用、能实现自动重合闸等优点。但它不能切断电源，需与断路器配合使用，可应用在汽车电子、遥控电动玩具车、电子玩具等产品中。型号如 X30 UF800，30 代表熔断器的额定电压为 30 V，800 代表熔断器的额定电流 8 A，如图 1-28f 所示。

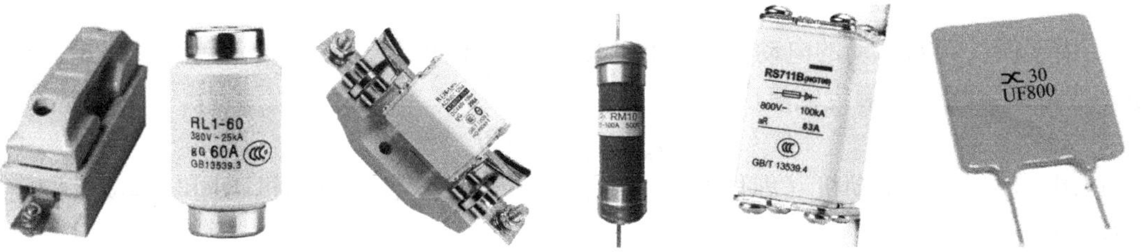

a)　b)　c)　d)　e)　f)

图 1-28　常用熔断器

a）瓷插式　b）螺旋式　c）有填料封闭管式　d）无填料封闭管式　e）快速　f）自恢复式

1.5.3　熔断器的主要技术参数

熔断器的主要技术参数包括熔断器的额定电压、熔断器的额定电流、熔体的额定电流、极限分断能力等。

1. 熔断器的额定电压

熔断器的额定电压指熔断器长期工作和熔断后，能够正常工作的电压。

2. 熔断器的额定电流

熔断器的额定电流指熔断器长期工作时，各部件所能承载的电流值，习惯上把熔断器支持件的额定电流简称为熔断器的额定电流。通常某级熔断器额定电流允许选用不同等级熔体的额定电流，而熔断器的额定电流代表了可以一起使用的熔体额定电流的最大值。

3. 熔体的额定电流

熔体的额定电流指熔体长期通过而不会熔断的电流。熔体的额定电流必须小于或等于熔断器的额定电流。

4. 极限分断能力

极限分断能力指在规定的熔断器额定电压下，熔断器能分断的最大短路电流值。该参数取决于熔断器的灭弧能力。

1.5.4　熔断器的选择原则

熔断器的选择主要指选择熔断器的类型、熔断器的额定电压、熔断器的额定电流和熔体的额定电流等。

1）熔断器的类型主要根据使用场合来选择。

2）熔断器的额定电压应大于或等于实际电路的额定电压。

3）熔体额定电流的选择是关键，一旦熔体的额定电流选定了，就可以据此选择熔断器的额定电流。

① 对于电阻炉或照明电路等没有冲击性电流的负载，熔体的额定电流应等于或稍大于负载的额定电流，即

$$I_{re} \geqslant I_e \tag{1-6}$$

式中，I_{re}为熔体的额定电流；I_e为负载的额定电流。

② 用于保护单台长期工作的电动机（即供电支线）的熔断器，考虑电动机起动时冲击电流的影响，熔体的额定电流应满足

$$I_{re} \geqslant (1.5\sim2.5)I_e \tag{1-7}$$

带轻载起动或起动时间比较短时，系数可取 1.5；带重载起动或起动时间较长时，系数可取 2.5。

③ 用于保护频繁起动的电动机（即供电支线）的熔断器，考虑频繁起动发热量大而熔断器也不应熔断，熔体的额定电流应满足

$$I_{re} \geqslant (3\sim3.5)I_e \tag{1-8}$$

④ 用于保护多台电动机（即供电支线）的熔断器，若各台电动机不同时起动，则熔体的额定电流应满足

$$I_{re} \geqslant (1.5\sim2.5)I_{e,max} + \Sigma I_e \tag{1-9}$$

式中，$I_{e,max}$为多台电动机中容量最大的一台电动机的额定电流；ΣI_e为其余电动机额定电流的总和。

⑤ 为防止越级熔断、扩大停电事故范围，各级熔断器间应配合良好，使下一级熔断器比上一级的先熔断，从而满足选择性保护要求。通常两级熔体额定电流的比值不小于 1.6∶1。

1.6 低压断路器

低压断路器主要用于低压配电电路中不频繁地接通、分断电路正常工作电流，也能在电路发生短路、过载或欠电压等故障时自动分断故障电路，是一种控制兼保护的电器。

低压断路器按结构形式分为万能式（或框架式）和塑料外壳式两类，如图 1-29 所示。一般大容量断路器多采用万能式结构，主要用作配电线路的保护开关。而一般小容量断路器多采用塑料外壳式结构，除可用作配电线路的保护开关外，还可用作电动机、照明电路及电热电路等的控制开关。

a)

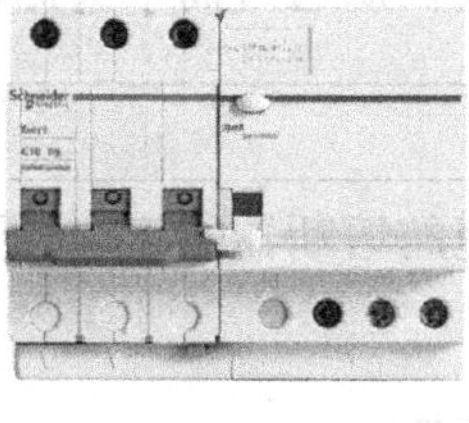

b)

1-7 低压断路器工作原理

图 1-29 低压断路器

a）万能式 b）塑料外壳式

低压断路器 DZ10-100/330 型号说明：DZ 代表塑料外壳式低压断路器，10 代表设计序号；100 代表它的壳架等级额定电流为 100 A，330 中第一个 3 代表极数为 3P，即三相，第二个 3 代表脱扣形式为复式（多种脱扣器），0 代表无辅助触点。

注意： 低压断路器与接触器不同的是，接触器允许频繁地接通和分断电路，但不能分断短路电流；而低压断路器不仅可分断额定电流、一般故障电路，还能分断短路电流，但不适宜频繁操作。

1.6.1 低压断路器的结构及工作原理

低压断路器由触点、灭弧系统、保护装置（各种脱扣器）、操作机构等组成。脱扣器包括过电流脱扣器、过载（热）脱扣器、欠电压（失电压）脱扣器、分励脱扣器和自由脱扣器。图 1-30 所示为低压断路器的工作原理示意图及图形和文字符号。低压断路器的主触点是常开触点，靠操作手柄合闸，触点闭合后，自由脱扣器将触点锁在合闸位置。当电路发生故障时，通过各类脱扣器使自由脱扣器动作，自动跳闸以实现保护作用。

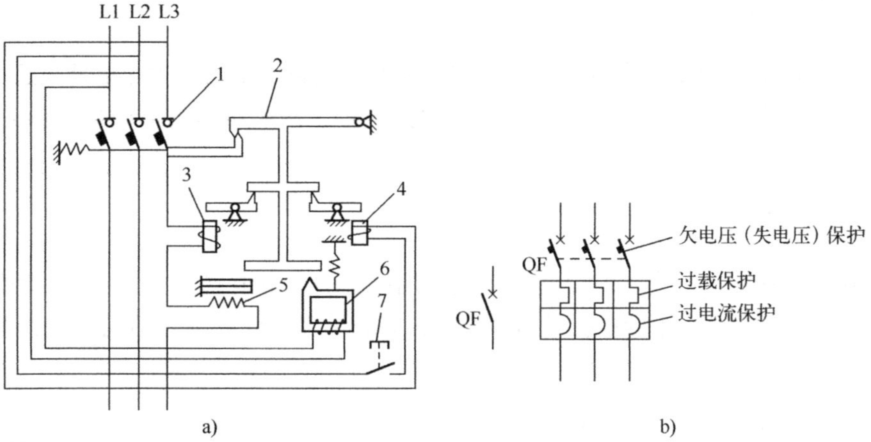

图 1-30 低压断路器的工作原理示意图及图形和文字符号

a）工作原理示意图 b）图形和文字符号

1—主触点 2—自由脱扣器 3—过电流脱扣器 4—分励脱扣器

5—过载（热）脱扣器 6—欠电压（失电压）脱扣器 7—按钮

1. 过电流脱扣器

过电流脱扣器的线圈串联于主电路中。当主电路电流为正常值时，衔铁处于打开位置；当电路发生短路或严重过载时，过电流脱扣器的衔铁吸合，衔铁上的顶板推动脱扣杆，使自由脱扣器脱扣，在断开弹簧的作用下，主触点断开主电路。

2. 过载（热）脱扣器

过载脱扣器的发热元件串联于主电路中。当主电路电流为正常值时，双金属片不弯曲（或者弯曲不到位）；当电路过载时，过载脱扣器的发热元件发热，使双金属片向上弯曲，推动自由脱扣器脱扣，主触点断开。

3. 欠电压（失电压）脱扣器

欠电压脱扣器的线圈并联于主电路中。当主电路电压正常时，其衔铁吸合，当主电路电压消失或降低到一定数值以下时，其衔铁释放，衔铁上的顶板推动脱扣杆，使主触点断开。

4. 分励脱扣器

分励脱扣器作为远距离控制用，在正常工作时其线圈是断电的，在需要远距离控制时，按钮按下使线圈通电，衔铁吸合带动自由脱扣器脱扣，使主触点断开。

提示：以上是低压断路器可以实现的功能，并不是每个断路器都具有这些功能。

1.6.2 低压断路器的选择原则

1）低压断路器的额定电压、额定电流（指壳架等级额定电流）应大于或等于电路、设备的正常工作电压、工作电流。

2）低压断路器的极限分断能力大于或等于电路最大短路电流。

3）低压断路器内部的欠电压（失电压）脱扣器的额定电压等于电路的额定电压。

4）低压断路器内部的过载（热脱扣器）的整定电流应与所控制负载（如电动机）的额定电流相同。

5）低压断路器内部的过电流脱扣器的额定电流应大于或等于电路的最大负载电流，类似于熔断器熔体额定电流的选取原则。

1.7 主令电器

主令电器是指用来发布操作命令、接通和分断控制电路的电器。主令电器只适合应用于控制电路中，不适合应用于主电路中。主令电器种类繁多，按照用途的不同可以分为控制按钮、行程开关、接近开关和万能转换开关等。

1.7.1 控制按钮

控制按钮简称按钮，它是一种结构简单且使用广泛的主令电器，主要用于手动发出控制信号。按钮一般由按钮帽、复位弹簧、桥式触点和外壳等部分组成，其结构示意图和实物图如图 1-31 所示。

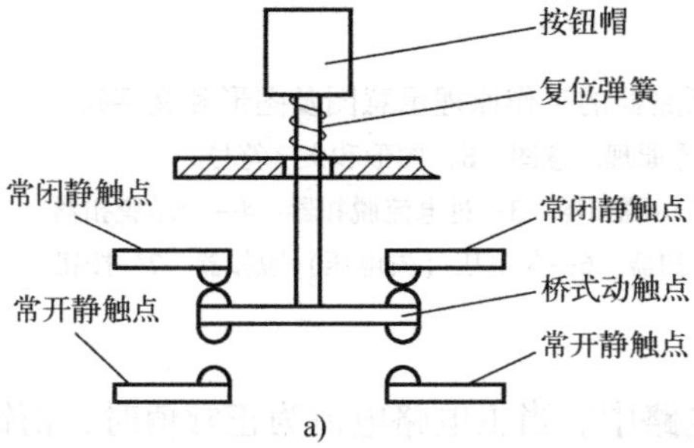

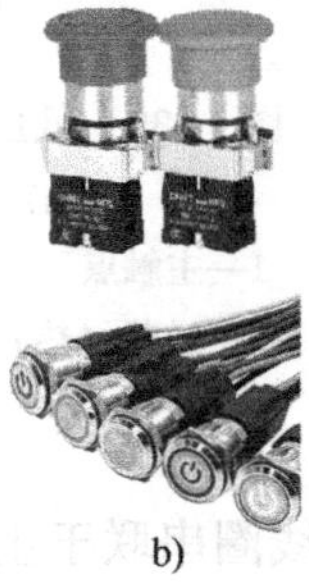

1-8 按钮工作原理

图 1-31 按钮结构示意图和实物图

a）结构示意图 b）实物图

操作时，当控制按钮按下，桥式动触点就向下运动，其常闭触点先断开，然后常开触点闭合。当控制按钮松开时，在复位弹簧的作用下，桥式动触点向上运动，其常开触点先断开，然后常闭触点闭合。按钮触点动作的时间差特性在触点竞争的应用中起关键作用。

提示：一般红色按钮帽表示停止，绿色按钮帽表示起动。

控制按钮根据结构不同分为按钮式（自复式）、自锁式、指示灯式（按钮帽内装有信号灯）、旋钮式（旋转切换操作）、钥匙式（必须插入钥匙方可操作，防止误动作）、紧急式（突出的红色蘑菇头）等。控制按钮的图形和文字符号如图 1-32 所示。

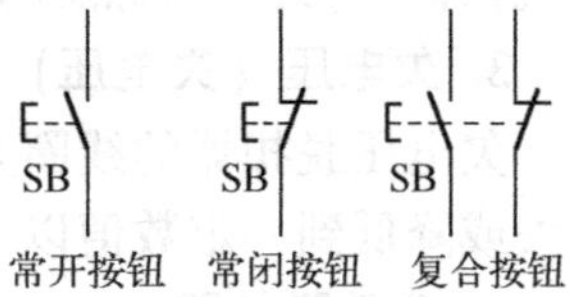

图 1-32 按钮的图形和文字符号

按钮 LA38-11D 命名的含义：LA38 代表按钮型号；11 代表触点数，第一个 1 表示有 1 个常开触点，第二个 1 表示有 1 个常闭触点；D 代表带灯型。

1.7.2　行程开关

行程开关又叫位置开关或限位开关，与控制按钮的工作原理基本相同。行程开关靠机械运动部件的撞块碰压，使其触点动作，进而向控制电路发出控制命令，控制生产机械的运动方向、限位保护及行程长短。其本质是将机械位移信号转换为电信号，以实现对机械的电气控制。

从结构看，行程开关由操作头（推杆）、触点系统和外壳三部分组成。操作头是行程开关的感测部分，它接收机械结构发出的动作信号，并将此信号传递到触点系统。触点系统是行程开关的执行部分，它将操作头传来的机械信号，通过本身的转换动作转换为电信号，输出到有关控制电路，使之能按需要做出必要的反应。

行程开关可分为直动式、滚轮式及微动式。直动式行程开关的动作原理与控制按钮类似，触头的分合速度取决于撞块移动的速度，若撞块移动速度过低，触点就不能瞬时切断电路，触点烧蚀严重。为了克服直动式行程开关的缺点，可采用能瞬时动作的滚轮式行程开关。微动式行程开关是行程非常小的瞬时动作开关，操作力小、操作行程短。如图 1-33 所示。行程开关的图形和文字符号如图 1-34 所示。

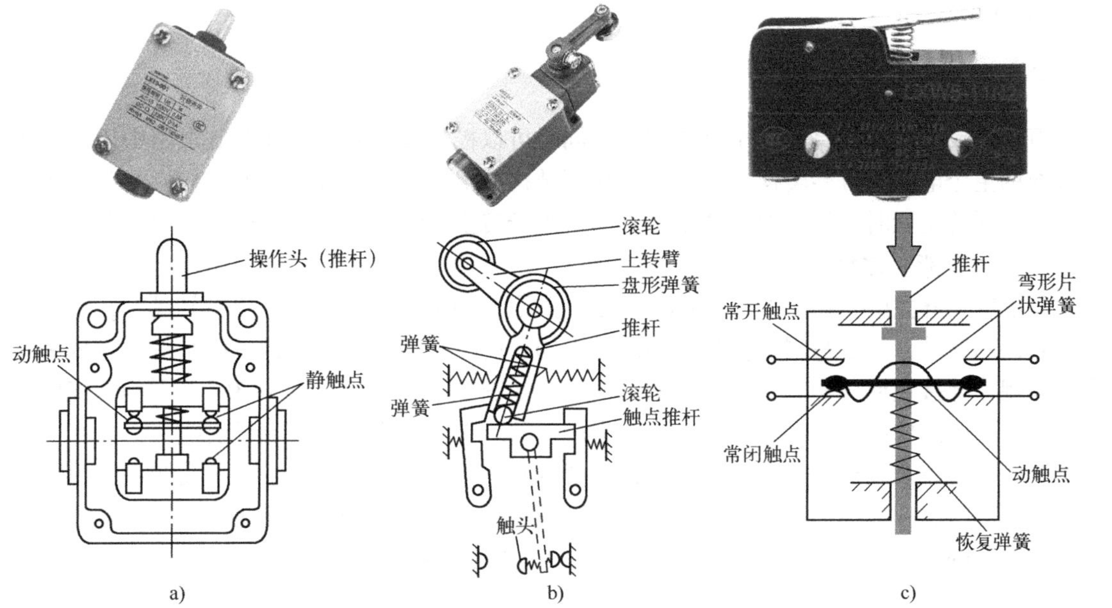

图 1-33　行程开关的实物图和结构原理图
a）直动式　b）滚轮式　c）微动式

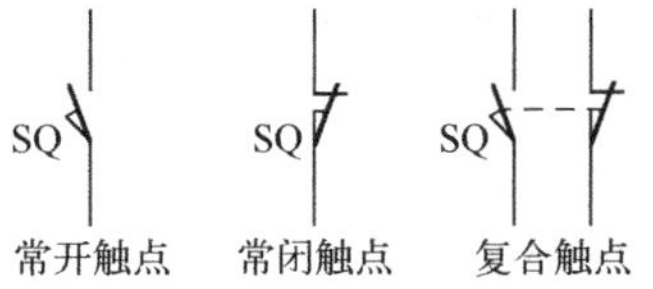

图 1-34　行程开关的图形和文字符号

1-9　行程开关工作原理

行程开关 LX19-001 命名的含义：LX19 代表行程开关的型号；001 中第一个 0 表示无滚轮，第二个 0 表示直动式，1 表示能自动复位。

1.7.3 接近开关

接近开关是无触点的行程开关，内部为电子电路，当运动机械与其接近到一定的距离时就会发出动作信号，以非接触的方式控制运动机械的位置。接近开关常用于行程控制、限位保护等。接近开关的实物图及图形和文字符号如图 1-35 所示。

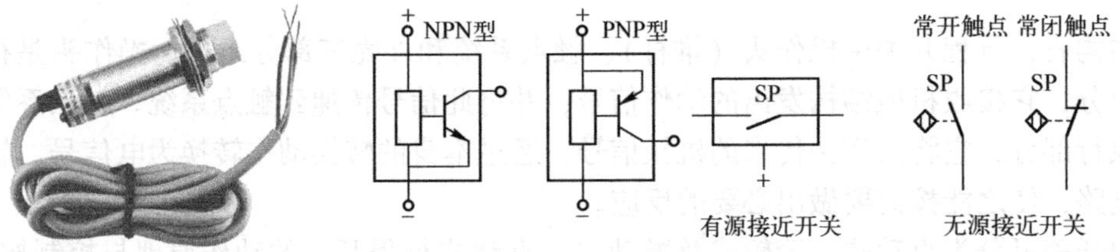

图 1-35 接近开关的实物图及图形和文字符号

图 1-35 中的接近开关型号为 LJ8A3-2-Z/BX。其中，LJ 代表接近开关；8 代表直径为 8 mm；A3 代表圆柱形金属外壳；2 代表检测距离为 2 mm；Z 代表工作电压为直流；B 代表三线制，常开触点，棕色线接电源正极，蓝色线接电源负极，黑色线为信号输出线；X 代表输出形式为 NPN 型。

1.7.4 万能转换开关

万能转换开关是指具有多个操作位置，同时可以控制多个回路，在控制电路中用来实现电路转换的主令电器。万能转换开关由多组相同结构的触点叠装而成。当万能转换开关的操作手柄位于不同的位置时，触点的接通状态不同。由于转换的线路多、用途广，适应复杂电路的要求，故有“万能”之称。

万能转换开关的实物图如图 1-36a 所示。触点座内部有很多层，当手柄转动时，每层中间的凸轮跟随转动，由于每层凸轮设计的形状不同，所以不同的手柄挡位可控制每一对触头进行有预定规律地接通或分断，其中一层的结构示意如图 1-36b 所示。图 1-36c 所示为万能转换开关的触点在电路中的图形和文字符号，图中成对的水平实线表示触头端子引线，一共有 4 对触头，竖直的虚线表示操作挡位，有几个挡位就画几根虚线，在虚线上与水平实线对应的实心黑点表示该对触头在虚线挡位时是接通的，否则是断开的。图 1-36d 所示为通断表，它以表格形式给出开关的通断状态，“×”表示触点闭合，空白表示触点断开。

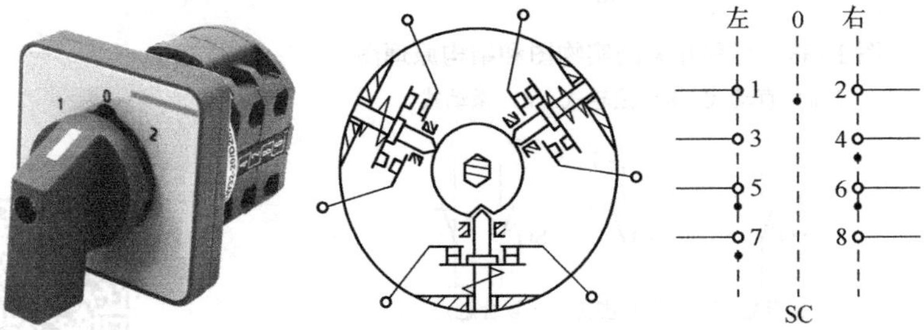

a) b) c)

触点	位置		
	左	0	右
1-2		×	
3-4			×
5-6	×		×
7-8	×		

d)

图 1-36 万能转换开关

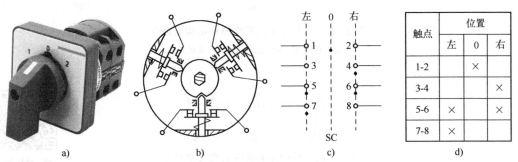

a）实物 b）一层结构示意图 c）图形和文字符号 d）通断表

万能转换开关 LW32-20 命名含义：LW 代表万能转换开关；32 代表设计代号；20 代表发热电流为 20 A。对于简单的触点较少的旋钮开关，可以按图 1-37 所示的图形和文字符号绘制。

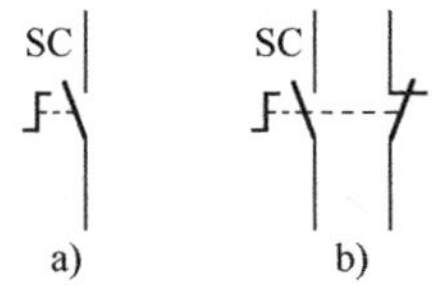

图 1-37　旋转开关的图形和文字符号

a）两挡常开　b）两挡常开常闭复合

1.8　开关电器

开关电器主要应用于配电系统中，用作电源开关，起隔离电源的作用，也可作为不频繁地接通和分断空载电路或小电流电路之用。刀开关是常用的开关电器。

刀开关有单极、双极和三极等类型，还可分为有灭弧罩和不带灭弧罩的，但是都不能应用于频繁接通和断开的电路中。

刀开关的实物图及图形和文字符号如图 1-38 所示。它由手柄、动触刀、静插座和绝缘底板组成。为了避免由于重力下落引起合闸误动作，刀开关安装时手柄必须向上推为合闸，不可倒装或者平装。接线时应满足上进下出的原则。选择刀开关时，应使其额定电压、额定电流大于或等于电路的额定电压、额定电流，由于电动机起动瞬间电流很大，当刀开关用来控制电动机时，应当使其额定电流大于电动机额定电流的 3 倍。

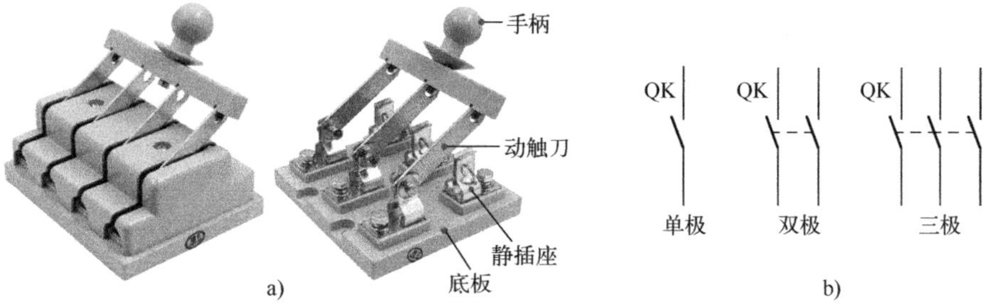

图 1-38　刀开关的实物图及图形和文字符号

刀开关 HD11-100/38B 命名的含义：HD 代表单投（单掷）刀开关；11 代表中央手柄式；100 代表额定电流为 100 A；3 代表极数是三极；8 代表板前接线（正面接线）式；B 代表外形尺寸较小。

习　题

1-1　直流 220 V 的电压继电器误接于交流 220 V 的控制电路上会产生什么现象？

1-2　交流 220 V 的电压继电器误接于直流 220 V 的控制电路上会产生什么现象？

1-3　欠电压继电器 $k=0.66$，吸合电压为额定电压的 90%，则电压低于额定电压的多少时继电器释放？

1-4　热继电器的整定电流按电动机额定电流选取，为什么脱扣等级要取 7.2 倍整定电流？

1-5　已知三相电动机的额定功率、电压，怎么估算其额定电流？

1-6 熔断器有什么作用？热继电器有什么作用？在电动机的主电路中装有热继电器是否就可以不装熔断器？为什么？

1-7 交流接触器的铁心、线圈与直流接触器有什么不同？

1-8 单相交流电磁机构未安装短路环，在工作中会出现什么现象，为什么？

1-9 在电动机控制电路中已装有接触器，为什么还要装电源开关？它们的作用有何不同？

1-10 电气控制系统有哪些保护环节？分别用哪些元件来实现？

1-11 电气原理图中，QK、FU、KM、KT、KA、SB、SQ、FR、KS、KI分别是什么电器元件的文字符号？

1-12 什么是零电压保护和欠电压保护？电动机为什么要加这两种保护措施？

1-13 交流接触器动作太频繁时为什么会过热？

第 2 章　基本电气控制电路

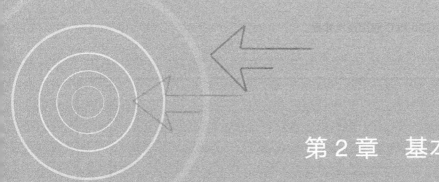

本章主要介绍电气控制电路图的绘制和三相异步电动机基本电气控制电路的设计方法。读者应掌握常用电气控制电路的组成基本规律和典型电路环节，具备电气控制电路的阅读、分析和设计能力，为电气控制电路的设计、安装、调试和维护打下良好基础。

2.1　电气控制电路图的绘制

电气控制电路是由按钮、开关、接触器、继电器等低压控制电器组成，能实现某种控制功能的控制电路。为了清晰地表达生产机械电气控制系统的结构、原理等设计意图，同时方便系统的分析设计、安装调试以及使用维护，将电气控制系统中各电气元件及其连接电路用一定的图形表达出来，这就是电气控制电路图。电气控制电路图有电气原理图、电气元件布置图和电气安装接线图三种形式，其中电气原理图是其他两种电气图的绘制依据。由于计算机的普及，现在的电气控制电路图一般采用计算机绘图。常用的绘图软件有 AutoCAD、微软的 Visio 等。

2.1.1　电气控制电路图的绘图标准

电气控制电路图是工程技术的通用语言，为了便于交流和沟通，在电气控制电路中，各种电气元件的图形、文字符号必须符合国家标准。近年来，我国引进了许多国外先进设备，为了便于掌握引进的先进技术和设备、国际交流以及满足国际市场的需要，国家标准化管理委员会在国际电工委员会（IEC）和国际标准化组织（ISO）所颁布标准的基础上，制定了我国电气设备有关国家标准。

目前，与电气制图有关的国家标准有 GB/T 4728—2018《电气简图用图形符号》、GB/T 6988.1—2008《电气技术用文件的编制 第 1 部分：规则》、GB/T 4026—2019《人机界面标志标识的基本和安全规则 设备端子、导体终端和导体的标识》等。

2.1.2　电气原理图

电气原理图是根据电气控制电路的工作原理而绘制的，具有结构简单、层次分明、便于研究和分析电路的工作原理等优点。它包括所有元器件的导电部分和接线端点，不表示元器件的形状、大小和安装方式。在各种生产机械的电气控制中，无论在设计部门或生产现场电气原理图都得到广泛的应用。图 2-1 所示为某自控系统的主供电回路原理图，图 2-2 所示为 PLC 控制电路原理图。

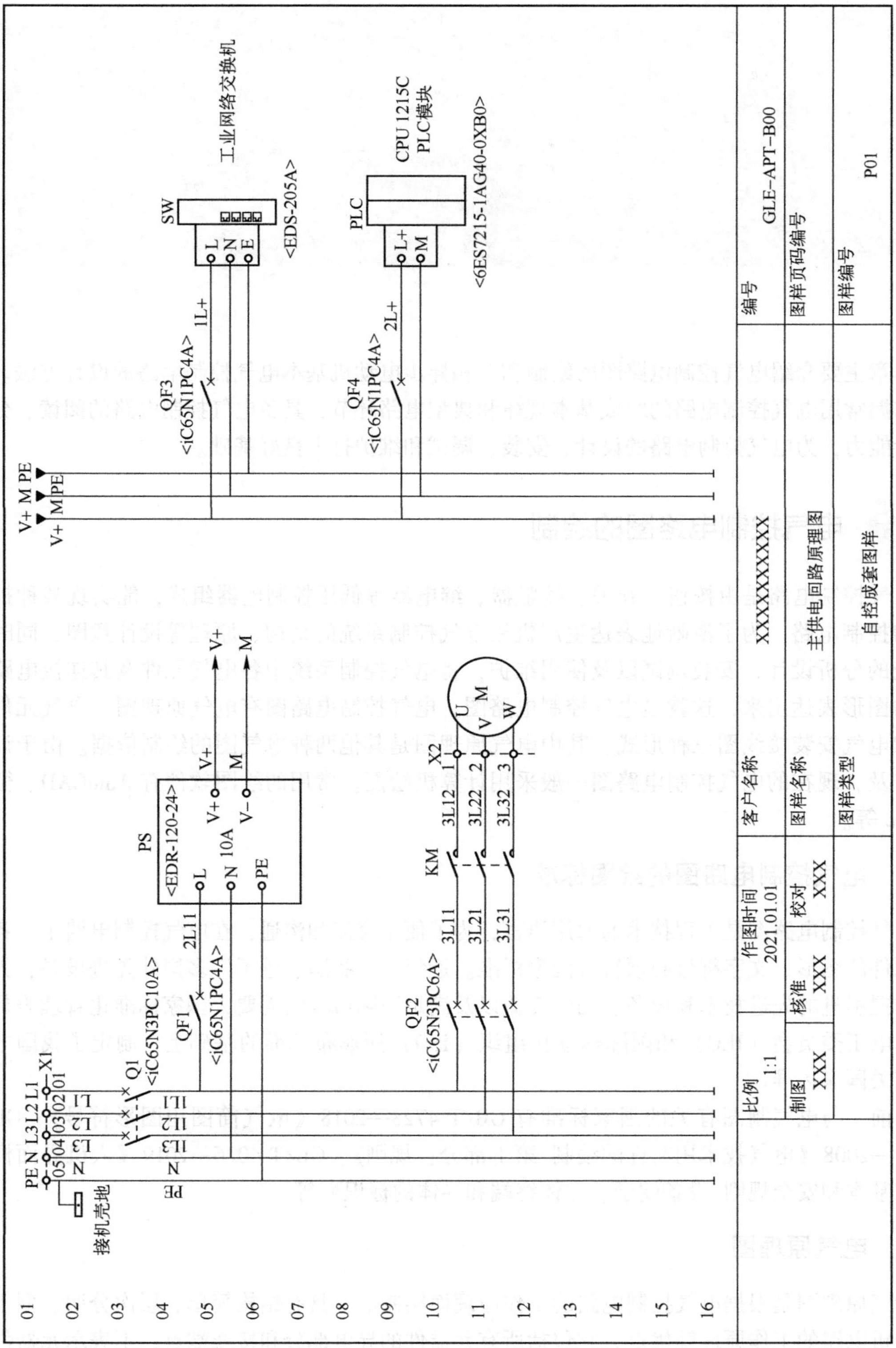

图2-1 某自控系统的主供电回路原理图

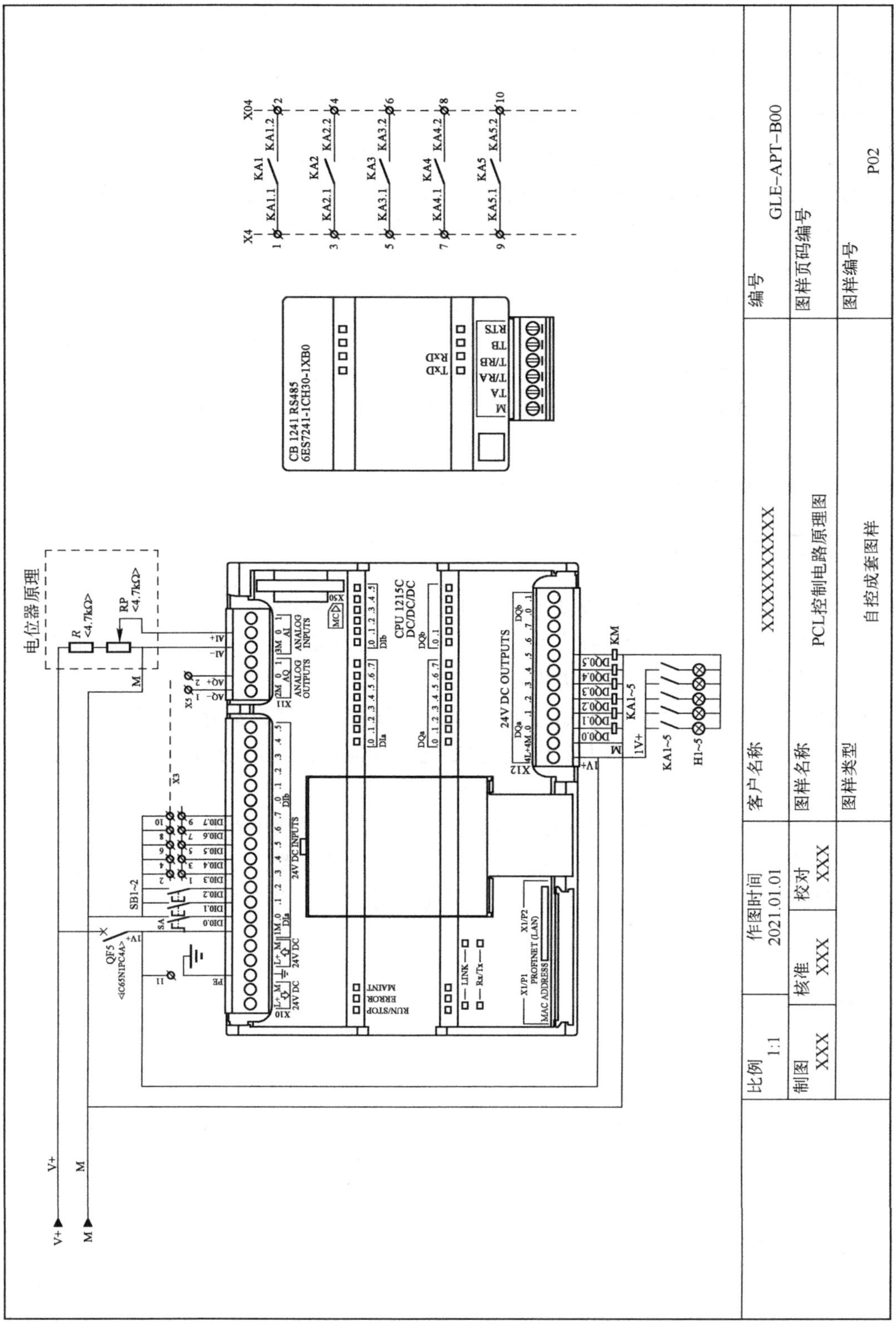

图2-2　某自控系统的PLC控制电路原理图

电气原理图的一般原则：

1）电气原理图一般包含主电路和控制电路。主电路是电气控制电路中大电流通过的部分，由接触器主触点、电动机、低压断路器、开关电源等组成。控制电路由主令电器、接触器线圈、继电器线圈、接触器辅助触点、继电器触点、信号灯、PLC 控制器、低压断路器等元器件组成。绘制时，主电路和控制电路分开绘制。

2）各元器件采用国家规定的电气图形符号和文字符号表示。

3）根据便于阅读的原则来安排各个元器件在控制电路中的位置。同一元器件的各部件根据需要可以不绘制在一起，但文字符号要相同。若有多个同一种类的元器件，可在文字符号后加上数字符号，如 KA1 和 KA2 等。

4）图中所有电器的触点，按处于非激励状态绘制。例如继电器、接触器的触点，按吸引线圈不通电时的状态绘制，开关、按钮按其不受外力作用的状态绘制等。

5）各元器件一般按动作顺序从上到下、从左到右依次排列，可水平布置或垂直布置。

6）有直接电气联系的十字交叉导线连接点，要用黑点表示；无直接电气联系的交叉导线连接点不画黑点。

7）对于需要测试和能够拆接的连接点用“空心圆”表示，如端子排 X 的接点。

2.1.3 电气元件布置图

电气元件布置图用来表明电气设备上所有电动机和元器件的实际位置，为电气控制设备的制造、安装和维修提供必不可少的技术文件。图 2-3 所示为某自控系统的电气元件布置图。电气元件布置图绘制时应注意以下几个方面：

1）布置图中的文字符号应与电气原理图、安装接线图和电气设备清单中的保持一致。

2）电气控制柜中各元件之间以及上下、左右之间均应保持一定的间距，要考虑元器件工作过程中的发热和散热因素，发热元件应安装在上方。

3）强电、弱电应分开，弱电特别是信号线应加以屏蔽，以减小外界干扰。

4）动力、控制和信号电路分开布置，各自安装在相应的位置，以便于操作、维护。

5）绘制布置图时，应将各电气元器件按照外形尺寸画出，并布置在电气控制柜中，同时标注出间距和尺寸。

2.1.4 电气安装接线图

电气安装接线图用来表明电气设备各部件之间的连接关系、相对位置及其电气连接，是实际安装接线的依据。接线图需要表示出各元器件的相对位置、端子号、导线号、导线型号、导线截面积、导线颜色等内容。接线图中各元器件采用简化外形图表示，简化外形图旁应标注文字符号，并与电气原理图保持一致。图 2-4 所示为某自控系统的电气安装接线图，图 2-5 所示为最后组装完成的某自控系统实物图。

安装接线图绘制原则：

1）电气元件均按实际安装位置绘制，外形按实际尺寸以一定的比例画出，一个元器件的所有带电部分均画在一起。

2）具有相同走向的多条相邻线路可绘制成一股线。

3）电气元件的各个端子号应与电气原理图中的导线编号相一致。

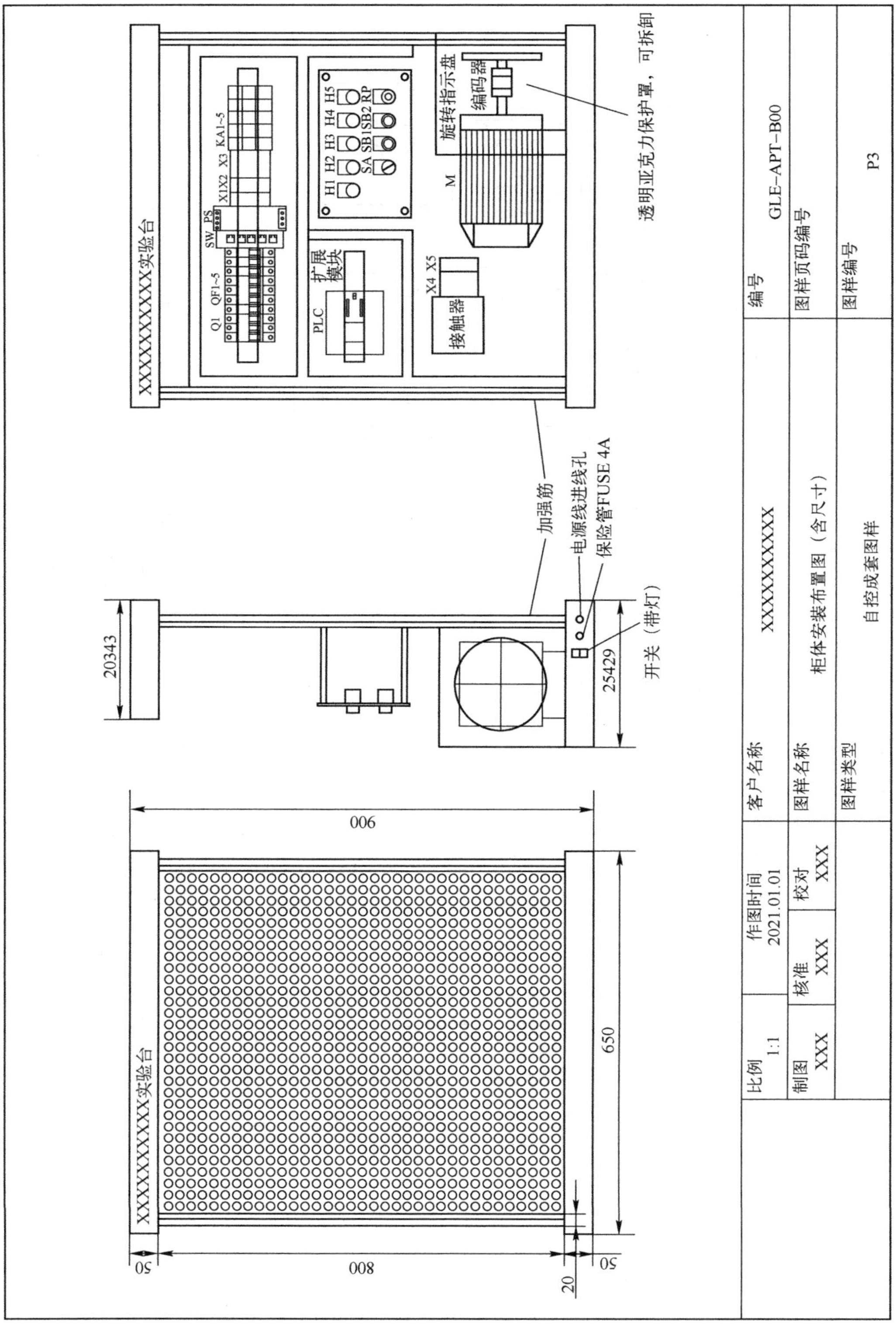

图2-3　某自控系统的电气元件布置图

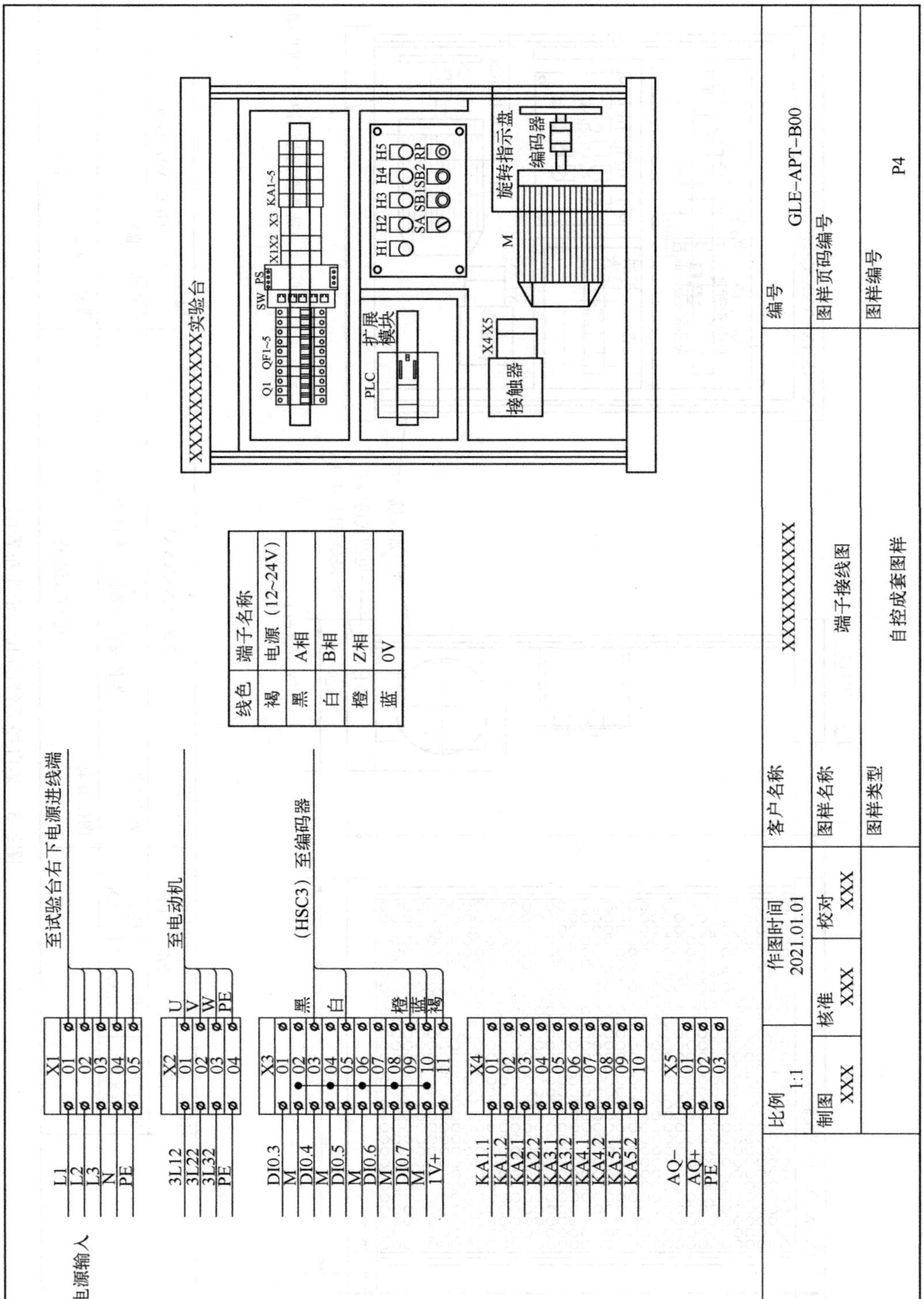

图2-4 某自控系统的电气安装接线图

2-1　自控系统实物展示

图 2-5　某自控系统实物图

2.2　异步电动机基本电气控制电路

2.2.1　全压直接起动控制电路

全压直接起动的起动电流为电动机额定电流的 4～7 倍，会造成电网电压明显下降，影响同一电网工作的其他负载的正常工作，所以全压直接起动电动机的容量受到一定限制。通常容量小于 10kW 的笼型异步电动机可采用该起动方式。

1. 手动控制电路

手动控制就是通过刀开关把电动机直接接入电网，加上额定电压，如图 2-6 所示。手动控制主要用来不频繁地接通与分断小型电动机，它是三相异步电动机最简单的控制方法。对于大、中容量的电动机，一般需要用接触器、继电器来控制。

2. 点动控制电路

点动控制就是按下起动按钮时，电动机得电起动，松开按钮时，电动机失电停转，如图 2-7 所示。点动控制多用于电葫芦控制、车床拖板箱快速移动、机床中对刀等场合。

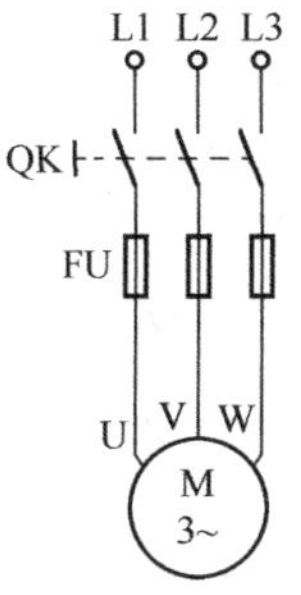

图 2-6　手动控制电路

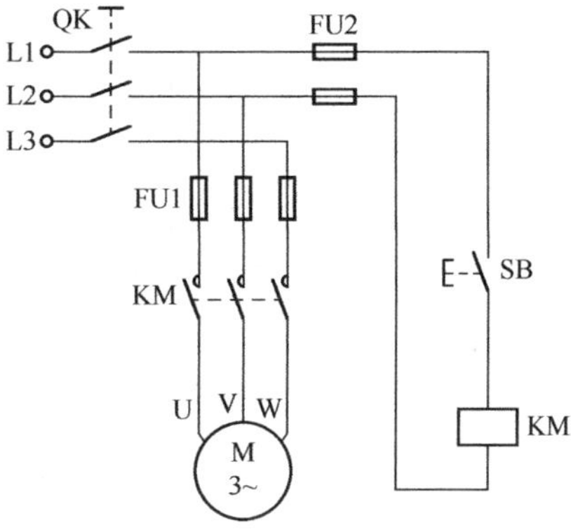

图 2-7　点动控制电路

合上刀开关QK引入三相电源，按下起动按钮SB，接触器KM线圈得电，接触器KM主触点闭合，电动机接通电源起动运行。

松开SB，KM线圈失电，KM主触点恢复断开，电动机失电停转。

注意： 当控制电路停止使用时，必须断开QK。

3. 连续（长动）控制电路

连续控制就是按下起动按钮时电动机转动工作，松开起动按钮时电动机不会停止转动。连续控制多用于控制电动机长期连续运行，适用于需要长时间单向运行的机械设备等场合。连续控制电路如图2-8所示。

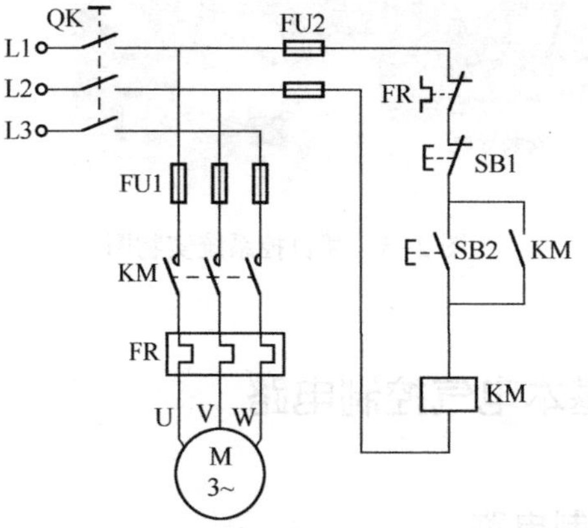

2-2 连续（长动）控制电路

图2-8 连续控制电路

合上刀开关QK引入三相电源，按下起动按钮SB2，接触器KM线圈得电，其主触点闭合，电动机起动。由于接触器的辅助常开触点并联于SB2，而且这时已经闭合，因此当松手断开SB2后，线圈通过其辅助常开触点可以继续保持通电，故电动机不会停止。

提示： 依靠接触器自身辅助触点而使其线圈保持通电的现象称为自锁。起自锁作用的辅助触点，称为自锁触点。此控制电路也称为自锁电路。触点的自锁作用在电路中叫作“记忆功能”。

按停止按钮SB1，KM的线圈失电释放，其主触点断开，电动机失电停转；KM辅助触点断开，消除自锁电路，清除“记忆”。

电路保护环节：

1）短路保护。短路保护在短路时熔断器FU1或FU2的熔体熔断并切断电路，使电动机立即停转。

2）过载保护。过载保护通过热继电器FR实现。当负载过载或电动机断相运行时，FR动作，其常闭触点将控制电路切断，KM线圈失电，切断电动机主电路使电动机停转。

3）零电压保护。零电压保护也称为欠电压、失电压保护。通过KM的自锁触点来实现。当电源电压消失（如停电）或者电源电压严重下降时，KM由于铁心吸力消失或减小而释放，这时电动机停转并失去自锁。而电源电压又重新恢复时，要求电动机及其拖动的运动机构不能自行起动，以确保操作人员和设备的安全。由于电网停电后自锁触点的自锁已消除，所以不重新按起动按钮电动机就不能起动。

总结： 按钮发布命令信号；接触器执行对电路的控制；继电器测量和反映控制过程中各个量的变化，如热继电器根据电流的热效应在过载时发出控制信号使接触器实现对主电路的分断控制。

4. 多地点控制电路

在较大型设备上，为了操作方便，常要求能在多个地点对电动机进行控制。要求在多处起动电动机时，实现方法是将分散在各操作站上的起动按钮并联起来；若要求在多处均可控制电动机的停转，则停止按钮应串联起来，如图 2-9 所示。

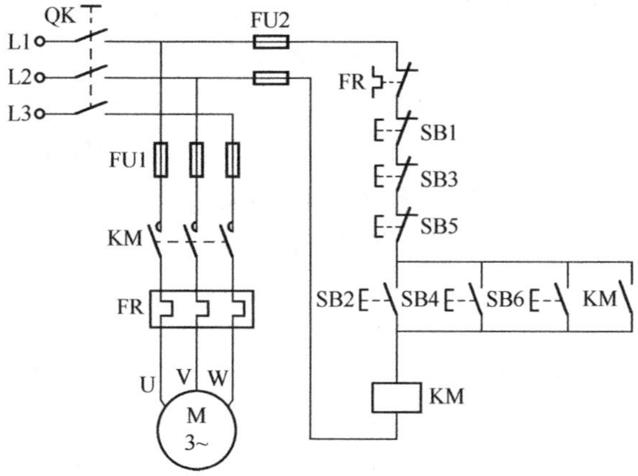

图 2-9　三地控制电路

5. 连续与点动控制电路

某些生产机械既需要连续运转，即长动，又要求能进行点动控制。图 2-10 所示为连续与点动控制电路。

图 2-10b 所示为用转换开关实现长动与点动转换的控制电路。当转换开关 SC 闭合时，按下按钮 SB2，接触器 KM 得电并自锁，从而实现了长动；当 SC 断开时，由于 KM 的自锁电路被切断，所以这时按下 SB2 是点动控制。

2-3　连续与点动控制电路

图 2-10c 所示为用按钮实现长动与点动转换的控制电路。点动按钮 SB3 的常闭触点串联在接触器 KM 的自锁触点电路中，按下按钮 SB3，SB3 的常闭触点断开，将 KM 的自锁电路切断，而 SB3 的常开触点闭合，接触器 KM 线圈得电，但手一离开按钮，KM 线圈就会失电，从而实现了点动控制。长动时，按下按钮 SB2，KM 线圈得电并自锁。

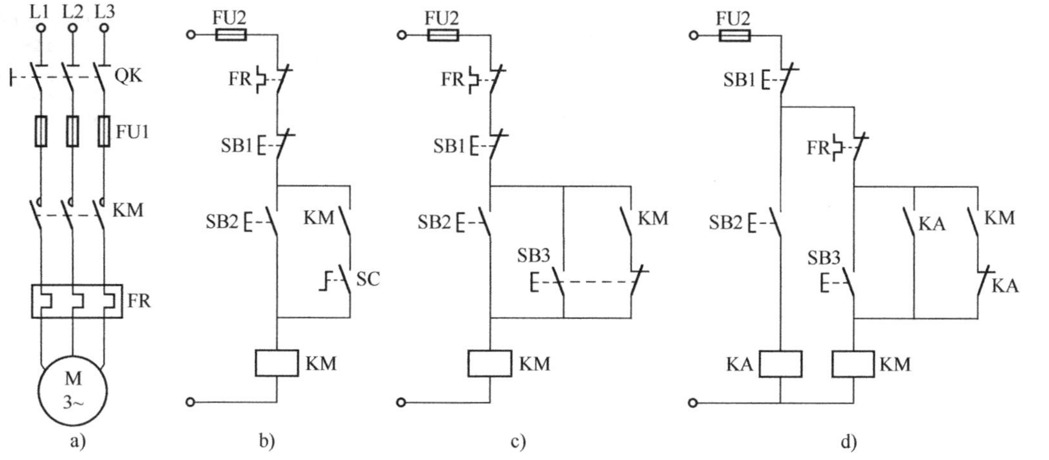

图 2-10　连续与点动控制电路

图 2-10d 所示为用中间继电器 KA 实现长动与点动转换的控制电路。按下按钮 SB2，KA 线圈得电，其常开触点闭合，常闭触点断开，接触器 KM 线圈得电，松开按钮 SB2，由于 KM 线圈不能自锁就会失电，从而实现点动控制。按下按钮 SB3，KM 线圈得电，其常开触点闭合并自锁，实现长动运行。

6. 顺序控制电路

在多台电动机拖动的电气设备中，经常要求电动机按顺序起动，如某些机床的主轴必须在液压泵工作以后才能起动。图 2-11 所示为两台电动机的顺序起动控制电路。

在图 2-11a 中，将液压泵电动机接触器 KM1 的常开触点串入主轴电动机接触器 KM2 的线圈电路中。可见，只有 KM1 得电，液压泵电动机起动，串入主轴控制电路的 KM1 的常开触点闭合后，KM2 才有可能得电，主轴电动机才可能起动。停车时，主轴电动机可以单独停止，但当液压泵电动机停车时，则主轴电动机立即停车。图 2-11b 中的接法可以省去 KM1 的常开触点，使电路简化。

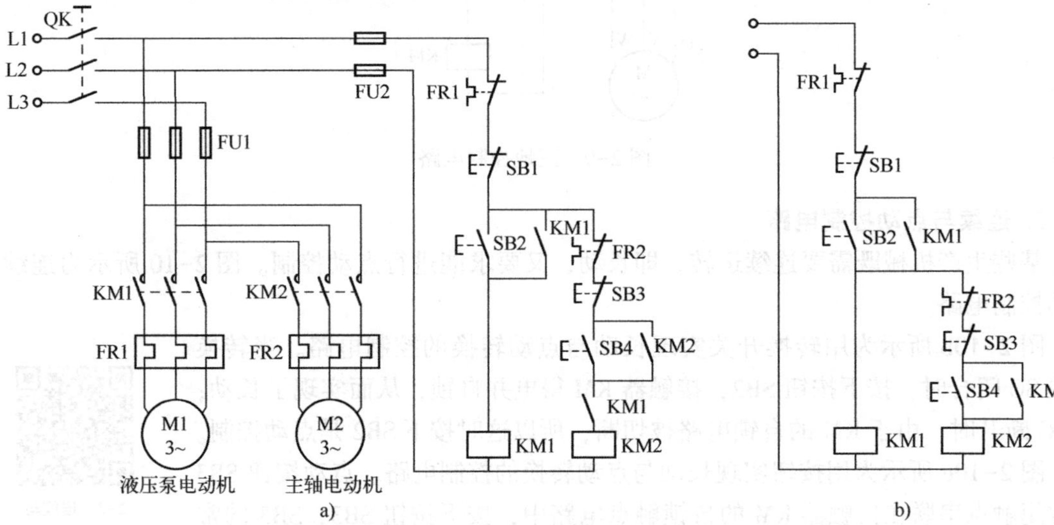

图 2-11　两台电动机的顺序起动控制电路

图 2-12 所示为两台电动机的顺序起动、逆序停车控制电路。

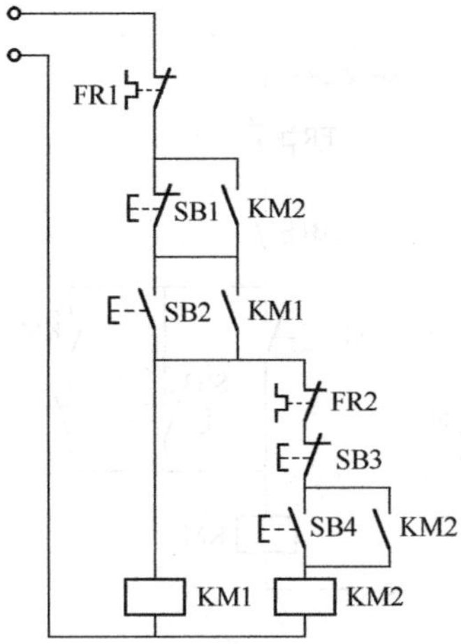

图 2-12　两台电动机的顺序起动、逆序停车控制电路

2-4　两台电动机的顺序起动控制电路

总结： 要求甲接触器动作后乙接触器才能动作，则需将甲接触器的常开触点串在乙接触器的线圈电路中；要求乙接触器释放后甲接触器才能释放，则需将乙接触器的常开触点并接在甲接触器的停车按钮两端。

7. 正反转控制电路

2-5　按钮控制的异步电动机正反转控制电路

生产机械的工作部件常需要两个相反方向的运动，大多数靠电动机的正反转实现。实现电动机正反转的原理很简单，只要任意对调电动机三相电源中的两相，即改变三相电源的相序，就可以改变电动机的旋转方向。图 2-13 所示为按钮控制的异步电动机正反转控制电路。

在主电路中，两个接触器 KM1、KM2 触点接法不同，因此当 KM2 触点闭合时，引入电动机的电源线 L1、L3 两相互换，改变了电动机电源的相序，从而改变电动机转向。在控制电路中，SB2、SB3 分别为正、反控制按钮，SB1 为停止按钮。主电路中 KM1 和 KM2 的主触点不允许同时闭合，否则会引起 L1、L3 两相短路。为防止 KM1 和 KM2 同时接通，在它们各自的线圈电路中串联接入对方的常闭触点，在电气上保证 KM1 和 KM2 不能同时得电。这种利用两个接触器的常闭辅助触点互相控制的方法称为电气互锁。KM1、KM2 两对起互锁作用的常闭触点称为互锁触点。

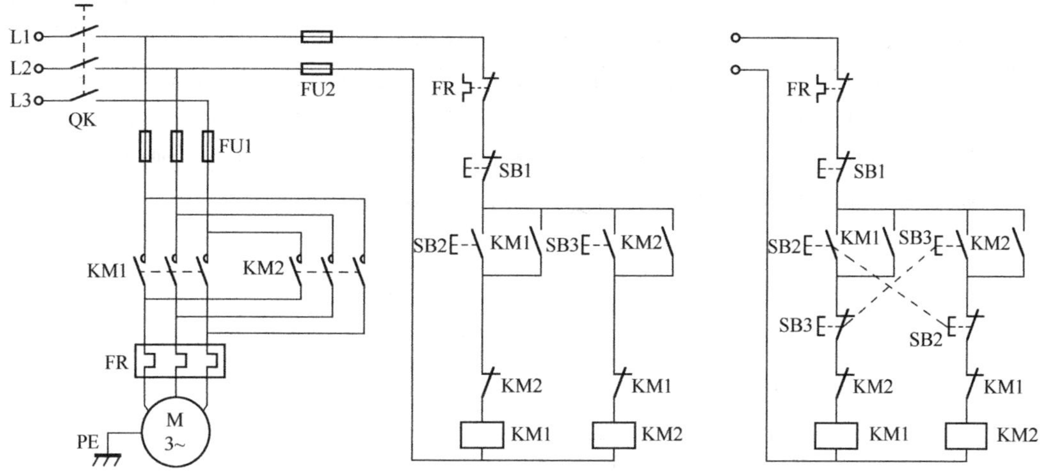

a)　　　　　　　　b)

图 2-13　按钮控制的异步电动机正反转控制电路

在图 2-13a 的控制电路中，按下 SB2，KM1 得电并自锁，电动机正转。此时按下 SB3，由于控制电路 KM1 的常闭触点已断开，因此 KM2 不能得电。电动机要反转时，必须先按 SB1，使 KM1 失电，其常闭触点恢复闭合，然后按下 SB3，KM2 才能得电，使电动机反转。这种控制电路在频繁换向时操作不方便。

在图 2-13b 的控制电路中，除了使用电气互锁外，还采用了复合按钮，并将复合按钮的常闭触点分别串接于对方接触器控制电路中。因此在接通一条电路的同时，可以切断另一条电路。例如当电动机正转时，按下 SB3，即可不用停止按钮过渡而直接控制进入反转状态。这种利用复合按钮互相控制的方法称为按钮互锁或机械互锁。所以，该控制电路通过双重互锁控制使得电路安全可靠并且操作方便。

注意： 电动机正反转直接进行切换时会出现较大的反接制动电流和机械冲击。因此，只适用于电动机容量较小、切换间隔时间较长、电动机转轴具有足够刚性的拖动系统。

8. 自动往返控制电路

有些生产机械如万能铣床，要求工作台在一定距离内能自动往返，通常利用行程开关控制电动机正反转实现。图 2-14 所示为机床工作台往返运动的示意图。行程开关 SQ1、SQ2 分别固定安装在床身上，反映加工原点与终点。撞块 A、B 固定在工作台上，随着运动部件的移动分别压下行程开关 SQ1、SQ2，使其触点动作，改变控制电路的通断状态，使电动机正反向运转，实现运动部件的自动往返运动。

2-6 机床工作台自动往返控制电路

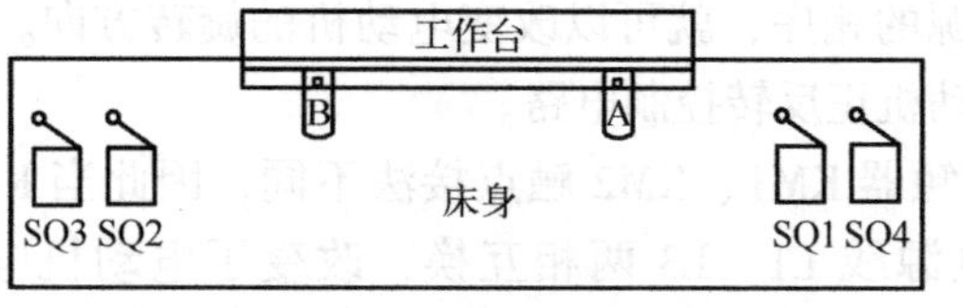

图 2-14 机床工作台往返运动的示意图

图 2-15 所示为自动往返控制电路，图中 SQ1 为正向转反向行程开关，SQ2 为反向转正向行程开关。SQ4、SQ3 为正、反向极限保护行程开关。合上电源开关 QK，按下正转起动按钮 SB2，接触器 KM1 线圈通电并自锁，电动机正向起动旋转，拖动工作台向右前进。当前进到位，撞块 A 压下 SQ1，其常闭触点断开，KM1 线圈断电，电动机停转，但 SQ1 的常开触点闭合，又使 KM2 线圈通电并自锁，电动机由正转变为反转，拖动工作台后退，即向左移动。当后退到位时，撞块 B 压下 SQ2，使其常闭触点断开，常开触点闭合，使 KM2 线圈断电，KM1 线圈通电并自锁，电动机由反转变为正转，拖动工作台变后退为前进，如此自动往返工作。按下停止按钮 SB1 时，电动机停止，工作台停止运动。当 SQ1、SQ2 失灵时，则由 SQ3、SQ4 实现保护，避免运动部件因超出极限位置而发生事故，实现了限位保护。

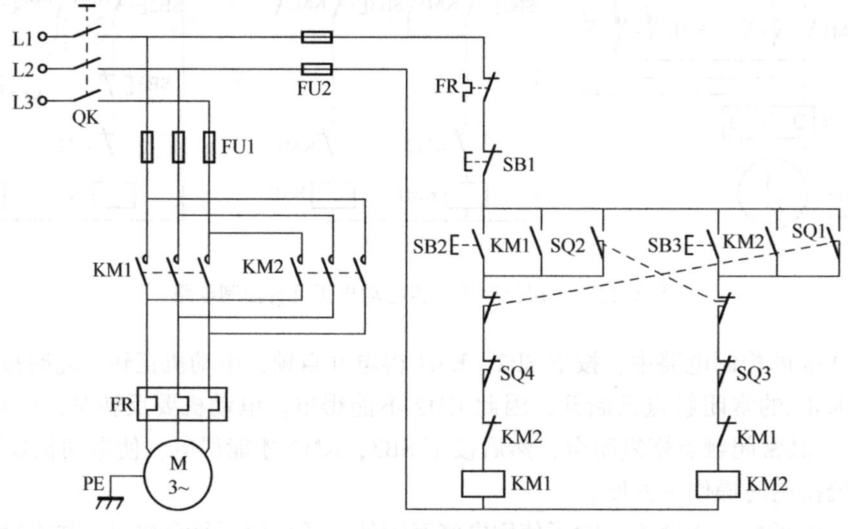

图 2-15 自动往返控制电路

2.2.2 减压起动控制电路

三相笼型异步电动机全压直接起动的控制电路简单，维修工作量小，但较大容量的笼型异步电动机（大于 10 kW）因起动电流较大，不允许进行全压直接起动，应采用减压起动方式。减压起动的实质：起动时减小加在定子绕组上的电压，以减小起动电流；起动后再将电压恢复到额定值，电动机进入正常工作状态。减压起动的常用方法有定子绕组串电阻减压起动、Y-△减压起动、自耦变压器减压起动等。

1. 定子绕组串电阻减压起动

由于起动时串入电阻的分压作用，定子绕组起动电压降低，起动结束后再将电阻短路，使电动机在额定电压下正常运行，可以减小起动电流。这种起动方式不受电动机接线形式的限制，设备简单、经济，在中小型生产机械中应用较广，如图 2-16 所示。

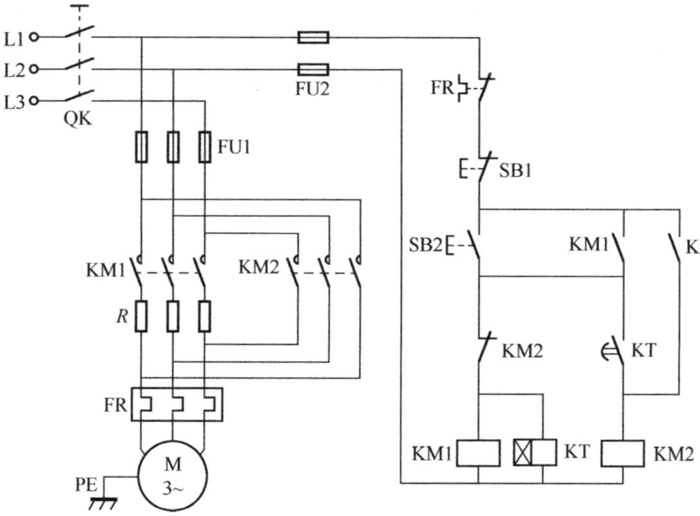

图 2-16　定子绕组串电阻减压起动控制电路

2-7　定子绕组串电阻减压起动电路

按下 SB2，KM1、KT 线圈得电吸合并自锁，电动机串电阻 *R* 减压起动，延时时间到，KT 延时闭合的常开触点闭合，KM2 线圈得电并自锁，电阻 *R* 短路，电动机进入全压运行。KM2 线圈得电的同时，其常闭辅助触点断开，KM1、KT 线圈断电，起到节能的目的。

提示：实际应用中由于电阻功率大、能耗大，为了降低能耗常采用电抗器代替电阻。

2. Y-△减压起动

电动机起动时，把定子绕组接成Y，以降低起动电压，减小起动电流；待电动机起动后，再把定子绕组改接成△，使电动机全压运行。Y-△减压起动的优点在于星形起动时每相绕组电压降为电源额定电压的 $1/\sqrt{3}$，起动电流值降为全压起动时电流值的 1/3，起动电流特性好。缺点是起动转矩只有全压起动时的 1/3，转矩特性差，故适用于空载或轻载起动。并且要求电动机具有 6 个接线端子，且只能用于正常运行时定子绕组为△联结的电动机，这在很大程度上限制了它的适用范围。图 2-17 所示为电动机定子绕组的Y、△联结示意图，具体如下：

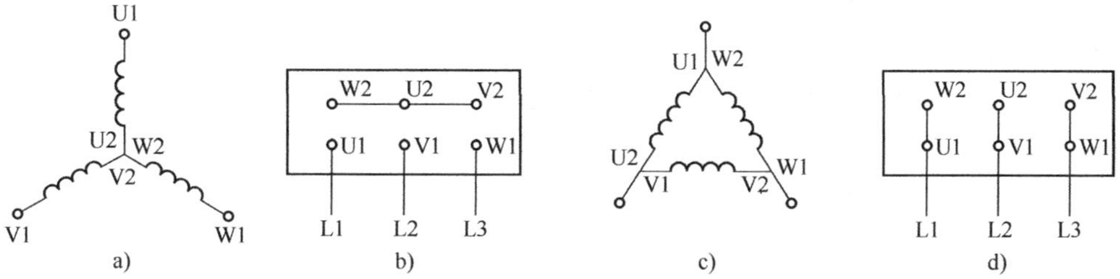

图 2-17　电动机定子绕组的Y、△联结示意图

a）定子绕组Y联结内部　b）定子绕组Y联结接线柱　c）定子绕组△联结内部　d）定子绕组△联结接线柱

1）定子绕组的Y联结，将U2、V2、W2短接，U1、V1、W1接三相电源L1、L2、L3，同时电动机外壳接地。

2）定子绕组的△联结，将U1与W2、V1与U2、W1与V2短接，U1、V1、W1接三相电源L1、L2、L3，同时电动机外壳接地。

图2-18所示为利用时间继电器实现异步电动机Y-△减压起动控制电路。按下SB2后，KM1线圈得电并自锁，同时KT、KM3线圈也得电，KM1、KM3主触点同时闭合，电动机定子绕组接成Y，电动机减压起动。KT为通电延时型继电器，延时时间到，KT延时常闭触点断开，KM3线圈失电释放，KT延时常开触点闭合，KM2线圈得电，这时KM1、KM2主触点处于闭合状态，电动机定子绕组转换为△联结，进入全压运行。在控制电路中，KM2、KM3两个常闭触点分别串接在对方线圈电路中，形成电气互锁。

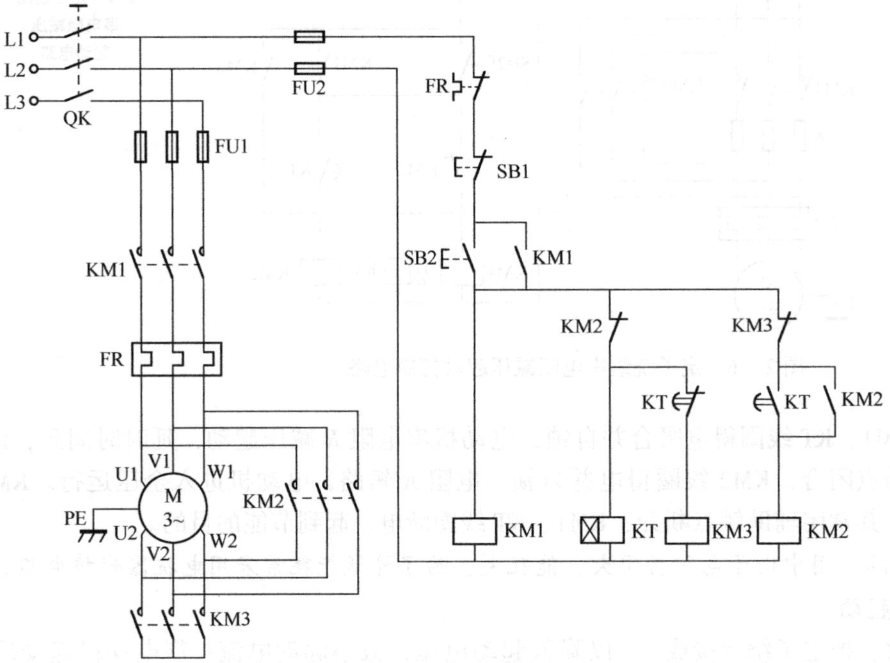

图2-18 异步电动机Y-△减压起动控制电路

2-8 异步电动机星-三角减压起动电路

提示： *重载起动不能使用Y-△减压起动，因为起动时转矩不够会导致电动机堵转，容易造成电动机绕组烧毁。重载起动一般使用变频器控制，变频器可以同时改变输出频率与电压，在U/f为常值时，输出频率f增加，则输出电压增加，转速增加，电流不变，转矩恒定。因此变频器可以使电动机以较小的起动电流，获得较大的起动转矩，即变频器可以起动重载。*

3. 自耦变压器减压起动

采用自耦变压器减压起动的电路中，电动机起动电流的限制是依靠自耦变压器的减压作用来实现的。电动机起动时，定子绕组得到的电压是自耦变压器的二次电压。一旦起动结束，自耦变压器便被切除，额定电压即自耦变压器的一次电压直接加在定子绕组上，这时电动机进入全压正常运行。自耦变压器减压起动控制电路如图2-19所示。

从主电路看，接触器KM1主触点闭合，KM2主触点断开，接入自耦变压器，电动机减压启动；当KM1主触点断开，KM2主触点闭合时，自耦变压器被切除，电动机全压正常运行。从控制电路看，按下起动按钮SB2，接触器KM1与时间继电器KT的线圈同时得电并通过时间继电器的瞬动触点 KT 自锁，一方面 KM1 主触点闭合，电动机定子绕组经自耦变压器接至电源减压起动；另一方面，时间继电器 KT 开始延时，当达到延时值，KT 延时打开的常闭触点断开，KM1 线圈失电，KM1 主触点断开，将自耦变压器从电网上切除，同时 KT 延时闭合的常开触点闭合，接触器 KM2 线圈得电，KM2 主触点闭合，电动机投入全压运行。

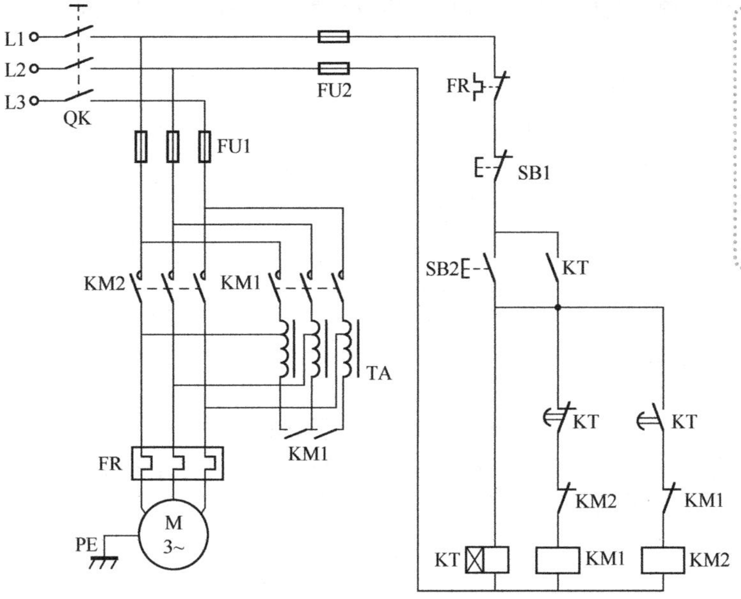

2-9　自耦变压器减压起动控制电路

图 2-19　自耦变压器减压起动控制电路

该起动方式的优点是可以按允许的起动电流和所需的起动转矩来选择自耦变压器的不同抽头（即可选减压比，如 80%、75%、60%），而且无论电动机的定子绕组采用Y或△联结都可以使用。缺点是设备体积大、投资较贵、起动转矩小，适用于轻载或空载起动。

2.2.3　制动控制电路

三相异步电动机从脱离电源开始，由于惯性的作用，转子要经过一段时间才能完全停止旋转，这就不能适应某些生产机械的工艺要求，出现运动部件停位不准、工作不安全等现象，也影响生产效率。因此，应对电动机进行有效的制动，使其能迅速停车。

停车制动的方式有两大类：机械制动和电气制动。机械制动是利用电磁抱闸等机械装置来强迫电动机迅速停车；电气制动是用电气的方法，使电动机产生一个与转子原来转动方向相反的电磁转矩来实现制动。常用的电气制动方式有反接制动和能耗制动。

1. 反接制动控制电路

反接制动的原理是通过改变电动机定子绕组上三相电源的相序，使定子绕组产生反向旋转磁场，从而形成制动转矩。反接制动时定子绕组中流过的反接制动电流相当于全压直接起动时电流的两倍，制动电流大，制动转矩大，对设备冲击也大。因此为了减小冲击电流，通常在电动机定子电路中串入反接制动电阻，既限制了制动电流，又限制了制动转矩。当反接制动到转子转速接近于零时，必须及时切除反相序电源，以防止反向再起动。反接制动的特点是制动迅速、效果好、冲击大，通常仅适用于 10 kW 以下的小容量电动机。图 2-20 所示为使用速度继电器实现反接制动的控制电路。

图 2-20a 所示为电动机单向运转的反接制动控制电路。电动机正常运转时，接触器 KM1

通电吸合，KM2 线圈断电，速度继电器 KS 常开触点闭合，为反接制动做准备。按下停止按钮 SB1，KM1 断电，电动机定子绕组脱离三相电源，电动机因惯性仍以很高速度旋转，KS 常开触点仍保持闭合，将 SB1 按到底，使 SB1 常开触点闭合，KM2 通电并自锁，电动机定子接反相序电源，进入反接制动状态。电动机转速迅速下降，当电动机转速接近于零时（转速小于 100 r/min），KS 常开触点复位，KM2 断电，电动机断电，反接制动结束。

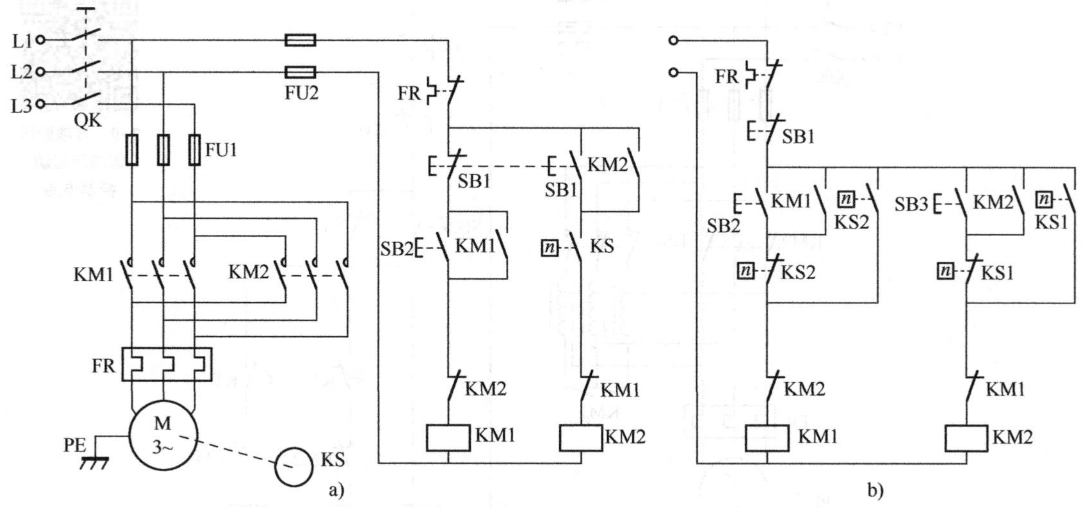

图 2-20 反接制动控制电路

图 2-20b 所示为电动机正反转运行的反接制动控制电路。电动机正向起动时，按下正向起动按钮 SB2，接触器 KM1 吸合并自锁，电动机正向运转；当电动机正向运转时，速度继电器 KS1 正向常闭触点断开，正向常开触点闭合，为制动做准备。这时，由于 KM2 线圈电路的互锁触点 KM1 断开，所以 KM2 不通电。电动机制动时，按下 SB1，接触器 KM1 失电释放，与 KM2 线圈串联的互锁触点 KM1 闭合，电动机正向电源被切断。由于电动机的转速还比较高，KS1 正向常开触点仍闭合，所以当手离开 SB1 以后，KM2 通电，电动机反接制动。当电动机转速接近零时，KS1 正向常开触点断开，KM2 断电释放，反接制动结束。速度继电器在常开触点断开时，常闭触点不是立即闭合，因而 KM2 有足够的断电时间使铁心释放，其自锁触点断开，所以不会造成反接制动后电动机反向运行。电动机反向的起动与制动过程同上述类似，这里不再赘述。

2-10 反接制动控制电路

2. 能耗制动控制电路

能耗制动的原理是当电动机切除三相交流电源时，转子仍沿原方向惯性运转，此时立即在定子绕组任意两相中接入直流电源，使定子中产生一个恒定的静止磁场，转子因切割磁力线而在转子绕组中产生感应电流，又因受到静止磁场力的作用，产生与电动机转向相反的电磁转矩，从而使电动机受制动迅速停车。由于这种方法是在定子绕组中通入直流电以消耗转子惯性运转的动能来制动的，所以叫能耗制动。

能耗制动与反接制动相比，具有制动比较缓和、平稳、准确、功耗小等优点，但制动能力较弱，在低速时制动不迅速，而且必须配置一套整流装置，控制电路复杂。能耗制动适用于电动机容量较大，要求制动平稳准确和起动、制动频繁的场合。图 2-21 所示为使用时间继电器实现能耗制动的控制电路。

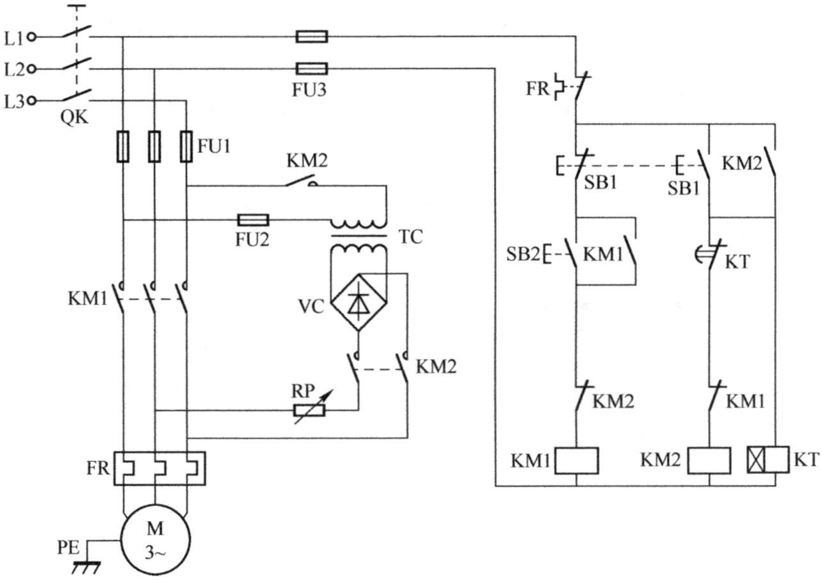

图 2-21　能耗制动控制电路

在控制电路中，按下 SB1 后，KM1 断电，切断电动机的三相交流电源，同时 KM2 得电自锁，使电动机两相定子绕组接入直流电源，电动机进入能耗制动过程；时间继电器 KT 与 KM2 同时得电，KT 开始延时。KT 延时时间到时（这时电动机转速接近于零），KT 延时常闭触点断开，KM2 断电，解除自锁，KT 断电，电动机脱离直流电源，制动过程结束。

2.2.4　有级调速控制电路

电动机转速公式为

$$n=n_0(1-s)=\frac{60f}{p}(1-s) \qquad (2-1)$$

其中，n 为转子转速，n_0为同步转速（旋转磁场的转速），s 为转差率 $s=(n_0-n)/n_0$，f 为电源频率，p 为定子磁极对数。可见，调速的方法有 3 种：改变电源频率 f（变频调速）；改变转差率 s；改变磁极对数 p。这里介绍在多速电动机中使用的改变磁极对数的有级调速方法。

极数、磁极对数：三相交流电动机每组线圈都会产生 N、S 磁极，每相含有的磁极个数就是极数。由于磁极是成对出现的，磁极数除以 2 就是磁极对数，即 p。

同步转速、转子转速：三相异步电动机转速是分级的，由电动机的极数决定。极数（2 极、4 极、6 极、8 极）反映电动机的同步转速 $n_0=60f/p$。我国三相交流电的频率 $f=50$ Hz，2 极电动机 $p=1$，4 极电动机 $p=2$，6 极电动机 $p=3$，8 极电动机 $p=4$。因此，2 极 $n_0=3000$ r/min，4 极 $n_0=1500$ r/min，6 极 $n_0=1000$ r/min，8 极 $n_0=750$ r/min。同步转速非实际转速。异步电机的转子转速 n 总是不等于同步转速 n_0，异步之名由此而来。2 极 $n\approx2840$ r/min，4 极 $n\approx1420$ r/min，6 极 $n\approx960$ r/min，8 极 $n\approx730$ r/min。由图 2-22 所示的三相异步电动机铭牌可知该电动机的极数是 4，磁极对数是 2，同步转速是 1500 r/min，转子转速是 1440 r/min。

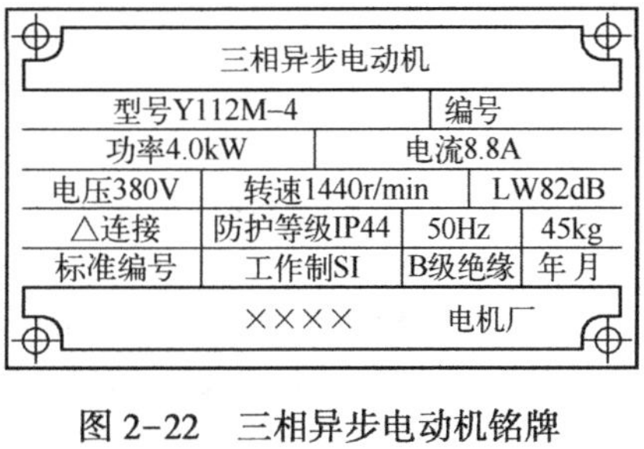
三相异步电动机
型号Y112M-4
编号
功率4.0kW
电流8.8A
电压380V
转速1440r/min
LW82dB
△连接
防护等级IP44
50Hz
45kg
标准编号
工作制SI
B级绝缘
年 月
××××
电机厂

图 2-22　三相异步电动机铭牌

改变磁极对数通常由改变电动机定子绕组接线方式来

实现，且只适用于笼型异步电动机。磁极对数可改变的电动机称为多速电动机，常见的多速电动机有双速、三速、四速等几种类型，属于有级调速。图 2-23 所示为双速电动机，采用改变绕组的接法来改变电动机的转速和输出功率，使其与机械设备的负载特性相匹配，简化了变速系统，更加高效、节能。

产品类型：	YD系列变速双速电动机
极数：	4/2
额定功率：	0.45/0.55
额定电压：	380V
额定转速：	1420/2860/r/min
产品认证：	ISO9001
应用范围：	机械设备
品牌：	
型号：	YD801 4、2

图 2-23　双速电动机及铭牌

1. △-YY联结

图 2-24 所示为电动机 4 极/2 极、定子绕组△-YY联结示意图。由图可见，当接线端子 U1、V1、W1 接三相电源，U2、V2、W2 端子悬空时，电动机定子绕组接成△电路；当 U1、V1、W1 端子短接，U2、V2、W2 端子接三相电源时，定子绕组接成YY电路。△电路中，每相绕组由两个线圈串联组成，电动机呈 4 极（$p=2$），电动机同步转速为 1500 r/min。YY电路中，每相绕组由两个线圈并联组成，电动机呈 2 极（$p=1$），其同步转速为 3000 r/min。

2. Y-YY联结

图 2-25 所示为电动机定子绕组Y-YY联结示意图。由图可见，当接线端子 U1、V1、W1 接三相电源，U2、V2、W2 端子悬空时，电动机定子绕组接成Y电路；当 U1、V1、W1 端子短接，U2、V2、W2 端子接电源时，定子绕组接成YY电路。

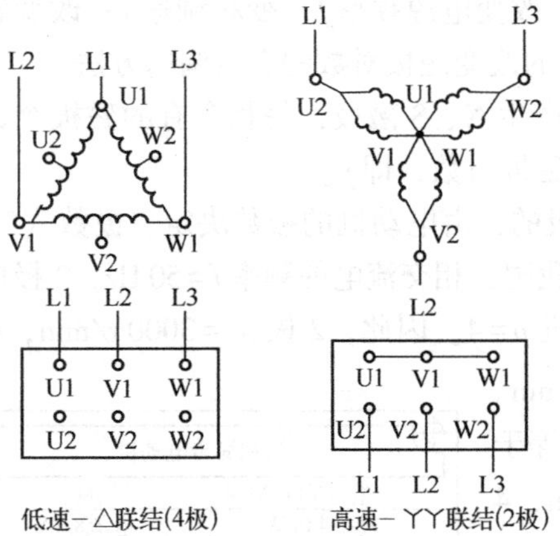

图 2-24　双速电动机三相绕组△-YY联结

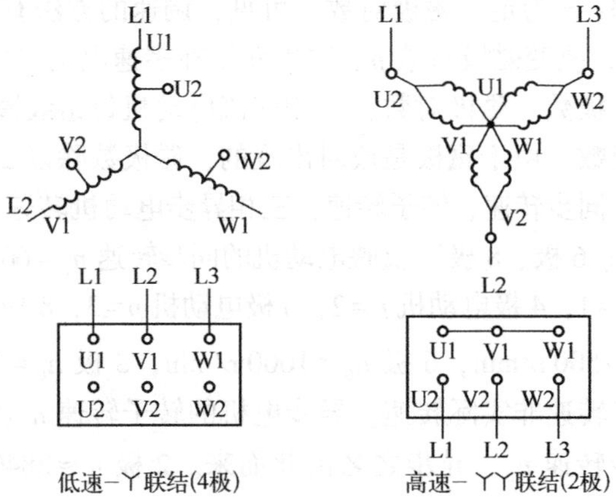

图 2-25　双速电动机三相绕组Y-YY联结

3. 双速异步电动机调速控制电路

图 2-26 所示为双速电动机△-YY调速控制电路。主电路中，KM1 得电，电动机绕组接成△，低速运转；高速接触器 KM2、KM3 得电，电动机绕组接成YY，高速运转。按下低速起动

按钮 SB2，低速接触器 KM1 线圈得电并自锁，KM1 主触头闭合，电动机定子绕组为△联结，电动机低速运转。高速运转时，按下高速起动按钮 SB3，KM1 线圈断电，其主触点断开，辅助常闭触点复位，KM2 和 KM3 线圈得电并自锁，其主触点闭合，电动机定子绕组为YY联结，电动机高速运转。

2-11　双速电动机调速控制电路

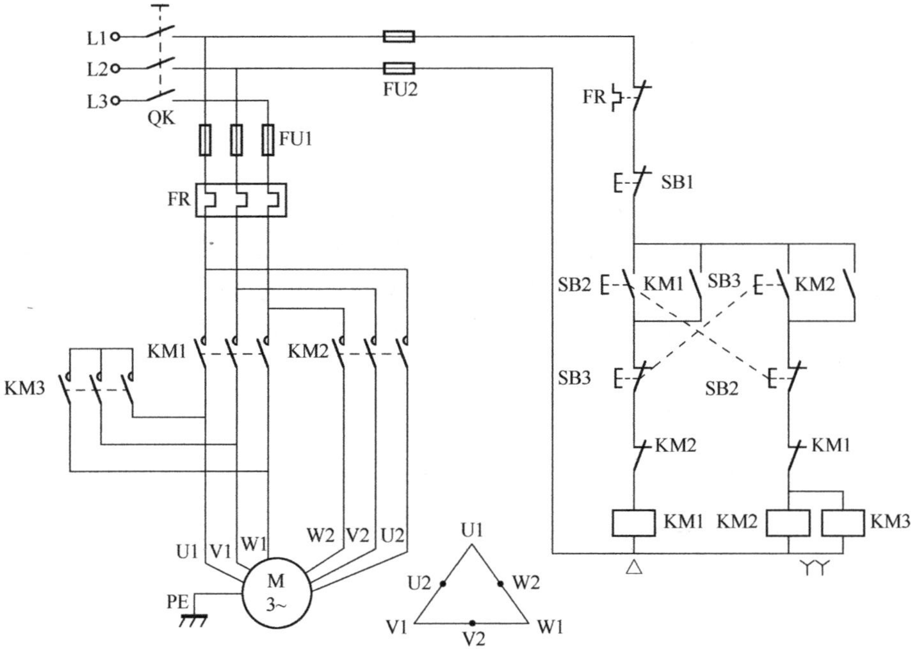

图 2-26　双速电动机△-YY调速控制电路

习　题

2-1　在正反转控制电路中，为什么要采用双重互锁？

2-2　什么叫自锁、互锁？如何实现？

2-3　简述什么是反接制动和能耗制动。

2-4　有两台三相笼型电动机 M1 和 M2，M1（由 KM1 控制）起动后，M2 方能起动；M1 停车后，M2 也停车，并且 M2 可单独停车。M2 能直接进行正反转切换（由接触器 KM2、KM3 控制）。整个控制系统具有短路和过载保护。按要求完成该继电器-接触器控制系统的设计和说明。要求：（1）画出主电路和控制电路图；（2）用文字说明系统的工作过程。

2-5　设计一个继电器-接触器控制系统，要求第一台电动机起动 10 s 后，第二台电动机自动起动，运行 20 s 后，两台电动机同时停转。要求：（1）画出主电路图；（2）画出控制电路图。

2-6　一台三相异步电动机运行要求为：按下起动按钮，电动机正转，5 s 后，电动机自行反转，再过 10 s，电动机停止，并具有短路、过载保护，设计主电路和控制电路。

2-7　工厂大门控制电路的设计。该大门由 M1、M2 两台电动机拖动两扇大门，如图 2-27 所示。试用继电器、接触器设计控制系统，画出主电路及控制电路。要求：（1）通过 M1 的正转（SB1）、反转（SB2）按钮对左扇门进行开门（KM1）、关门控制（KM2）；（2）通过 M2 的正转（SB3）、反转（SB4）按钮对右扇门进行开门（KM3）、关门控制（KM4）；（3）SB5

为系统总停按钮。注：S1~S4均为行程开关。

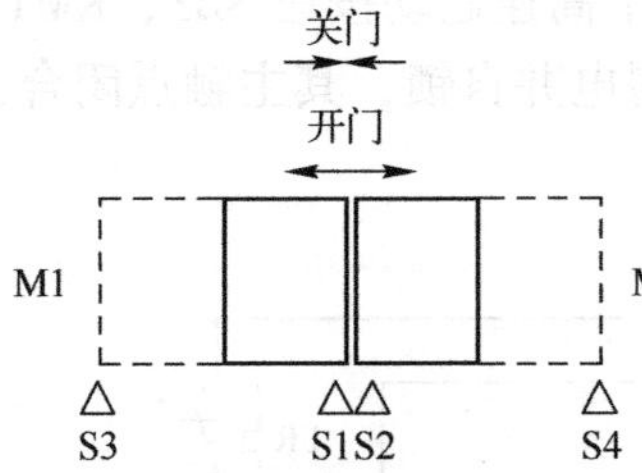

图2-27 工厂大门示意图

2-8 如图2-28所示，小车在A、B间做往复运动，由电动机M1拖动。小车在A点加入物料（由电磁阀YV控制），时间为20s。小车装完料后从A点运动到B点，由电动机M2带动小车倾倒物料，时间为3s，然后M2断电，车斗自动复原。小车在M1的拖动下运动退回A点再装料，循环进行。要求用继电器、接触器设计，画出主电路图和控制电路图。

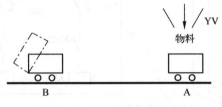

图2-28 小车装卸料示意图

第 3 章　可编程控制器概述

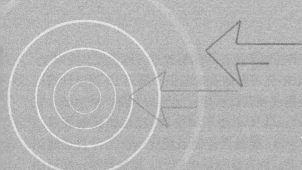

本章主要介绍可编程控制器的定义、产生背景、发展趋势和应用特点，使读者初步了解可编程控制器。

3.1 可编程控制器的产生和发展

3.1.1 可编程控制器的由来

任何事物的出现都有其必然性和必要性，可编程控制器也是如此，它的产生与工业生产的发展紧密相连，人类社会发展的需求推动工业生产的不断进步。

1. 传统的工业控制装置

在可编程控制器诞生之前，工业控制设备的主流品种是以继电器、接触器为主体的控制装置，如图 3-1 所示。继电器、接触器是一些电磁开关。

图 3-1　传统工业控制装置

这种工业控制装置存在以下问题：

1）故障率高。复杂的系统需要使用成百上千个继电器和成千上万根导线，只要有一个电器或一根导线出现故障，系统就不能正常工作，这大大降低了系统的可靠性。

2）维护困难。查找和排除故障困难，维修及改造很不容易，改造工期长、费用高。

3）接线困难。控制柜的安装、接线工作量大。

2. 可编程控制器的产生

美国通用汽车（GM）公司为了适应汽车型号的不断更新、生产工艺不断变化的需要，希望有一种新型工业控制器，它能解决继电器-接触器控制系统存在的修改难、体积大、噪声大、维护不方便以及可靠性差等问题，所以 1968 年，GM 公司面向全球招标，提出 10 项设计指标（业内称为“通用十条”）：①编程简单，可在现场修改和调试程序；②维护方便，采用插入式模块结构；③可靠性高于继电器-接触器控制系统；④体积小于继电器-接触器控制装置；⑤可将数据直接送入管理计算机；⑥成本可与继电器-接触器控制系统竞争；⑦可直接使用 115 V 交流电压输入；⑧输出为交流 115 V、2 A 以上，能直接驱动电磁阀、接触器等；⑨通用性强，扩展方便，原有系统只需做很小变更；⑩能存储程序，用户程序存储器容量至少可以扩展到 4 KB。

GM 公司发布招标书后，有 7 家公司应标，最后只有 3 家公司提供了实际原型机进行项目测试，它们分别是数字设备公司（DEC）、信息仪表公司（3-I）和贝德福德协会（Bedford Associates）。DEC 于 1969 年 6 月就交付了第一台原型机 PDP-14，但程序修改时必须把内存板发给 DEC，非常费时且不方便。与此同时，信息仪表公司也交付了他们的设备 PDQ-II。要重新编写程序，PDQ-II 必须使用微机接口以电传打字机打孔纸带方式，使用特殊的加载器加载程序，这虽然比 DEC 的回原厂修改好很多，但对于电气部门来说非常不便。最后是贝德福德协会带来的 Modicon 084（见图 3-2），首创的梯形图逻辑编程与继电器梯形图逻辑类似，成为工厂工程师和电工的首选控制器。DEC 的 PDP-14 作为第一台用于现场测试的原型机，被业界公认为世界上第一台可编程控制器，而信息仪表公司的 PDQ-II 虽然速度和运算能力很强，但还是与 PDP-14 类似。Modicon 084 虽然不是第一个安装的测试原型机，但另辟蹊径推出的梯形图编程方式，捕获了当时一众电气工程师的心，成功替代前两者取得胜利，也牢牢地奠定了其在自动化界的地位。

图 3-2 Modicon 084 控制器

提示： 可编程控制器的核心设计思想是使用软件编程代替硬连线继电器控制，从而建立程序控制系统。

3.1.2 可编程控制器的名称演变

可编程控制器早期名称为“Programmable Logic Controller”（可编程逻辑控制器），简称 PLC，主要替代传统的继电器接触器控制系统。20 世纪 70 年代后期，随着微电子技术和计算机技术的迅猛发展，PLC 从开关量的逻辑控制扩展到数字控制及生产过程控制领域。1980 年，美国电气制造商协会（NEMA）给它一个新的名称“Programmable Controller”，简称 PC。但为了避免与个人计算机（Personal Computer，PC）这一简写名称术语混乱，现在仍沿用 PLC 表示可编程控制器，但现在的 PLC 并不意味只具有逻辑功能。

3.1.3 可编程控制器的定义

国际电工委员会（International Electrotechnical Commission，IEC）在 1985 年 1 月的 PLC 标准草案第 3 稿中对 PLC 作的定义：可编程序控制器是一种数字运算操作的电子系统，专为在工业环境下应用而设计。它采用可编程序的存储器，用来在其内部存储执行逻辑运算、顺序控制、定时、计数和算术运算等操作的指令，并通过数字式、模拟式的输入和输出，控制各种类型的机械或生产过程。PLC 及其有关设备，都应按易于使用工业控制系统形成一个整体，易于扩充其功能的原则设计。

由定义可知，PLC实质上是经过一次开发的工业控制用计算机，它不仅具有计算机的内核，还配置了许多使其适用于工业控制的器件。但是它只是一种通用机，不经过二次开发不能在任何具体的工业设备上使用。不过PLC二次开发十分容易且具有体积小、工作可靠性高、抗干扰能力强、控制功能完善、适应性强、安装接线简单等众多优点。

注意： PLC是“数字运算操作的电子系统”；PLC是“专为在工业环境下应用”而设计的；PLC能控制“各种类型”的机械或生产过程。

3.1.4 可编程控制器的发展趋势

PLC起源于20世纪70年代初，美国DEC公司发明并制造了全世界第一台工业用PLC，其体积大、笨重。

20世纪70年代~20世纪80年代初，PLC进入实用化阶段。

20世纪80年代~20世纪90年代中期，PLC进入快速发展阶段。这一时期，涌现出了越来越多的PLC生产厂家。

20世纪末期至今，PLC进入进步和完善阶段。这一时期，随着科技的发展，网络化、信息化的各种新技术纷纷融入PLC系统中，使PLC拥有更加强大的功能。

随着技术的进步和市场的需求，PLC向高速、高可靠性、高集成度、标准化、网络化等方向发展。

1. 运算高速化，性能更可靠

SoC（System-on-a-Chip）芯片的时钟频率越来越高，功耗却显著减小，为开发更小体积、更高I/O（输入/输出）密度、更多功能的PLC奠定了基础。多核SoC的发展，可以进行高速的运动控制处理、视觉算法的处理等。以西门子公司为例，上一代S7-200 PLC的位逻辑指令执行时间为0.22 μs，而新一代S7-1200 PLC的位逻辑指令执行时间仅为0.1 μs。有些PLC甚至可以达到ns级别。不少PLC生产厂家采用了多CPU（中央处理器）并行处理方式。

当前，PLC的抗干扰能力和可靠性已经非常完善，但随着应用环境越来越复杂，用户对PLC的抗干扰能力也提出了更高的要求。统计表明，在所有故障中，CPU和I/O口故障仅占两成，其余都为外部故障，其中传感器故障为45%、执行器故障为30%、接线故障为5%。另外，许多厂商的PLC都提供故障诊断功能，大大提高了系统的故障自诊断和处理能力。

2. 高度集成化、模块化、小型化

现在的PLC产品体积更小、功耗更低、功能更强。近几年，很多PLC生产厂家推出了超小型PLC，用于单机自动控制或组建分布式控制系统。例如西门子公司的LOGO！系列PLC，将CPU、I/O模块、操作显示单元集成到一起。此外，很多原先需要扩展的功能如PROFINET也被集成到CPU模块上，使系统成本大大降低。

3. 标准化、开放性

早期PLC的一个重大缺点就是各生产厂家的体系是封闭的，各种总线、协议、指令、接口规范、电源等级等都不一致，互不通用、互不兼容。如今的PLC采用了各种工业标准，如IEC 61131-3、IEEE 802.3以太网、TCP/IP、OPC等。

4. 网络化与无线化

在信息时代，PLC生产厂家都加强了通信联网的信息处理能力。例如西门子公司的S7-1200 PLC支持PROFINET、点对点（Point-to-Point，PtP）、通用串行接口协议（Universal Serial Interface Protocol，USS）、Modbus、PROFIBUS、GPRS、自由口等通信功能，可以方便地与多种设备进行信息交互。

在智能制造系统中，PLC不仅仅是机械装备和生产线的控制器，而且是制造信息的采集器和转发器。PLC将从总线、以太网、实时以太网等方面进行接口支持能力增强。以太网更高速度数据传输满足了视频数据、视觉识别、图像处理等工业数据传输的应用。实时以太网满足了对于机器人、计算机数控（Computer Numerical Control，CNC）、运动控制方面的数据交换能力需求。

随着5G通信的不断部署，即将迎来“万物互联”的无线时代，PLC也将随之进入无线网络通信时代。预计不远的将来，PLC的I/O部分可以与CPU分离，传感器、执行器等均可单独布置，直接留在现场底层，大大减少现场布线的烦恼。此外，PLC将可以与智能手机、计算机等互联，用户可以随时随地查看系统状态，获取报警、诊断、实时数据等重要信息。

3.2 可编程控制器的特点

PLC作为一款工业环境中使用的通用工业控制器，种类千差万别，其控制要求和生产环境各不相同，但它们却有许多共同的特点。

1. 可靠性高，抗干扰能力强

PLC用软件代替大量的中间继电器和时间继电器，仅剩下与输入和输出有关的少量硬件，最大限度减少连线的数量，因触点接触不良造成的故障也大为减少，提高了硬件可靠性。

PLC使用了一系列硬件和软件的抗干扰技术，具有很强的抗干扰能力，平均无故障时间（Mean Time Between Failure，MTBF）达到数万小时以上，可以直接用于有强烈干扰的工业生产现场。PLC已被公认为最可靠的工业控制设备之一。

2. 硬件配套齐全、使用方便，适应性强、应用灵活

PLC产品已经标准化、系列化、模块化，配备各种硬件装置供用户选用，用户能灵活方便地进行系统配置，组成不同功能、不同规模的控制系统。PLC的安装接线很方便，一般用接线端子连接外部接线。PLC有较强的带负载能力，可直接驱动一般的电磁阀和交流接触器。PLC的功能单元大量涌现，使PLC渗透到位置控制、温度控制等各种工业控制中。加上PLC通信能力的增强及人机交互（Human-Machine Interaction，HMI）技术的发展，使用PLC组成各种控制系统变得非常容易。

PLC控制系统具有良好的柔性。当生产工艺或生产流程有局部变动时，只需要对PLC程序进行小部分改动，同时对外围电路进行局部调整，就可以实现控制系统的改造目标。

3. 编程简单、易学易用

梯形图语言是PLC最重要也是最普遍应用的一门语言，该编程语言的图形符号与表达方式和继电器电路图相当接近，直观、易懂。对于熟悉继电器电路图的工程技术人员可以方便地用梯形图实现继电器电路的功能，为不懂计算机原理和计算机编程语言的人使用计算机从事工业控制打开了方便之门。近年来还发展了顺序功能图（Sequential Function Chart，SFC），使编程变得更加简单、方便。

4. 系统的设计、安装、调试工作量少

PLC用软件功能取代了继电器控制系统中大量的中间继电器、时间继电器、计数器等器件，使控制柜的设计、安装、接线工作量大大减少。PLC的梯形图程序可以采用顺序控制设计法。这种编程方法很有规律，也很容易掌握。对于复杂的控制系统，梯形图的设计时间比继电器系统电路图的设计时间要少得多。PLC的用户程序可以在实验室进行模拟调试，输入信号用小开关来模拟，通过PLC上的发光二极管观察输出信号的状态。现场调试过程中发现的大多数问题可以通过修改程序来解决，系统的调试时间比继电器控制系统少很多。

5. 维修工作量小，维修方便

PLC 故障率很低，具有完善的自诊断和显示功能，可实时显示 PLC 内部工作状态、通信状态、异常状态和 I/O 状态等。工程师可通过状态信息方便地查明故障情况，迅速处理。

6. 体积小、质量小、能耗低

PLC 采用了微电子技术，使用软件编程实现逻辑控制，相比传统继电器控制电路，可以减少大量的中间继电器和时间继电器。小型 PLC 的体积仅相当于几个继电器的大小，因此采用 PLC 控制的电气控制柜结构紧凑、体积小、质量小、能耗低。由于 PLC 体积小，很容易装入机械内部，也是实现机电一体化的理想控制器。

7. 性价比高

一台小型 PLC 所具备的软元件（如辅助继电器、定时器、计数器等）可达成百上千个，相当于一台大规模的继电器控制系统，并且其软元件可无限次使用，以实现复杂的控制功能。与相同功能的继电器系统相比，PLC 具有很高的性价比。

3.3 可编程控制器的分类

PLC 产品种类繁多，其规格和性能也各不相同。对 PLC 的分类，通常根据其结构形式的不同、功能的差异和 I/O 点数的多少等进行大致分类。

1. 按结构形式分类

根据 PLC 的结构形式，可将 PLC 分为整体式、模块式和叠装式三类。

（1）整体式 PLC　整体式 PLC 是将电源、CPU、I/O 接口等部件都集中装在一个机箱内，具有结构紧凑、体积小、价格低的特点。小型 PLC 一般采用整体式结构。整体式 PLC 由不同 I/O 点数的基本单元（又称主机）和扩展单元组成。基本单元内有 CPU、I/O 接口、与 I/O 扩展单元相连的扩展口以及与编程器相连的接口等。扩展单元内只有 I/O 和电源等，没有 CPU。基本单元和扩展单元之间一般用扁平电缆连接。整体式 PLC 还可配备特殊功能单元如模拟量单元、位置控制单元等，使其功能得以扩展。图 3-3 所示为西门子 S7-1200 系列整体式 PLC 及其扩展单元，PLC 具体型号为 CPU 1214C DC/DC/DC，其右侧连接了一个 SM 1223 扩展模块，用于扩展 PLC 的数字量 I/O，其左侧连接了一个 CM 1241 RS485 通信扩展模块。

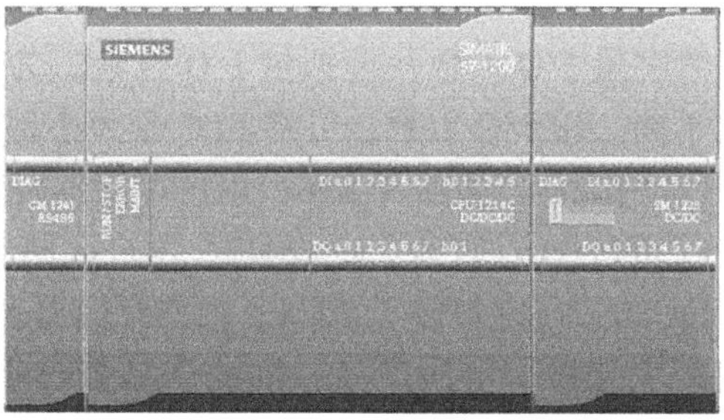

图 3-3　西门子 S7-1200 系列整体式 PLC 及其扩展单元

（2）模块式 PLC　模块式 PLC 是将 PLC 各组成部分分成若干个独立的模块，如 CPU 模块、I/O 模块、电源模块（有的含在 CPU 模块中）以及各种功能模块。用户可根据需要自行配置 I/O 点数和所需模块等，直接安装在机架或导轨上。这种模块式 PLC 的特点是配置灵活，可根据需要选配不同规模的系统，而且装配方便，便于扩展和维修。大中型 PLC 一般采用模块式结构，如西门子 S7-1500 系列模块式 PLC，如图 3-4 所示。

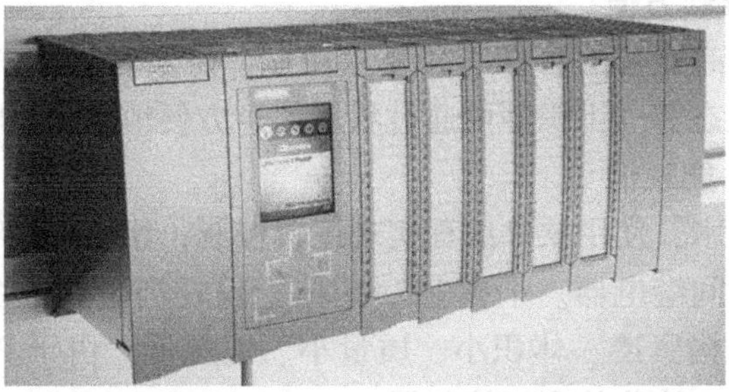

图 3-4 西门子 S7-1500 系列模块式 PLC

（3）叠装式 PLC 叠装式 PLC 将整体式和模块式的特点结合起来。其 CPU、电源、I/O 接口等依然是各自独立的模块，但它们之间连接不用基板，仅用电缆进行连接，并且各模块可以一层层地叠装。这既保留了模块式可灵活配置的特点，又体现了整体式体积小巧的优点，如图 3-5 所示。

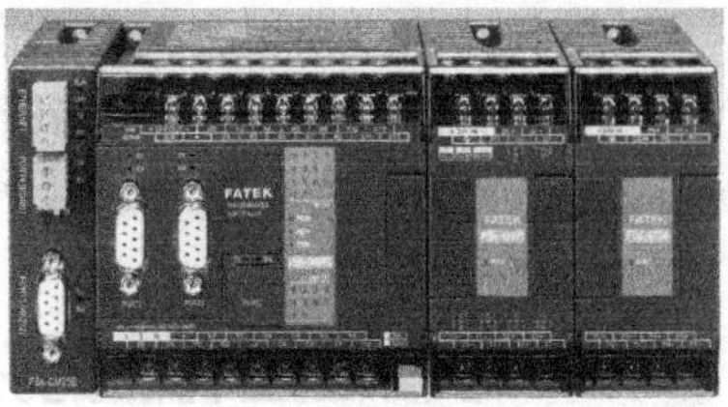

图 3-5 叠装式 PLC

2. 按功能分类

根据 PLC 的功能不同，可将 PLC 分为低档、中档、高档三类。

（1）低档 PLC 低档 PLC 具有逻辑运算、定时、计数、移位以及自诊断、监控等基本功能，还可有少量模拟量输入/输出、算术运算、数据传输和比较及通信等功能，主要用于逻辑控制、顺序控制或少量模拟量控制的单机控制系统。

（2）中档 PLC 中档 PLC 除具有低档 PLC 的功能外，还具有较强的模拟量输入/输出、算术运算、数据传输和比较、数制转换、远程 I/O、子程序及通信联网等功能；有些还可增设中断控制、PID 控制等功能，适用于复杂的控制系统。

（3）高档 PLC 高档 PLC 除具有中档 PLC 的功能外，还增加了带符号算术运算、矩阵运算、位逻辑运算、二次方根运算及其他特殊功能函数的运算、制表及表格传送功能等。高档 PLC 具有更强的通信联网功能，可用于大规模过程控制或构成分布式网络控制系统，实现工厂自动化。

3. 按 I/O 点数分类

PLC 的控制规模主要指数字量 I/O 点数及模拟量 I/O 点数。为适应不同生产过程的要求，PLC 能够处理的 I/O 点数也不同。按 I/O 点数，可将 PLC 分为小型、中型和大型三类。

（1）小型 PLC 小型 PLC 的 I/O 点数少于 256，用户存储器容量为 4 KB 以下。

（2）中型 PLC 中型 PLC 的 I/O 点数为 256~2048，用户存储器容量为 4~8 KB。

（3）大型 PLC 大型 PLC 的 I/O 点数多于 2048，用户存储器容量为 8~16 KB。

PLC 产品可按地域分成三大流派：美国产品、欧洲产品和日本产品。美国和欧洲的 PLC 技术是在相互隔离情况下独立研究开发的，因此美国和欧洲的 PLC 产品有明显差异性。而日本的 PLC 技术是由美国引进的，对美国的 PLC 技术有一定的继承性。美国和欧洲的 PLC 产品以大中型闻名，日本则以小型著称。

国外 PLC 品牌和生产厂家有德国西门子（Siemens）、瑞士 ABB、法国施耐德（Schneider）、美国罗克韦尔（Rockwell）、日本欧姆龙（Omron）以及三菱（Mitsubishi）等。国产的 PLC 生产厂家主要有台达、信捷、永宏等。

3.4 可编程控制器的应用领域

PLC 是以微处理器为核心，综合了计算机技术、自动控制技术和通信技术发展起来的一种通用的工业自动控制装置，在冶金、能源、化工、交通、电力、环保及文化娱乐等领域中有着广泛的应用，成为现代工业控制的三大支柱（PLC、机器人和 CAD/CAM）之一，主要应用范围为逻辑控制、工业过程控制、运动控制、数据处理和通信联网等。

1. 开关量逻辑控制

PLC 可取代传统的继电器-接触器电路，实现逻辑控制、顺序控制，既可用于单台设备的控制，也可用于多机群控及自动化流水线，如组合机床、磨床、包装生产线等。

2. 工业过程控制

在工业生产过程中，存在一些如温度、压力、流量、液位和速度等连续变化的量（即模拟量），PLC 采用相应的模拟量模块及控制算法程序来处理模拟量，完成闭环控制。PID 调节是闭环控制系统中用得较多的调节方法。过程控制在冶金、化工、热处理、锅炉控制等场合有非常广泛的应用。

3. 运动控制

PLC 可以用于圆周运动或直线运动的控制。利用运动控制指令实现驱动步进电动机或伺服电动机的单轴、双轴或多轴的位置控制，广泛用于装配机械、机器人等场合。

4. 数据处理

PLC 具有数学运算（含矩阵运算、函数运算、逻辑运算）、数据传送、数据转换、排序、查表、位操作等功能，可以完成数据的采集、分析及处理。

5. 通信联网

PLC 通信含 PLC 间的通信及 PLC 与其他智能设备间的通信。随着计算机控制的发展，工厂自动化网络发展得很快，各 PLC 生产厂商都十分重视 PLC 的通信功能，纷纷推出各自的网络系统。新近生产的 PLC 都具有通信接口，通信非常方便。

习　题

3-1　PLC 的定义是什么？

3-2　PLC 与传统的继电器-接触器电路相比有哪些优点？

第 4 章　可编程控制器的硬件结构

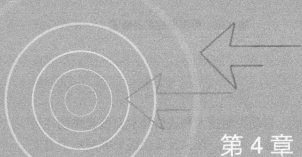

本章要求掌握 PLC 的基本硬件组成，重点理解 PLC 的工作原理。

4.1　可编程控制器的硬件组成

PLC 种类繁多、型号各异，各厂家的产品性能也不尽相同，但其硬件组成基本相同。它主要由 CPU、存储器、电源、I/O 单元以及外部接口等部分组成，如图 4-1 所示。

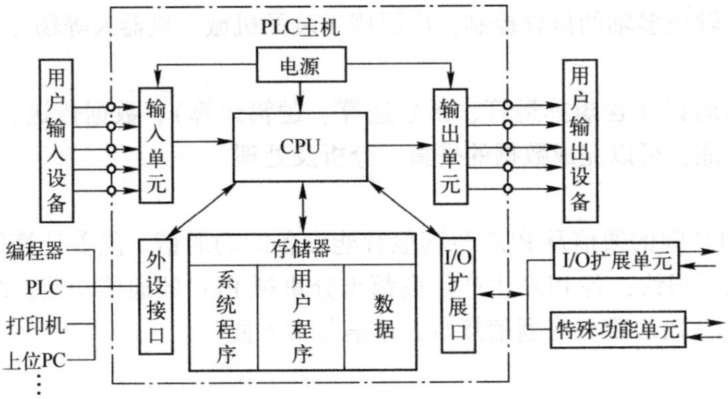

图 4-1　PLC 的硬件组成框图

4.1.1　CPU

CPU 由控制器、运算器和寄存器组成并集成在一个芯片内。CPU 是 PLC 的控制中枢，CPU 按照 PLC 内程序赋予的功能指挥 PLC 控制系统有条不紊地协调工作，从而实现对现场各个设备的控制。

4.1.2　存储器

PLC 内的存储器主要用于存放系统程序、用户程序和数据等。

1. 系统程序存储器

系统程序存储器用来存放系统管理和用户指令解释等系统程序，由 PLC 制造厂家编写并在出厂时固化在 ROM、EPROM 或 EEPROM 中，用户不能对其进行修改。

2. 用户程序存储器

用户程序存储器分为装载存储器和工作存储器两部分。用户程序是下载到 PLC 的装载存储器中，装载存储器是非易失的，一般是 EPROM、EEPROM 或 Flash 存储器。CPU 运行用户程序时，将所有与执行相关的程序自动复制到工作存储器中，工作存储器是高速存取的 RAM，易失。运行的程序上载到计算机编程器时，是从工作存储器区域复制的。

提示：装载存储器类似于计算机的硬盘，工作存储器类似于计算机的内存条。

3. 数据存储器

数据存储器也称为系统存储器，它包括输入和输出映像区、辅助继电器映像区、定时器区、计数器区、临时数据（局部变量）区、数据块区等存储区。这类存储区存储的数据由于不断变化，且通常不需要长期保存，所以采用 RAM 来实现。RAM 具有易失性，一旦掉电，RAM 中存储的内容就会丢失。为此，PLC 为 RAM 中的一部分数据存储区提供断电保持功能，断电可保持 RAM 中的内容。

4.1.3 电源

PLC 通常使用 AC 220 V（电压为 85~230 V）或 DC 24 V 电源供电。PLC 内部配有的一个专用开关式稳压电源，将供电电源转化为 PLC 内部电路需要的工作电源（DC 5 V、DC 24 V 等）。小型 PLC 可以为输入电路和外部的电子传感器（如接近开关）提供 DC 24 V 的电源，传感器电源的容量一般在 400 mA 以下，如果用户使用的 24 V 电源超出所提供的容量则需要另配直流电源。驱动 PLC 负载的电源由用户提供。

4.1.4 I/O 单元

I/O 单元是 PLC 与工业现场连接、交互的重要桥梁。输入单元相当于人的眼睛、鼻子、耳朵等感觉器官，用来将外部信号的通断状态（数字量）或数值大小（模拟量）传送到 CPU 单元。输出单元相当于人的手、脚等执行器官，用来将 CPU 单元输出点改变成用户想要的状态（如信号的通/断、电压或电流值等）。

I/O 单元均具有信号的传递、电平的转换和隔离三个功能。由于外部的信号或执行机构有多种形式，为了匹配尽可能多的设备，PLC 也设计了多种 I/O 单元供用户选用。

1. 数字量输入单元

数字量输入单元常用直流输入，直流输入分为源型（M-schaltend）输入和漏型（P-schaltend）输入。

西门子 PLC 源型和漏型数字量输入电路如图 4-2 和图 4-3 所示，图中的光电耦合器将电路的通断信号变成光信号来导通/截止内部电路。光电耦合器同时起到了电平转换和隔离的作用，防止现场强电干扰进入内部电路。*RC* 为滤波电路，以增强其抗干扰能力。

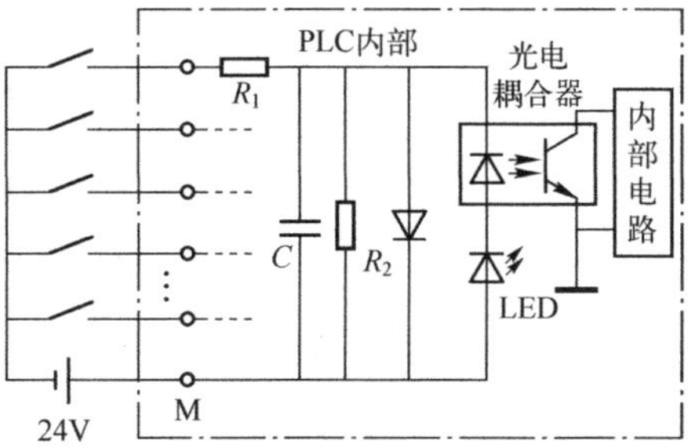

图 4-2 西门子 PLC 源型数字量输入电路示意图

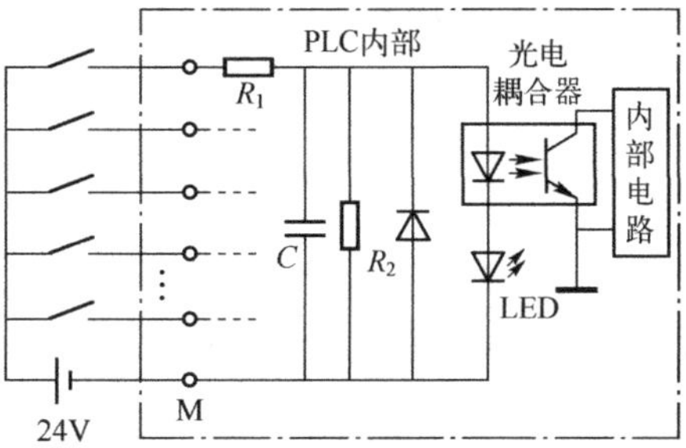

图 4-3 西门子 PLC 漏型数字量输入电路示意图

西门子 PLC 源型/漏型（混合型）数字量输入电路如图 4-4 所示，图中光电耦合器和输入指示灯通常做成二极管反向并联，这样的好处是外部电源可以反接（即该输入端口可以接成源型输入也可以接成漏型输入），图中 24 V 的虚线即表示允许反接。

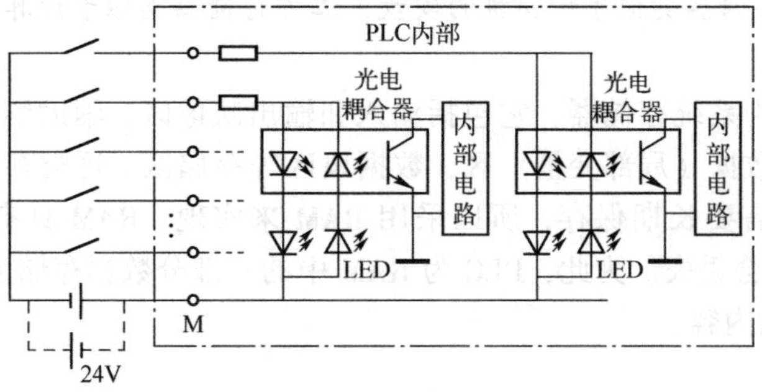

图 4-4　西门子 PLC 源型/漏型（混合型）数字量输入电路示意图

注意：对于 PLC 的端子，如果电流从参考点流出，可以把它看成电流的“源头”，即为“源型”；如果电流流入参考点内，那么就是“漏型”。小心避坑：西门子公司的 PLC 以输入端子为参考点，三菱公司的 PLC 以公共端（COM）为参考点。此外，也可以按光电耦合器发光二极管公共端的连接方式分为共阳极和共阴极输入电路。

2. 数字量输出单元

PLC 的数字量输出单元分为继电器（Relay）型、晶体管（Transistor）型和晶闸管（Thyristor）型三类。

继电器型输出是 PLC 的 CPU 单元通过控制继电器触点的通断来控制外部负载电路，如图 4-5 所示。图中并联在继电器触点两端的 *RC* 吸收电路用来消除触点断开时产生的电弧。继电器型输出的优点是既可以带直流负载，也可以带交流负载，而且带载能力较强，没有导通电压降；缺点是输出频率低、寿命短。所以在设计 PLC 控制系统时也要考虑输出端子的寿命问题，预留一定的输出端子备用，防止因某个端子损坏而更换整个 PLC。如果要控制的设备需要高速响应［如控制步进电动机、脉冲宽度调制（Pulse Width Modulation，PWM）输出等］，使用继电器型输出将无法实现，此时可以选用晶体管型输出。

晶体管型输出将通断控制换成了晶体管，如图 4-6 所示。晶体管型输出的优点是输出频率高、寿命长；缺点是仅限直流负载、有导通电压降、带载能力弱。

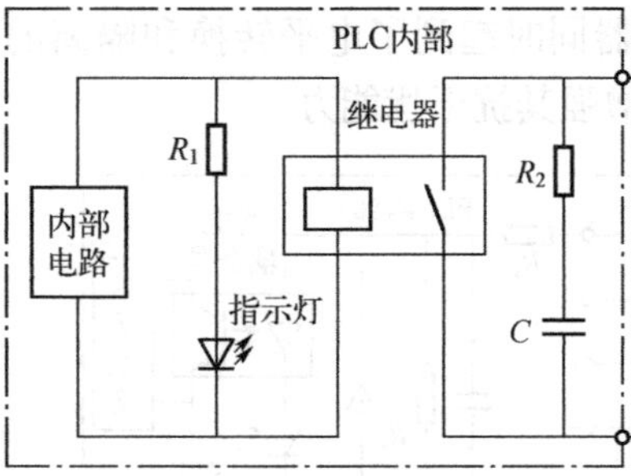

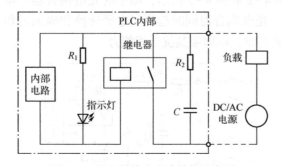

图 4-5　继电器输出电路结构示意图

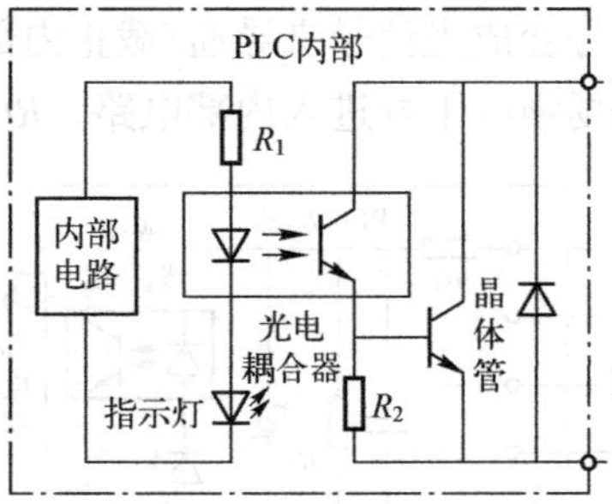

图 4-6　晶体管输出电路结构示意图

此外，还有一种晶闸管（双向可控硅）的输出方式，其电路结构如图 4-7 所示。图中并联在晶闸管两端的 *RC* 吸收电路用来抑制晶闸管关断过电压和外部的浪涌电压。晶闸管输出方式仅能用于交流电源负载，带负载能力比继电器输出小，比晶体管输出大。晶闸管和晶体管输出接口都是无触点的，因此输出频率高，使用寿命长。当PLC内部电路有信号输出时，光电二极管导通，通过光电耦合使晶闸管导通，交流负载在外部交流电源的激励下得电。指示灯点亮，指示输出有效。

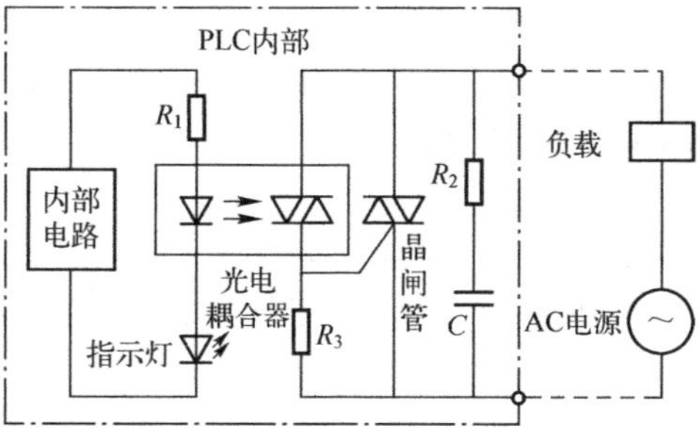

图4-7 晶闸管输出电路结构示意图

总结： 继电器输出型：可带交、直流负载，响应时间长，动作频率低；晶体管输出型：只能带直流负载，响应速度快，动作频率高；晶闸管输出型：只能带交流负载，响应速度快，动作频率高。

3. 模拟量I/O单元

PLC的模拟量输入单元是把现场连续变化的电量（电压或电流）标准信号，转换为PLC能够处理的由若干二进制位表示的数字量信号，在数据采集、过程控制系统中应用广泛。模拟量输入单元的核心是模数转换器（Analog-to-Digital Converter，ADC）。在工业生产过程中，温度、压力、流量、液位等连续变化的物理量，经过传感器变换为相应的4~20 mA、0~20 mA、0~5 V、0~10 V、-10~+10 V等模拟量标准电流或电压信号，模拟量输入单元接收模拟量信号后，经过滤波、ADC、光耦隔离将其转换成二进制数字量信号，送到PLC内部电路进行处理。根据ADC的分辨率不同，模拟量输入单元能提供8位、10位、12位或16位等精度不同的数字量信号。图4-8所示为模拟量输入单元原理框图。

PLC模拟量输出的过程与模拟量输入正好相反，它将PLC运算处理过的二进制数字转换成相应的电量（如0~10 V，4~20 mA），输出到现场的执行机构。其核心部件是数模转换器（Digital-to-Analog Converter，DAC）。模拟量输出单元原理框图如图4-9所示。

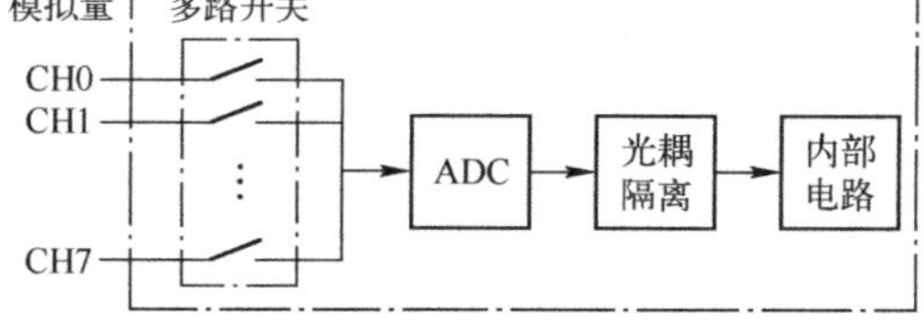

图4-8 模拟量输入单元原理框图

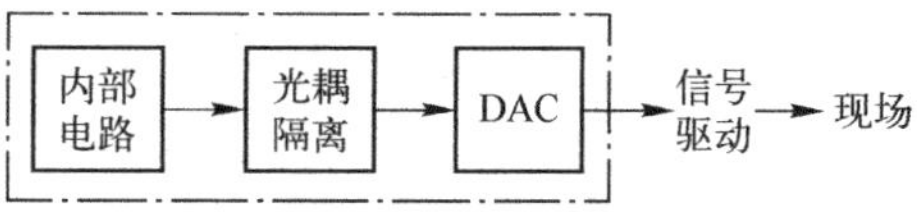

图4-9 模拟量输出单元原理框图

4.1.5 外部接口

PLC的外部接口有I/O扩展口（连接I/O扩展单元或者特殊功能单元）和通信接口。I/O扩展单元的作用是当PLC主机的I/O点数不够时，可通过PLC的I/O扩展接口连接I/O扩展模块，以适应和满足更加复杂控制功能的需要。为了增强PLC的功能，扩大其应用范围，PLC厂家开发了品种繁多的特殊功能单元。特殊功能单元包括模拟量I/O模块、通信模块、高速计数与运动控制模块等。其通过 I/O 扩展口与 PLC 系统总线相连。

PLC 的主机或通信模块上，集成有 RS232C、RS485、PROFINET 等通信接口，用于与 HMI 界面、其他 PLC、远程 I/O、PC、编程器和变频器等外部设备的通信，实现 PLC 与上述设备之间的数据及信息交换，组成局域网络或分布式控制系统。

4.2 可编程控制器的工作原理

PLC 生产厂家和产品繁多，但其工作原理基本一致。图 4-10 所示为某小型 PLC 的内部硬件结构。下面通过介绍 PLC 的工作原理，进一步了解 PLC 如何实现“硬件电路（In）—软件逻辑—硬件电路（Out）”的转化过程。

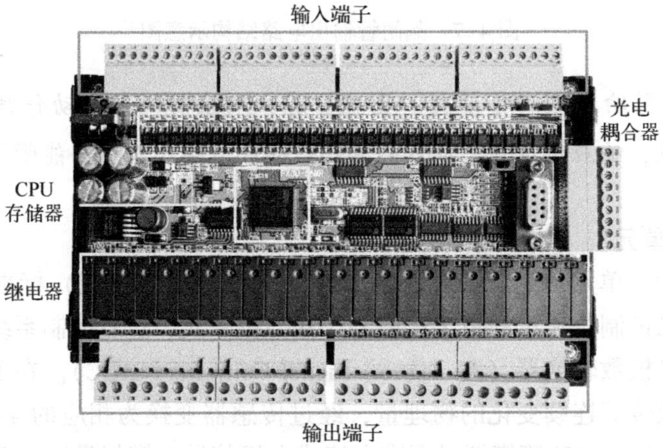

图 4-10 某小型 PLC 的内部硬件结构

4.2.1 循环扫描工作方式

PLC 主要有两种基本的工作模式，即运行（RUN）模式与停止（STOP）模式，如图 4-11 所示。在 RUN 模式下，PLC 反复执行反映控制要求的用户程序来实现控制功能。为了使 PLC 的输出及时地响应随时可能变化的输入信号，用户程序不是只执行一次，而是不断地重复执行，直至 PLC 停机或切换到 STOP 模式。PLC 的两种工作模式如图 4-11 所示。PLC 这种循环工作方式称为循环扫描工作方式。PLC 在 RUN 模式时，完成一次“内部处理、通信服务、输入处理、程序执行、输出处理”所需的时间，称为一个扫描周期。扫描周期的长短与用户程序的长短、指令的种类和 CPU 执行指令的速度有关。由于扫描工作方式的原因，PLC 可能检测不到窄脉冲输入信号，输入脉冲宽度应大于 PLC 的扫描周期。

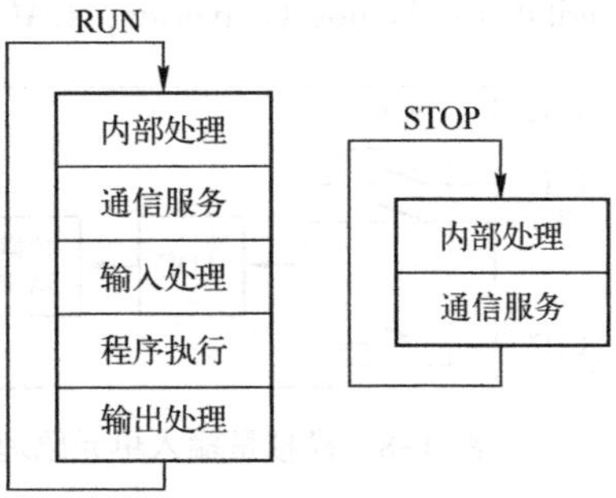

图 4-11 PLC 的两种工作模式

4.2.2 循环扫描工作过程

在内部处理阶段，PLC 进行 CPU 自诊断，主要检查工作电压是否正常、I/O 连接是否正常、用户程序是否存在语法错误等，同时定期复位监控定时器。监控定时器又被称为“看门狗”（Watchdog Timer，WDT），其定时时间略长于扫描周期，只要系统正常工作，WDT 就不会申请定时中断。如果系统出现问题，则 WDT 申请定时中断，同时系统响应，并在中断程序中对故障信息进行处理。在通信服务阶段，PLC 完成与其他设备的通信任务，包括与 PLC 主从站、操作员站（Operator Station，OS）、人机交互界面等进行信息交换。当 PLC 处于 STOP 模式时，只执行上面两个阶段的操作。PLC 处于 RUN 模式时，还要完成另外三个阶段的操作。

在 PLC 的存储器中，设置了一片区域用来存放输入信号和输出信号的状态，它们分别称为输入映像寄存器和输出映像寄存器。PLC 梯形图中的其他编程元件也有对应的映像存储区，它们统称为元件映像寄存器。在输入处理阶段，PLC 把所有外部输入电路的接通、断开状态集中采样并存入相应的输入映像寄存器中，此时输入映像寄存器被刷新，其内容保持不变，直到下一个扫描周期的输入处理阶段。即当输入处理阶段结束后，如果外部输入电路的状态发生变化，也只能在下一个扫描周期才能被 PLC 接收到。

注意：用户无法改写（只读）输入映像寄存器，其仅受外部硬件电路通断的控制。每一个外部的输入端口都有一个内部的输入映像寄存器位与之对应。

在程序执行阶段，CPU 根据指令的需要从输入映像寄存器、输出映像寄存器或元件映像寄存器中读出各继电器的状态，并根据此状态按自上而下、先左后右的顺序依次执行梯形图中的指令，执行结果再写入输出映像寄存器或元件映像寄存器中。PLC 在程序执行期间，可能会多次改变输出映像寄存器的值，但并不会在执行本条指令时立即将运算结果送至外部输出端口。也就是说，PLC 在程序全部执行完毕才会改变硬件端口状态。

注意：梯形图的运算规则：①若外部输入电路接通，对应的输入映像寄存器位为 1，则梯形图中对应的常开触点闭合，常闭触点断开；②若外部输入电路断开，对应的输入映像寄存器位为 0，则梯形图中对应的常开触点断开，常闭触点闭合；③若能流流至线圈处，则该线圈得电，对应的输出映像（或元件映像）寄存器位写为 1，否则为 0。

在输出处理阶段中，将输出映像寄存器中的内容传送到输出锁存器中，再经过输出接口（继电器、晶体管或晶闸管）电路输出，驱动外部负载。在下一个输出处理阶段开始之前，输出锁存器的状态不会改变。

PLC 循环扫描最重要的 3 个阶段为输入处理、程序执行、输出处理。这 3 个阶段的工作过程示意图如图 4-12 所示。图中按下接 I0.0 端子的“启动”按钮，Q0.0 控制的“指示灯”点亮并保持；按下接 I0.1 端子的“停止”按钮，“指示灯”熄灭并保持。PLC 上电后，不停地执行以上 3 个阶段。若“启动”和“停止”按钮都没有按下，则 I 寄存器采集输入时都是 0，因此 Q0.0 寄存器也是 0，指示灯不亮。若某个时刻“启动”按钮按下，则在输入处理阶段将

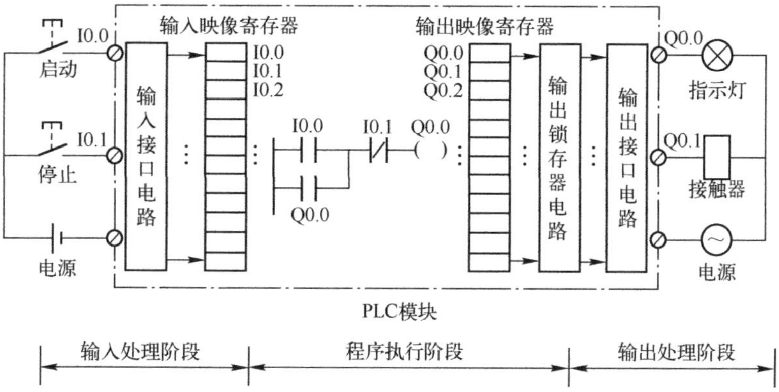

图 4-12 PLC 工作过程示意图

I0.0 写入 1，I0.1 写入 0；在程序执行阶段，读取 I0.0 为 1（常开触点闭合），读取 Q0.0 为 0（常开触点仍断开），I0.0 与 Q0.0 逻辑或的结果为 1；读取 I0.1 为 0（常闭触点仍闭合），常闭相当于逻辑运算的取反，I0.1 逻辑取反为 1；前面逻辑或运算的结果再和 I0.1 逻辑取反的结果进行逻辑与运算，最终运算结果为 1，即有从左到右假想的能流到达 Q0.0 线圈（线圈得电），对应的 Q0.0 写入 1；在输出刷新阶段，将 Q0.0 外部负载接通，指示灯点亮。

指示灯点亮后，即使“启动”按钮松开，由于 Q0.0 的状态为 1，其常开触点与 I0.0 并联，起到了自锁作用，因此 Q0.0 输出状态会保持。

某时刻“停止”按钮按下，则 I0.1 电路接通，I0.1 寄存器位为 1，I0.1 的常闭触点断开，Q0.0 能流截止，Q0.0 中写入 0；在输出刷新阶段，将 Q0.0 外部负载断开，指示灯熄灭。指示灯熄灭后，即使“停止”按钮松开，由于 Q0.0 与 I0.0 均已为 0，Q0.0 的常开触点断开，自锁解除，Q0.0 的线圈也保持为 0，因此指示灯也会保持熄灭状态。

4.2.3 系统响应时间

循环扫描是 PLC 最大的工作特点，这种“串行”工作方式既可以避免继电器、接触器控制系统因“并行”工作方式存在的触点竞争，又可提高 PLC 的运算速度，这是 PLC 系统可靠性高、响应快的原因。但这种工作方式也会带来系统响应的滞后，又称系统响应时间，即 PLC 的外部输入信号发生变化的时刻至它控制的外部负载状态发生变化的时刻之间的时间间隔，它主要由输入电路滤波时间、输出电路的滞后时间（与模块类型是继电器、晶体管、晶闸管有关）和因扫描工作方式产生的滞后时间三部分组成。这样的延迟对大多数情形影响不大，但在一些高速输入/输出的场合（如对编码器脉冲计数、PWM 脉冲输出）便无法接受，这时 PLC 需要采用中断的方式来实现，中断独立于扫描周期，不受扫描周期的影响，可以实现快速响应。

习　题

4-1　PLC 的硬件组成和工作原理是什么？

4-2　PLC 的输出接口电路有几种？它们分别带什么类型的负载？

4-3　从软件、硬件两个角度说明 PLC 的高抗干扰性能。

4-4　PLC 的存储器包括哪几类区域？它们有什么区别？

4-5　CPU 中用于存储程序代码的存储器为＿＿＿＿＿＿，用于代码执行的存储器为＿＿＿＿。

第 5 章　S7-1200 PLC 的硬件和软件开发环境

本章重点是掌握 S7-1200 PLC 的硬件组成，熟练使用 S7-1200 PLC 软件开发平台，通过控制实例的学习，读者应能够完成简单 PLC 控制系统的软硬件设计。

5.1　S7-1200 PLC 技术综述

SIMATIC S7-1200 小型 PLC 可充分满足中小型自动化的系统需求。在研发过程中充分考虑了系统、控制器、人机界面和软件的无缝整合和高效协调的需求。SIMATIC S7-1200 系列 PLC 的问世，代表了未来小型 PLC 的发展方向。SIMATIC S7-1200 PLC 具有集成 PROFINET 接口、强大的集成工艺功能和灵活的可扩展性等特点，为各种工艺任务提供了简单的通信和有效的解决方案，尤其满足多种应用中完全不同的自动化需求。

西门子公司的 PLC 有 LOGO!、S7-200、S7-200 SMART、S7-300、S7-400、S7-1200、S7-1500。西门子 SIMATIC 系列 PLC 产品定位如图 5-1 所示。S7-200 已于 2017 年 10 月正式进入退市阶段。S7-200 SMART 是 S7-200 的升级换代产品，它们的硬件结构、指令、程序结构和监控方法等非常相似。S7-300/400 是西门子公司的大中型 PLC，在企业中广泛使用，它们

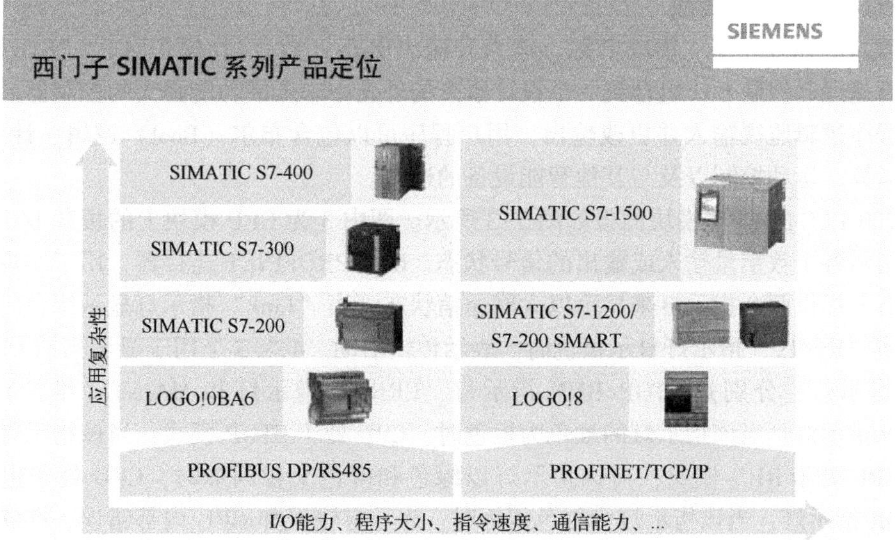

图 5-1　西门子 SIMATIC 系列 PLC 产品定位

正在被 S7-1200/1500 取代。S7-1200/1500 是在 S7-300/400 的基础上开发的新一代 PLC。S7-1200 是小型 PLC，而 S7-1500 是大中型 PLC。它们的编程软件为 TIA Portal（Totally Integrated Automation Portal）中的 STEP 7，该软件使用方便、容易上手。

5.2 S7-1200 PLC 的硬件

5.2.1 S7-1200 PLC 的硬件组成

SIMATIC S7-1200 PLC 的硬件主要由 CPU 模块、信号板（SB）[通信板（CB）或电池板（BB）]、信号模块（SM）和通信模块（CM）组成，所有模块都具有内置安装夹，能够方便地安装在一个标准的 DIN 导轨上。S7-1200 PLC 的硬件组成具有高度的灵活性，用户可以根据自身需求确定 PLC 的结构，系统扩展十分方便。S7-1200 PLC 的硬件组成如图 5-2 所示。

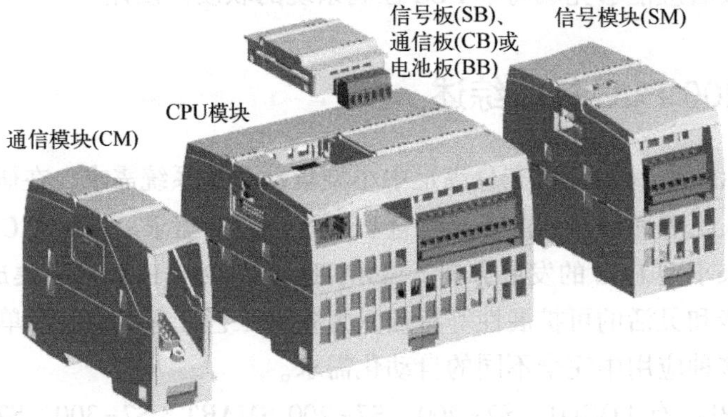

图 5-2 S7-1200 PLC 的硬件组成

5.2.2 CPU 模块

1. CPU 模块组成及面板

CPU 模块将微处理器、集成电源、输入和输出电路（数字量/模拟量）、PROFINET 以太网接口、高速运动控制 I/O 组合到一个设计紧凑的外壳中来形成功能强大的控制器。CPU 模块根据用户程序逻辑监视输入并更改输出，用户程序可以包含布尔（Bool）逻辑、计数、定时、复杂数学运算、运动控制以及与其他智能设备的通信。

S7-1200 PLC 的 CPU 模块面板如图 5-3 所示。图中 3 为 CPU 模块上的板载 I/O 状态指示灯，用来指示各个数字量输入或输出的信号状态。6 为 PROFINET 连接器，用于实现以太网通信，连接器上提供两个指示灯来显示以太网通信状态。当“Link”指示灯显示绿色时，表示连接成功；当“Rx/Tx”指示灯显示黄色时，表示传输活动。4 为 3 个用于显示当前 CPU 模块运行状态的指示灯，分别是 STOP/RUN 指示灯、ERROR 指示灯和 MAINT（维护）指示灯。STOP/RUN 指示灯：当该指示灯的颜色为橙色时，CPU 处于 STOP 模式；当该指示灯的颜色为绿色时，CPU 处于 RUN 模式；当该指示灯以绿色和橙色交替闪烁时，CPU 处于正在启动阶段。ERROR 指示灯：当该指示灯为红色闪烁时，表示有错误如 CPU 内部错误、存储卡错误或组态错误等；当该指示灯显示为红色时，表示硬件出现故障。MAINT 指示灯在每次插入存储卡时闪烁。

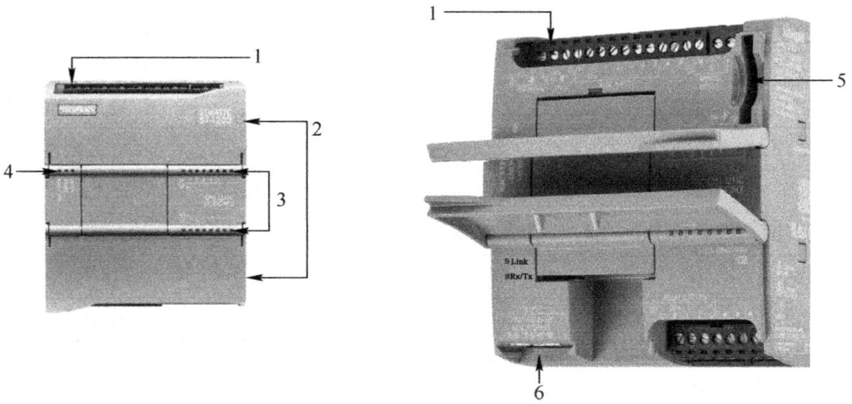

图 5-3　S7-1200 PLC 的 CPU 模块面板

1—电源接口　2—可拆卸用户连接器（保护盖下面）　3—板载 I/O 的状态指示灯
4—3 个指示 CPU 运行状态的指示灯　5—存储卡插槽（上部保护盖下面）　6—PROFINET 连接器（CPU 的底部）

2. CPU 模块的型号比较

S7-1200 PLC 目前有 5 种型号的 CPU 模块，各种型号的参数比较见表 5-1。

表 5-1　S7-1200 PLC 各种型号 CPU 模块参数比较

特　征		CPU 1211C	CPU 1212C	CPU 1214C	CPU 1215C	CPU 1217C
(长/mm)×(宽/mm)×(高/mm)		90×100×75		110×100×75	130×100×75	150×100×75
用户存储器	工作	50 KB	75 KB	100 KB	125 KB	150 KB
	装载	1 MB	2 MB	4 MB		
	保持性	10 KB				
本地板载 I/O	数字量	6 入/4 出	8 入/6 出	14 入/10 出		
	模拟量	2 路输入			2 路输入/2 路输出	
过程映像大小	输入（I）	1024 B				
	输出（Q）	1024 B				
位存储器（M）		4096 B		8192 B		
信号模块扩展		无	2 个	8 个		
信号板扩展		仅可扩展 1 个信号板、电池板或通信板				
通信模块扩展		3 个（左侧扩展）				
高速计数器②	总述	最多组态 6 个高速计数器，使用 CPU 模块内置或信号板外扩高速输入端子				
	1 MHz	—				Ib. 2 ~ Ib. 5
	100/80 kHz①	Ia. 0 ~ Ia. 5				
	30/20 kHz①	—	Ia. 6 ~ Ia. 7	Ia. 6 ~ Ib. 5		Ia. 6 ~ Ib. 1
	200/160 kHz①	扩展信号板 SB 1221：Ie. 0 ~ Ie. 3；扩展信号板 SB1223：Ie. 0 ~ Ie. 1				
脉冲输出③	总述	最多组态 4 个高速脉冲输出，使用 CPU 模块内置或信号板外扩输出端子				
	1 MHz	—				Qa. 0 ~ Qa. 3
	100 kHz	Qa. 0 ~ Qa. 3				Qa. 4 ~ Qb. 1
	20 kHz	—	Qa. 4 ~ Qa. 5	Qa. 4 ~ Qb. 1		—
存储卡		SIMATIC 存储卡（可选件）				

（续）

特　征	CPU 1211C	CPU 1212C	CPU 1214C	CPU 1215C	CPU 1217C
PROFINET 通信接口	1 个以太网通信接口			2 个以太网通信接口	
实数运算执行速度	2.3 μs/指令				
Bool 运算执行速度	0.08 μs/指令				
上升/下降沿中断点数	6/6	8/8	12/12		
脉冲捕获输入点数	6	8	14		
传感器电源输出电流	300 mA	300 mA	400 mA		

① 将高速计数器（HSC）组态为正交工作模式（A/B 双相正交）时，支持的最大输入频率降低。

② 因为 PLC 输入映像寄存器的起始字节序号在 TIA Portal 里是可以动态修改的，所以这里 Ia. 中的 a 为输入映像寄存器的起始字节序号。系统默认 a 为 0。

③ 对于继电器输出的 CPU 模块，必须安装数字量信号板才能使用脉冲输出。

3. CPU 模块的电源配置

根据电源电压、输入电压、输出电压的交、直流不同和电压大小不同，S7-1200 PLC 各型号 CPU 模块有 3 种不同的电源配置版本，具体见表 5-2。

表 5-2　S7-1200 PLC 各型号 CPU 模块的 3 种电源配置版本

版　本	电源电压	DI 输入电压	DQ 输出电压	DQ 输出电流
DC/DC/DC	DC 24 V	DC 24 V	DC 24 V	0.5 A，MOSFET
DC/DC/RLY	DC 24 V	DC 24 V	DC 5~30 V，AC 5~250 V	2A，DC 30 W/AC 200 W
AC/DC/RLY	AC 85~264 V	DC 24 V	DC 5~30 V，AC 5~250 V	2 A，DC 30 W/AC 200 W

4. CPU 模块的外部接线图

CPU 1214C AC/DC/RLY（继电器型输出）的外部接线图如图 5-4 所示。输入回路若要使

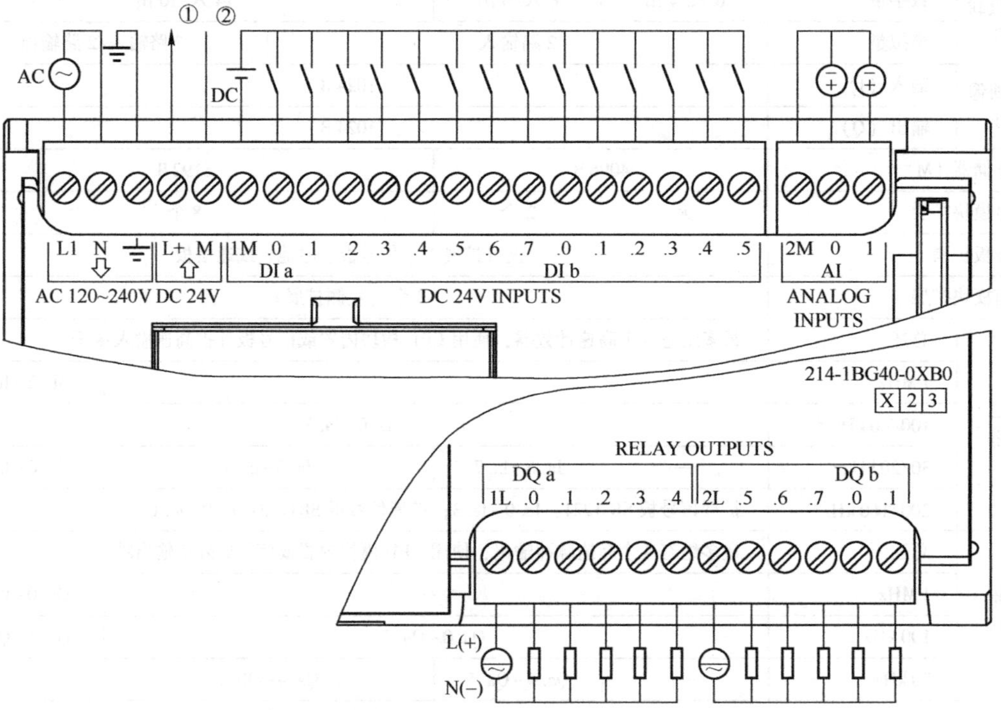

图 5-4　CPU 1214C AC/DC/RLY 的外部接线图

用图中标有①的 CPU 内置的 24 V 传感器电源，对于漏型输入时则需要去除图 5-4 中标有②的外接 DC 电源，并将输入回路 1M 端子与 DC 24 V 传感器电源的 M 端子连接起来，将内置的 24 V 电源的 L+端子接到外接触点的公共端，示意图如图 5-5 所示。源型输入时将 DC 24 V 传感器电源的 L+端子连接到 1M 端子，将内置 24 V 电源的 M 端子接到外接触点的公共端，示意图如图 5-6 所示。

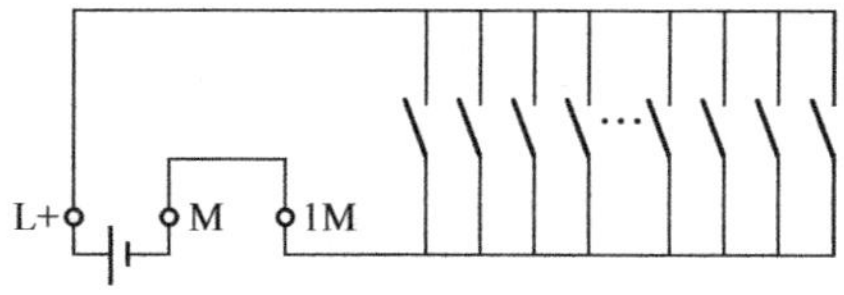

图 5-5　漏型输入外部接线示意图

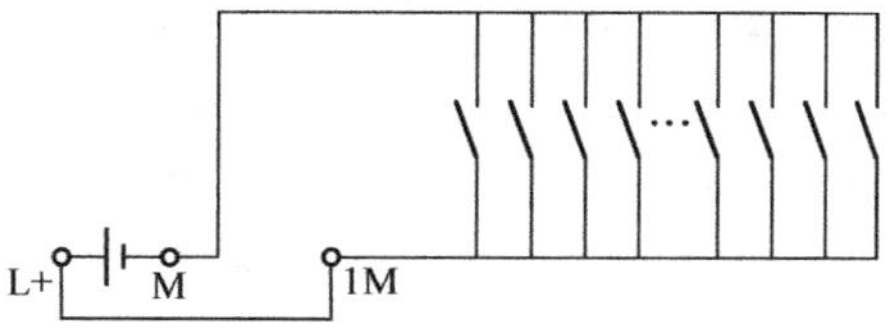

图 5-6　源型输入外部接线示意图

CPU 1214C DC/DC/DC（晶体管型输出）的外部接线图如图 5-7 所示，其电源、输入回路和输出回路电压均为 DC 24 V。输入回路也可以使用内置的 DC 24 V 电源。

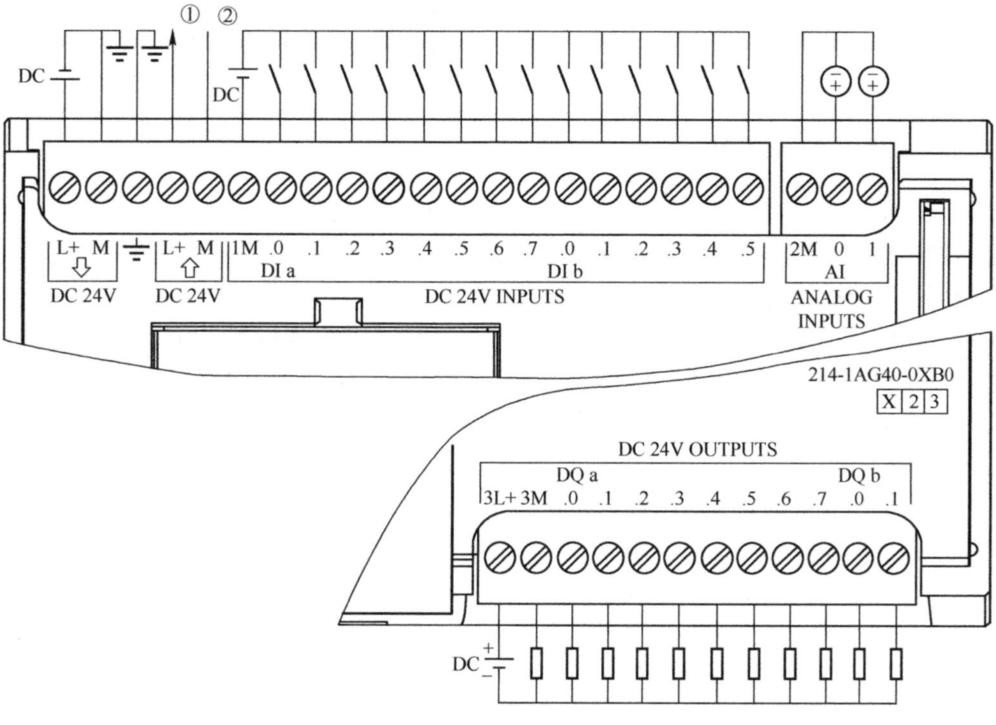

图 5-7　CPU 1214C DC/DC/DC 的外部接线图

注意：PLC 输入回路实际工作中也常采用外接 DC 24 V 开关电源的方式。

5. CPU 集成的工艺功能

S7-1200 PLC 集成的工艺功能包括高速计数与频率测量、高速脉冲输出、PWM 控制、运动控制和 PID 控制功能。

（1）高速计数与频率测量　CPU 最多可组态 6 个使用 CPU 内置或信号板输入的高速计数器，CPU 1217C 有 4 点最高频率为 1 MHz 的高速计数器。其他 CPU 可组态最高频率为 100 kHz（单相）/80 kHz（互差 90°的正交相位）或最高频率为 30 kHz（单相）/20 kHz（正交相位）的高速计数器（与输入点地址有关）。如果使用信号板，还可以测量频率高达 200 kHz 的单相脉冲信号或最高频率为 160 kHz 的正交相位信号。

（2）高速脉冲输出　各种型号的 CPU 最多 4 点高速脉冲输出（包括信号板的 DQ 输出）。组态为 PTO（脉冲串输出）时，它们提供最高频率为 100 kHz 的 50%占空比的高速脉冲输出，可以对步进电动机或伺服电动机进行开环速度控制和定位控制。组态为 PWM 输出时，将产生一个具有可变占空比（0%~100%）、周期固定的输出信号，经滤波后得到与占空比成正比的类似于模拟量输出的数字量输出，可以用于阀门从关到全开的位置控制。

（3）运动控制　S7-1200 PLC 的高速脉冲输出可以用于步进电动机或伺服电动机的速度和位置控制。通过一个轴工艺对象和 PLCopen 运动控制指令，即可实现对该功能的组态。除了返回原点和点动功能以外，还支持绝对位置控制、相对位置控制和速度控制。轴工艺对象有专用的组态窗口、调试窗口和诊断窗口。

（4）用于闭环控制的 PID 功能　PID 功能用于对闭环过程进行控制，建议 PID 控制回路的个数不要超过 16 个。STEP 7 中的 PID 调试窗口提供用于参数调节的形象直观的曲线图，还支持 PID 参数自整定功能，可以自动计算 PID 参数的最佳调节值。

提示： PLCopen 是一个国际性运动控制标准，支持绝对运动、相对运动和在线改变速度的运动，支持找原点和爬坡控制，用于步进电动机或伺服电动机的简单起动、试运行和在线检测等。

5.2.3　信号板及信号模块

信号板及信号模块是控制系统的眼、耳、手和脚，是联系外部现场设备与 CPU 模块的桥梁，通过输入模块将各类传感器的输入信号传送到 CPU 进行运算和处理，然后将逻辑结果和控制命令通过输出模块送出，达到控制生产过程的目的。

S7-1200 PLC 的正面都可以增加一块信号板，而信号模块连接到 CPU 的右侧，它们用来扩展数字量或模拟量 I/O 的点数（参见图 5-2）。CPU 1211C 不能扩展信号模块，CPU 1212C 只能扩展 2 个信号模块，其他 CPU 可扩展 8 个信号模块。

1. 信号板

信号板可以用于只需要少量附加 I/O 的情况。S7-1200 PLC CPU 模块都可以安装一块信号板，并且不会增加安装空间。有时添加一块信号板就可以增加需要的功能，性价比高。例如，数字量输出信号板使继电器输出的 CPU 具有高速脉冲输出的功能。安装时首先取下端子盖板，然后将信号板直接插入 S7-1200 PLC CPU 正面的槽内，如图 5-8 所示。信号板有可拆卸的端子。S7-1200 PLC 主要有以下信号板、通信板和电池板：

图 5-8　信号板的安装

1）SB 1221 数字量输入信号板，有 DI 4×DC 24 V 和 DI 4×DC 5 V 两种型号产品，最高输入信号计数频率均为 200 kHz。

2）SB 1222 数字量输出信号板，有 DQ 4×DC 24 V 和 DQ 4×DC 5 V 两种型号产品，4 点固态 MOSFET 最高输出脉冲频率均为 200 kHz。

3）SB 1223 数字量 I/O 信号板，有 DI 2×DC 24 V/DQ 2×DC 24 V、DI 2×DC 24 V 200 kHz/DQ 2×DC 24 V 200 kHz 和 DI 2×DC 5 V 200 kHz /DQ 2×DC 5 V 200 kHz 三种型号产品。

4）SB 1231 模拟量输入信号板。它有 1 路 12 位的输入，可输入电压或电流信号。输入范围为-2.5~2.5 V、-5~5 V、-10~10 V 或 0~20 mA。

5）SB 1231 热电阻（Resistance Temperature Detector，RTD）信号板和热电偶（Thermocouple，TC）信号板，分别为 1 路 16 位热电阻和 1 路 16 位热电偶，分辨率均为 0.1℃/0.1℉，15 位数据位+1 位符号位。

6）SB 1232 模拟量输出信号板。它有 1 路输出，可输出分辨率为 12 位的电压或 11 位的电流。输出范围为-10～10 V 或 0～20 mA。

7）CB 1241 RS485 通信板，提供 1 个 RS485 接口。

8）BB 1297 电池板，用于实时时钟的长期备份。

2. 信号模块

除了通过信号板进行少量 I/O 点数的扩展外，S7-1200 系列 PLC 提供了各种信号模块，如图 5-9 所示，进行较多 I/O 点数的扩展，提高 CPU 能力。

图 5-9　S7-1200 的信号模块

（1）数字量 I/O 信号模块　数字量 I/O 模块上除了为各路数字量提供 I/O 状态的指示灯外，还有指示模块状态的诊断（DIAG）指示灯。当其显示绿色时，表示该模块处于运行状态；当其显示红色时，表示该模块有故障或处于非运行状态。用户可以选用 8 点、16 点和 32 点的数字量 I/O 信号模块，来满足不同的控制需要，详见表 5-3。

表 5-3　数字量 I/O 信号模块

型　号	数字量输入点数	数字量输出点数
SM 1221 DI 8×DC 24 V 输入	8	
SM 1221 DI 16×DC 24 V 输入	16	
SM 1222 DQ 8×DC 24 V 输出		8
SM 1222 DQ 16×DC 24 V 输出		16
SM 1222 DQ 16×继电器输出		16
SM 1222 DQ 8×继电器输出		8
SM 1222 DQ 8×双态继电器输出，每个通道都带有常闭（Normally Close，NC）和常开（Normally Open，NO）触点		8（双态）
SM1223 DI 8×DC 24 V 输入和 DQ 8×DC 24 V 输出	8	8
SM1223 DI 16×DC 24 V 输入和 DQ 16×DC 24 V 输出	16	16
SM1223 DI 8×DC 24 V 输入和 DQ 8×继电器输出	8	8
SM1223 DI 16×DC 24 V 输入和 DQ 16×继电器输出	16	16
SM1223 DI 8×AC 120/230 V 输入和 DQ 8×继电器输出	8	8

（2）模拟量 I/O 信号模块　工业控制中，有时需要采集压力、温度、流量等模拟量数值，有时又需要 PLC 输出模拟量信号来控制电动调节阀、变频器等执行机构。PLC 的 CPU 只能处理数字量，因此需要先将模拟量通过传感器和变送器转换成标准的电流或电压，如 4～20 mA 或-10～10 V 等。PLC 的模拟量输入模块内的 ADC 将标准的电流或电压转换成数字量，带正负号的电流或电压在 A/D 转换后用二进制补码来表示。相反，PLC 的模拟量输出模块内的 DAC 将 PLC 中的数字量转换成电流或电压，再去控制执行机构。ADC 和 DAC 转换过程中的数字量二进制位数反映了它们的分辨率，位数越多，分辨率越高。模拟量 I/O 信号模块详见表 5-4。

表 5-4　模拟量 I/O 信号模块

型　号	模拟量输入点数	模拟量输出点数
SM 1231 AI 4×13 位模拟量输入	4	
SM 1231 AI 4×16 位模拟量输入	4	
SM 1231 AI 8×13 位模拟量输入	8	
SM 1231 AI 4×热电阻（RTD）模拟量输入	4	
SM 1231 AI 8×热电阻（RTD）模拟量输入	8	
SM 1231 AI 4×热电偶（TC）模拟量输入	4	
SM 1231 AI 8×热电偶（TC）模拟量输入	8	
SM 1232 AQ 2×14 位模拟量输出		2
SM 1232 AQ 4×14 位模拟量输出		4
SM 1234 AI 4×13 位模拟量输入/AQ 2×14 位模拟量输出	4	2

5.2.4　通信模块

S7-1200 PLC 具有非常强大的通信功能，提供 PROFINET、PROFIBUS、远距离控制通信、点对点通信、USS 通信、Modbus RTU（远程终端单元）、执行器传感器接口（Actuator Sensor Interface，AS-i 通信）等通信功能。通信模块和通信处理器（Communication Processor，CP）将扩展 CPU 的通信接口，S7-1200 PLC 最多可扩展 3 个通信模块（CM 或 CP），它们安装在 CPU 模块的左侧。

1. 集成的 PROFINET 接口

实时工业以太网是现场总线发展的趋势，PROFINET 是基于工业以太网的现场总线，是开放式的工业以太网标准，它使工业以太网的应用扩展到了控制网络最底层的现场设备。

S7-1200 PLC CPU 模块集成的 PROFINET 接口可用于与编程设备（STEP 7）通信，通信时将 PROFINET 电缆一端插入 PLC 的 CPU 模块，另一端插入计算机或编程设备的以太网接口，如图 5-10 所示；其与 HMI 设备通信（用于可视化）或与其他 PLC 通信如图 5-11 所示。此外，它还通过开放的以太网协议 TCP/IP、ISO-on-TCP、Modbus TCP 支持与第三方设备的通信，还可通过成熟的 S7 通信协议连接到多个 S7 控制器和 HMI 设备。

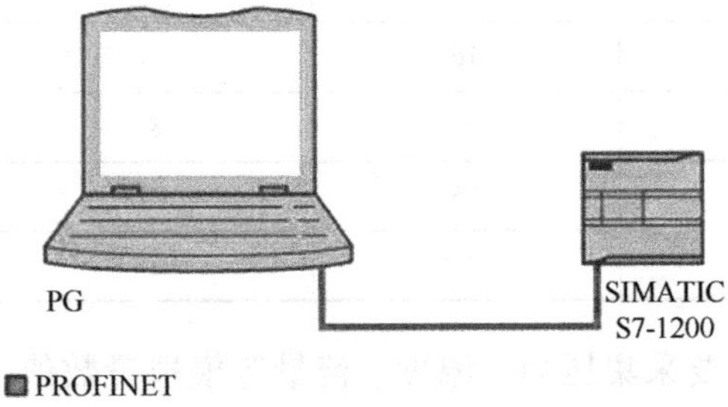

图 5-10　S7-1200 PLC 与编程设备通信

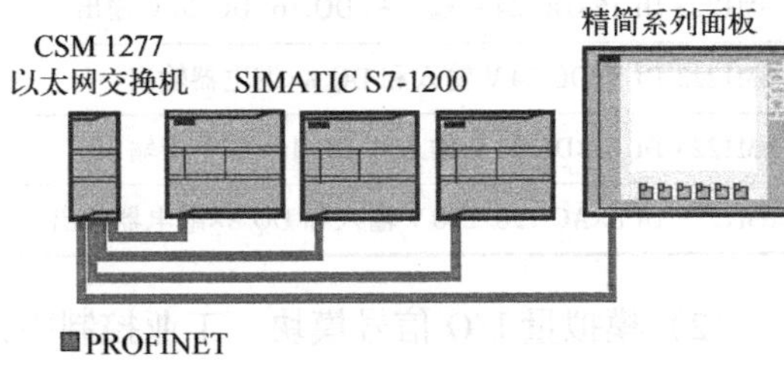

图 5-11　S7-1200 PLC 与 HMI、PLC 的通信

S7-1200 PROFINET 接口由一个 RJ45 连接器组成。该连接器具有自动交叉网线功能，因此一个标准或是交叉的以太网线都可以用于该接口，支持最多 23 个以太网连接，数据传输速率达 10/100 Mbit/s。CSM 1277 是一个 4 端口的紧凑型交换机，用户可以通过它将 S7-1200 PLC 连接到最多 3 个附加设备，以便轻松组建网络。

2. PROFIBUS 通信与通信模块

PROFIBUS 是目前国际上通用的现场总线标准之一。通过使用 PROFIBUS-DP 主站通信模块 CM 1243-5，S7-1200 PLC 可以作为主站和其他 CPU、编程设备、人机界面和 PROFIBUS-DP 从站设备通信。通过使用 PROFIBUS-DP 从站通信模块 CM 1242-5，S7-1200 PLC 可以作为一个智能 DP 从站设备与任何 PROFIBUS-DP 主站设备通信。

3. 远距离控制通信与通信模块

通过使用 GPRS 通信处理器 CP 1242-7，将 S7-1200 PLC 连接到 GSM/GPRS 网络，实现监视和控制的简单远程控制。

4. RS232 和 RS485 串行通信模块

S7-1200 系列 PLC 提供了串行通信模块 CM 1241，模块有三种类型：CM 1241 RS232、CM 1241 RS485 和 CM 1241 RS422/RS485，为串行通信提供连接，通信的组态和编程采用扩展指令或库功能。CM 1241 串行通信模块允许点对点通信，任何具备串行接口的设备都能够连接到 PLC，如驱动器、打印机、条形码阅读器和调制解调器等，如图 5-12 所示。

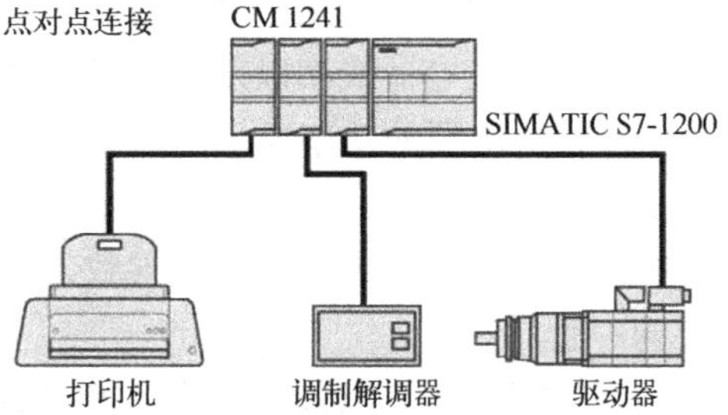

图 5-12　S7-1200 PLC 点对点通信连接

通过 CM 1241 RS485 通信模块或 CB 1241 RS485 通信板，S7-1200 系列 PLC 可以作为 Modbus 主站或从站，使用 Modbus 指令与支持 Modbus RTU 协议的多个设备进行通信，还可以使用 USS 指令与支持 USS 的多个驱动器进行通信。S7-1200 PLC Modbus RTU/USS 通信连接如图 5-13 所示。

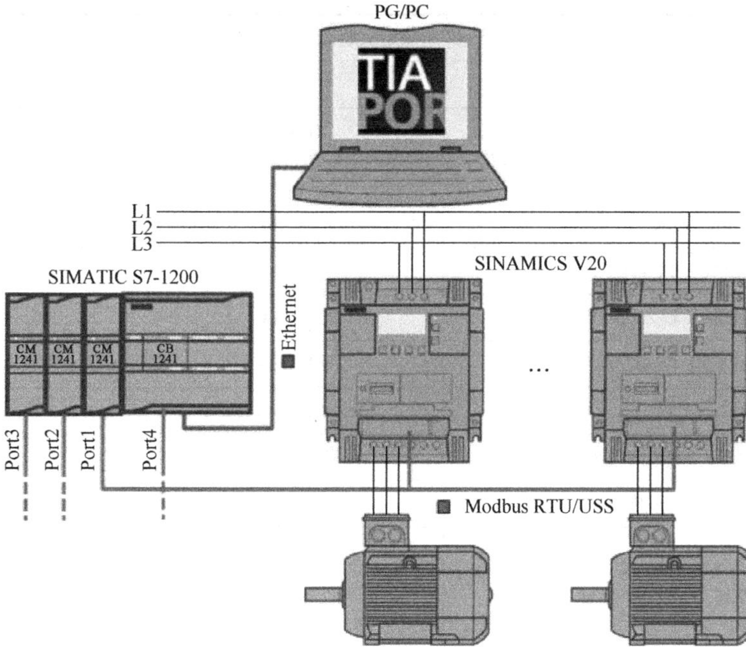

图 5-13　S7-1200 PLC Modbus RTU/USS 通信连接

5. AS-i 通信与通信模块

AS-i 被公认为是一种最好、最简单和成本最低的现场总线，它把现场具有通信能力的传感器和执行器连接起来，组成 AS-i 现场总线网络。AS-i 是单主站、多从站式网络，支持总线供电，即两根电缆同时作信号线和电源线。通过扩展 AS-i 主站通信模块 CM 1243-2 可将 S7-1200 PLC CPU 连接到 AS-i 网络。

5.2.5 功率计算

S7-1200 PLC 的 CPU 模块有一个内部电源，为 CPU 模块、信号板、信号模块、通信模块等模块提供 DC 5 V 电压，并且也可以为用户提供 DC 24 V 电压。如果扩展模块的 DC 5 V 电源功率要求超出 CPU 能够提供的功率范围，则必须更换容量更大的 CPU 模块或减少扩展模块的数量。DC 24 V 电源可以为 PLC 的输入点（包括本地和扩展）或扩展输出点（继电器输出型）接口电路内的继电器线圈以及其他需要 DC 24 V 供电的设备提供电压（又称为传感器电源）。如果 DC 24 V 电源的功率要求超出 CPU 能够提供的功率范围，则需要增加外部 DC 24 V 电源。外部 DC 24 V 电源不可与 CPU 模块提供的内部 DC 24 V 电源并联，否则会引起电源故障，造成 PLC 控制系统运行的不确定性，导致人身事故或财产损失。建议将所有 DC 24 V 电源的负极端连接到一起。

功率计算示例：以包含 1 个 CPU 1214C AC/DC/RLY（继电器型输出）、1 个 SB 1223 2×DC 24 V 输入/2×DC 24 V 输出、1 个 CM 1241 RS422/485、3 个 SM 1223 8×DC 24 V 输入/8×继电器输出以及 1 个 SM 1221 8×DC 24 V 输入的组态为例，给出功率要求计算办法。该示例共有 48 个数字量输入和 36 个数字量输出。电源功率计算见表 5-5。

提示： 该 CPU 已分配驱动内部继电器线圈所需的功率。功率计算中无须包括 CPU 内部输出接口电路中继电器线圈的功率要求。

表 5-5 电源功率计算

CPU 额定负载能力		
CPU 功率计算	DC 5 V	DC 24 V
CPU 1214C AC/DC/RLY（继电器型输出）	1600 mA	400 mA
系统实际功耗计算		
系统要求	DC 5 V	DC 24 V
CPU 1214C，14 点输入	—	14×4 mA = 56 mA
1 个 SB 1223 2×DC 24 V 输入/2×DC 24 V 输出	50 mA	2×4 mA = 8 mA
1 个 CM 1241 RS422/485	220 mA	—
3 个 SM 1223	3×145 mA = 435 mA	—
3 个 SM 1223，8×DC 24 V 输入	—	3×8×4 mA = 96 mA
3 个 SM 1223，8×继电器输出	—	3×8×11 mA = 264 mA
1 个 SM 1221	1×105 mA = 105 mA	—
1 个 SM 1221，8×DC 24 V 输入	—	8×4 mA = 32 mA
累计	810 mA	456 mA
CPU 额定负载能力与系统实际要求的差额		
总电流差额	DC 5 V	DC 24 V
	790 mA	−56 mA

计算结果表明：在本例中 CPU 为 SM 提供了足够的 DC 5 V 电源所需电流，但没有通过传感器电源为所有输入和扩展继电器型输出的内部继电器线圈提供足够的 DC 24 V 电流。输入和输出总计需要 DC 24 V 电源提供电流 456 mA，而 CPU 只提供 400 mA。额外需要一个至少为 56 mA 的外部 DC 24 V 电源。

5.3　S7-1200 PLC 的软件开发平台

5.3.1　TIA Portal 介绍和安装

1. TIA Portal 的软件组成

TIA Portal（简称博途）是西门子公司发布的一款全新的全集成软件开发平台，它将所有自动化软件工具集成在统一的开发环境中。通过 TIA Portal，用户能够对大多数西门子自动化和驱动产品进行组态、编程和调试。

TIA Portal 软件平台主要包含 SIMATIC STEP 7、SIMATIC WinCC 和 SINAMICS Startdrive，用户可根据实际应用选用任意一种软件或多种软件产品的组合。

SIMATIC STEP 7 主要包括 SIMATIC STEP 7 Basic（STEP 7 基本版）、SIMATIC STEP 7 Professional（STEP 7 专业版）和 STEP 7 Safety Advanced。STEP 7 基本版只支持对 S7-1200 PLC 进行组态和编程，STEP 7 专业版支持对 S7-1200/1500、S7-300/400 和 WinAC 进行组态和编程。STEP 7 Safety Advanced 适用于故障安全型 S7 控制器的组态和编程。

SIMATIC WinCC 主要包括 SIMATIC WinCC Basic（WinCC 基本版）、SIMATIC WinCC Comfort（WinCC 精智版）、SIMATIC WinCC Advanced（WinCC 高级版）、SIMATIC WinCC Professional（WinCC 专业版）。WinCC 基本版用于组态精简系列面板。WinCC 精智版用于组态所有面板。WinCC 高级版用于组态所有面板和 PC 单站系统，将 PC 作为功能强大的 HMI 设备使用。WinCC 专业版用于组态所有面板以及基于 PC 的单站到多站（包括标准客户端或 Web 客户端）的监控与数据采集（Supervisory Control and Data Acquisition，SCADA）系统。

SINAMICS StartDrive 用于 SINAMICS 系列驱动产品的硬件组态、参数设置以及调试和诊断工具，可将 SINAMICS 变频器快速、无缝地集成到自动化环境中。

总结：SIMATIC STEP 7 用于 PLC、分布式 I/O 设备的组态和编程，SIMATIC WinCC 用于 HMI 的组态，SINAMICS StartDrive 用于驱动设备的组态与配置。

2. TIA Portal 的安装要求

安装 TIA Portal V16（简称博途 V16）的计算机必须至少满足以下要求。

1）处理器：Core i5-6440EQ 3.4 GHz 或性能类似的处理器。

2）内存：16 GB 或者更多（对于大型项目，为 32 GB）。

3）硬盘：SSD，配备至少 50 GB 的存储空间。

4）显示器：15.6 in（1 in = 0.0254 m）宽屏显示（分辨率为 1920 ×1080）。

TIA Portal V16 版本可以在 Windows 7、Windows 10 操作系统下安装使用。

TIA Portal 中的软件应按下列顺序安装：STEP 7 Professional、STEP 7 PLCSIM（PLC 的仿真调试软件）、WinCC Professional、SINAMICS StartDrive、STEP 7 Safety Advanced。

3. TIA Portal 的安装

在安装软件之前建议关闭杀毒软件。插入 SIMATIC STEP 7 Professional V16 安装盘并将其复制到计算机硬盘后再安装，用鼠标左键选中“Start. exe”，然后单击鼠标右键，在弹出的快捷菜单中选中“以管理员身份运行”菜单项，开始安装 STEP 7 软件。在“产品语言”对话框，选择默认的产品语言“简体中文”，在“安装语言”对话框，选择默认的“英语和中文”，单击各对话框的“下一步（N）>”按钮，进入下一个对话框。在“产品配置”对话框，建议采用“典型”配置和默认的安装路径；在“许可证条款”对话框，接受列出的许可证协议的条款；在“安全控制”对话框，勾选复选框“我接受此计算机上的安全和权限设置”。单击“安装”按钮，开始安装软件，安装快结束时，单击“许可证传送”对话框中的“跳过许可证传送”按钮，以后再传送许可证密钥，此后继续安装过程，最后单击“安装已成功完成”对话框中的“重新启动”按钮，立即重启计算机。安装完 STEP 7 Professional V16 后，安装 STEP 7 PLCSIM V16 和 WinCC Professional V16，安装过程和 STEP 7 类似。

5.3.2 TIA Portal 使用入门

本节为 TIA Portal 的使用入门介绍，详细讲述 S7-1200 PLC 用户程序开发过程中如何新建 PLC 程序项目以及如何进行硬件组态。

1. 新建 PLC 程序项目

TIA Portal 中的 STEP 7 软件向用户提供了非常友好、简便、灵活的项目创建、编辑和下载方式。用户不需要购买专用编程电缆，仅使用以太网卡和以太网线即可实现对 S7-1200 PLC CPU 的监控和下载。

双击桌面上的“TIA Portal V16”图标启动软件，软件界面包括 Portal 视图和项目视图，两个界面中都可以新建项目。在 Portal 视图中，单击“创建新项目”，并输入项目名称、路径和作者等信息，然后单击“创建”即可生成新项目，如图 5-14 所示。项目创建完毕后，单击 Portal 视图左下角的“项目视图”（见图 5-15），切换到项目视图操作界面，如图 5-16 所示。项目视图的操作界面类似于 Windows 的资源管理器，因而大多数用户都选择在项目视图模式下进行硬件组态、编程、可视化监控画面系统设计、仿真调试、在线监控等操作。

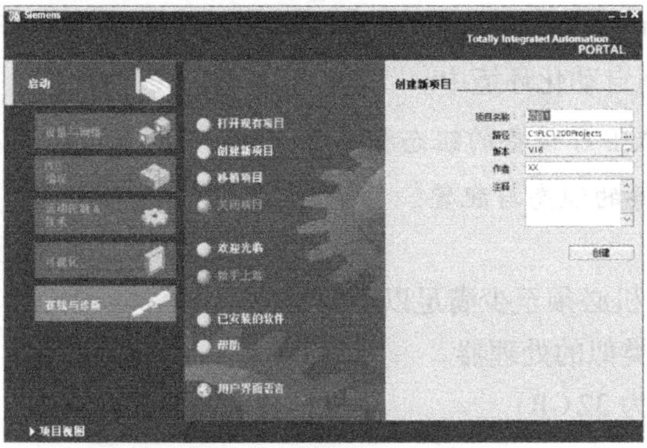

图 5-14 Portal 视图创建新项目

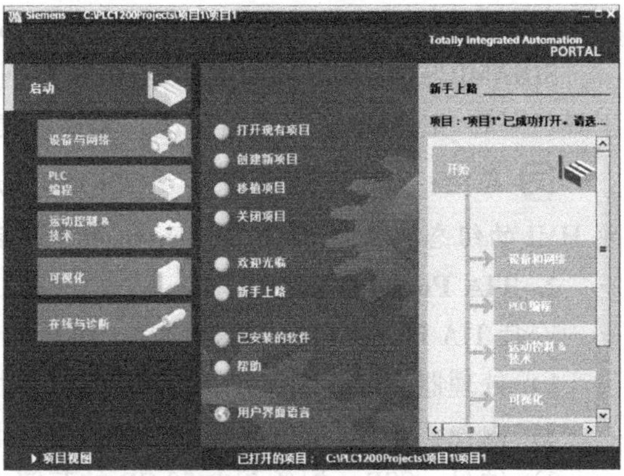

图 5-15 Portal 视图

在项目视图中执行菜单命令“选项”→“设置”，在导航区单击“常规”，在“用户界面语言”下拉列表框中选择所需要的语言，建议选择“中文”，如图 5-17 所示。建议选中“起始视图”中的“项目视图”，则以后打开 TIA Portal 时会自动打开项目视图。在“存储设置”区，建议选择“指定默认的存储位置设置”，并单击“浏览”按钮，设置保存项目和库的文件夹。

图 5-16　项目视图

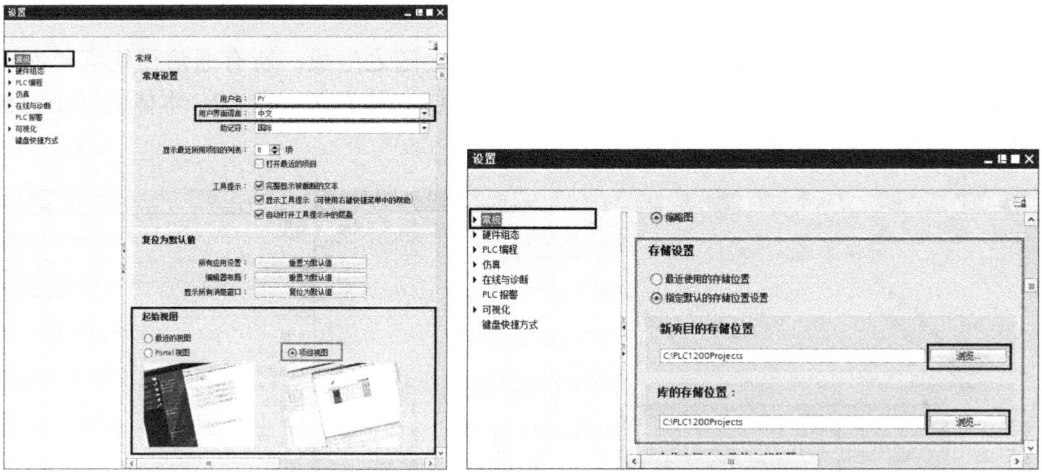

图 5-17　新建项目的常规设置

2. 硬件组态

S7-1200 PLC 自动化系统需要对各硬件进行组态、参数配置和通信互联。硬件组态的任务就是在设备视图和网络视图中，生成一个与实际硬件系统完全相同的虚拟系统。自动化系统起动时，CPU 会自动监测软件的预设组态与系统的实际组态是否一致，如不一致会报错。

在已知所有产品的完整订货号的情况下进行手动组态，这种方式的优点是可以完全离线进行设备组态，组态过程中不需要设备在线。下面说明在项目视图中进行项目硬件组态的详细过程。进入项目视图，在左侧的项目树中，单击“添加新设备”，随即弹出“添加新设备”对话框，在该对话框中选择与实际系统完全匹配的设备即可，如图 5-18 所示。

添加新设备的具体步骤如下：①选择“控制器”；②选择 S7-1200 PLC CPU 的型号；③选择 CPU 的版本；④设置设备名称；⑤单击“确定”按钮完成新设备添加。

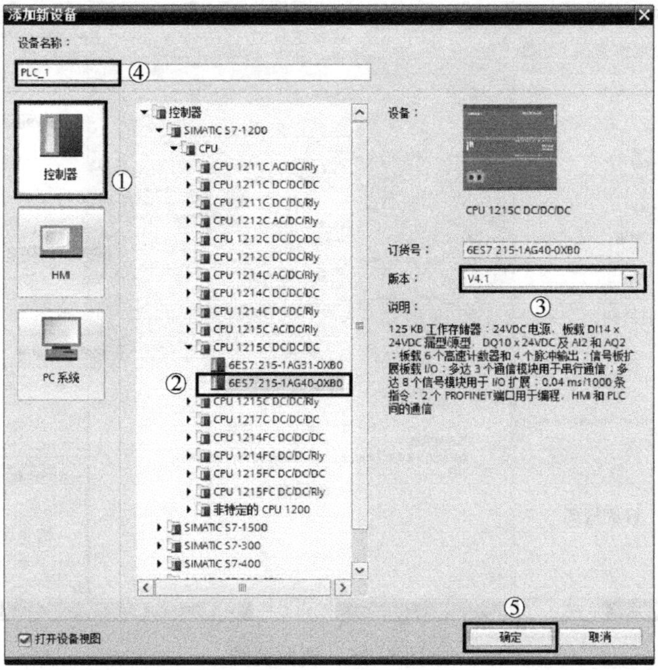

图 5-18 添加新设备

在添加完成新设备后，与该新设备匹配的机架也会随之生成。所有通信模块都要配置在 S7-1200 PLC CPU 左侧，而所有信号模块都要配置在 CPU 的右侧，在 CPU 本体上可以配置一个扩展板。硬件配置步骤如图 5-19 所示。

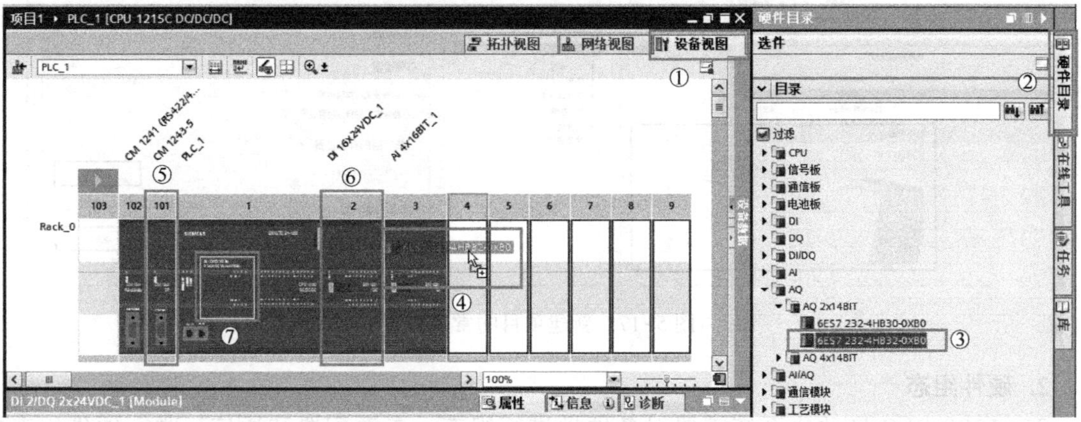

图 5-19 硬件配置步骤

在硬件配置过程中，TIA Portal 会自动检查模块的正确性。在硬件目录下选择模块后，机架中允许配置该模块的槽位边框变为蓝色，不允许配置该模块的槽位边框无变化。如果需要更换已经组态的模块，可以直接选中该模块，单击鼠标右键，在菜单中选择“更改设备”命令，然后在弹出的菜单中选择新的模块。硬件配置的具体步骤如下：①打开设备视图；②打开硬件目录；③选择要配置模块的正确订货号和版本号；④拖拽其到机架上的相应槽位；⑤通信模块配置在 CPU 的左侧槽位；⑥I/O 信号模块及工艺模块配置在 CPU 的右侧槽位；⑦信号板、通信板及电池板配置在 CPU 的本体上（仅能配置 1 个）。

5.3.3 “起-保-停”控制实例

本节采用 TIA Portal 软件完成电动机的“起-保-停”控制实例项目的编写，让读者能通过一个简单的实例初步掌握一个完整项目的设计步骤。

“起-保-停”控制可以实现连续长动控制。长动是相对于点动而言，点动即起动按钮按下时电动机运行，松开时电动机停止运行；长动指起动按钮按下时电动机运行，松开后电动机保持运行，直至按下停止按钮，电动机才停止运行。

提示：很多复杂的逻辑程序都是由小的“起-保-停”电路组成的。

1. 控制要求

用 S7-1200 PLC 完成一台电动机的起动、保持和停止控制功能，当按下起动按钮时，电动机开始连续运行，当按下停止按钮时，电动机停止运行。PLC 型号为 S7-1200 CPU 1214C，DC/DC/DC。

2. I/O 分配表

根据控制要求，列出 PLC 的 I/O 分配表，见表 5-6。

表 5-6　PLC 的 I/O 分配表

输入				输出			
序号	名称	文字符号	地址	序号	名称	文字符号	地址
1	起动按钮	SB1	I0.0	1	中间继电器线圈	KA1	Q0.0
2	停止按钮	SB2	I0.1				

3. 主电路图

系统主电路如图 5-20 所示。QF1、QF2 和 QF3 为断路器。接触器 KM1 的 3 个主触点用于接通和断开三相异步电动机 M。当接触器 KM1 的线圈得电，KM1 的 3 个主触点接通，电动机运行；当接触器 KM1 的线圈断电，KM1 的 3 个主触点断开，电动机停止运行。PSW 为 DC 24 V

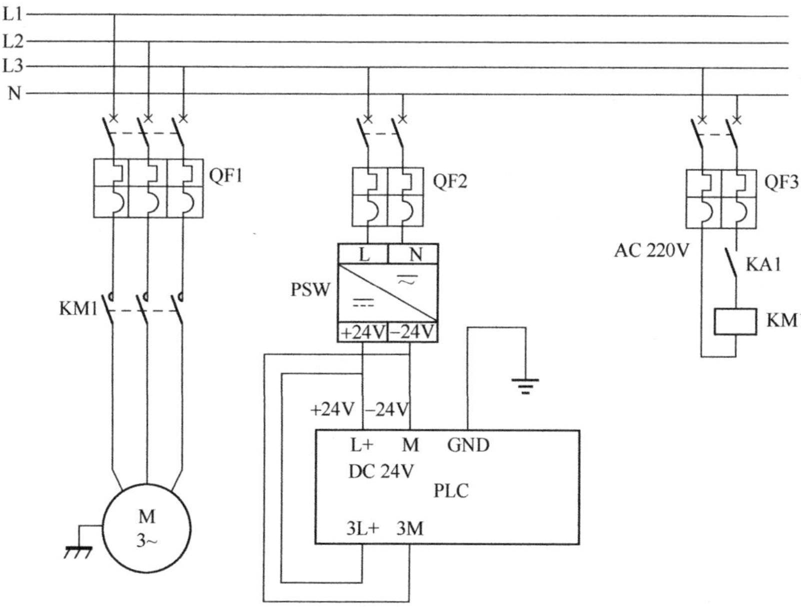

图 5-20　主电路图

开关电源，用于为PLC供电，同时也作为PLC负载电源的提供者。中间继电器KA1的常开触点接通或断开单相AC 220 V电路，进而控制接触器KM1线圈的通断。

注意： PLC选型为DC 24 V晶体管输出，而负载接触器KM1的线圈电压为AC 220 V，为了解决PLC输出电源类型与负载电源类型不匹配的问题，工程上常采用DC 24 V中间继电器KA来过渡，既解决了以上问题，又实现了强弱电的隔离。

4. PLC控制电路图

系统的PLC控制电路图如图5-21所示。PLC型号为S7-1200 CPU 1214C，DC/DC/DC，输入回路使用CPU内置的24 V传感器电源（L+和M端子），传感器电源的负极M点与输入电路内部的公共点1M连接，L+是传感器电源的正极，从而构成漏型输入接线方式。

5. 创建项目

启动TIA Portal软件，在项目视图中执行菜单命令“项目”→“新建”创建新项目，项目名称为“电动机起-保-停控制_V16”，并选择项目保存路径，最后单击“创建”按钮，完成新项目的创建，如图5-22所示。

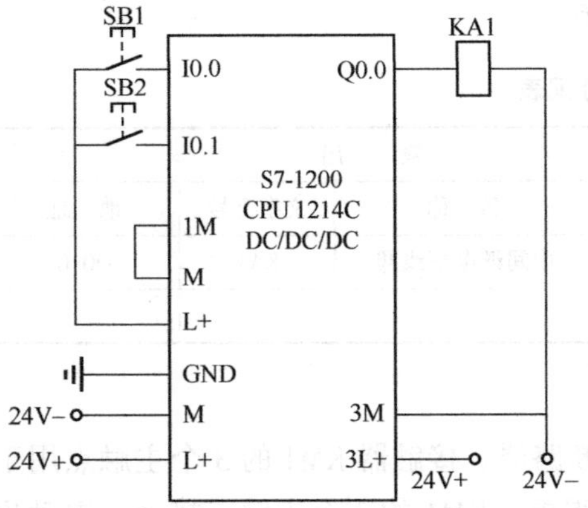

图5-21 PLC控制电路图

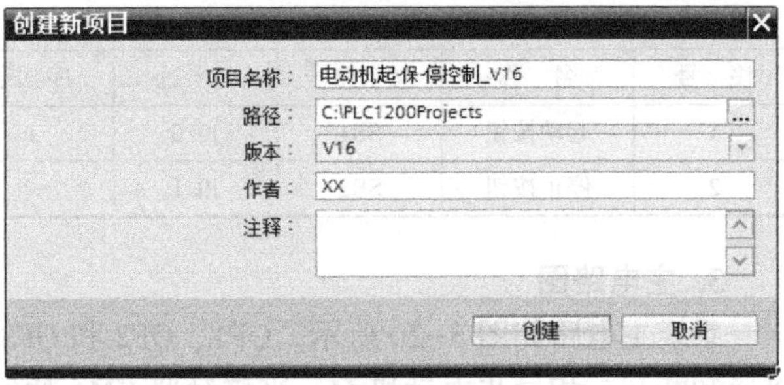

图5-22 创建新项目

6. 设备组态

在项目视图左侧“项目树”一栏中双击“添加新设备”，在弹出的对话框中选择“控制器”→“SIMATIC S7-1200”→“CPU”→“CPU 1214C DC/DC/DC”→“6ES7 214-1AG40-0XB0”→“V4.4”，单击“确定”按钮完成PLC的添加。在“项目树”中展开“PLC_1”，双击“设备组态”，拖拽鼠标指针，调整窗口位置，调出“设备概览”画面，如图5-23所示。在“设备概览”窗口中，可以看到DI 14数字量输入字节I地址为“0…1”，具体为I0.0~I0.7和I1.0~I1.5；DQ 10数字量输出字节Q的地址为“0…1”，具体为Q0.0~Q0.7和Q1.0~Q1.1；CPU集成的两路模拟量输入地址为IW64和IW66，每个通道占用1个字（2个字节）。以上地址是系统自动分配的，可以修改，但地址不能冲突，本实例保留系统分配的地址。

7. 变量编辑

在S7-1200 PLC CPU的编程理念中，特别强调符号变量的使用。在开始编写程序之前，用户应当为输入、输出、中间变量定义相应的符号名，即标签。

在项目树中展开“\PLC_1\PLC变量”，双击其中的“默认变量表”。该窗口的右上方有3个选项卡，“变量”选项卡用来定义PLC的变量。在“变量”选项卡“名称”列输入变量的名称，“数据类型”列设置变量的数据类型，“地址”列输入变量的绝对地址，“%”是系统自动添加的。

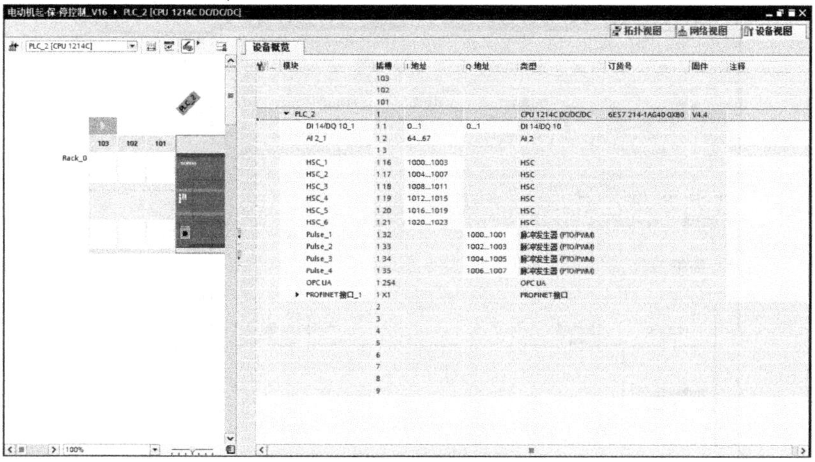

图 5-23　设备概览

符号名称使程序易于阅读和理解。其可以采用两种方法生成：一种是先在 PLC 变量表中定义，然后在用户程序编辑器中选用和显示变量；另一种是先在程序编辑器中输入变量的绝对地址，变量的名称让系统自动生成默认名称，最后在 PLC 变量表中统一修改自动生成的符号名称。定义好的 PLC 变量表如图 5-24 所示。

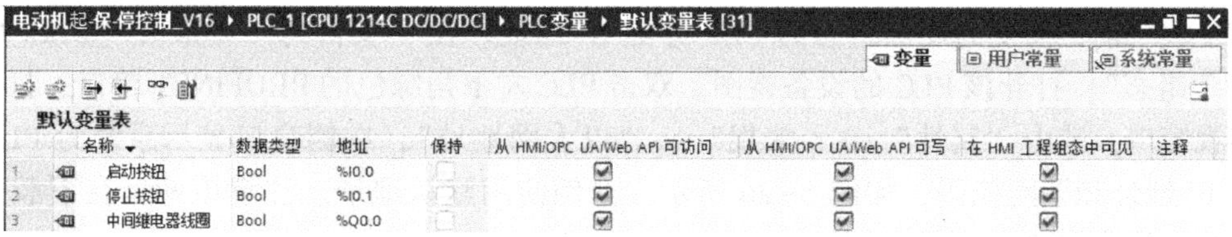

图 5-24　PLC 变量表的变量定义

提示：单击变量表表头的“地址”列，可以对变量按地址进行升序或降序的切换排序，也可以用同样的方法，根据变量的名称或数据类型等来排序变量。

注意：PLC 变量表中定义的变量为全局变量，可以用于整个 PLC 中所有的代码块。在程序编辑器中，全局变量的名称被自动添加双引号，如“起动按钮”。

8. 程序编辑

在“项目树”中展开“\PLC_1\程序块”，双击其中的“Main[OB1]”，打开程序编辑窗口，如图 5-25 所示。①为程序区，②为指令的收藏夹，用于快速访问常用的指令。③为该代码块的接口（Interface）区，拖拽水平分隔条可以显示或隐藏接口区。接口区用于定义仅能在本块内使用的局部变量，在程序中，局部变量被自动添加#号，如“#Temp1”。④为基本指令列表，可以将指令表中自己常用的指令拖拽到收藏夹中，也可以用鼠标右键快捷菜单中的命令删除收藏夹中的指令。

下面介绍生成用户程序的过程。选中程序段 1 中的垂直线（左母线）或水平线，依次单击收藏夹中的⊣⊢、⊣/⊢、⊣( )⊢，水平线上出现从左到右串联的常开触点、常闭触点和线圈，元件上面红色的地址域<??.?>用来直接输入元件的绝对地址，也可以通过其右侧隐藏的图标调出前面生成的 PLC 变量列表，进行变量的选用。接着选中最左侧的垂直线，依次单击收藏夹中的↦、⊣⊢、↲，生成一个与上面的常开触点并联的 Q0.0 的常开触点。编辑好的“起-保-停”梯形图程序如图 5-25 中的①区域所示。

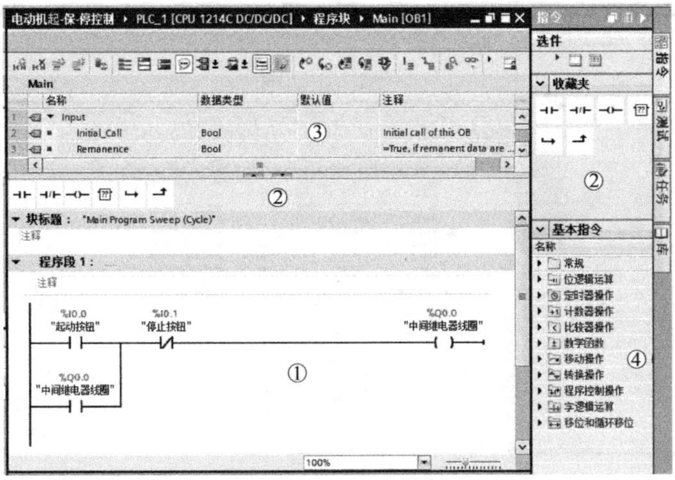

图 5-25 程序编辑器

9. 项目下载

这里所讲的项目下载是指将安装有 TIA Portal 开发平台的编程设备（计算机）与真实 S7-1200 PLC 通过以太网建立通信，进而把编程设备上如前所述的硬件组态和软件程序下载到真实 PLC 中运行。编程设备与 PLC 需要使用直通或交叉的以太网电缆进行通信连接。

在下载之前，需要为硬件组态的 PLC 分配 IP 地址。在“项目树”中展开“PLC_1”，双击“设备组态”，打开该 PLC 的设备视图。双击 PLC 左下角绿色的 PROFINET 接口，打开该接口的巡视窗口，选中“属性”→“常规”→“以太网地址”，右侧窗口显示系统为 PLC 分配的默认 IP 地址和子网掩码，如图 5-26 所示，本例使用默认地址。注意该地址在下载到真实 PLC 后将作为真实 PLC 的 IP 地址。

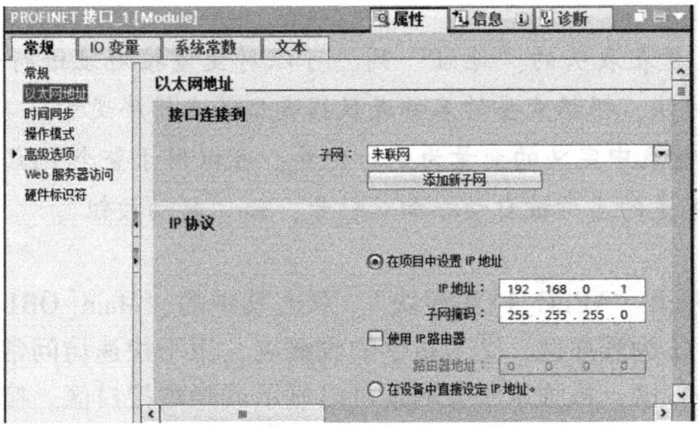

图 5-26 设置 PLC 集成的以太网接口的地址

做好上述的准备工作后，接通真实 PLC 的电源。在“项目树”中，选中“PLC_1”文件夹，然后执行菜单命令“在线”→“下载到设备”或直接单击工具栏上的“下载到设备”图标，打开“扩展下载到设备”对话框，如图 5-27 所示。“PG/PC 接口的类型”下拉列表框中选择“PN/IE”，这里 PG/PC 接口是指编程设备与 PLC 之间进行通信连接的接口，PN 是代表 PROFINET，IE 代表工业以太网。“PG/PC 接口”下拉列表框中选择编程设备的网卡，注意有的计算机有多块以太网卡，例如笔记本计算机一般有一块有线网卡和一块无线网卡，这里要选择和真实 PLC 物理连接的编程设备所使用的网卡。

选择“显示所有兼容的设备”列表项，单击“开始搜索”按钮。经过一定时间后，在“选择目标设备”列表中，出现与编程设备通信连接的真实 PLC。搜索到可访问的设备后，选择要下载的 PLC，当网络上有多个 S7-1200 PLC 时（网络上有两台以上的 PLC 设备，需要通过交换机和编程设备通信连接），为了确认设备列表中的 PLC 对应的真实硬件到底是哪一台 PLC，选中列表中的某个 PLC，勾选左侧的“闪烁 LED”复选框，则对应的硬件 PLC 上的 LED 将会闪动，以此来确认下载对象，单击“下载”按钮。

如果编程设备的 IP 地址和硬件组态的 PLC 的 IP 地址（如本例：192.168.0.1）不在同一个网段，系统会提示给编程设备自动添加一个与 PLC 同网段的 IP。在弹出的确认对话框中单击“是”按钮，完成 IP 地址的添加，如图 5-28 所示。如果项目没有被编译，在下载前会自动对项目进行编译。编译成功后，在“下载预览”对话框会显示要执行的下载信息和动作要求。单击“装载”按钮，开始下载，如图 5-29 所示。下载结束后，出现“下载结果”对话框，单击“完成”按钮，完成下载，如图 5-30 所示。下载后 PLC 进入 RUN 模式。

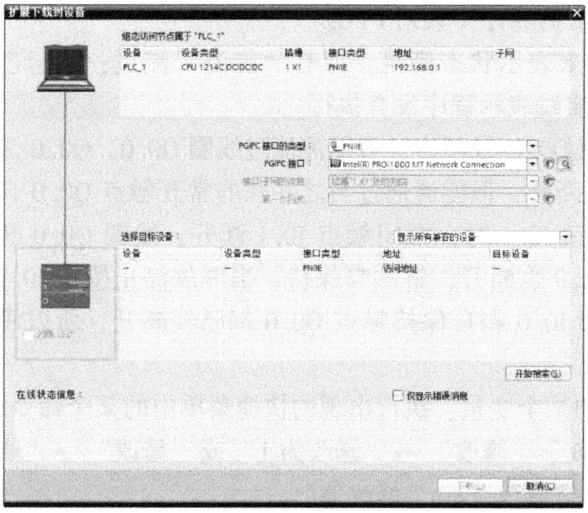

图 5-27　“扩展下载到设备”对话框

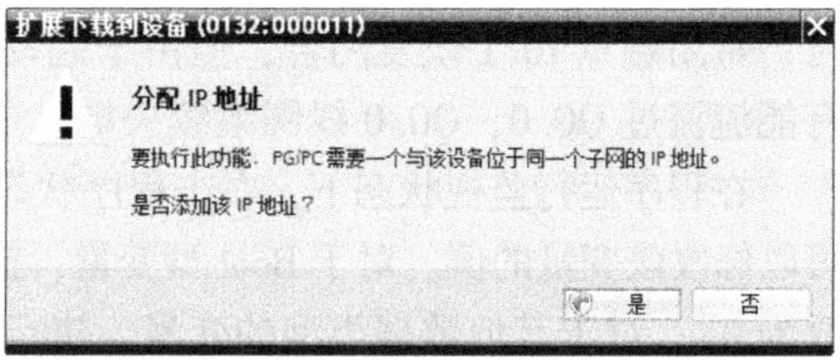

图 5-28　为 PG/PC 添加同网段 IP 地址确认

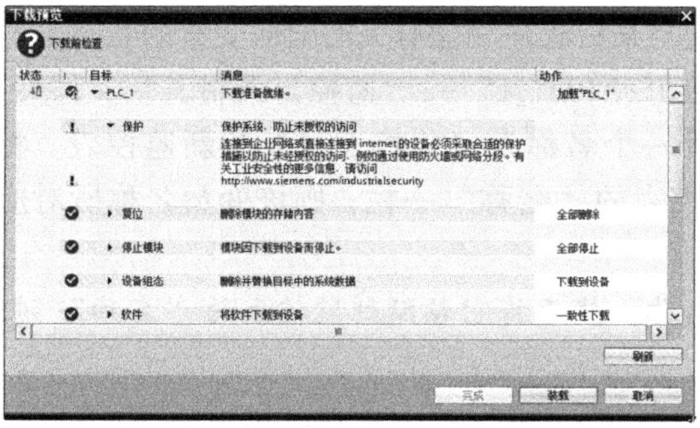

图 5-29　“下载预览”对话框

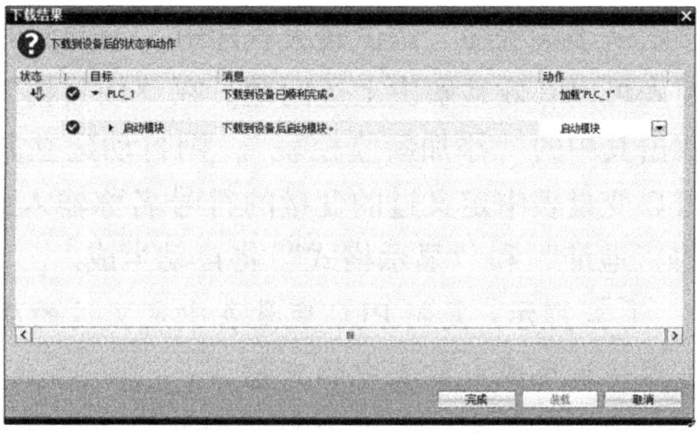

图 5-30　“下载结果”对话框

10. 调试程序

（1）程序运行监视　打开需要监视的代码块，单击项目工具栏上的“转到在线”图标 在线，使编程设备与 PLC 建立好在线连接；单击程序编辑器工具栏上的“启用/禁用监视”图标，启动程序运行监视，如图 5-31 所示。

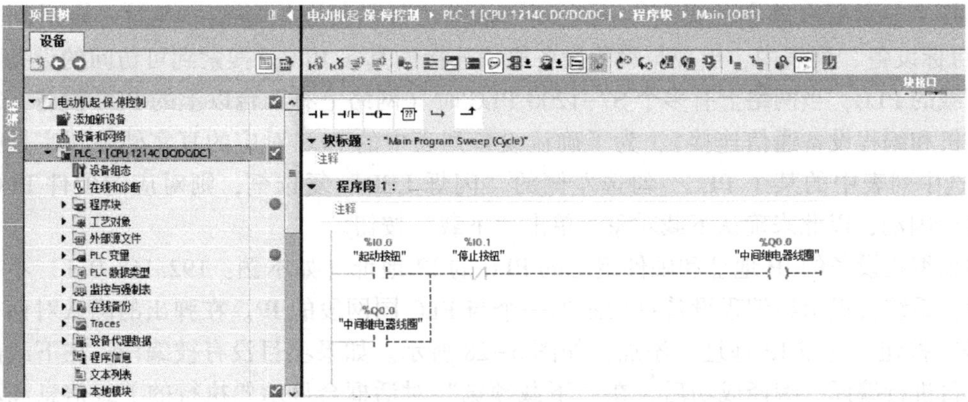

图 5-31 程序运行监视

提示：“转到在线”是对当前程序进行监控，如果软件中的程序和西门子 PLC CPU 里的程序不一致，项目树里会有提示，需要把当前的程序下载到 PLC。

启动程序运行监视后，梯形图用绿色实线来表示状态满足，即有“能流”流过；用蓝色虚线表示状态不满足，没有能流流过；用灰色实线表示程序没有执行。

在硬件设备上，按下起动按钮 I0.0，常开触点 I0.0 闭合，有能流流过线圈 Q0.0，Q0.0 为“1”；当释放起动按钮 I0.0 时，常开触点 I0.0 断开，但能流通过与之并联的常开触点 Q0.0 自保持，使 Q0.0 保持得电状态；当按下停止按钮 I0.1 时，常闭触点 I0.1 断开，线圈 Q0.0 断电，Q0.0 为“0”，与 I0.0 并联的常开触点 Q0.0 也断开，解除自保持；当释放停止按钮 I0.1 时，常闭触点 I0.1 恢复闭合，但由于起动按钮 I0.0 和自保持触点 Q0.0 都已经断开，所以没有能流流过 Q0.0，Q0.0 线圈继续失电。

在程序运行监视状态下，右击程序状态中的某个变量，执行出现的快捷菜单中的某个命令，可以修改该变量的值。对于 Bool 型变量，执行命令“修改”→“修改为 1”或“修改”→“修改为 0”；对于其他数据类型的变量，执行命令“修改”→“修改值”。

（2）用监控表监视和修改变量　使用程序运行监视，可以在程序编辑器中形象直观地监视梯形图程序的执行情况，触点和线圈的状态一目了然。但是程序运行监视功能只能在屏幕上显示一小块程序，调试较大程序时，不能同时看到与某一程序功能有关的全部变量的状态。监控表可以有效地解决上述问题。在“项目树”中展开“PLC_1”→“监控与强制表”文件夹，双击其中的“添加新监控表”，则自动建立并打开一个名称为“监控表_1”的新监控表。将 PLC 变量表中定义过的变量的符号名称输入到监控表的“名称”一栏，则该变量名称所对应的“地址”和“显示格式”将自动生成。

提示：复制 PLC 变量表中定义过的变量名称，然后将它粘贴到监控表的“名称”列，可以快速生成监控表中的变量。

单击监控表工具栏中的“全部监视”图标，启动监视功能，将在监控表的“监视值”列连续显示变量的动态实际值，如图 5-32 所示。监视变量的值为 TRUE（“1”状态）时，监视值列的方形指示灯为绿色；监视变量的值为 FALSE（“0”状态）时，指示灯为灰色。

在监控表中，也可以在“修改值”列中对一些变量的值进行修改。在“修改值”列输入变量的新值（或者单击选中某个变量后，右击快捷菜单进行变量值的快速修改），并勾选要修改变量的“修改值”列右边的复选框，单击监控表工具栏中的“立即一次性修改所有选定值”图标，复选框勾选的“修改值”被立即送入指定的地址。再次单击监控表工具栏中的“全

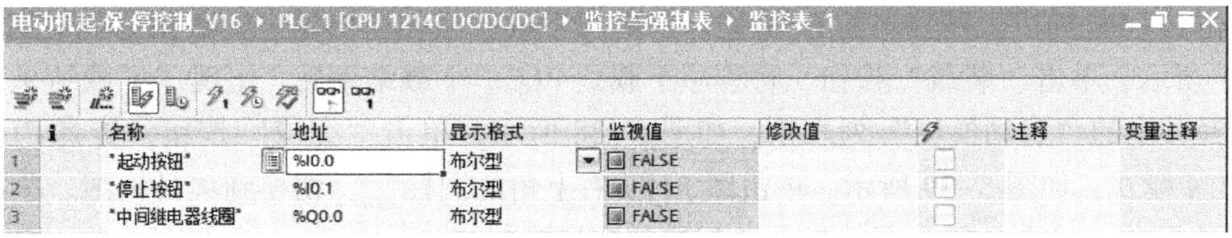

图 5-32　监控表

部监视”图标，将关闭监视功能。

注意：程序运行监视和监控表都不能修改连接外部硬件输入电路的输入映像寄存器 I 的值，如本例中的 I0.0 和 I0.1，因为它们的状态取决于外部输入电路的通/断状态；如果被修改的变量同时受到程序的控制，如本例中的受线圈 Q0.0 控制的常开触点 Q0.0，则程序控制的作用优先。

11. 仿真调试

TIA Portal 仿真软件 PLCSIM 可以仿真 PLC 的大部分功能，几乎支持 S7-1200 PLC 的所有指令，支持指令的使用方法与实物 PLC 相同，所以在仿真上能正常运行的程序，在实物 PLC 上也能运行。利用仿真可以在没有 PLC 硬件实物的情况下，快速熟悉 PLC 指令和软件操作，这一点对初学者快速上手尤为重要。

S7-1200 PLC 使用仿真功能的硬件要求：S7-1200 PLC 的固件版本必须是 4.0 或更高版本，S7-1200F 系列的固件版本必须是 4.12 或更高版本。

S7-1200 PLC 使用仿真功能的软件要求：安装 S7-PLCSIM V13 SP1 及以上版本。

S7-1200 PLCSIM 仿真范围：S7-PLCSIM 目前不支持工艺模块计数、PID 控制、运动控制，如图 5-33 所示。如果在项目中使用了以上工艺模块，仿真时可能会出错。

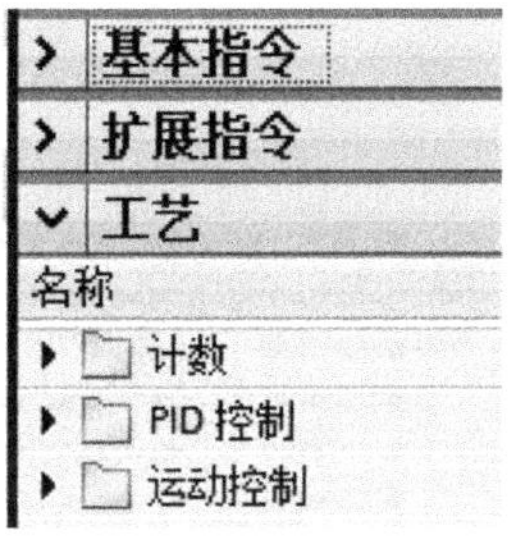

图 5-33　工艺模块指令

选中“项目树”中的“PLC_1”，单击项目工具栏中的“开始仿真”图标，启动 S7-1200 仿真器。弹出图 5-34 所示对话框，提示“启动仿真将禁用所有其他的在线接口”，勾选“不再显示此消息”复选框，单击“确定”按钮，出现 S7-PLCSIM 的精简视图（见图 5-35）。

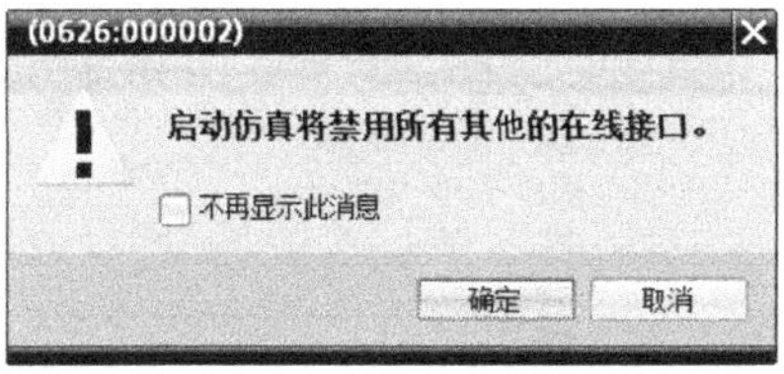

图 5-34　启动仿真禁用其他在线接口提示信息

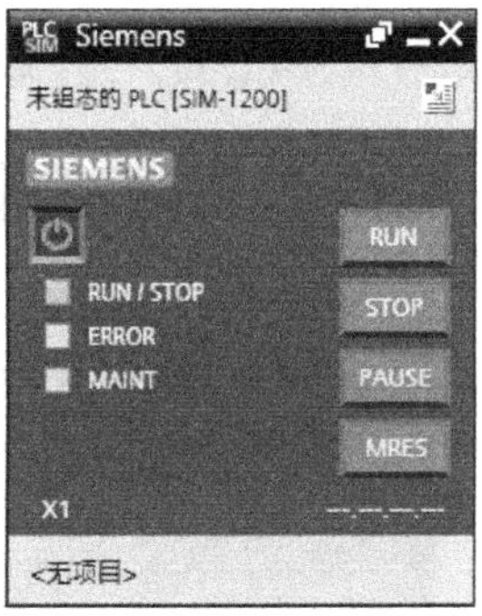

图 5-35　S7-PLCSIM 的精简视图

打开仿真软件后，如果出现“扩展下载到设备”对话框，按图 5-36 设置好“PG/PC 接口的类型”和“PG/PC 接口”后，单击“开始搜索”按钮，“选择目标设备”列表中显示出搜索到的仿真 CPU 的以太网接口的 IP 地址。单击“下载”按钮，出现“下载预览”对话框，如图 5-37 所示，单击“装载”按钮，将程序下载到 PLC。下载结束后，出现“下载结果”对话框，选择其中的“启动模块”列表项，如图 5-38 所示，单击“完成”按钮，仿真 PLC 被切换到 RUN 模式，如图 5-39 所示。单击图 5-39 右上角的图标，切换到项目视图。单击“项目”菜单中的“新建”菜单项，弹出“创建新项目”对话框，如图 5-40 所示，输入项目名称和保存路径信息后，单击“创建”按钮完成仿真项目的创建。

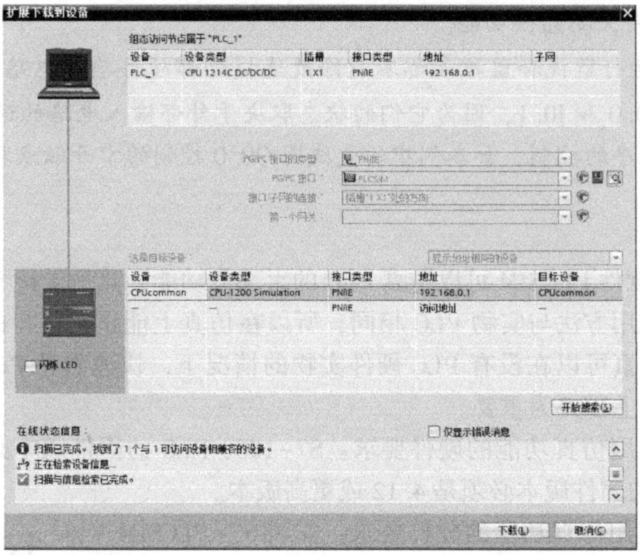

图 5-36　S7-PLCSIM 仿真中“扩展下载到设备”

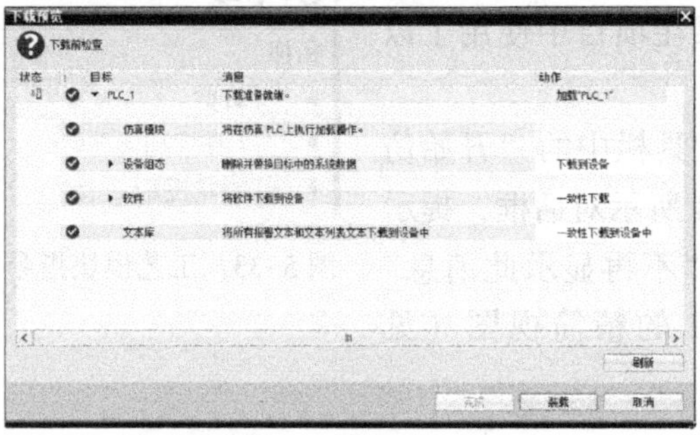

图 5-37　S7-PLCSIM 仿真中“下载预览”对话框

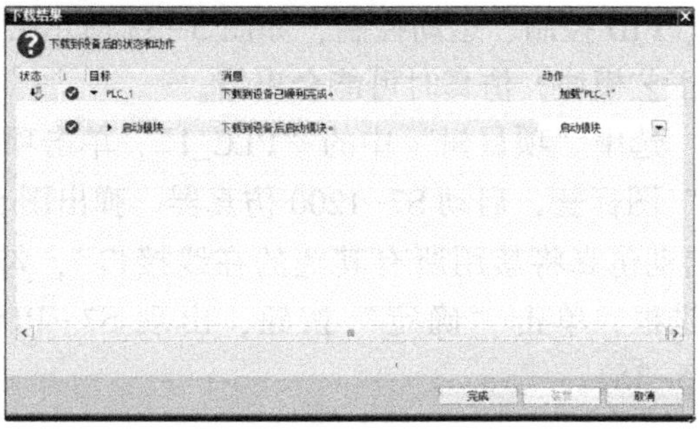

图 5-38　仿真中“下载结果”对话框

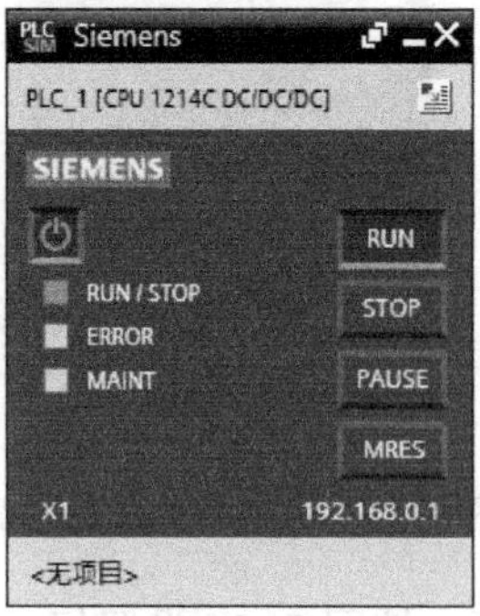

图 5-39　仿真 PLC 处于 RUN 模式

图 5-40　起-保-停仿真项目创建

展开左侧“项目树”中的“PLC_1”→“SIM 表格”，双击“SIM 表格_1”，打开该仿真表。在“名称”列选择已经建好的 PLC 变量表中的变量，则该变量名称所对应的“地址”和“显示格式”将自动生成。还可以在随后的“地址”列输入 IB0 和 QB0，分别用一行来显示 I0.0~I0.7 和 Q0.0~Q0.7 的状态，如图 5-41 所示。

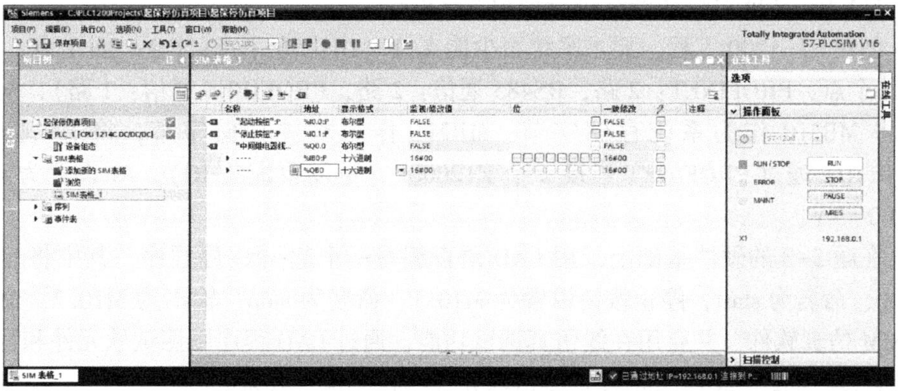

图 5-41　仿真 SIM 表

单击图 5-41 中“起动按钮”行的“位”列的小方框，方框中出现“√”，I0.0 变为 TRUE，再次单击，方框中的“√”取消，I0.0 变为 FALSE，也可以通过 IB0 所在行的“位”列的最后一个小方框进行操作，模拟按下和放开起动按钮的过程。由于常开触点 Q0.0 的自保持作用，Q0.0 保持为 TRUE，SIM 表中“中间继电器线圈”行的“位”列对应的小方框中出现“√”，也可以通过 QB0 所在行的“位”列的最后一位小方框查看。

两次单击“停止按钮”行的“位”列的小方框，也可以通过 IB0 所在行的“位”列的倒数第二个小方框进行操作，模拟按下和放开停止按钮的过程。由于用户程序的作用，Q0.0 变为 FALSE，模拟电动机停机。SIM 表中“中间继电器线圈”行的“位”列对应的小方框中的“√”取消，也可以通过 QB0 所在行的“位”列的最后一个小方框查看。

提示： 用 SIM 表仿真调试时同样可以如图 5-31 所示，通过启动程序运行监视功能查看梯形图中程序运行的状态。

单击 S7-PLCSIM 项目视图工具栏中的图标，可以返回图 5-39 所示的精简视图。单击 S7-PLCSIM 精简窗口右上角的“关闭”按钮，会提示对 S7-PLCSIM 仿真项目的配置进行保存，保存结束后退出仿真。

注意： SIM 仿真表在默认情况下，只允许更改输入 I 区，模拟外部输入电路接通/断开的状态。输出 Q 区或 M 区变量（非输入）只能监视不能更改。单击 SIM 表工具栏中的“启用/禁用非输入修改”图标，便可以修改非输入变量。

使用 S7-PLCSIM 进行仿真调试，相对实物操作来说，不用担心损坏 PLC 和安全问题。

习　　题

5-1　简述西门子 FA（Factory Automation）系列 PLC 产品线分别对应的系统规模（小、中、中大、大）。

5-2　S7-1200 PLC 所有型号是否具备同样的扩展能力，请举例说明。

5-3　S7-1200 PLC 通信模块（CM）和通信板（CB）的相同点和不同点各是什么？

5-4　PROFINET总线系统基于RS485还是TCP？是否支持冗余？如果能支持冗余，需要什么条件？

5-5　ET200系统是什么系统，在工业领域中可以解决哪些问题？

5-6　S7-1200 PLC是否支持Modbus协议和Modbus TCP？简述相应的模块。

5-7　TIA Portal能对哪些产品进行编程调试？

5-8　创建S7-1200工程，要求系统至少能支持（DI：56个点；DQ：38个点；AI：17个点；AQ：5个点；PROFINET：2路，RS485通信：2路，PROFIBUS通信：1路），配置系统时钟，要求将MB210作为系统存储字节，MB211作为时钟存储字节，将IP地址设置为192.168.10.10，通过PROFINET连接2个ET200SP（不需要配置IO），AI设置为4~20 mA，AQ设置为0~5 V。

5-9　在题5-8的硬件基础上，用LAD语言编写一个起-保-停程序，其中将起动按钮设置为M10.0，命名为start，停止按钮设置为M10.1，命名为stop，输出为M10.2，命名为out，启动PLCSIM仿真软件，并启用在线仿真调试功能，通过LAD程序图测试软元件和程序执行效果，同时通过监控表（或者SIM表）测试软元件和程序执行效果。

5-10　S7-1200 PLC的串口通信信号板是（　　）。

A. CM 1241 RS485　　B. CB 1241 RS232

C. CB 1241 RS422/485　　D. CB 1241 RS485

5-11　S7-1200 PLC CPU最多可连接（　　）个扩展模块。

A. 2　　B. 3　　C. 8　　D. 11

5-12　CPU 1214C最多可扩展___个信号模块、___个通信模块，信号模块安装在CPU的___侧，通信模块安装在CPU的___侧。

5-13　判断：S7-1200 PLC CPU存储卡的功能包括扩展装载存储器、向CPU传输程序及CPU固件升级。（　　）

5-14　STOP模式下，S7-1200 PLC CPU单元集成DO通道输出的信号状态不包括（　　）。

A. 输出STOP前状态　　B. 输出替代值1

C. 输出替代值0　　D. 输出随机状态

第6章　S7-1200 PLC的编程基础

本章介绍数制、编码和逻辑运算基础知识以及S7-1200 PLC的编程语言和工作模式，读者应重点掌握梯形图和结构化控制语言（Structured Control Language，SCL）、用户程序结构、系统存储区和数据类型，并在编程中灵活使用。

6.1 数制、编码和逻辑运算

6.1.1 数制

1. 二进制

1位二进制数的取值只能是0或1。用1位二进制数来表示开关量的两种不同状态。如果该位为1，梯形图中对应的位编程元件（如M、I、Q）的线圈通电、常开触点接通、常闭触点断开，称该编程元件为TRUE或1状态；如果该位为0，则对应的位编程元件的线圈断电、常开触点断开、常闭触点闭合，称该编程元件为FALSE或0状态。计算机和PLC内部用多位二进制数来表示数字，基数为2，逢二进一。以小数点为界向前诸位的位权依次是2^0，2^1，2^2，…，向后依次为2^{-1}，2^{-2}，2^{-3}，…。一个二进制数也可以通过各位数字与其位权之积的和来计算其大小。二进制常数以2#开始，例如2#10111.01对应的十进制数为

$$2\#10111.01=1\times2^4+0\times2^3+1\times2^2+1\times2^1+1\times2^0+0\times2^{-1}+1\times2^{-2}=23.25$$

提示： 逢N进一，N是指进位计数制表示一位所需要的符号数目，称为基数。例如十进制数由0~9十个数字符号组成，基数为10，逢十进一。

2. 十六进制

虽然二进制在计算机底层使用，但对于人来说记忆和使用太烦琐，所以在计算机程序中可以使用十六进制数来简化二进制数。二进制整数部分从最低位（小数部分从最高位）起，每4位二进制数用1位十六进制数表示，十六进制数的16个数字符号是0~9和A~F（对应于十进制数10~15）。例如2#10111.01对应的十六进制数为

$$2\#10111.01=2\#0001\ 0111.0100=16\#17.4$$

B#16#、W#16#、DW#16#分别用来表示十六进制字节（Byte，符号为B）、字（Word，符号为W）和双字（Double Word，符号为DW）常数，例如W#16#7A14。

提示： 1B=8 bit，1W=2B，1DW=2W。

表6-1给出了不同进制的数的表示方法，其中BCD码将在6.1.2节介绍。

表 6-1 不同进制的数的表示方法

十进制数	十六进制数	二进制数	BCD 码	十进制数	十六进制数	二进制数	BCD 码
0	0	0000	0000	8	8	1000	1000
1	1	0001	0001	9	9	1001	1001
2	2	0010	0010	10	A	1010	0001 0000
3	3	0011	0011	11	B	1011	0001 0001
4	4	0100	0100	12	C	1100	0001 0010
5	5	0101	0101	13	D	1101	0001 0011
6	6	0110	0110	14	E	1110	0001 0100
7	7	0111	0111	15	F	1111	0001 0101

6.1.2 编码

计算机和 PLC 中的数是用二进制表示的，数分为无符号数和带符号数。无符号数相对简单，数的所有二进制位均为数值位。带符号数有正、负之分，数的符号也是用二进制表示的，一般用最高位来表示符号，正数用 0 表示，负数用 1 表示。带符号数的表示方法有原码、反码和补码 3 种形式。

1. 原码

原码表示法中，符号位用数码 0 表示正号，用数码 1 表示负号，数值部分按一般二进制形式表示。例如$+77_{原}$= 01001101，$-77_{原}$= 11001101。

2. 反码和补码

正数的原码、反码和补码的表示是相同的，例如$+77_{原}=+77_{反}=+77_{补}$= 01001101。负数的反码：负数的原码的符号位保持不变，数值位按位取反（0 变 1，1 变 0），例如$-77_{反}$= 10110010。负数的补码：负数的反码加 1，例如$-77_{补}$= 10110011。

注意： 这里的原码、反码和补码的例子均是用 8 位二进制数来表示一个带符号数，8 位二进制数表示的补码是有范围的，即-128～+127，超过这个范围就会发生溢出，解决办法是用更多的位数，如用 16 位二进制数来表示。计算机和 PLC 里带符号数采用补码的形式存储和计算，因为通过补码运算可以将减法转换成加法运算，而加法运算对于计算机来说用加法器可以很容易实现。

3. BCD 码

实际工作中，人们习惯用十进制表示数据，而计算机内部是二进制表示数据，为了解决这一问题，人们为计算机设计了 BCD（Binary Coded Decimal）码。BCD 码是指用 4 位二进制数来表示 1 位十进制数，即二进制编码的十进制数。每一位 BCD 码的数值范围为 2#0000～2#1001，对应于十进制数 0～9。BCD 码表示带符号数时，最高位二进制数用来表示符号，正数为 0，负数为 1。一般令正数和负数的最高 4 位二进制数分别为 0000 或 1111。例如 BCD 码 2#1111 1000 0010 1001 表示的十进制数是-829。TIA Portal 用 BCD 码来显示日期和时间值，例如可以用 BCD 码 2#0010 0000 0010 0001 表示 2021（年）这个十进制数。

6.1.3 逻辑运算

使用传统的继电器电路或 PLC 的梯形图可以实现开关量的逻辑运算。图 6-1 所示为 PLC

的梯形图，梯形图中，触点的串联对应“与”运算，触点的并联对应“或”运算，用常闭触点对应“非”运算。多个触点的串、并联电路可以实现复杂的逻辑运算。

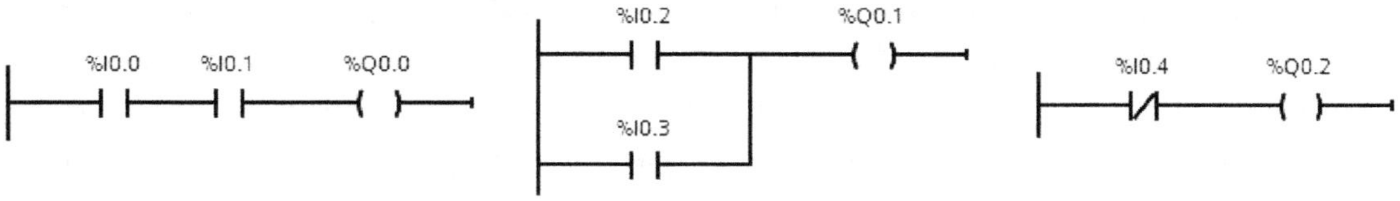

图 6-1　PLC 的梯形图

6.2　S7-1200 PLC 的编程语言

IEC 61131 是 IEC 制定的 PLC 的国际标准，其中第三部分 IEC 61131-3 是 PLC 的编程语言标准。IEC 61131-3 是世界上第一个，也是至今唯一的工业控制系统的编程语言标准。

IEC 61131-3 的 5 种编程语言包括：①指令表（Instruction List，IL）；②结构文本（Structured Text，ST），在 S7-1200 PLC 中为 SCL；③梯形图（Ladder Diagram，LD），西门子 PLC 的梯形图称为 LAD；④功能块图（Function Block Diagram，FBD）；⑤顺序功能图。

S7-1200 PLC 使用 LAD、FBD 和 SCL 这 3 种编程语言。

6.2.1　梯形图

梯形图是使用最为广泛的 PLC 的图形化编程语言。梯形图由触点（常闭触点、常开触点）、线圈和用方框表示的功能框指令组成。功能框指令有数学函数、定时器操作、计数器操作、移动操作等，这一点也是西门子编程语言的一大特点。

假想在梯形图的左侧垂直母线到右侧有一个左正、右负的直流电源电压，称为能流。利用能流这一概念，可以借用继电器电路的术语和分析方法，更好地理解和分析梯形图。能流只能从左往右流动。梯形图有时也被称为电路或程序。

图 6-2 所示为梯形图编辑器，系统会默认为梯形图所在的块添加“块标题”和块注释（②）。用户还可以为每个程序段添加标题（③）和注释（④）。通过单击工具栏中标有①的图标，可以显示或关闭程序段的注释。

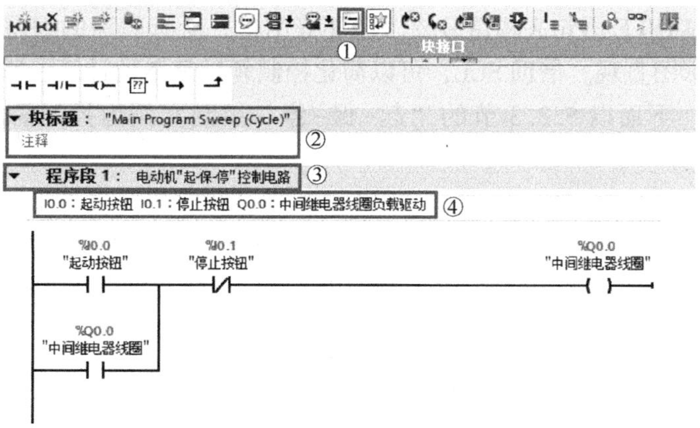

图 6-2　梯形图编辑器

6.2.2 功能块图

与梯形图相同，功能块图也是一种图形编程语言。功能块图使用类似于数字电路的图形逻辑符号来表示控制逻辑，国内很少有人使用。S7-1200 PLC 编程工具可以进行梯形图与功能块图编程语言的切换，在“项目树”中展开“PLC_1”→“程序块”，选中 Main[OB1]，在巡视窗口的“属性”→“常规”→“语言”下拉列表框中进行编程语言的切换，如图 6-3 所示。功能块图中，用类似于与门的带有符号“&”、或门的带有符号“>=1”的方框来表示逻辑关系。方框左侧是信号输入，右侧是信号输出。输入、输出端的小圆圈表示“非”运算，方框被“导线”连接在一起，信号自左向右流动。

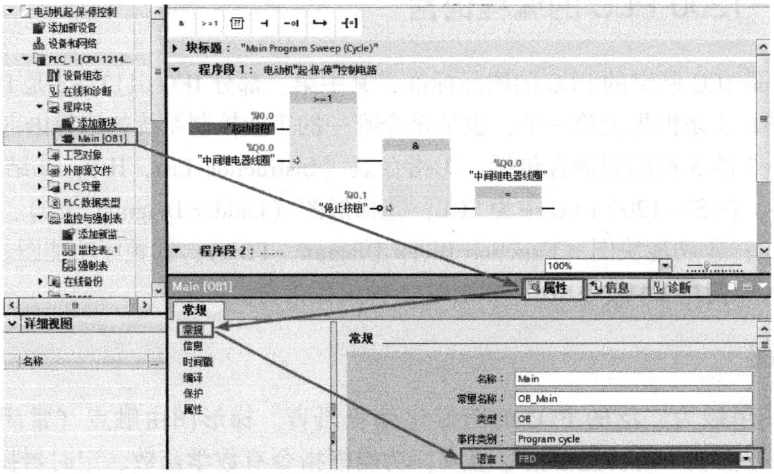

图 6-3 梯形图与功能块图编程语言切换

提示： 右击“项目树”中 PLC 的“程序块”文件夹中的某个代码块，选中快捷菜单中的“切换编程语言”，也可以切换梯形图和功能块图编程语言。

6.2.3 结构化控制语言

TIA Portal 软件支持结构化控制语言 SCL，SCL 类似计算机高级语言，如果有 C、Java、C++、Python 等高级语言的学习经历，再学习 SCL 就会容易很多。在用 SCL 编程时，主要用 IF...THEN/CASE/FOR/WHILE 语句去构造分支、循环等结构。所有程序的编写都是在纯文本的环境下编辑，没有梯形图直观。借助 SCL，可以简化控制领域复杂的计算、算法、数据管理和数据组织等编程工作。下面以 5.3.3 节的“起-保-停”控制实例为控制需求，采用 SCL 编写程序。

在 TIA Portal 软件“项目树”中展开“PLC_1”→“程序块”文件夹，双击“添加新块”，在弹出的对话框中建立一个函数（Function，FC），“语言”下拉列表框中选择 SCL，如图 6-4 所示。单击“确定”按钮后，新建的 FC 直接打开，进入 SCL 的编辑环境。

注意： 只能在“添加新块”对话框中选择 SCL。

在 FC 代码块的接口区新建两个 Input 类型 Bool 变量“START”和“STOP”，再新建一个 InOut 类型 Bool 变量“MOTOR”。变量建好后，在代码区中输入 SCL 编写的起-保-停控制程序，程序输入过程中可以通过鼠标指针拖拽接口区变量前面的图标的方式辅助变量的添加。控制程序如图 6-5 所示。

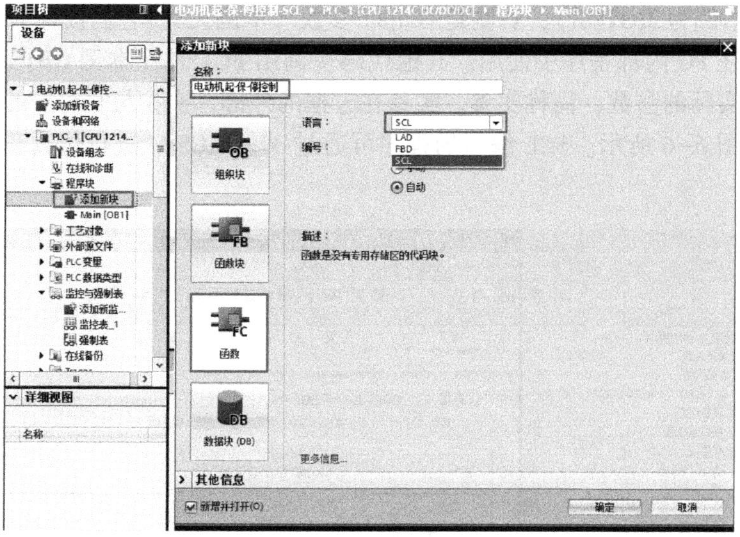

图 6-4　添加函数

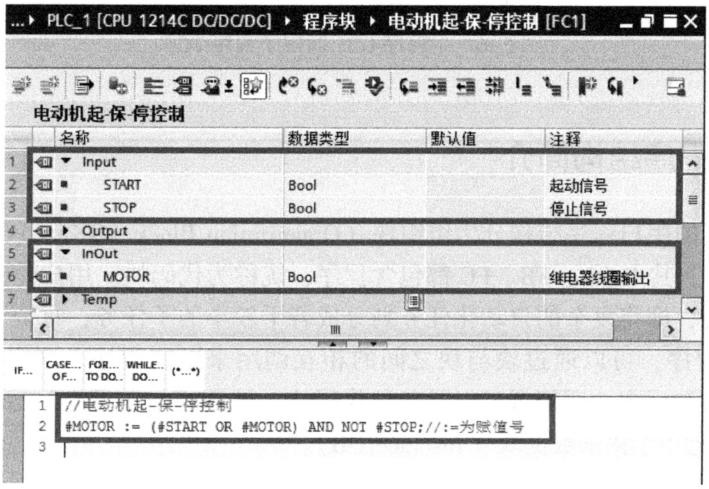

图 6-5　FC 编写的控制程序

#MOTOR := (#START OR #MOTOR) AND NOT #STOP;

控制程序中需要注意语句以分号为结束标志，并且所有代码必须在英文输入法下键入英文字符。OR（或运算）指令相当于梯形图中的并联关系，AND（与运算）指令相当于梯形图中的串联关系，指令 NOT 为取反指令。

注意：在 FC 中要注意接口变量的类型，一定要把 MOTOR 变量定义成 InOut 类型而不是 Output 类型，如果定义成 Output 类型将导致无法实现自保持，因为 FC 没有背景数据块。此例如果采用函数块（Function Block，FB）来实现，则 MOTOR 变量可以定义成 Output 类型，因为 FB 有背景数据块。

完成 FC 的编写后，双击“项目树”中“PLC_1”→“程序块”中的“Main[OB1]”，打开 OB1 主程序，在里面调用“电动机起-保-停控制［FC1］”子程序。方法是用鼠标拖拽的方式把左侧项目树中的“电动机起-保-停控制［FC1］”子程序拖放到右侧“程序段 1”的水平“导线”上。FC1 的方框中左侧是在 FC1 接口区中定义的 Input 参数（本例为 START、STOP）

和 InOut 参数（本例为 MOTOR），右侧是 Output 参数（本例无）。它们被称为 FC 的形式参数，简称形参，形参在 FC 内部程序中使用。其他代码块调用 FC1 时（本例 OB1 调用 FC1），需要为每个形参指定实际的参数，简称实参。实参在方框的外部，实参与它对应的形参应具有相同的数据类型，如图 6-6 所示。SCL 编写的程序可通过 S7-PLCSIM 进行仿真和调试，方法详见 5.3.3 节内容。

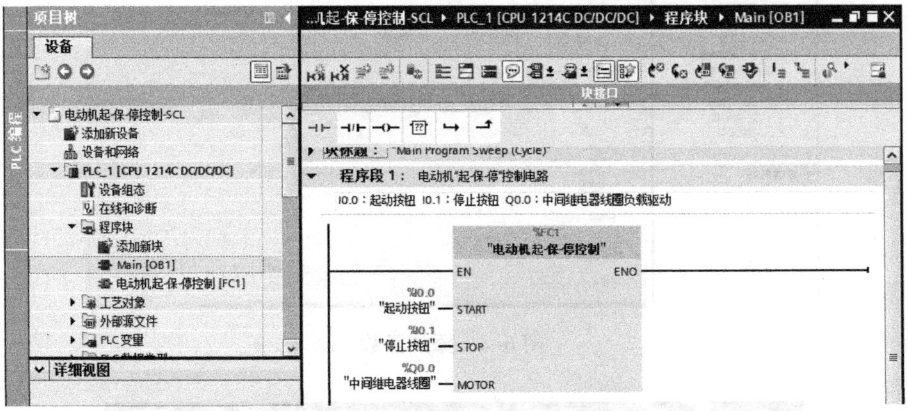

图 6-6 主程序 OB1 调用子程序 FC1

6.3 用户程序结构简介

S7-1200 PLC 的用户程序结构分为组织块（Organization Block，OB）、FC、FB 以及数据块（Data Block，DB），其中 OB、FB、FC 都包含程序，统称为代码块。用户程序结构的划分有利于实现模块化编程，即将复杂的自动化任务划分成若干较小的子任务，每个子任务对应于一个称为“块”的子程序，可以通过块与块之间的相互调用来组织程序。这样的程序易于修改、查错和调试。在块调用中，调用者可以是各种代码块，被调用的块是 OB 之外的代码块。调用 FB 时需要为它指定一个背景数据块（Instance DB）。

6.3.1 组织块

组织块 OB 是系统程序和用户程序之间的接口，由系统程序调用。OB 的调用是由事件触发的，不能在代码块中进行 OB 的调用。OB 中的程序是用户编写的。常用的 OB 主要有以下 3 种。

1. 程序循环组织块

OB1 是程序循环（Program Cycle）组织块，也称为主程序，是唯一的用户程序中必须具备的代码块。系统程序循环调用 OB1，因此 OB1 中的程序是循环执行的。

2. 启动组织块

启动（Startup）组织块，仅在 PLC 的工作模式从 STOP 切换为 RUN 时执行一次，完成后将执行 OB1。启动组织块主要用来初始化，是可选的。

3. 中断组织块

中断（Interrupt）组织块实现对内部事件或外部事件的快速响应。当出现中断事件如硬件中断时，CPU 暂停正在执行的程序块，自动调用一个分配给该事件的中断组织块来处理中断事件。执行完中断组织块后，返回被中断程序的断点处继续执行原来的程序。

6.3.2　函数

函数 FC 是用户编写的没有固定存储区的代码块，函数执行结束后，其局部变量在内存中分配的空间释放，里面的数据丢失。FC 可用于完成标准和可重复使用的操作，如算术运算，或者执行技术功能，如使用位逻辑运算执行某种控制功能。FC 可以在程序中的不同位置被多次调用，简化了对经常重复发生的任务的编程，从而实现程序代码的复用。

FC 在使用时可选择不带参数的 FC 和带参数的 FC，若需要使用带参数的 FC，那么在打开 FC 后，需要在 FC 的接口区定义相关的接口参数，调用 FC 时需要给 FC 的所有形参分配实参。FC 接口区的参数含义见表 6-2。

表 6-2　FC 接口区的参数含义

接口类型	描　述
Input	调用时将用户程序数据传递到 FC 中，实参可以为常数
Output	函数调用用时将 FC 执行结果传递到用户程序中，实参不能为常数
InOut	在块调用之前读取 InOut 参数并在块调用之后写入，实参不能为常数
Temp	仅在 FC 调用时生效，用于存储临时中间结果的变量
Constant	声明符号常量后，FC 中可以使用符号名代替常量

6.3.3　函数块

函数块 FB 是用户编写的带有自己专用存储区的块，该专用存储区称为背景数据块。FB 与 FC 相比，每次调用 FB 都必须为其分配背景数据块。FB 很少作为子程序使用，通常将其作为具有存储功能的 FC 使用，每调用一次分配一个背景数据块，用来存放 FB 的 Input、Output、InOut 参数变量及 Static 静态变量（Temp 类型除外）的值和运算结果。一个 FB 的背景数据块，也可以作为多个 FB 的背景数据块（多重背景数据块）。背景数据块不是由用户编辑的，而是由编辑器根据 FB 接口区定义自动生成的。在 FB 接口区中声明的变量决定背景数据块的结构。FB 接口区的参数含义见表 6-3。

表 6-3　FB 接口区的参数含义

接口类型	描　述
Input	调用时将用户程序数据传递到 FB 中，实参可以为常数
Output	调用时将 FB 执行结果传递到用户程序中，实参不能为常数
InOut	在块调用之前读取 InOut 参数并在块调用之后写入，实参不能为常数
Static	不参与参数传递，用于保存 FB 中运算的中间结果，可以被其他程序访问
Temp	仅在 FB 调用时生效，用于存储临时中间结果的变量
Constant	声明符号常量后，FB 中可以使用符号名代替常量

注意：S7-1200 PLC 的某些指令（如符合 IEC 标准的定时器和计数器指令）实际上是 FB，在调用它们时需要指定配套的背景数据块。

总结：FC 与 FB 的区别：①FB 有背景数据块，FC 没有背景数据块。②FB 和 FC 均为用户编写的子程序。接口区中均有 Input、Output、InOut 参数和 Temp 数据。FC 没有静态变量（Static），FB 有保存在背景数据块中的静态变量。③只能在 FC 内部访问其接口区中定义的局部变量。而 FB 由于有背景数据块，所以外部代码或 HMI 可以访问 FB 的背景数据块中的变量。④如果代码块有执行后需要保存的数据，应使用 FB，而不是 FC。⑤FB 接口区定义的局部变量（不包括 Temp）有默认值（初始值），FC 的局部变量没有默认值。

6.3.4 数据块

数据块 DB 用于存储程序数据，分为全局数据块和背景数据块。与代码块不同，DB 没有指令。全局数据块存储供所有代码块使用的数据，所有 OB、FB、FC 都可以访问它们。背景数据块与 FB 相关联，存储 FB 的输入、输出、输入/输出、静态变量的参数，注意 FB 的临时数据（Temp）是不在背景数据块中保存的。在项目中添加 S7-1200 PLC 设备后，在“项目树”中 PLC 的“程序块”下即可添加新 DB。

提示：无论是全局数据块，还是被 FB 接口区格式化的背景数据块，都是全局变量，可以被所有程序访问。

如图 6-7 所示，在打开的“添加新块”窗口下选择“数据块”。此窗口的“名称”处可以键入 DB 的符号名。如果不做更改，那么将保留系统分配的默认符号名，如此处为 DB 分配的符号名为“数据块_1”。“类型”处可以通过下拉列表框选择所要创建的 DB 类型（全局数据块或背景数据块）。如果要创建背景数据块，下拉列表框中列出了此项目中已有的 FB 供用户选择。对于创建数据块，“语言”不可更改。“编号”默认配置为“自动”，即系统自动为所生成的 DB 分配块号，也可以选择“手动”，则“编号”处的输入框变为高亮状态，以便用户自行分配 DB 编号。DB 配置后，单击“确定”按钮即创建完成一个 DB。

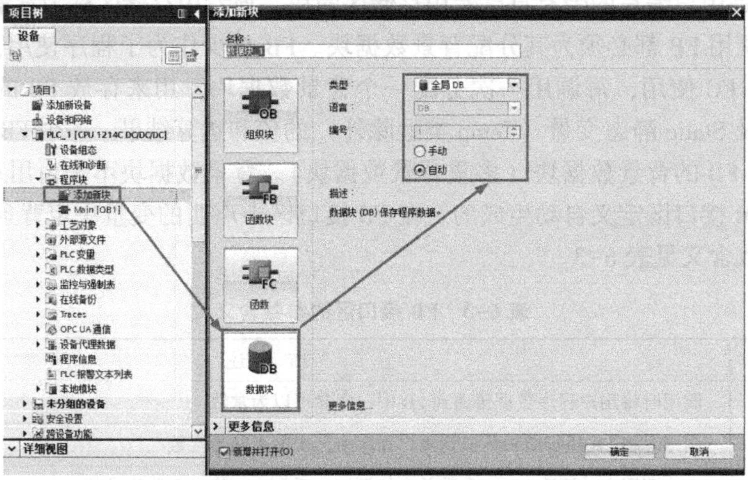

图 6-7 DB 的创建

6.4 S7-1200 PLC 的工作模式

6.4.1 3 种工作模式介绍

S7-1200 PLC 有 3 种工作模式：STOP（停止）、STARTUP（启动）、RUN（运行）。CPU 面板上的 RUN/STOP 状态指示灯用来指示当前的工作模式。STOP 模式时，RUN/STOP 指示灯为黄色常亮；STARTUP 模式时，RUN/STOP 指示灯为绿色和黄色交替闪烁；RUN 模式时，RUN/STOP 指示灯为绿色常亮。

S7-1200 PLC CPU 未提供用于更改工作模式的物理开关，可以通过双击“项目树”中的“在线和诊断”工具，然后单击工具栏中的 在线（要使用 CPU 操作面板，必须在线连接到 CPU），单击任务卡的“在线工具”→“CPU 操作面板”（见图 6-8）上的“RUN”或“STOP”命令按钮，或工具栏上的和，改变当前的工作模式。

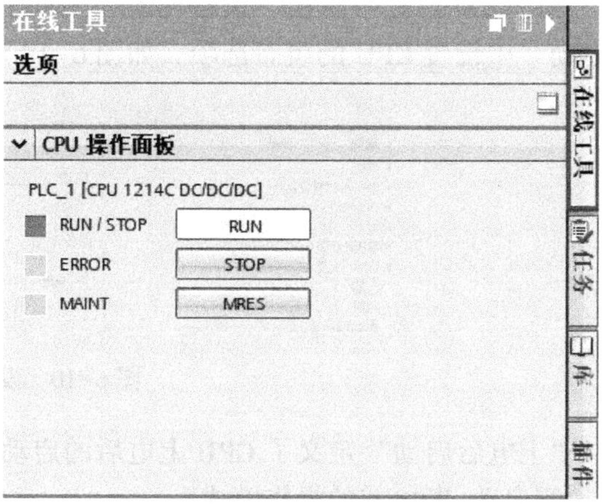

图 6-8　CPU 操作面板图

在 STOP 模式下，CPU 执行内部处理（自诊断）和通信服务，不执行用户程序，也不会刷新过程映像寄存器（输入映像寄存器和输出映像寄存器）。

注意： 只有 CPU 处于 STOP 模式时，才能下载项目。

上电后 CPU 进入 STARTUP 模式，在该模式下，CPU 不会处理中断事件，CPU 依次执行以下步骤（见图 6-9）：阶段 A 清除（复位）输入映像寄存器区；阶段 B 用上一次 RUN 模式最后的值或替代值来初始化输出映像寄存器区；阶段 C 仅执行一次启动组织块（Startup OB），启动组织块主要用来初始化，是可选的；阶段 D 将外设输入状态刷新到输入映像寄存器区；阶段 E（整个启动阶段）将中断事件保存到队列，以便在 RUN 模式进行处理；阶段 F 将输出映像寄存器区的值刷新到外设输出。

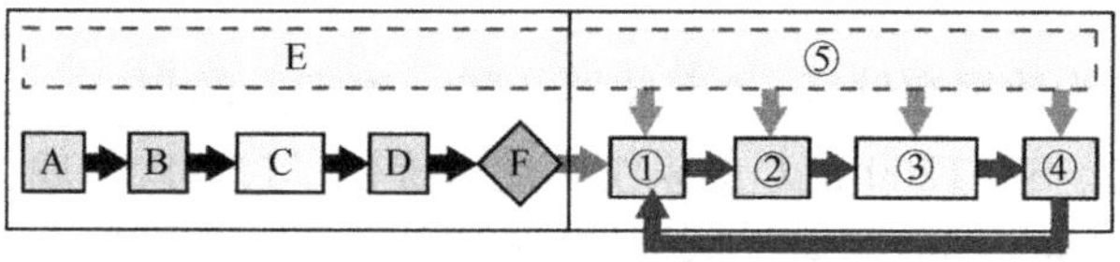

图 6-9　STARTUP 模式与 RUN 模式工作示意图

启动阶段结束后，进入 RUN 模式。为了使 PLC 的输出及时地响应各种输入信号，CPU 重复执行循环扫描周期，处理各种不同的任务（见图 6-9）：阶段①将输出映像寄存器区的值刷新到外设输出；阶段②将外设输入状态刷新到输入映像寄存器区；阶段③执行程序循环 OB，OB1 是首先执行的主程序；阶段④执行内部处理（自诊断）和通信服务；阶段⑤在循环扫描的任意阶段出现中断事件时，执行中断程序。

6.4.2　冷启动与暖启动

下载用户程序的块和硬件组态后，下一次由 STOP 模式切换到 RUN 模式时，CPU 执行冷启动。冷启动之后，在下一次下载之前的 STOP 到 RUN 模式的切换均为暖启动。

冷启动会复位保持性存储器，暖启动不对保持性存储器复位，可以用 TIA Portal 编程软件“在线工具”→“CPU 操作面板”（见图 6-8）上的“MRES”命令按钮来复位存储器，使 CPU 回到初始状态。

6.4.3 CPU“上电后启动”项的设置

S7-1200 PLC 可以在“设备视图”中选中 CPU 后，在巡视窗口的“属性”→“常规”→“启动”中设置 CPU 的组态选项，如图 6-10 所示。

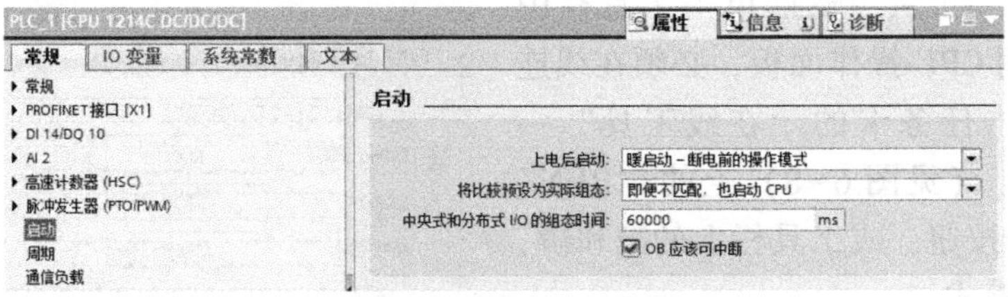

图 6-10 设置 CPU 启动项

“上电后启动”定义了 CPU 上电后的启动特性，共有以下 3 个选项供用户选择，默认选项为“暖启动-断电前的操作模式”。

1）不重新启动（保持为 STOP 模式）：CPU 上电后直接进入 STOP 模式。

2）暖启动-RUN 模式：CPU 上电后直接进入 RUN 模式。

3）暖启动-断电前的操作模式：选择该项后，CPU 上电后将按照断电前该 CPU 的模式启动，即断电前 CPU 处于 RUN 模式，则上电后 CPU 依然进入 RUN 模式；如果断电前 CPU 处于 STOP 状态，则上电后 CPU 进入 STOP 模式。

6.5 系统存储区和数据类型

6.5.1 S7-1200 PLC 的系统存储区

系统存储区也被称为数据存储区。“存储器/区”，物理上的划分一般称为存储器，逻辑上的划分一般称为存储区。S7-1200 PLC 的系统存储区提供了过程映像输入区（I）、过程映像输出区（Q）、位存储区（M）、定时器区、计数器区等各种专用存储区，所有代码块可以无限制地访问该存储区，属于全局存储区。此外，系统存储区还包括 DB、临时（局部）数据区（L），如图 6-11 所示。

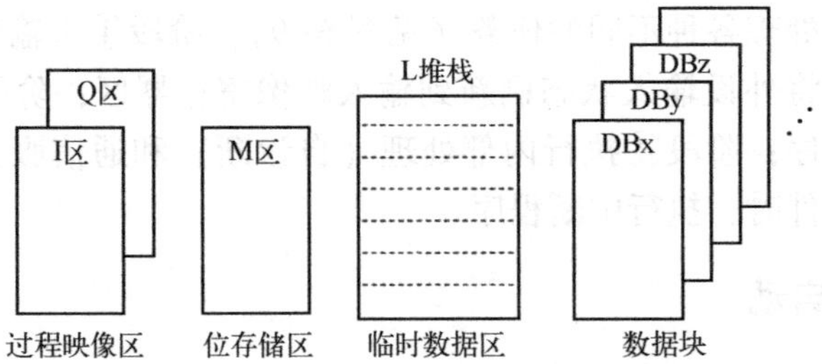

图 6-11 S7-1200 PLC 的系统存储区

提示：因 TIA Portal 不允许无符号名称的变量出现，所以即使用户没有为变量定义符号名称，TIA Portal 也会自动为其分配符号名称，默认从“Tag_1”开始分配。

1. 过程映像输入区（I）

过程映像输入区是 CPU 用于接收外部输入信号状态的区域，外部输入信号有按钮、开关、行程开关等。CPU 会在扫描开始时从输入模块上读取外部输入信号的状态，并将这些状态记录到过程映像输入区中，当程序执行时从过程映像输入区读取对应的状态进行运算。使用过程映像输入区的好处是可以在一个程序执行周期中保持数据的一致性。但如果给地址或变量后面加上符号“：P”，就可以立即访问外设输入，即可以立即读取数字量输入或模拟量输入。它的数值是直接从与其连接的现场设备接收数值，而不是过程映像输入区中的数值。使用地址标识符“I”（不分大小写）访问过程映像输入区，可以按位 I、字节 IB、字 IW 或双字 ID 进行访问。

2. 过程映像输出区（Q）

过程映像输出区将程序执行的运算结果输出以驱动外部负载如指示灯、接触器、继电器、电磁阀等，但是需要注意它不直接输出驱动外部负载，而是需要先把运算结果放入过程映像输出区，CPU 在下一个扫描周期开始时，将过程映像输出区的内容刷新到物理输出点，然后驱动外部负载动作，以保证输出模块输出的一致性。如果需要把运算结果直接写入物理输出点，需要在地址或变量名称后面加符号“：P”。使用地址标识符“Q”（不分大小写）访问过程映像输出区，在程序中表示方法与输入信号类似。

注意：在使用输出 Q 时需要注意避免双线圈的情况。

3. 位存储区（M）

位存储区（M）又称内部辅助继电器，类似于继电逻辑控制系统的中间继电器，用于实现中间逻辑，存储中间状态或其他控制信息。位存储区的访问方法与访问输入、输出映像区的方法类似。同样，M 区的变量也可通过符号名进行访问。M 区中掉电保持区的大小可以在“PLC 变量”→“保持性存储器”中设置。

在 PLC 的程序设计中，有时候会有这种需求：希望某段逻辑一直为真（1）或一直为假（0）；希望某段程序仅在 PLC 启动后执行一次；希望有一个频率固定的时钟脉冲来进行通信或控制报警灯。这些需求都可以通过手动编程来实现。但这里介绍一个小技巧，不需要任何编程，利用 S7-1200 PLC CPU 本身提供的系统存储器字节与时钟存储器字节来实现上述功能。方法是双击“项目树”某个 PLC 文件夹中的“设备组态”，打开该 PLC 的设备视图。选中 CPU 后，再选中下面巡视窗口的“属性”→“常规”→“系统和时钟存储器”，如图 6-12 所示。可以单击复选框分别启用系统存储器字节（默认地址为 MB1）和时钟存储器字节（默认地址为 MB0）。系统和时钟存储器字节地址是可以修改的。无论使用哪个字节作为系统存储字节，都遵循表 6-4 所示规则。

表 6-4　系统存储器字节常用位定义

位/bit	描　述
0	首次循环相当于初始化脉冲。仅在刚进入 RUN 模式的首次扫描时为 TRUE（1 状态），以后为 FALSE（0 状态）。在 TIA Portal 中，位编程元件的 1 状态和 0 状态分别用 TRUE 和 FALSE 来表示。系统默认该位变量的符号名称为“FirstScan”
1	为 TRUE（1 状态），表示切换到诊断状态
2	总是为 TRUE（1 状态），其常开触点总是闭合。系统默认符号名称为“AlwaysTRUE”
3	总是为 FALSE（0 状态），其常闭触点总是闭合。系统默认符号名称为“AlwaysFALSE”

时钟存储器的各位按表 6-5 的周期和频率产生方波输出（在每个周期内为 FALSE 和为 TRUE 的时间各占 50%），时钟存储器字节 0~7 位的定义见表 6-5。

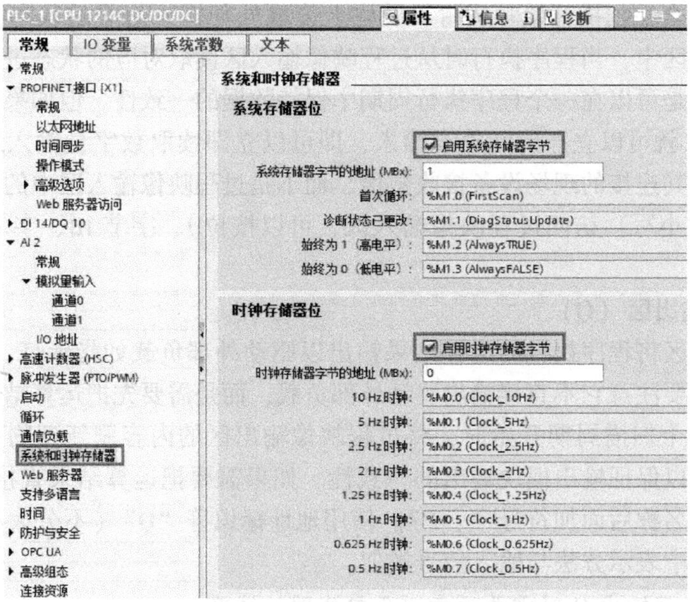

图 6-12　组态系统和时钟存储器

表 6-5　时钟存储器字节 0~7 位定义

位/bit	周期/s	频率/Hz	位/bit	周期/s	频率/Hz
0	0.1	10	4	0.8	1.25
1	0.2	5	5	1.0	1
2	0.4	2.5	6	1.6	0.625
3	0.5	2	7	2.0	0.5

注意： 因为系统存储器和时钟存储器不是保留的存储器，所以用户程序或通信可能改写这些存储单元，破坏其中的数据。指定了系统存储器和时钟存储器字节后，这两个字节不能再作其他用途，否则将会使用户程序运行出错，甚至造成设备损坏或人身伤害。

4. 临时（局部）数据区（L）

临时数据区与 M 区类似，主要区别是 M 区在“全局”范围内有效，数据可以全局性地用于用户程序中的所有元素，任何 OB、FC 或 FB 都可以访问 M 区中的数据。而临时数据区在“局部”范围内有效，只有创建或声明了临时存储单元的 OB、FC 或 FB 才可以访问临时数据区中的数据。例如当 OB 调用 FC 时，FC 无法访问对其进行调用的 OB 的临时数据区。

注意： 只能通过符号寻址的方式访问临时数据区。

5. DB

DB 有全局数据块和背景数据块两种类型。用户程序中的相关代码块执行完毕后，DB 中存储的数据不会被删除。用户程序中的任何代码块 OB、FB 或 FC 都可以访问全局数据块中的数据。每次添加一个新的全局数据块时，其默认类型为优化的块访问。可以右击“项目树”中新生成的全局数据块，执行快捷菜单命令“属性”，选中打开的对话框左边窗口中的“属性”（见图 6-13），取消勾选复选框“优化的块访问”，修改 DB 的类型为非优化的块访问。

提示： 勾选“优化的块访问”后，只能用符号地址访问生成的块中定义的变量，不能使用绝对地址访问。这种访问方式可以提高存储器的利用率。未勾选“优化的块访问”，能用

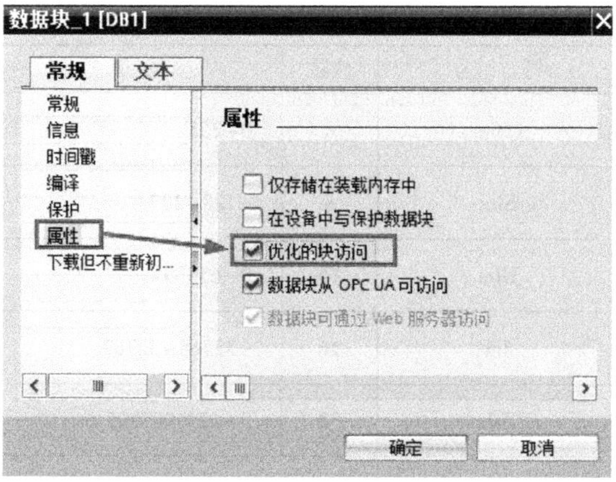

图 6-13　设置 DB 的属性

符号地址和绝对地址访问数据块中的变量，数据块中才会显示“偏移量”。

在背景数据块中仅存储其所属 FB 的参数（Input、Output 和 InOut）和静态数据。任何代码块都可访问背景数据块中的数据，FB 中的临时数据（Temp）不存储在背景数据块中。每个 FB 都有一个对应的背景数据块，一个 FB 也可以使用不同的背景数据块。背景数据块的优化属性是由其所属的 FB 决定的，如果该 FB 为优化的块访问，则其背景数据块就是优化的块访问，否则就是非优化的块访问。

6.5.2　S7-1200 PLC 的基本数据类型

数据类型用来描述数据的长度和属性，即用于指定数据元素的大小及如何解释数据，每个指令至少支持一种数据类型，部分指令支持多种数据类型。因此，指令上使用的操作数的数据类型必须和指令所支持的数据类型一致，所以在建立变量的过程中，需要对建立的变量分配相应的数据类型。在 TIA Portal 中设计程序时，用于建立变量的区域有变量表、DB、FB、FC、OB 的接口区。基本数据类型是 PLC 编程中最常用的数据类型，通常把占用存储空间 64 个二进制位以下的数据类型称为基本数据类型，包括位、位序列、整数、浮点数、日期时间和字符。基本数据类型见表 6-6。

表 6-6　基本数据类型

分类	变量类型	符　　号	位数	数值范围	常数和地址示例
位	布尔型	Bool	1	FALSE/0 或 TRUE/1	TURE、2#0、1、8#1、16 # 1、I1.0、Q0.1、M50.7、DB1.DBX2.3
位序列	字节	Byte	8	16#00~16#FF	2#1000_1001、8#17、16#12、B#16#1B、IB2、MB10、DB1.DBB4
	字	Word	16	16#0000~16#FFFF	16#1235、8#170_362、2 # 1101 _ 0010 _ 1001 _ 0110、W # 16 # F1C0、MW10、DB1.DBW2
	双字	DWord	32	16#00000000~16#FFFFFFFF	16#12345678、DW#16#1234_F30A、MD10、DB1.DBD8

（续）

分类	变量类型	符　号	位数	数值范围	常数和地址示例
整数	无符号短整数	USInt	8	0~255	223、MB0、DB1.DBB4
	短整数	SInt	8	-128~127	123、-123、MB0、DB1.DBB4
	无符号整数	UInt	16	0~65535	65292、MW2、DB1.DBW2
	整数	Int	16	-32768~32767	12356、MW2、DB1.DBW2
	无符号双整数	UDInt	32	0~4294967295	4042322160、MD6、DB1.DBD8
	双整数	DInt	32	-2147483648~2147483647	-2131754992、MD6、DB1.DBD8
浮点数	浮点数（实数）	Real	32	1.175495×10^{-38}~3.402823×10^{38} -3.402823×10^{38}~-1.175495×10^{-38}	123.456、MD100、DB1.DBD8
	长浮点数	LReal	64	$2.2250738585072014\times10^{-308}$~$1.7976931348623158\times10^{308}$ $-1.7976931348623158\times10^{308}$~$-2.2250738585072014\times10^{-308}$	$12345.123456789\times10^{40}$
日期和时间	时间	Time	32	T#-24d20h31 m23 s648 ms ~T#24d20h31 m23 s647 ms	T#1d_2h_15m_30s_45ms
	日期	Date	16	D#1990-1-1~D#2168-12-31	D#2019-12-13
	实时时间	Time_of_Day	32	TOD#0:0:0.0~TOD#23:59:59.999	TOD#10:30:10.400
	长格式日期时间	DTL	12B	DTL#1970-01-01-00:00:00.0~DTL#2262-04-11-23:47:16.854775807	DTL#2007-12-15-20:30:20.250
字符	字符	Char	8	16#00~16#FF	'A'、't'、'@'、'∑'
	16 位宽字符	WChar	16	16#0000~16#FFFF	WCHAR#'a' WCHAR#'的'
	字符串	String	(n+2)B	n=(0~254 字节)	STRING#'PLC'
	16 位宽字符串	WString	(n+2)W	n=(0~16382 个字)	WSTRING#'XIHUA'

1. 位和位序列

位数据的数据类型为 Bool 型，在编程软件中，Bool 变量的值 1 和 0 用 TRUE 和 FALSE 来表示。位存储单元的地址由字节地址和位地址组成，如 I3.2，其中的区域标识符“I”表示输入（Input），字节地址为 3，位地址为 2，这种存取方式称为“字节．位”寻址方式（见图 6-14）。对字节、字、双字的寻址如图 6-15 所示。

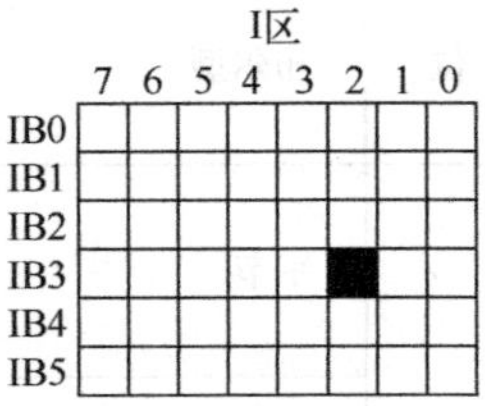

图 6-14　字节与位

对字节（Byte）的寻址，如 MB2，其中的区域标识符“M”表示位存储区，2 表示寻址单元的起始字节地址为 2，B 表示寻址长度为一个字节，即寻址位存储区第 2 个字节。对字（Word）的寻址，如 MW2，其中的区域标识符“M”表示位存储区，2 表示寻址单元的起始字节地址为 2，W 表示寻址长度为一个字或 2 个字节，则 MW2 表示寻址位存储区第 2 个字节开始的一个字，即 MB2 和 MB3。需要注意的是，MB2 为字 MW2 的高有效

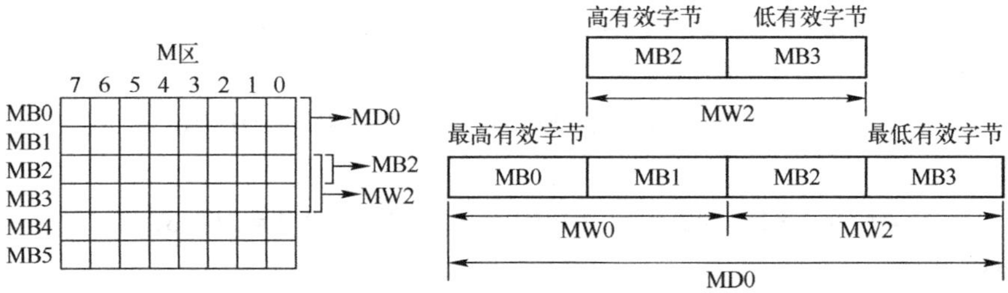

图 6-15　字节、字、双字的寻址

字节，MB3 为字 MW2 的低有效字节。对双字（DWord）的寻址，如 MD0，其中的区域标识符“M”表示位存储区，0 表示寻址单元的起始字节地址为 0，D 表示寻址长度为一个双字、2 个字或 4 个字节，则 MD0 表示寻址位存储区第 0 个字节开始的一个双字，即 MB0、MB1、MB2 和 MB3 或 MW0、MW2。需要注意的是，编号最小的字节 MB0 为双字 MD0 的最高有效字节，编号最大的字节 MB3 为双字 MD0 的最低有效字节。

2. 整数

整数一共有 6 种，所有整数的符号中均有 Int。符号中带 S 的整数为 8 位（短整数），带 D 的整数为 32 位双整数，不带 S 和 D 的整数为 16 位。带 U 的整数无符号，不带 U 的整数有符号。

3. 浮点数

32 位的浮点数（Real）又称为实数，最高位（第 31 位）为浮点数的符号位，如图 6-16 所示，正数时为 0，负数时为 1。规定尾数的整数部分总是为 1，第 0~22 位为尾数的小数部分。第 23~30 位为指数，这 8 位指数实际有符号（-127~128），但是由于加 127 后变成无符号数（0~255），所以在处理时要注意将指数部分的数值减去 127，才能得到真实的指数数值。浮点数的优点是用很小的存储空间（4B）可以表示非常大和非常小的数。浮点数的运算速度比整数的运算速度慢一些。在编程软件中，用十进制小数来输入或显示浮点数，例如 50 是整数，而 50.0 为浮点数。LReal 为 64 位的长浮点数，它的最高位（第 63 位）为符号位。尾数的整数部分总是为 1，第 0~51 位为尾数的小数部分。11 位的指数在第 52~62 位，这 11 位指数实际有符号（-1023~1024），但是由于加 1023 后变成无符号数（0~2047），所以在处理时要注意将指数部分的数值减去 1023，才能得到真实的指数数值。浮点数（实数）和长浮点数的精度最高为十进制 6 位和 15 位有效数字。

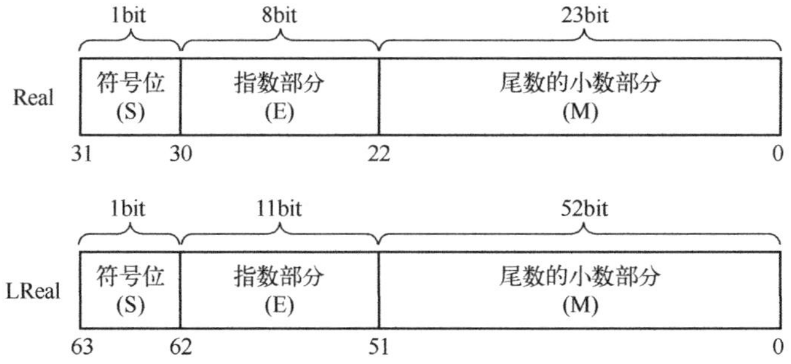

图 6-16　浮点数的结构

举例：浮点数 x 的二进制存储格式为 $(41360000)_{16}$，求其 32 位浮点数的十进制值。

解：十六进制数展开可得 32 位二进制数，即

0100 0001 0011 0110 0000 0000 0000 0000

$$指数\ e=E-127=10000010-01111111=00000011=(3)_{10}$$

包含隐藏整数位 1 的尾数为

$$1.M=1.011\ 0110\ 0000\ 0000\ 0000\ 0000=1.011011$$

于是有

$$x=(-1)^S\times 1.M\times 2^e=(1.011011)\times 2^3=1011.011=(11.375)_{10}$$

4. 日期和时间

时间数据类型（Time）主要用于定时器的设置，为 32 位有符号的双整数，其单位为 ms。日期数据类型（Date）用于指定日期，为 16 位无符号整数。Time_of_Day 为从指定日期的 0 时算起的毫秒数，无符号双整数。DTL 数据类型使用 12 个字节的结构来保存日期和时间信息，12 个字节中含年、月、日、星期、时、分、秒和纳秒，主要用于对系统时钟的设置和读取，可在全局数据块或块的接口区定义，不能在变量表中定义。

提示：系统时间（System Time）为格林尼治标准时间。本地时间（Local Time）：根据 S7-1200 PLC CPU 所处时区设置的本地标准时间。

例如，北京时间与系统时间相差 8 h。在 CPU 属性中进行设置，如图 6-17 所示。S7-1200 PLC CPU 的系统/本地时钟读取指令如图 6-18 所示。读取 S7-1200 PLC CPU 的系统/本地时钟，需要在 DB 中创建数据类型为 DTL 的变量，如图 6-19 所示。在 OB1 中编程，读出的系统/本地时间通过输出引脚“OUT”放入 DB 相应的变量中，如图 6-20 所示。从图中可以看出，读出的系统时间和本地时间相差 8 h，这是因为 S7-1200 PLC CPU 所设置的时区与格林尼治时间相差 8 h。

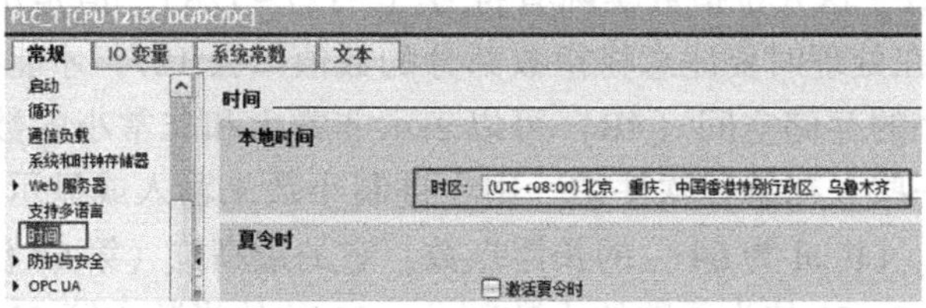

图 6-17 设置 S7-1200 PLC CPU 本地时间

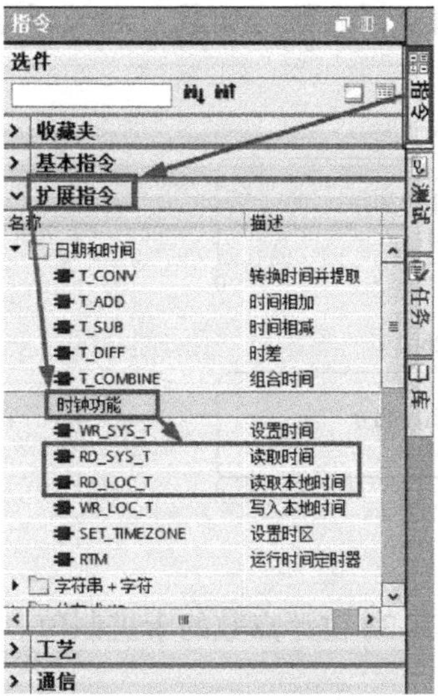

图 6-18 系统/本地时钟读取指令

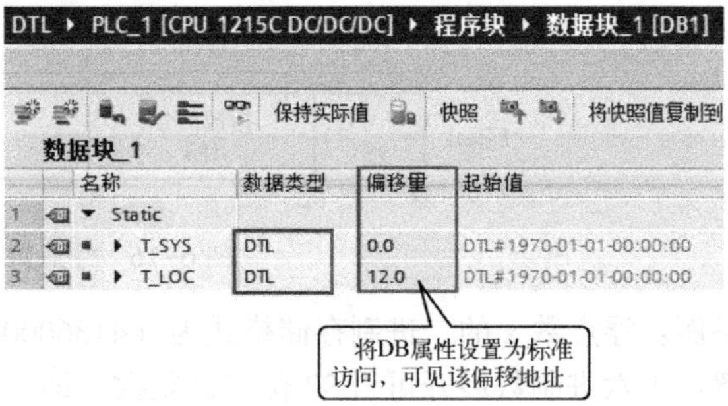

图 6-19 DB 中创建 DTL 类型的变量

	名称	数据类型	偏移量	起始值	监视值
1	▼ Static				
2	▼ T_SYS	DTL	0.0	DTL#1970-01-01	DTL#2020-04-01-03:37:12.437079945
3	YEAR	UInt	0.0	1970	2020
4	MONTH	USInt	2.0	1	4
5	DAY	USInt	3.0	1	1
6	WEEKDAY	USInt	4.0	5	4
7	HOUR	USInt	5.0	0	3
8	MINUTE	USInt	6.0	0	37
9	SECOND	USInt	7.0	0	12
10	NANOSECOND	UDInt	8.0	0	437_079_945
11	▼ T_LOC	DTL	12.0	DTL#1970-01-01	DTL#2020-04-01-11:37:12.437081174
12	YEAR	UInt	12.0	1970	2020
13	MONTH	USInt	14.0	1	4
14	DAY	USInt	15.0	1	1
15	WEEKDAY	USInt	16.0	5	4
16	HOUR	USInt	17.0	0	11
17	MINUTE	USInt	18.0	0	37
18	SECOND	USInt	19.0	0	12
19	NANOSECOND	UDInt	20.0	0	437_081_174

图 6-20　系统/本地时间读取和在线监控

图 6-21 给出了本地时钟在实际中的应用：①设定每天晚上 7 时开灯，早上 7 时 30 分关灯；②设定 2030-01-01-12:00:00 执行某个操作。

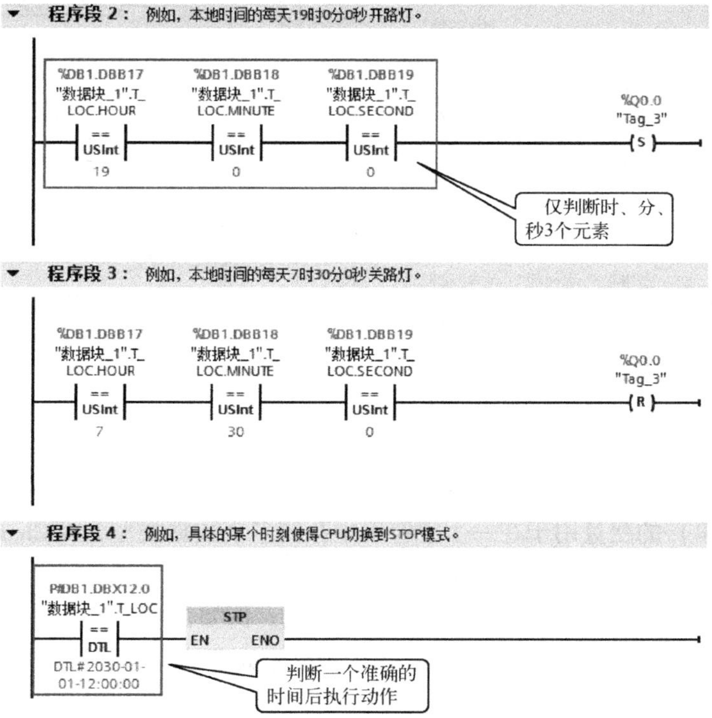

图 6-21　本地时钟在实际中的应用

5. 字符

数据类型为 Char（Character）的变量长度为 8 位，占用 1 个字节的内存。Char 数据类型将单个字符存储为 ASCII 编码形式，通常是指计算机中使用的字母、数字和符号。WChar（宽字符）占两个字节，可以存储汉字和中文的标点符号。字符常量用英文的单引号括起来表示。数据类型为 String 的操作数可存储多个字符，最多可包括 254 个字符。字符串中的第一个字节为总长度，第二个字节为有效字符数量。字符串（String）在存储上与字符的数组类似，所以其每一个元素都是可以提取的字符，如 abcdefg 叫字符串，而其中的每个元素叫字符。

例如，在 PLC 中创建一个 DB，并将属性设置为标准数据块（非优化的块访问），在 DB1 中创建如下的字符串和字符，并赋予起始值，如图 6-22 所示。

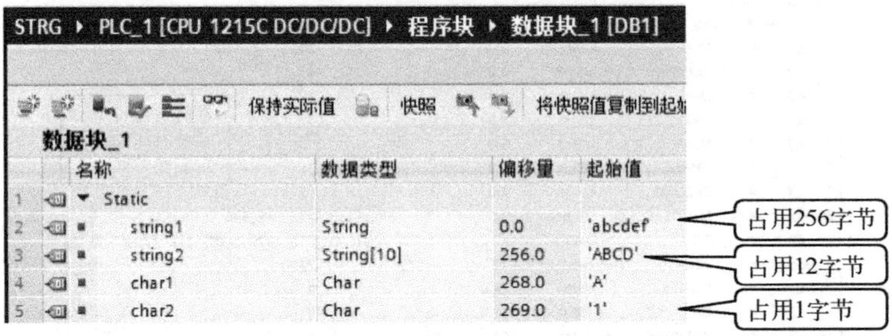

图 6-22　DB 中创建字符串和字符变量

下载到 PLC 中，通过监控表逐个查看每个字节中的值，如图 6-23 所示。

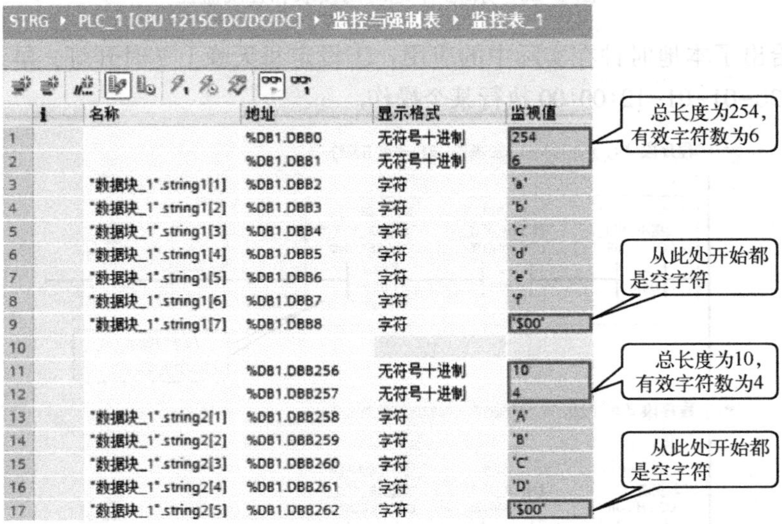

图 6-23　监控表查看字符串和字符变量内容

数据类型为 WChar（宽字符）的变量长度为 16 位，占用 2 个字节的内存。数据类型为 WString（宽字符串）的变量用于在一个字符串中存储多个数据类型为 WChar 的 Unicode 字符，如果未指定长度，则字符串的长度为预置的 254 个字。

下面以汉字为例说明汉字在西门子 PLC 中的格式。例如在 PLC 中创建一个 DB，并将属性设置为标准数据块（非优化的块访问），在 DB1 中创建如下的汉字字符串和汉字字符，并赋予起始值，如图 6-24 所示。

下载到 PLC 中，通过监控表逐个查看每个字中的值，如图 6-25 所示。

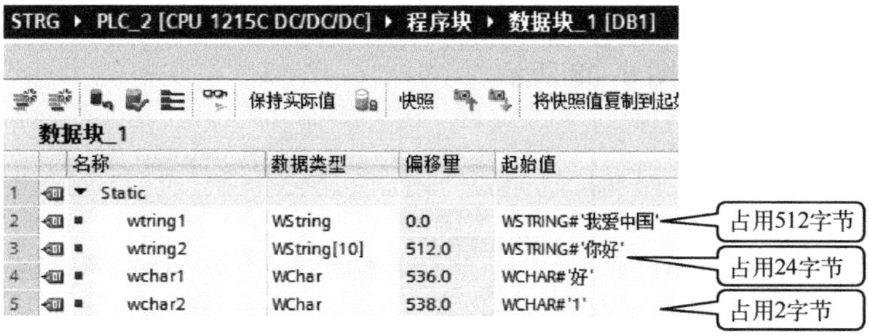

图 6-24　DB 中创建宽字符串和宽字符变量

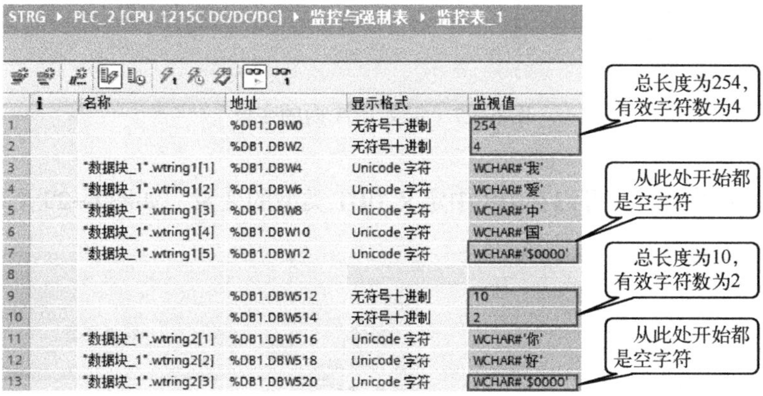

图 6-25　监控表查看宽字符串变量内容

数据类型为 WString 的汉字字符串 wtring1，通过查看 DB 偏移地址可见该字符串占用 254 个字；查看字符串第一个字，其最多存储汉字字符总数为 254 个。数据类型为 WString 的汉字字符串 wtring2，通过查看 DB 偏移地址可见该字符串占用 10 个字；查看字符串第一个字，其最多存储汉字字符数为 10 个。汉字字符串的第一个字为该字符串总长度，第二个字为当前存储的有效字符数量。

6.5.3　S7-1200 PLC 的其他数据类型

S7-1200 PLC 中所支持的数据类型除了基本数据类型以外，还有复杂数据类型、参数数据类型、系统数据类型、硬件数据类型及用户自定义数据类型。

1. 用户自定义数据类型（UDT）

S7-1200 支持 PLC 数据类型 UDT。UDT 类型是一种由多个不同数据类型元素组成的数据结构，元素可以是基本数据类型，也可以是 STRUCT、数组等复杂数据类型以及其他 UDT 等。

UDT 类型可以在 DB、OB/FC/FB 接口区处使用。UDT 类型可在程序中统一更改和重复使用，一旦某 UDT 类型发生修改，执行软件全部编译可以自动更新所有使用该数据类型的变量。定义为 UDT 类型的变量在程序中可作为一个变量整体使用，也可单独使用组成该变量的元素。UDT 类型作为整体使用时，可以与 Variant、DB_ANY 类型及相关指令默契配合。

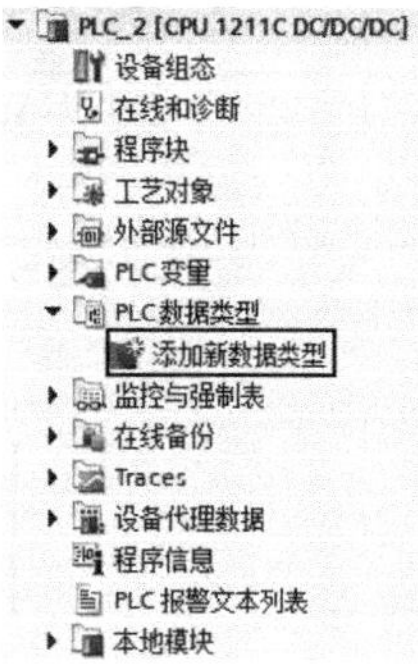

图 6-26　新建 UDT

UDT 类型建立方法：单击 CPU 菜单下 PLC 数据类型中的“添加新数据类型”，如图 6-26 所示。在弹出页面中可以添加需要的变量、类型、起始值、注释等，如图 6-27 所示。在图 6-27 标记框处右键选择“属性”→“常规”，可以修改该数据类型的名称，如图 6-28 所示。

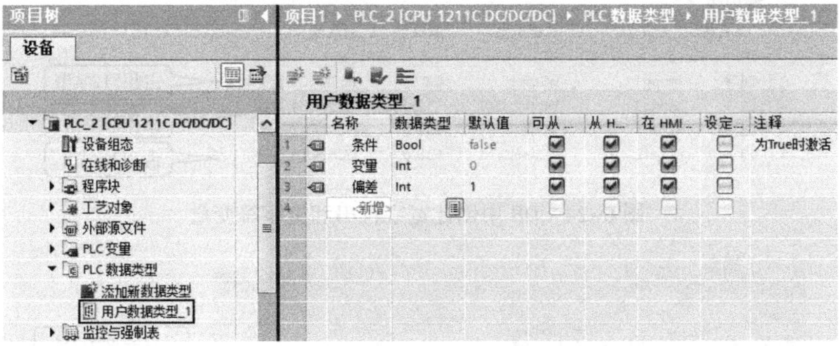

图 6-27　定义 UDT 内的变量

建好 UDT 数据类型后，可以在 DB 中定义 UDT 类型的变量，如图 6-29 所示。

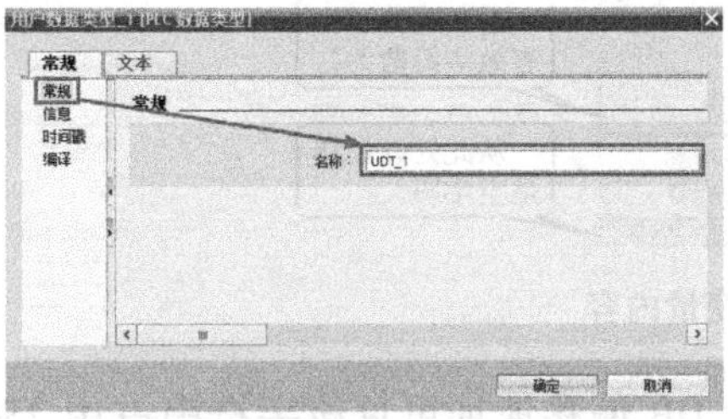

图 6-28　修改 UDT 名称

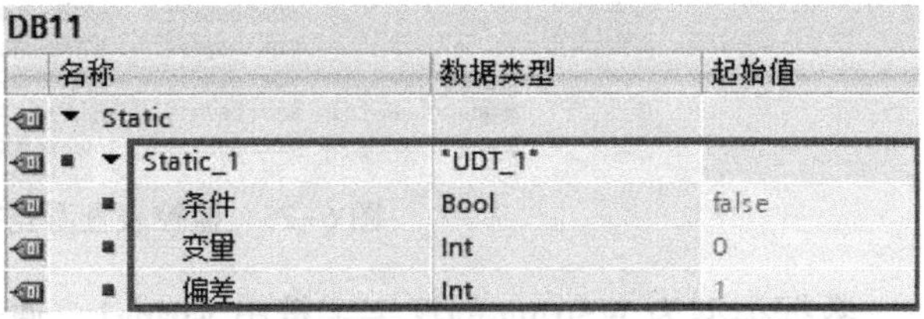

图 6-29　DB 中定义 UDT 类型的变量

提示： Struct 类型相对于 UDT 类型有一些缺点，所以建议需要使用 Struct 类型时，可以使用 UDT 类型代替。理论上来说，UDT 类型是 Struct 类型的升级替代，功能基本兼容 Struct 类型。

2. 数组数据类型（Array）

Array 类型是由数量固定且数据类型相同的元素组成的数据结构。Array 类型可以在 DB、OB/FC/FB 接口区、PLC 数据类型处定义，无法在 PLC 变量表中定义。图 6-30 所示为 Array 在 DB 中的创建。图 6-31 所示为 Array 在 FC 的 InOut 中的创建。图 6-32 所示为 DB 中的 Array 作为 FC 的实参。图 6-33 所示为 FC 程序中使用 Array 形参。

图 6-30　Array 在 DB 中的创建

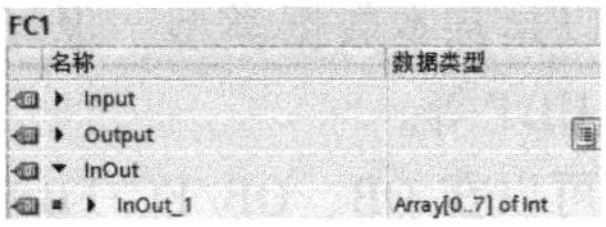

图 6-31　Array 在 FC 的 InOut 中的创建

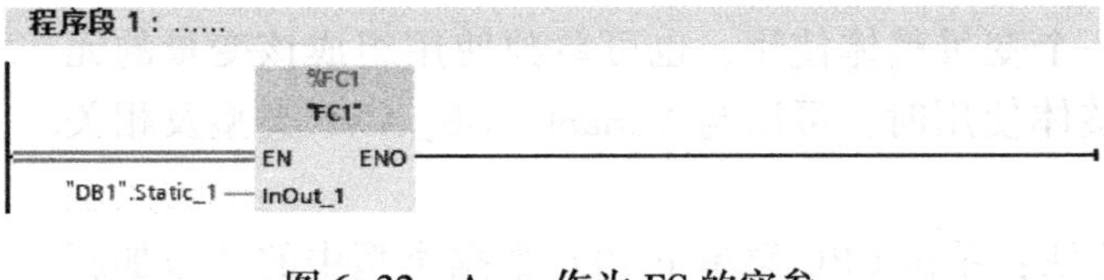

图 6-32　Array 作为 FC 的实参

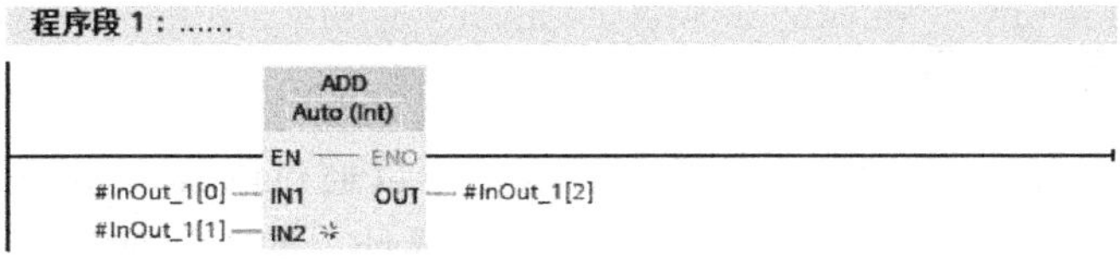

图 6-33　FC 程序中使用形参

提示：通信中传递的数组数据经常是预先不知道数组长度的，这时可以使用变长数组的定义，如 Array[*] of Int 为 Int 类型的可变长度的数组。梯形图中通过“基本指令”→“移动操作”→“ARRAY[*]”下面的“LOWER_BOUND”和“UPPER_BOUND”指令可以获取变长数组的下标和上标。这里需要注意变长数组只能在 FC 的接口区中定义，不能在 FB 的接口区中定义。

3. 参数数据类型（Variant）

Variant 类型是一个参数数据类型，只能出现在除 FB 的静态变量以外的 OB/FC/FB 接口区。Variant 类型的形参是一个可以指向不同数据类型变量的指针，对应实参不能是常数。它可以指向基本数据类型，也可以指向复杂数据类型、UDT 等。调用某个块时，可以将该块的 Variant 参数连接任何数据类型的变量。除了传递变量的指针外，还会传递变量的类型信息。该块中可以利用 Variant 的相关指令（如“基本指令”→“比较操作”→“变量”下的“EQ_ TYPE”指令可以用来比较 Variant 实参数据类型与给定变量数据类型是否相等），将其识别出并进行处理。

Variant 指向的实参可以是符号寻址、绝对地址寻址，也可以是形如 P#DB1. DBX0. 0 BYTE 10 的寻址。

P#DB1. DBX0. 0 BYTE 10 这种结构起源于 S7-300/S7-400 PLC 的 Any 指针，S7-1200 PLC 无法像 S7-300/S7-400 PLC 一样定义和拆解 Any 指针，但是在参数类型为 Variant 时，可以输入这种指针，并且识别其为数组。

P#DB1. DBX0. 0 BYTE 10 的解释：指向从 DB1. DBX0. 0 开始的 10 个字节，并且 DB1 必须是非优化 DB，包含 10 字节长度的变量。

P#DB1. DBX 位置可以替换成其他 DB 号，如 P#DB10. DBX、P#I（I 区）、P#Q（Q 区）或 P#M（M 区）。0. 0 的位置为这种指针的起始地址，如 1. 0、100. 0、…，并且小数点后一定是 0。BYTE 位置可以是 Bool、Byte、Word、DWord、Int、DInt、Real、Char、Date、TOD、Time 类型。10 的位置为指针执行前面数据类型的个数，Bool 类型比较特殊，只能是 1，或者是 8 的倍数。P#指针的例子有 P#I0. 0 Bool 8、P#Q0. 0 Word 20、P#M100. 0 Int 50。

4. 系统数据类型（SDT）

系统数据类型由系统提供具有预定义的结构，结构由固定数目的具有各种数据类型的元素构成，不能更改该结构。

系统数据类型只能用于特定指令。例如定时器使用的 IEC_TIMER 数据类型，可用于 TP、TOF、TON、TONR、RT 和 PT 指令。

部分系统数据类型还可以在新建 DB 时，直接创建系统数据类型的 DB，如图 6-34 所示。

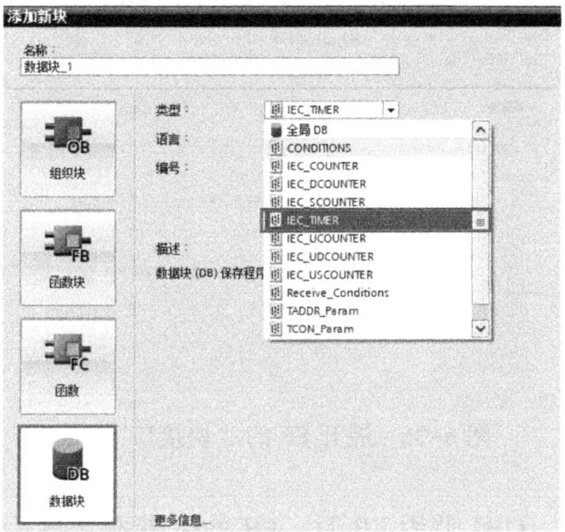

图 6-34　建立 SDT 类型的 DB

6.5.4 使用 AT 覆盖变量

S7-1200 PLC 要访问声明变量内的数据区域，可以通过附加声明来覆盖所声明的变量。这样可以选择对已声明变量使用不同数据类型进行寻址，如可以使用 Bool 的 Array 对 Word 数据类型变量的各个位寻址。下面介绍详细的做法。

创建一个 S7-1200 PLC 的项目，在程序块中新建一个 FB，右击 FB 进入该块的属性界面，取消 FB 属性中“优化的块访问”的勾选，如图 6-35 所示。

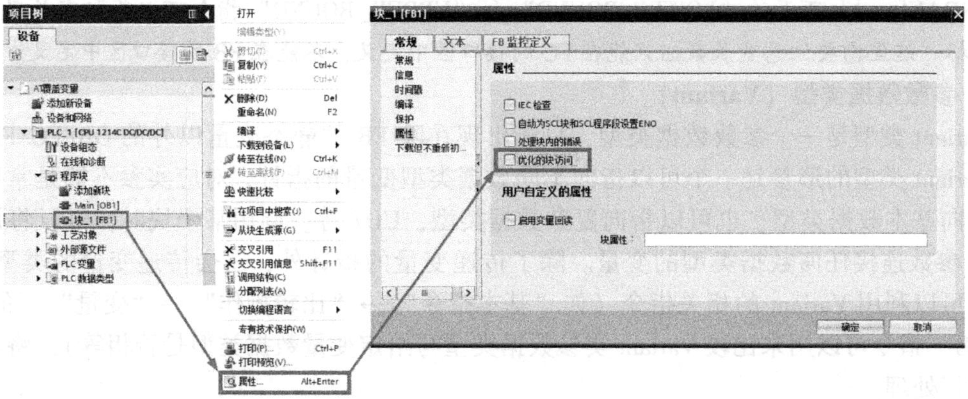

图 6-35 创建非优化的 FB

双击进入 FB，展开 FB 的“块接口”，如图 6-36 所示。

在“块接口”中，在 Input 添加一个变量，变量名为 A，数据类型为 Int；接着在变量 A 下面一行数据类型这一列，手动输入“AT”，如图 6-37 所示。Input 中会生成一个新变量“Input_1”，数据类型是 Int，将这个变量的数据类型修改成 Array，并编译该 FB，可以看到变量 A 和变量 Input_1 的偏移量都是 0.0，这表示变量 A 和变量 Input_1 是相同地址，只是以不同的数据类型显示，如图 6-38 所示。以此方法新建 Output 的变量 B 和变量 Output_1，可以对变量 A 和变量 B 进行位操作，如图 6-39 所示。

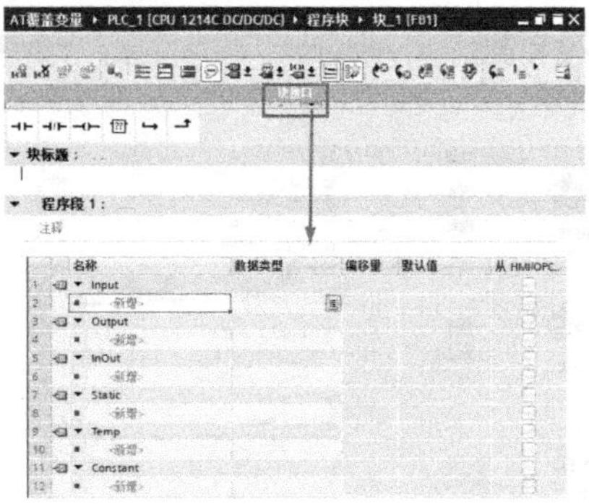

图 6-36 展开 FB 的“块接口”

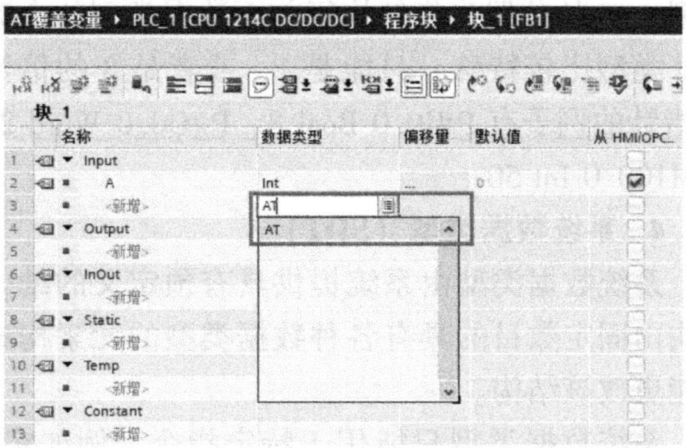

图 6-37 输入“AT”

OB1 调用 FB 时，FB 的引脚不会显示变量 Input_1 和 Output_1，如图 6-40 所示。

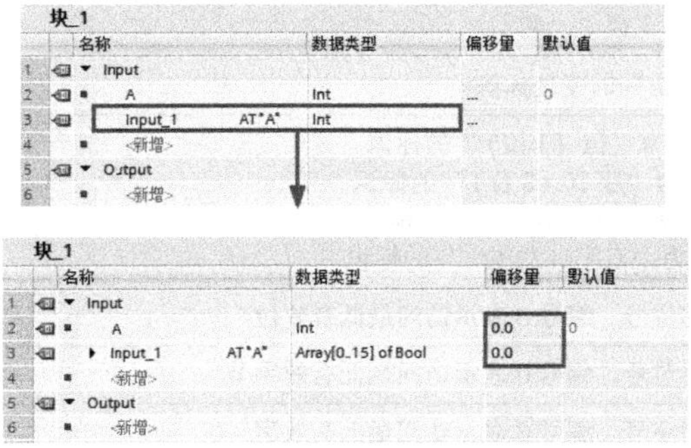

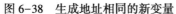

图 6-38　生成地址相同的新变量

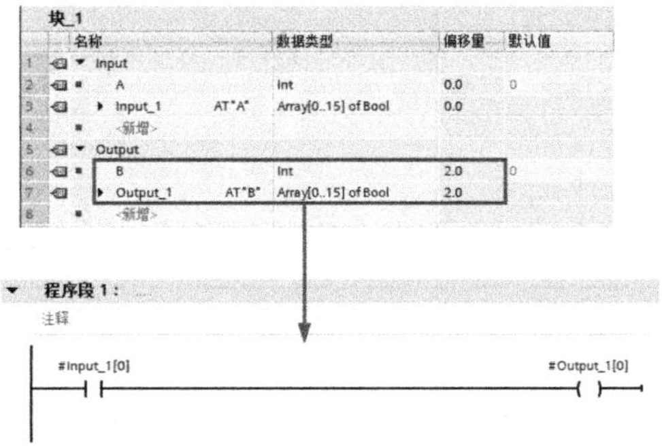

图 6-39　对变量进行位操作

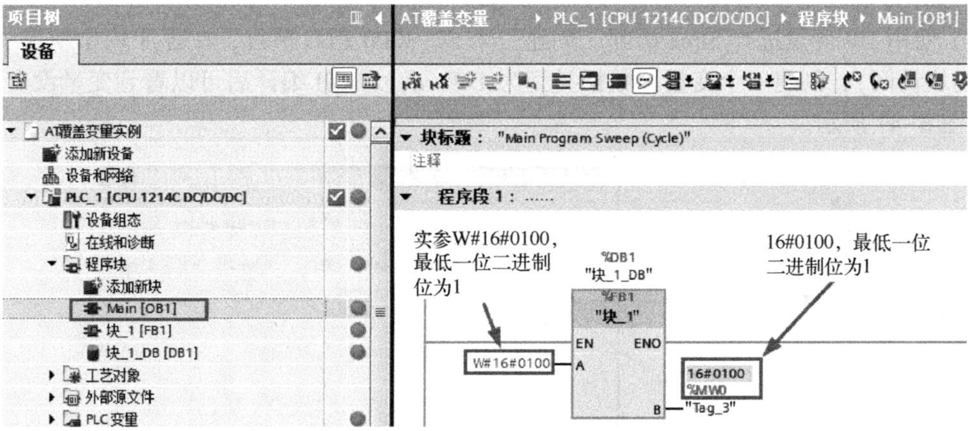

图 6-40　调用生成的 FB

6.5.5　使用 Slice 方式对变量进行寻址

可以选择包含所声明变量的特定地址区域访问宽为 1 位、8 位、16 位或 32 位的区域，这种访问类型称为“片段访问”（Slice Access）。通过 Slice 方式，可以选择所声明变量中的特定寻址区域，可以实现从单个位到变量级别的符号访问。片段访问不能寻址常量。Slice 方式支持两种方式的块：可标准访问的块（非优化）、可优化访问的块。

提示： Slice 方式的独特之处是能对优化的块实现按位、字节、字、双字的寻址。

1. 语法表达

下列语法用于寻址：

```
<Tag>. x<BIT number>
<Tag>. b<BYTE number>
<Tag>. w<WORD number>
<Tag>. d<DWORD number>
```

语法说明见表 6-7。

表 6-7 Slice 方式语法说明

部 分	说 明
<Tag>	访问的变量标识
x b w d	访问宽度为“位（1 位）”的标识 访问宽度为“字节（8 位）”的标识 访问宽度为“字（16 位）”的标识 访问宽度为“双字（32 位）”的标识
<BIT number>	访问的<Tag>内的位号。编号 0 表示访问最低有效位
<BYTE number>	访问的<Tag>内的字节号。编号 0 表示访问最低有效字节
<WORD number>	访问的<Tag>内的字号。编号 0 表示访问最低有效字
<DWORD number>	访问的<Tag>内的双字号。编号 0 表示访问最低有效双字

2. 使用说明

(1) 使用 DB 变量进行 Slice 访问　创建一个 S7-1200 PLC 项目，在程序块中新建一个 DB（优化的块访问），创建一个变量，数据类型为 DWord，对 DB 编译后可以看到变量没有绝对地址，如图 6-41 所示。

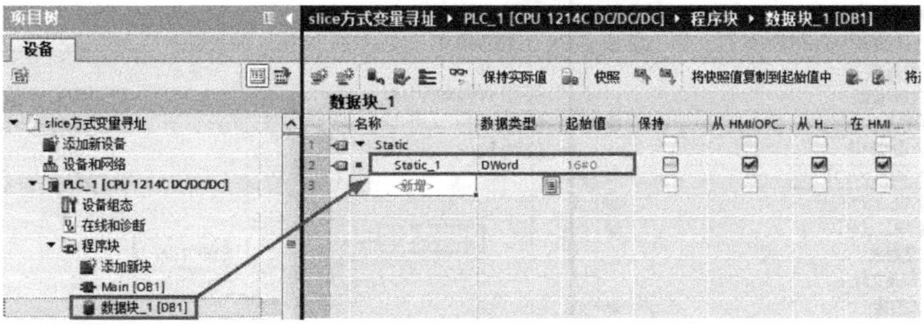

图 6-41　创建 DB 变量

在程序段 1 中插入常开和赋值指令，常开指令填写地址“"数据块_1". Static_1. X0”，赋值指令填写地址“"数据块_1". Static_1. X1”，其中 X0 和 X1 分别表示变量 Static_1 的第 0 位和第 1 位，如图 6-42 所示。在程序段 2 中插入 MOVE 指令，IN 引脚填写地址“"数据块_1". Static_1. B0”，OUT 引脚填写地址“"数据块_1". Static_1. B1”，其中 B0 和 B1 分别表示变量 Static_1 的第 0 字节和第 1 字节，如图 6-43 所示。

图 6-42　对 DB 变量的位进行 Slice 访问

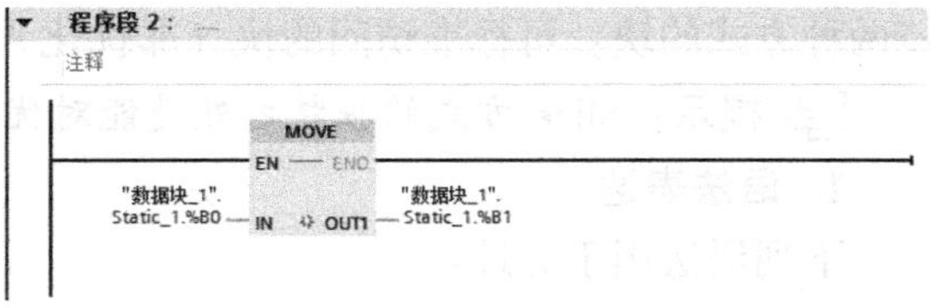

图 6-43　对 DB 变量的字节进行 Slice 访问

(2) FB、FC 接口变量的 Slice 访问　创建程序块（本例创建 FC，优化的块访问），在 Input 和 Output 分别创建变量“Input_1”和“Output_1”，数据类型分别是 DInt 和 DWord，函数编译后可以看到这两个变量没有绝对地址，如图 6-44 所示。程序段 1 中，常开指令填写地址“Input_1. X0”，赋值指令填写地址“Output_1. X0”；程序段 2 中，MOVE 指令的 IN 引脚填写地址“Input_1. W0”，OUT 引脚填写地址“Output_1. W0”，如图 6-45 所示。

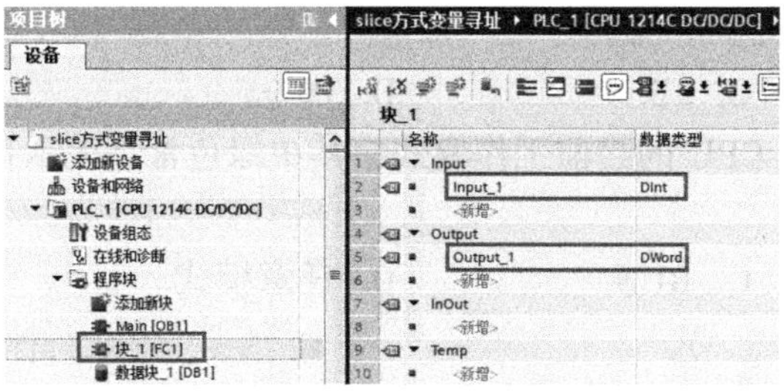

图 6-44　创建 FC 接口变量

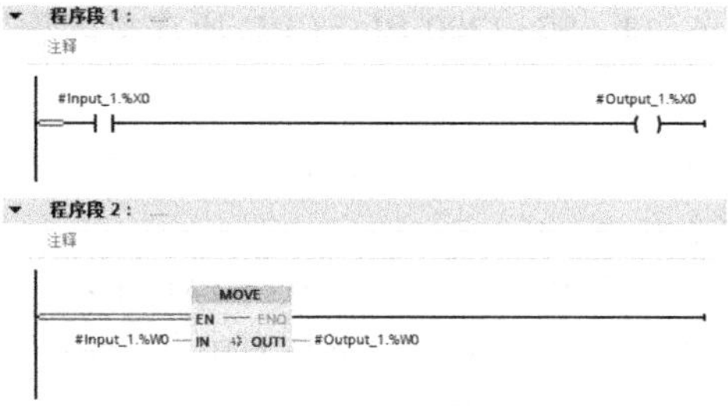

图 6-45　对 FC 接口变量进行 Slice 访问

习　　题

6-1　P#DB1. DBX0. 0 WORD 10 代表下列哪个数据地址范围？（　　）

A. DB1. DBW0~DB1. DBW9　　B. DB1. DBW0~DB1. DBW18

C. DB1. DBB0~DB1. DBB9　　D. DB1. DBD0~DB1. DBD18

6-2　对于 FB，接口声明区中的哪一项内容不存放于背景数据块中？（　　）

A. Input　　B. Output　　C. Static　　D. Temp

6-3　以下哪种编程语言不能用于 S7-1200 PLC 编程？（　　）

A. LAD　　B. FBD　　C. STL　　D. SCL

6-4　以下哪种数据类型是 S7-1200 PLC 不支持的数据类型？（　　）

A. SInt　　B. UInt　　C. DT　　D. Real

6-5　变量名为 C 的双字，绝对地址为 MD0，那么通过 Slice 访问方式"C". %X1 的绝对地址是（　　）。

A. M1. 1　　B. M0. 1　　C. M3. 1　　D. M2. 1

6-6　在 DB（名为"A"）中创建了 DTL 变量（变量名为"B"），当"A". B. WEEKDAY = 1 时代表星期几？（　　）

A. 星期六　　B. 星期日　　C. 星期一　　D. 星期二

6-7　单精度浮点数的精度最高为（　　）位有效数字。

A. 8　　B. 15　　C. 4　　D. 6

6-8　一个双字（DWord）包含（　　）位。

A. 8　　B. 32　　C. 16　　D. 24

6-9　MD0 的最高有效字是（　　）。

A. MW3　　B. MW0　　C. MW1　　D. MW2

6-10　WCHAR 的数据长度是（　　）字节。

A. 3　　B. 2　　C. 4　　D. 1

6-11　S7-1200 PLC CPU TIME 类型的最小分辨率是（　　）。

A. 10 ms　　B. 100 ms　　C. 1 s　　D. 1 ms

6-12　S7-1200 PLC CPU 的系统存储位中不包括以下哪个内容？（　　）

A. FirstScan 标志位　　B. AlwaysTRUE 信号位

C. AlwaysFALSE 信号位　　D. 2 Hz 频率位

6-13　在程序中，以下哪个内容不属于全局变量？（　　）

A. "Tag_1"　　B. "Data". Record　　C. #Globle_Var　　D. "Data". ST. Var

6-14 S7-1200 PLC CPU 所支持的程序块类型不包括（ ）。

A. Main B. OB C. FB D. FC

6-15 位于 CPU 前面的指示灯的颜色指示 CPU 的当前工作模式，其中绿色常亮表示什么模式？（ ）

A. STOP B. STARTUP C. RUN D. 任意模式

6-16 PLC 中 CPU 的 STOP 工作模式为（ ）。

A. 不执行程序 B. 执行一次启动

C. 重复循环执行 OB D. 故障标志

6-17 I0.3:P 是（ ）。

A. 外设输入 B. 外设输出

C. 立即读取外设输入 D. 立即读取外设输出

6-18 S7-1200 CPU 1214C，有____个数字量输入端口，有____个数字量输出端口和________个模拟量输入端口。

6-19 二进制数 2#0100 0001 1000 0101 对应的十六进制数是 16#__________，对应的十进制数是______________，绝对值与它相同的负数的补码是 2#________________。

6-20 MD104 由 MW____________和 MW________组成，MB____________是它的最低字节。

6-21 BCD 码用________位二进制数表示一位十进制数，每一位 BCD 码允许的数值范围是 2#____ ~2#____ 。

6-22 OB、FB、FC 有什么区别？

6-23 字符串的第一个字节和第二个字节存放的是什么？

6-24 定义一个名称为 Motor 的用户自定义数据类型（UDT），成员由 Bool 型变量 Start、Stop 和 Int 型变量 Speed 组成；定义名称为 Pump 的全局数据块，在 DB 中定义一个长度为 100 的 Motor 类型一维数组，数组名为 M。

6-25 什么是优化的块访问？怎样设置和取消？各有什么不同？

6-26 在 FB 中定义一个 Word 类型的 Motor_SW 输入变量，用 AT 覆盖该变量，定义名为 Status 的长度为 16 的 Bool 型数组。

6-27 判断：AT 变量覆盖时 FB 最好是非优化的块，而且不能用在 InOut 接口中。（ ）

6-28 判断：Slice 方式对变量进行寻址和 AT 变量覆盖相比的优点是可以用在非优化的块中，缺点是对梯形图语言方便，但对于 SCL 没有 AT 变量覆盖方便，因为 AT 变量覆盖映射成数组的方式，在 SCL 语言中可以用循环进行处理。（ ）

6-29 判断：LReal 类型不支持直接寻址，只能用符号寻址，因为 Portal 里没有长浮点型的直接地址。（ ）

6-30 判断：需要使用 Struct 类型时，可以使用 UDT 类型代替，因为 Struct 类型有很多缺点。（ ）

6-31 定义一个全局数据块 DB1，在里面定义一个 Int 型数组，再定义一个 FC1 函数，编程实现变长数组上标和下标的输出，在 OB1 里调用 FC1，完成 DB1 中数组上标和下标的输出。

第 7 章　S7-1200 PLC 的指令

指令系统是编程的基础，本章重点介绍 PLC 的基本和常用指令。本章的难点是高速脉冲输出和高速计数器指令的原理和使用方法，需要重点掌握。

7.1 位逻辑运算指令

S7-1200 PLC 的位逻辑运算指令如图 7-1 所示。本节重点介绍其中的常用指令。

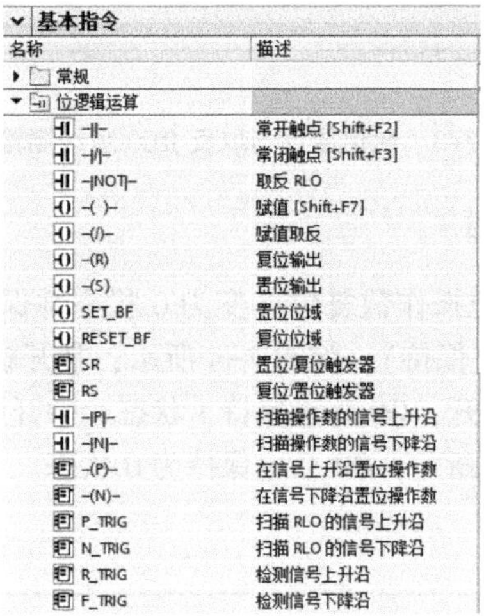

图 7-1　位逻辑运算指令

7.1.1　常开触点与常闭触点

常开触点 -||- 在指定的位为 1 状态（TRUE）时闭合，为 0 状态（FALSE）时断开。常闭触点-|/|-在指定的位为 1 状态（TRUE）时断开，为 0 状态（FALSE）时闭合。两个触点串联将进行“与”运算，两个触点并联将进行“或”运算。

7.1.2　取反 RLO

RLO 是逻辑运算结果的简称。取反 RLO 触点 -|NOT|- 用来转换能流输入的逻辑状态。如果没有能流流入取反 RLO 触点，则有能流流出。如果有能流流入取反 RLO 触点，则没有能流流出。如图 7-2 所示，当常开触点 M0.0 为 0 状态（断开）时，线圈 M0.1 得电，当 M0.0 为 1 状态（闭合）时，M0.1 断电。

图 7-2　取反 RLO 触点

7.1.3　赋值和赋值取反

赋值（线圈输出-( )-）将线圈前面输入的 RLO 写入线圈上方对应的位元件，线圈输入的 RLO 为 1 时线圈的位元件写入 1，线圈输入的 RLO 为 0 时线圈的位元件写入 0。赋值取反（线圈取反输出-(/)-）将线圈前输入的 RLO 取反后写入线圈上方对应的位元件。线圈输入的 RLO 为 1 时线圈的位元件写入 0，线圈输入的 RLO 为 0 时线圈的位元件写入 1。

赋值取反的功能与先执行取反 RLO（-|NOT|-），然后执行赋值输出的功能相同。如图 7-3 所示，当常开触点 M0.0 为 0 状态（断开）时，线圈 M0.1 和 M0.2 均得电，当 M0.0 为 1 状态（闭合）时，M0.1、M0.2 均断电。

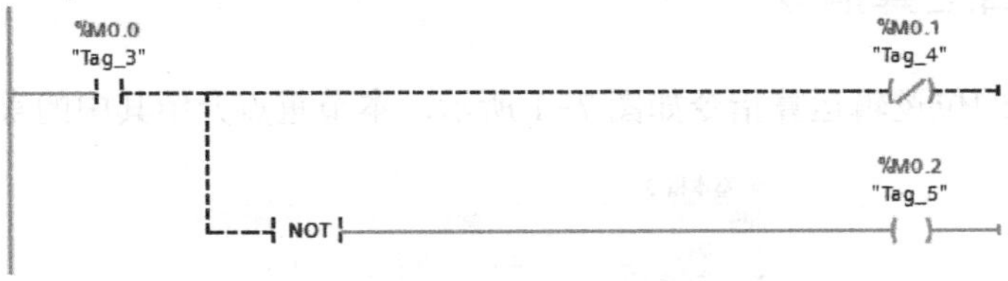

图 7-3　赋值取反与取反 RLO 后线圈输出

7.1.4　复位输出和置位输出

复位输出-(R) 指令将指定的位操作数复位（变为 0 状态并保持）。置位输出 -(S)指令将指定的位操作数置位（变为 1 状态并保持）。如图 7-4 所示，常开触点 M0.0 闭合，Q0.0 变为 1 状态并保持该状态，即使 M0.0 断开，Q0.0 也保持 1 状态。常开触点 M0.1 闭合时，Q0.0 变为 0 状态并保持该状态，即使 M0.1 断开，Q0.0 也保持为 0 状态。

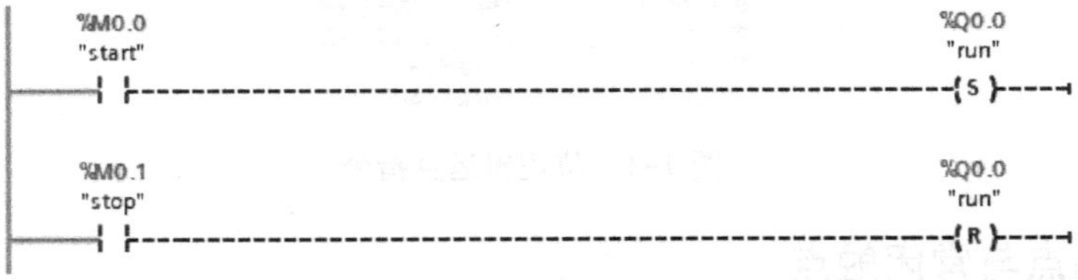

图 7-4　置位、复位输出指令

提示： 复位输出指令与置位输出指令最主要的特点是有记忆和保持功能。

7.1.5　置位/复位触发器与复位/置位触发器

置位/复位触发器 SR 指的是复位优先，如图 7-5 所示，说明：当 M1.0 接通、M1.1 未接通时，M0.0 置位，M1.2 置位；当 M1.0 未接通、M1.1 接通时，M0.0 复位，M1.2 复位；当 M1.0 和 M1.1 都接通时，复位优先，M0.0 复位，M1.2 复位。

复位/置位触发器 RS 指的是置位优先，如图 7-5 所示，说明：当 M2.0 接通、M2.1 未接通时，M0.1 复位，M2.2 复位；当 M2.0 未接通、M2.1 接通时，M0.1 置位，M2.2 置位；当

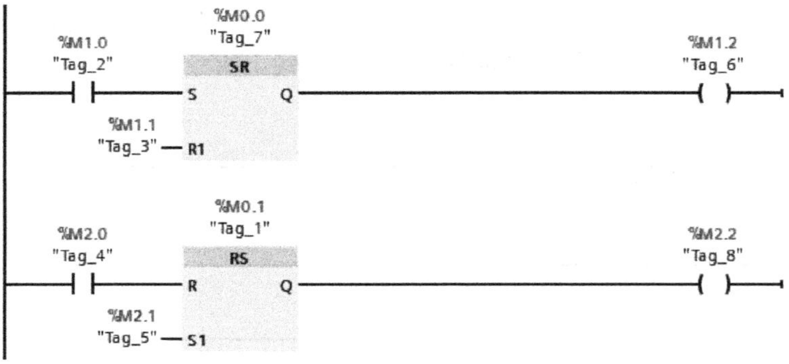

图 7-5　SR 触发器与 RS 触发器

M2.0 和 M2.1 都接通时，置位优先，M0.1 置位，M2.2 置位。

7.1.6　扫描操作数的信号上升沿/下降沿

图 7-6 中间有“P”的触点指令-|P|-叫作“扫描操作数的信号上升沿”指令，若该触点上面所指定的操作数 M0.0 的信号状态从 0 变为 1（即 M0.0 的上升沿），则该触点接通一个扫描周期。触点“P”下面的 M0.1 为边沿存储位，用来存储上一次扫描循环时 M0.0 的状态。通过比较 M0.0 的当前信号状态与上一次扫描的信号状态，来检测信号上升沿。图 7-6 中间有“N”的触点指令-|N|-叫作“扫描操作数的信号下降沿”指令，若该触点上面所指定的操作数 M4.0 的信号状态从 1 变为 0（即 M4.0 的下降沿），则该触点接通一个扫描周期。触点“N”下面的 M4.1 为边沿存储位，用来存储上一次扫描循环时 M4.0 的状态。通过比较 M4.0 的当前信号状态与上一次扫描的信号状态，来检测信号下降沿。

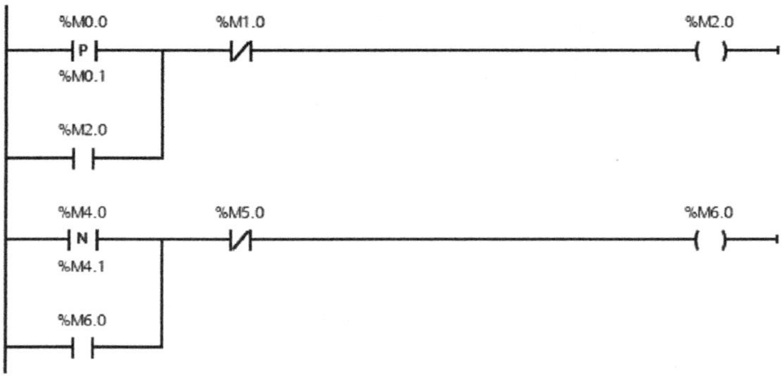

图 7-6　扫描操作数的信号边沿

7.1.7　在信号上升沿/下降沿置位操作数

图 7-7 中间有“P”的线圈-(P)-是“在信号上升沿置位操作数”指令。仅在流进该线圈的能流的上升沿时，该指令上方操作数 M1.0 为 1 状态，并持续一个扫描周期，此后为 0 状态；该指令下方操作数 M1.1 用来保存线圈“P”输入端上一个扫描周期的状态，称为边沿存储位。图 7-7 中间有“N”的线圈-(N)-是“在信号下降沿置位操作数”指令。仅在流进该线圈的能流的下降沿时，该指令上方操作数 M1.2 为 1 状态，并持续一个扫描周期，此后为 0 状态；该指令下方操作数 M1.3 用来保存线圈“N”输入端的上一个扫描周期的状态，称为边沿存储位。运行时触点 M0.0 由断开到闭合，能流经线圈“P”产生上升沿，常开触点 M1.0 接通一个扫

描周期，通过置位输出指令使M2.0置位；触点M0.1由闭合到断开，能流经线圈“N”产生下降沿，常开触点M1.2接通一个扫描周期，通过复位输出指令使M2.0复位。

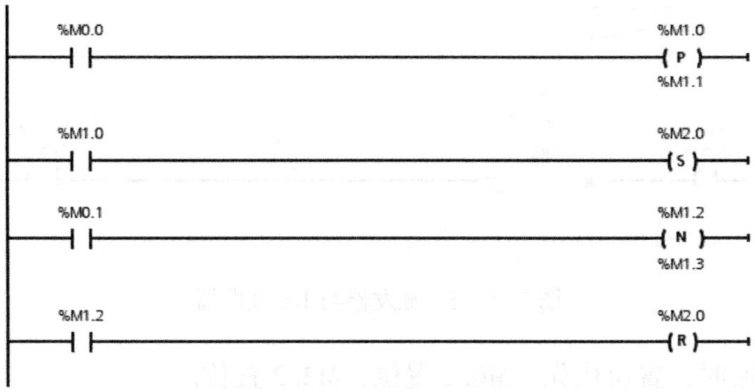

图7-7 在信号边沿置位操作数

7.2 比较操作指令

S7-1200 PLC的比较操作指令如图7-8所示。比较操作指令只能对两个相同数据类型的操作数进行比较。指令可分为三大类。

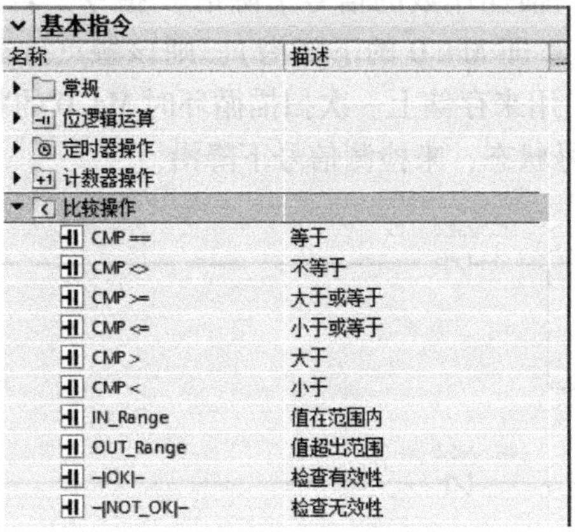

图7-8 比较操作指令

7.2.1 触点比较指令

触点比较指令用来比较数据类型相同的两个操作数的大小。满足比较关系式（= =、< >、>=、<=、>、<）时，触点接通。数据类型和比较符号可以根据需要进行设置。生成比较指令后，双击触点中间比较符号下面的问号，在出现的下拉列表框中设置要比较的数的数据类型。比较指令的比较符号也可以修改，双击比较符号，在出现的下拉列表框中修改比较符号。如图7-9所示，当所有触点比较均满足的情况下，线圈M0.0才通电。

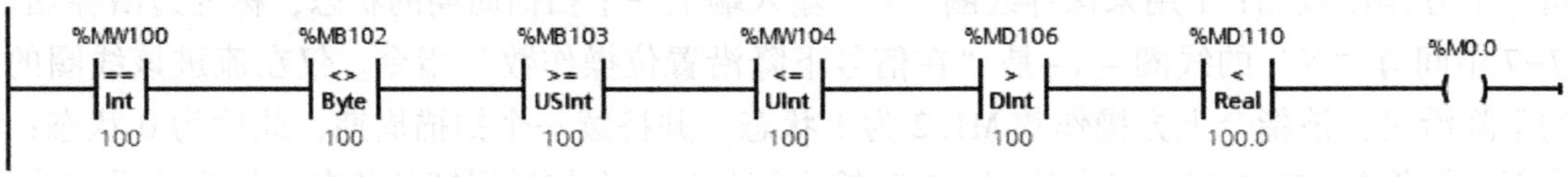

图7-9 触点比较指令

7.2.2　范围判断指令

值在范围内指令 IN_Range 与值超出范围指令 OUT_Range 可以测试输入值是在指定的值范围之内还是之外，输入参数 MIN、MAX 和 VAL 的数据类型必须相同。如果比较结果为 TRUE，则有能流流出，输出为 1。如图 7-10 所示，当 M0.0 接通，MB10 的值为 12 时，IN_ RANGE 判断指令输出为 1，但 MD20 的值为 25.0，OUT_RANGE 判断指令输出为 0，故 M2.0 没有能流流入，线圈断电。

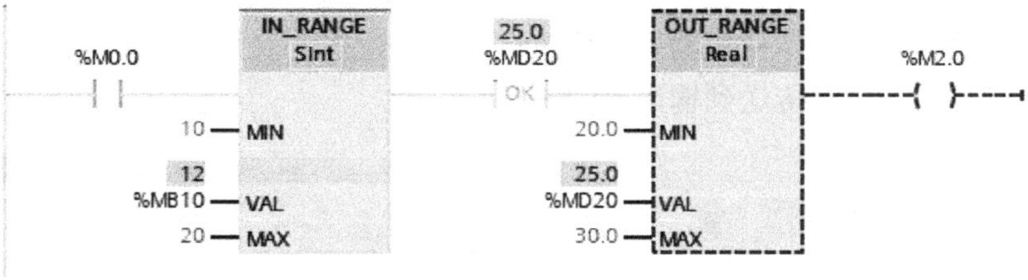

图 7-10　范围判断指令与浮点数有效性检查指令

7.2.3　浮点数有效性检查指令

检查有效性指令 OK 用来检查操作数的值是否为有效的浮点数。如果操作数的值是有效浮点数且指令的信号状态为 1，则该指令输出的信号状态为 1。在其他情况下，检查有效性指令输出的信号状态都为 0。如图 7-10 所示，MD20 的值为 25.0，是有效的浮点数，所以 OK 指令输出 1。检查无效性 NOT_OK 指令检查操作数的值是否为无效的浮点数。如果操作数的值是无效浮点数且指令的信号状态为 1，则该指令输出的信号状态为 1。在其他任何情况下，检查无效性指令输出的信号状态都为 0。

7.3　数学函数指令

S7-1200 PLC 的数学函数指令如图 7-11 所示，可以分为以下三类。

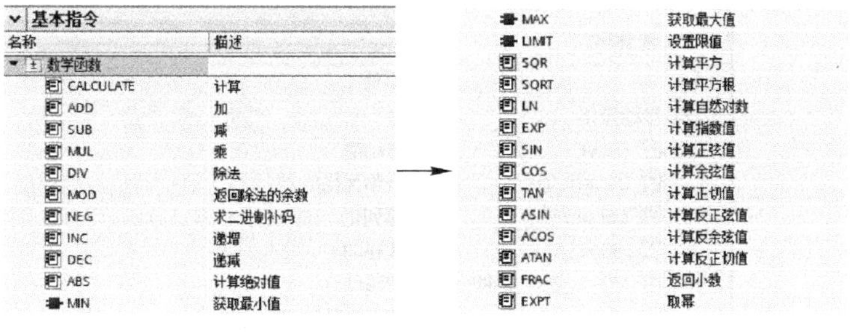

图 7-11　数学函数指令

7.3.1　四则运算指令

ADD、SUB、MUL 和 DIV 指令可单击方框中数据类型通过下拉列表框选择运算的数据类型。IN1 和 IN2 可以是常数，也可以是变量，IN1、IN2 和 OUT 的数据类型应相同。ADD 和 MUL 指令可以增加输入的个数，单击方框中参数 IN2 后面的 ✳，将会增加输入 IN3，以后增加的输入的编号依次递增。整数除法指令将得到的商截尾取整，作为整数格式的输出 OUT。

7.3.2 计算指令

可以使用计算指令 CALCULATE 定义并执行表达式，根据所选数据类型计算数学运算或复杂逻辑运算，如图 7-12 所示。可以从指令框的“???”下拉列表中选择该指令的数据类型。根据所选的数据类型，组合某些指令的函数以执行复杂计算。单击指令框上方的计算器图标▣，或双击指令框中间的数学表达式方框，可打开一个对话框，在该对话框中输入待计算的表达式。表达式可以包含输入参数的名称（INn）和运算符，不能指定操作数名称、地址和常数。在初始状态下，指令框至少包含两个输入（IN1 和 IN2），也可以扩展输入数目。在功能框中按升序对插入的输入编号。使用输入的值执行指定表达式。表达式中不一定会使用所有的已定义输入。该指令的结果将传送到输出 OUT 中。

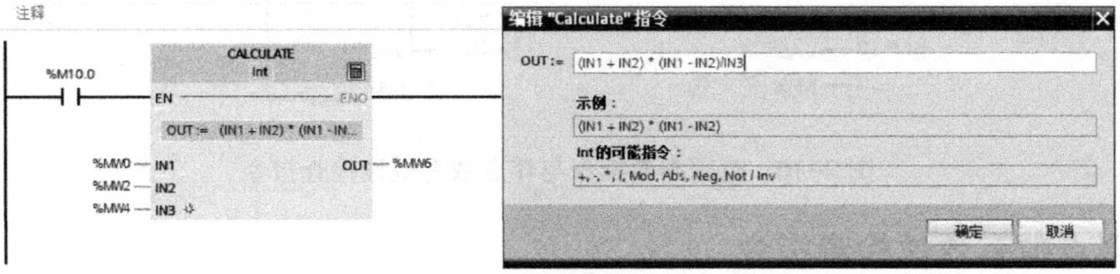

图 7-12 计算指令

7.3.3 浮点数函数运算指令

浮点数函数运算指令的操作数 IN 和 OUT 的数据类型均为 Real；SQRT 和 LN 指令的输入值如果小于 0，则输出 OUT 为无效的浮点数；三角函数指令和反三角函数指令中的角度均是以弧度为单位的浮点数。以度为单位的角度值乘以 π/180.0，则转换为弧度值。

7.4 移动操作指令

S7-1200 PLC 的移动操作指令如图 7-13 所示。本节重点介绍其中的常用指令。

基本指令
名称
描述
移动操作
MOVE
移动值
Deserialize
反序列化
Serialize
序列化
MOVE_BLK
块移动
MOVE_BLK_VARIANT
块移动
UMOVE_BLK
不可中断的存储区移动
FILL_BLK
填充块
UFILL_BLK
不可中断的存储区填充
SCATTER
将位序列解析为单个位
SCATTER_BLK
将 ARRAY 型位序列中的...
GATHER
将单个位组合成一个位序列
GATHER_BLK
将单个位组合成 ARRAY ...
SWAP
交换

图 7-13 移动操作指令

7.4.1　移动值指令

移动值指令 MOVE 是当 EN 为真时，实现相同数据类型（不包括位、字符串、Variant）变量间的传送。MOVE 指令允许有多个输出，单击“OUT1”前面的 ✲，将会增加一个 OUT2 输出，以后增加的输出的编号按顺序排列。如果输入 IN 数据类型的位长度超出输出 OUT 数据类型的位长度，则源值的高位会丢失；如果输入 IN 数据类型的位长度低于输出 OUT 数据类型的位长度，则目标值的高位会被改写为 0。REAL 传送至 DWORD 时按位传送，不是取整，如图 7-14 所示。如要取整，可使用 CONVERT_REAL_TO_DINT、ROUND 等指令。

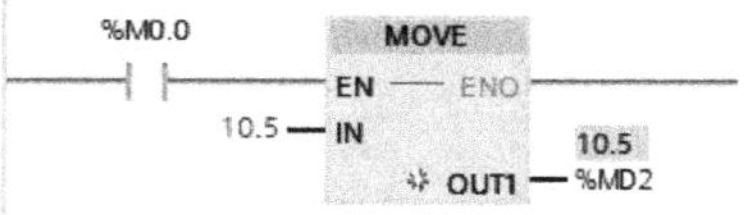

图 7-14　移动值指令

7.4.2　块移动指令

块移动指令 MOVE_BLK 是当 EN 条件满足时，将一个存储区（源范围）的数据移动到另一个存储区（目标范围）中。使用输入 COUNT 可以指定移动到目标范围中的元素个数。仅当源范围和目标范围的数据类型相同时，才能执行该指令。IN 和 OUT 必须是数组的一个元素，如"DB26".Static_1[0]不能是常数、常量、普通变量，也不能是数组名。IN 和 OUT 类型必须完全相同，并且是基本数据类型。IN 是源数组中传送的起始元素，OUT 是目的数组中接收的起始元素。COUNT 是传输个数，可以是正整数的常数，如果是变量，数据类型支持 USInt、UInt、UDInt。如果目的数组接收区域小于源数组的传送区域，则只传送目的数组可接收区域的数据。图 7-15 可实现功能：将"DB26".Static_1[0]开始的 4 个元素传送至"DB26".Static_2[4]开始的数组中。

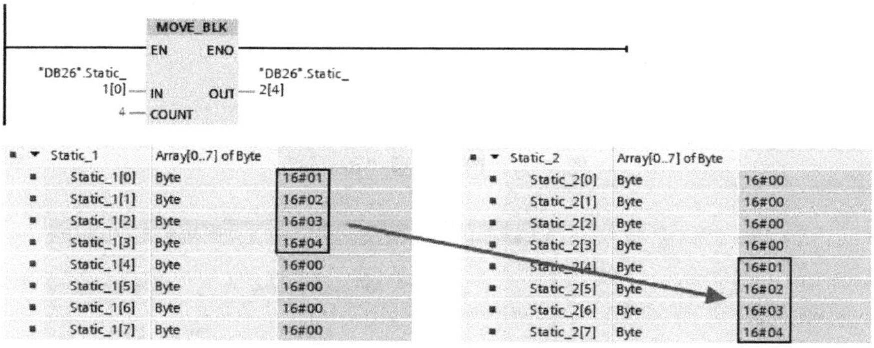

图 7-15　块移动指令使用和运行结果

7.4.3　反序列化和序列化指令

S7-1200 PLC 将 Byte 数组（Byte 流）看作序列，即标准数组。与之相反，其他格式都是非序列的，通常程序使用的都是非序列的，如 UDT 或其他格式。序列化和反序列化指令的作用是实现标准数组和其他格式的转换。对于某些标准功能块，最方便处理的是 Byte 数组，但处理对象往往是多样的，如 UDT 或者其他格式，这时最好的方法是先将各类对象统一序列化成 Byte 数组，然后执行相关功能块，最后再执行反序列化返回初始对象，如图 7-16 所示。有一些通信模块如第三方厂家提供的模块的通信函数，其缓冲数据可能只是 Byte 数组，可以通过“Serialize”（序列化）和“Deserialize”（反序列化）指令来实现各个类型的数据和数组的相互转换，比 MOVE 指令简便，并且不容易出错。序列化是指将数据（可能是 DB，也可能是各种类型的变量）按顺序转化为字节，反序列化是指把字节数组里的字节按照顺序写入数据。

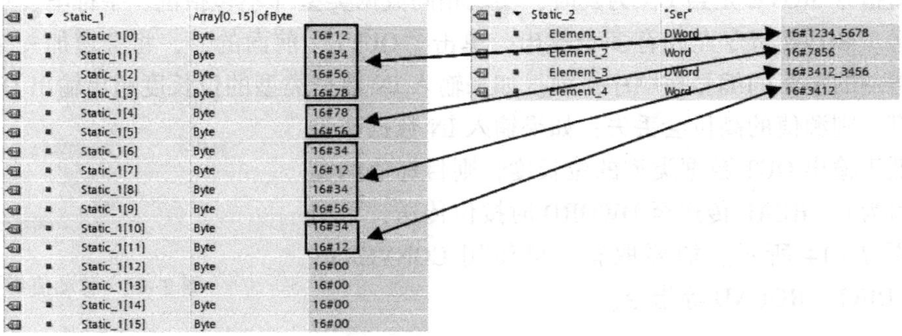

图 7-16　序列化和反序列化实现的功能

1. 序列化例子

定义一个 UDT 类型“Recipe”，如图 7-17 所示。定义一个全局数据块“DB_Recipe”，取消“优化的块访问”选项，全局数据块中定义 aa 和 bb 两个 Recipe 类型的静态变量，如图 7-18 所示。再定义一个全局数据块“DB_Buffer”，取消“优化的块访问”选项，全局数据块中定义一个长度为 100 的字节数组、DWord 类型的 pos 变量、Word 类型的 status 变量，如图 7-19 所示。

图 7-17　UDT 类型“Recipe”

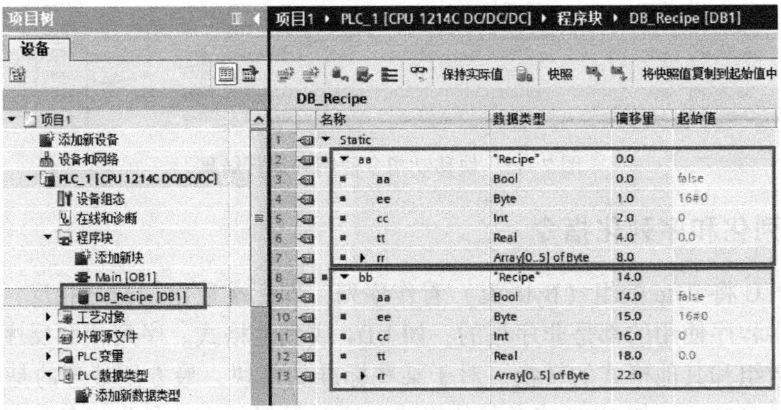

图 7-18　全局数据块“DB_Recipe”

序列化例程如图 7-20 所示。Serialize 块有 4 个参数。SRC_VARIABLE 是要序列化的变量，可以是一个 DB，也可以是任意类型的变量。本例程的"DB_Recipe".aa 的内容如图 7-18 所示。

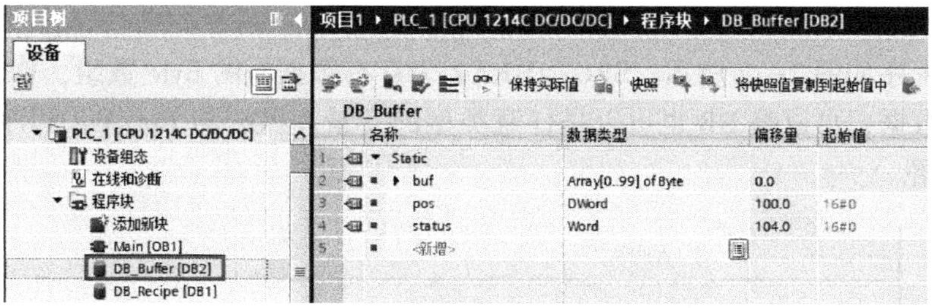

图 7-19　全局数据块“DB_Buffer”

DEST_ARRAY 是储存结果的数据变量，为 Byte 数组。POS 是一个 InOut 型参数，不可以写入常数，如图 7-20 所示通过 MOVE 指令给 POS 初始化为 10。"DB_Recipe". aa 的数据将从"DB_Buffer". buf 的偏移量 10 的位置开始写入，函数运行完后，POS 的值将会增加，增加量为写入的字节数，比如例程的"DB_Recipe". aa 占用 14 个字节，POS 的值会变为 10+14=24。Ret_Val 是错误信息。

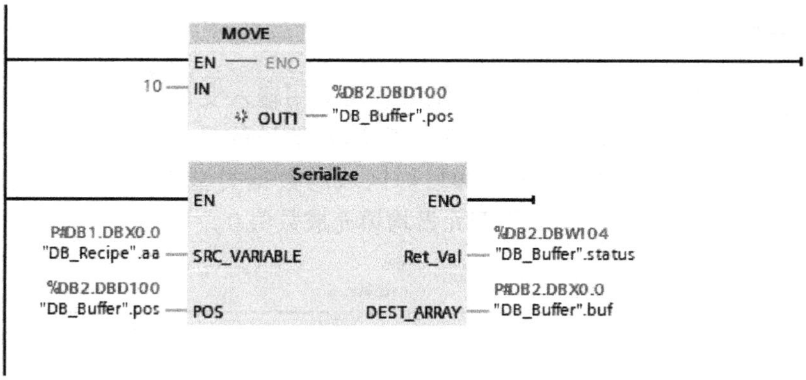

图 7-20　序列化一个数据的程序

将多个数据非常方便地序列化到一个数组里的例程如图 7-21 所示。本例程从偏移量 10 开始写入，将"DB_Recipe". aa 和"DB_Recipe". bb 都进行序列化。本例程序列化的结果为，"DB_Recipe". aa 的数据（14 个字节）在 buf 的 10~23 的位置，"DB_Recipe". bb 的数据（14 个字节）在 buf 的 24~37 的位置，POS 的值为 38。

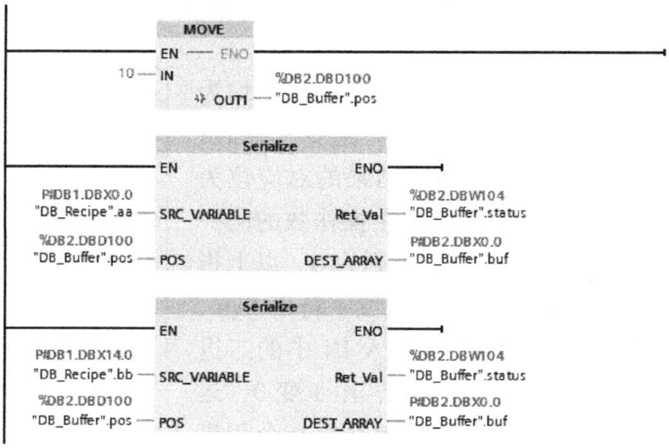

图 7-21　序列化多个数据的程序

2. 反序列化例子

反序列化程序如图 7-22 所示。SRC_ARRAY 为存有数据流的 Byte 数组，DEST_VARIABLE 为实际需要的数据，可以是 DB 也可以是任意类型的变量。POS 与 Ret_Val 和序列化一样，这里不做过多介绍。

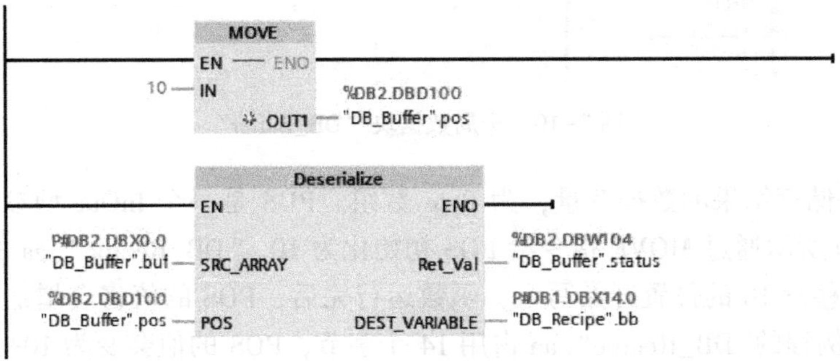

图 7-22 反序列化程序

7.4.4 块填充指令

块填充指令 FILL_BLK 是当 EN 条件满足时，实现用输入变量批量填充输出区域的功能。输入参数 IN 设置的值填充到输出参数 OUT 指定起始地址的目标数据区，如图 7-23 所示。COUNT 为填充的数据元素个数，源区域和目标区域的数据类型应相同。本程序的功能是将 “DB27. Static_1” 数组的连续 2 个 Int 类型元素均填充成数值 0。

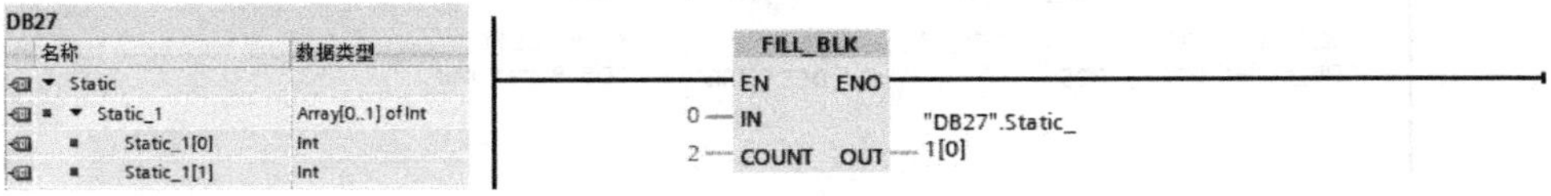

图 7-23 块填充指令

7.5 字逻辑运算指令

S7-1200 PLC 的字逻辑运算指令如图 7-24 所示。本节重点介绍其中的常用指令。字逻辑运算指令对两个输入 IN1 和 IN2 按位进行逻辑运算，运算结果在输出 OUT 指定的地址中，可以增加输入的个数。

“与” 运算指令 AND 的两个操作数的同一位如果均为 1，运算结果的对应位为 1，否则为 0；“或” 运算指令 OR 的两个操作数的同一位如果均为 0，运算结果的对应位为 0，否则为 1；“异或” 运算指令 XOR 的两个操作数的同一位如果不相同，运算结果的对应位为 1，否则为 0。以上指令的操作数 IN1、IN2 和 OUT 的数据类型为位字符串 Byte、Word 或 DWord。求反码指令 INVERT 将输入 IN 中的二进制整数按位取反，即各位二进制数由 0 变 1，由 1 变 0，运算结果存放在输出 OUT 指定的地址。字逻辑运算指令程序示例如图 7-25 所示。

图 7-24 字逻辑运算指令

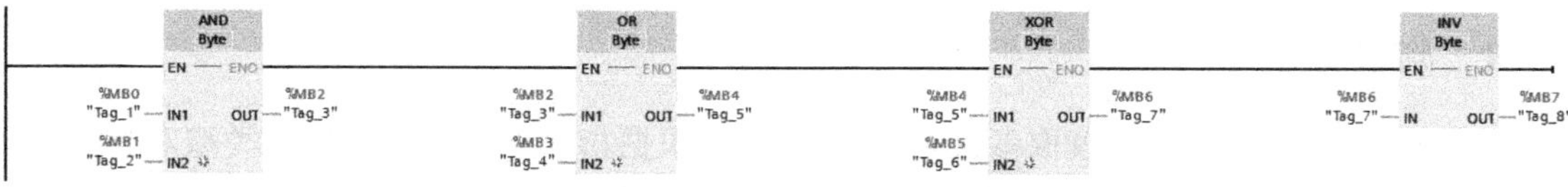

图 7-25　字逻辑运算指令程序示例

7.6 移位和循环移位指令

S7-1200 PLC 的移位和循环移位指令如图 7-26 所示。

右移指令 SHR 将输入 IN 中操作数的内容按位向右移位，并在输出 OUT 中查询结果，参数 N 用于指定移位的位数。无符号数（如 UInt、Word）移位时，用 0 填充操作数左侧区域中空出的位。有符号数（如 Int）移位时，则用符号位的信号状态填充空出的位。左移指令 SHL 将输入 IN 中操作数的内容按位向左移位，并在输出 OUT 中查询结果，参数 N 用于指定移位的位数，用 0 填充操作数右侧部分因移位空出的位。循环右移指令 ROR 将输入 IN 中操作数的内容按位向右循环移位，并在输出 OUT 中查询结果，参数 N 用于指定循环移位的位数，用移出的位填充因循环移位而空出的位。循环左移指令 ROL 将输入 IN 中操作数的内容按位向左循环移位，并在输出 OUT 中查询结果，参数 N 用于指定循环移位的位数，用移出的位填充因循环移位而空出的位。移位和循环移位指令示例如图 7-27 所示。

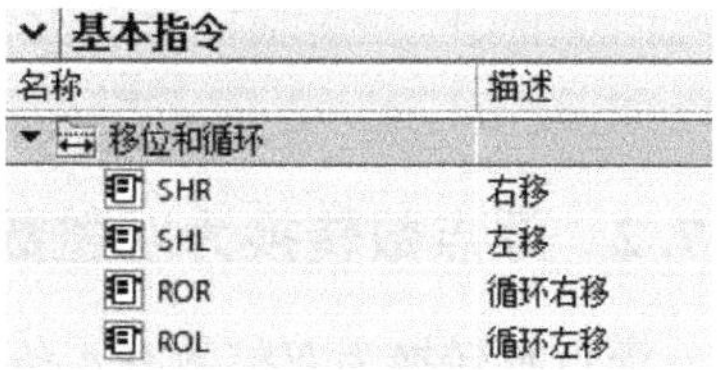

图 7-26　移位和循环移位指令

图 7-27　移位和循环移位指令示例

注意： 参数 N 的值为 0 时，输入 IN 的值将复制到输出 OUT 的操作数中。可以从指令框的“???”下拉列表框中选择该指令的数据类型。

7.7 转换操作指令

S7-1200 PLC 的转换操作指令如图 7-28 所示。

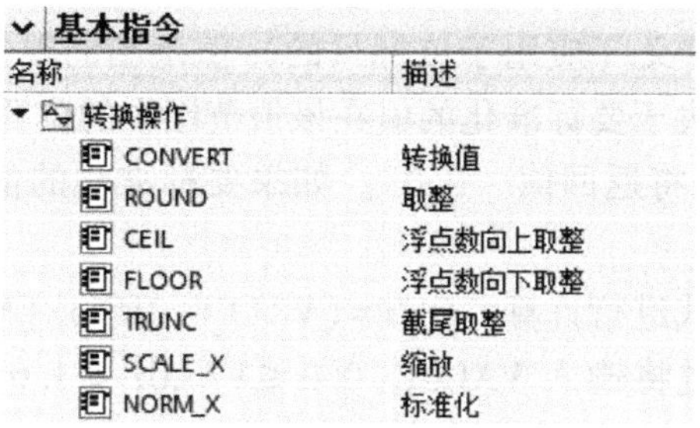

基本指令
名称
描述
转换操作
CONVERT
转换值
ROUND
取整
CEIL
浮点数向上取整
FLOOR
浮点数向下取整
TRUNC
截尾取整
SCALE_X
缩放
NORM_X
标准化

图 7-28　转换操作指令

7.7.1 转换值指令

转换值指令 CONVERT 将读取参数 IN 的内容，并根据指令框中选择的数据类型对其进行转换。转换值将在 OUT 处输出。CPU 集成的模拟量输入通道 0 的地址一般默认为 IW64，图 7-29 所示程序使用转换值指令，将 IW64 转换为双整数（DInt）。Temp1 是程序块的接口区定义的数据类型为 DInt 的临时局部变量，用来保存运算的中间结果。

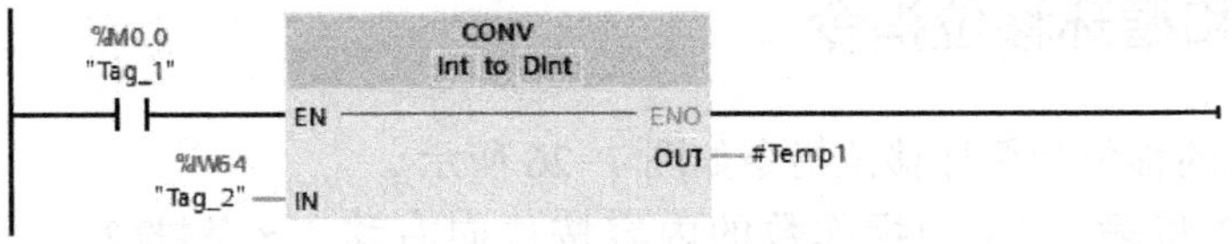

图 7-29 转换值指令

7.7.2 浮点数转换为双整数的指令

浮点数转换为双整数有 4 条指令。取整指令 ROUND 用得最多，它将输入 IN 的值四舍五入取整为最接近的双整数（DInt）。截尾取整指令 TRUNC 仅保留浮点数的整数部分，去掉其小数部分。浮点数向上取整指令 CELL 将浮点数转换为大于或等于它的最小双整数，浮点数向下取整指令 FLOOR 将浮点数转换为小于或等于它的最大双整数，这两条指令极少使用。浮点数转换为双整数指令程序运行情况如图 7-30 所示。

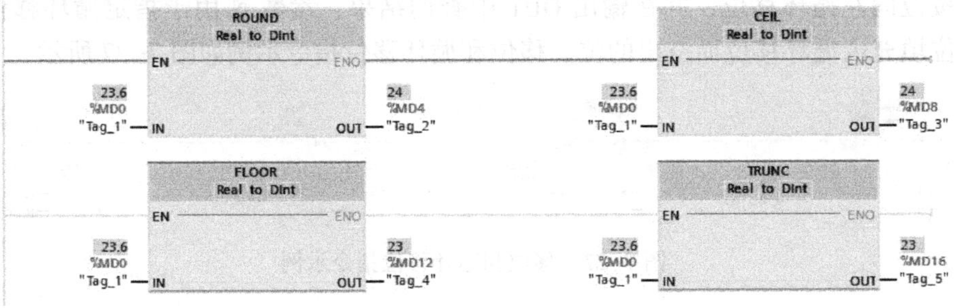

图 7-30 浮点数转换为双整数指令

因浮点数的数值范围远远大于 32 位双整数，有的浮点数不能成功地转换为 32 位双整数。如果被转换的浮点数超出 32 位整数的表示范围，得不到有效结果，ENO 为 0 状态。

7.7.3 标准化和缩放指令

标准化指令 NORM_X 通过将输入 VALUE 中变量的值映射到线性标尺并对其进行标准化。可以使用参数 MIN 和 MAX 定义（应用于该标尺的）值范围的限值。输出 OUT 中的结果经过计算并存储为浮点数，这取决于要标准化的值在该值范围中的位置。如果要标准化的值等于输入 MIN 中的值，则输出 OUT 将返回值“0.0”。如果要标准化的值等于输入 MAX 的值，则输出 OUT 将需返回值“1.0”。

标准化指令将按以下公式进行计算：OUT=(VALUE-MIN)/(MAX-MIN)。

缩放指令 SCALE_X 通过将输入 VALUE(0.0≤VALUE≤1.0) 的值映射到由参数 MIN 和 MAX 定义的范围之间的数值。缩放结果存储在 OUT 输出中。

缩放指令将按以下公式进行计算：OUT=[VALUE*(MAX-MIN)]+MIN。

可以使用 NORM_X 和 SCALE_X 来转换模拟量值。计算公式为

SCALE_X_OUT=[(NORM_X_VALUE-NORM_X_MIN)/(NORM_X_MAX-NORM_X_MIN)]*(SCALE_X_MAX-SCALE_X_MIN)+SCALE_X_MIN

1. 测量值转换为工程量

图 7-31 所示程序为标准 4~20 mA 模拟量输入信号，模拟量输入模块已将模拟量转换为数字量 0~27648，对应 0~80 MPa 压力的量程换算示例。各参数含义见表 7-1。

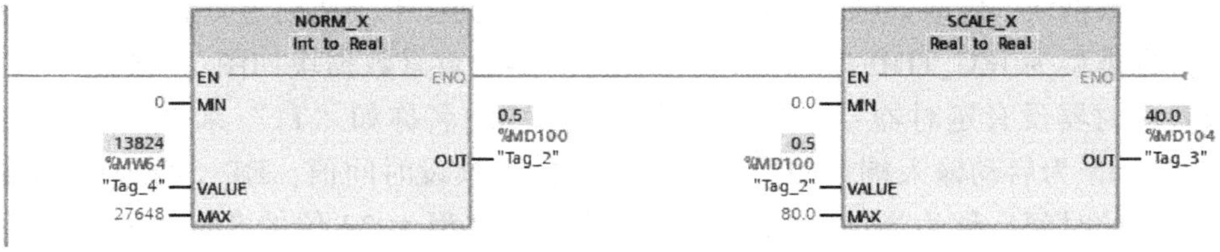

图 7-31　测量值转换为工程量

注意： 因为 IW64 是硬件通道，会实时从传感器读回实际值，覆盖模拟仿真时改写的值，所以在模拟仿真时，可以用 M 区或 DB 变量代替 IW64，这里用 MW64 代替 IW64。

表 7-1　测量值转换为工程量参数含义

参数名称	数据类型	参数含义	参数名称	数据类型	参数含义
NORM_X_VALUE	Int	模拟量通道输入测量值	SCALE_X_MIN	Real	工程量下限
NORM_X_MIN	Int	测量值下限	SCALE_X_MAX	Real	工程量上限
NORM_X_MAX	Int	测量值上限	SCALE_X_OUT	Real	工程量值
NORM_X_OUT	Real	测量值规格化			

2. 工程量转换为测量值

图 7-32 所示程序为 0~50 Hz 的变频器频率，对应标准 4~20 mA 模拟量输出信号（模拟量输出模块输入的数字量 0~27648）的量程换算示例。各参数含义见表 7-2。

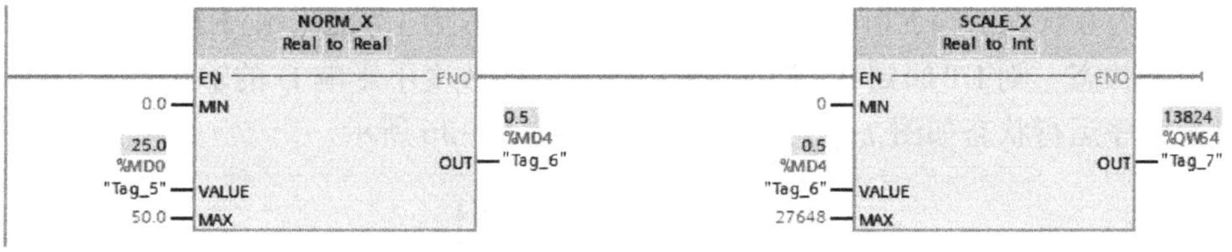

图 7-32　工程量转换为测量值

表 7-2　工程量转换为测量值参数含义

参数名称	数据类型	参数含义	参数名称	数据类型	参数含义
NORM_X_VALUE	Real	工程量给定值	SCALE_X_MIN	Int	测量输出值下限
NORM_X_MIN	Real	工程量下限	SCALE_X_MAX	Int	测量输出值上限
NORM_X_MAX	Real	工程量上限	SCALE_X_OUT	Int	测量输出值
NORM_X_OUT	Real	工程量给定值规格化			

注意： 模拟量最大值对应的数字量 27648 是怎么得到的？模拟量满量程如果对应的是 32000，与 16 位最大正数 32767 相比裕量很小，模拟量稍微超出满量程一点就可能超过 32767，

转换值就会变成负数！而 27648 与 32767 相比，有约 15%的裕量，比 32000“保险”。27648＝16#6C00。

7.8 定时器操作指令

S7-1200 PLC 的定时器操作指令如图 7-33 所示。其定时器为 IEC 定时器，调用时需要指定相应的背景数据块，定时器指令的数据保存在背景数据块中。使用定时器时需要使用背景数据块或者数据类型为 IEC_TIMER 的 DB 变量。定时器的背景数据块如图 7-34 所示。S7-1200 PLC 的 IEC 定时器没有定时器号，可以用背景数据块的名称如“T1”来做定时器的标识符。定时器的输入 IN 为启动输入端，PT（Preset Time）为预设时间值，ET（Elapsed Time）为定时开始后经过的时间，称为当前时间值，它们的数据类型为 32 位的 Time。Q 为定时器的位输出。

基本指令

名称	描述
定时器操作	
TP	生成脉冲
TON	接通延时
TOF	关断延时
TONR	时间累加器
-(TP)-	启动脉冲定时器
-(TON)-	启动接通延时定时器
-(TOF)-	启动关断延时定时器
-(TONR)-	时间累加器
-(RT)-	复位定时器
-(PT)-	加载持续时间

图 7-33　定时器操作指令

IEC_Timer_0_DB

	名称	数据类型	起始值
1	Static		
2	PT	Time	T#0ms
3	ET	Time	T#0ms
4	IN	Bool	false
5	Q	Bool	false

图 7-34　定时器的背景数据块

7.8.1 生成脉冲指令

生成脉冲指令 TP 用于将输出 Q 置位为 PT 预设的一段时间。IN 从 0 变为 1，定时器启动，Q 立即输出 1，开始输出脉冲。定时开始后，ET 从 0 ms 开始不断增大，达到 PT 预设的时间时，Q 输出变为 0 状态。当 ET=PT 时，如果 IN 输入信号为 1 状态，则 ET 保持不变；如果 IN 输入信号为 0 状态，则 ET 回到 0。当 ET<PT 时，IN 的改变不影响 Q 的输出和 ET 的计时。生成脉冲指令程序运行状态如图 7-35 所示，波形图如图 7-36 所示。

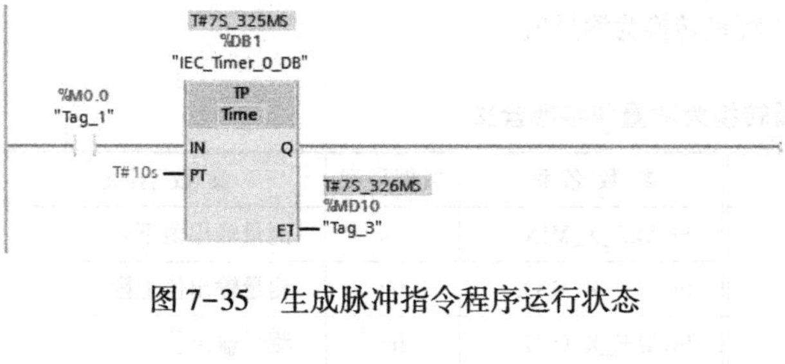

图 7-35　生成脉冲指令程序运行状态

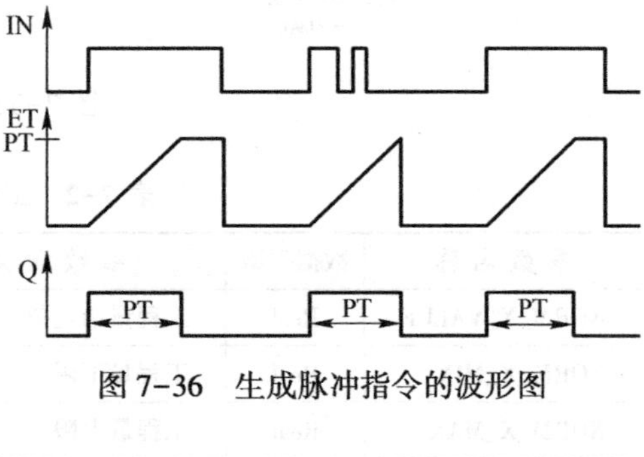

图 7-36　生成脉冲指令的波形图

启动脉冲定时器指令-(TP)-线圈的功能和生成脉冲指令功能相同，程序运行状态如图 7-37 所示。

图 7-37　启动脉冲定时器指令程序运行状态

7.8.2　接通延时指令

接通延时指令 TON，当 IN 从 0 变为 1 时，定时器启动；当 ET=PT 时，Q 立即输出 1，ET 立即停止计时并保持；在任意时刻，只要 IN 变为 0，ET 立即停止计时并回到 0，Q 输出 0。接通延时指令程序运行状态如图 7-38 所示，波形图如图 7-39 所示。

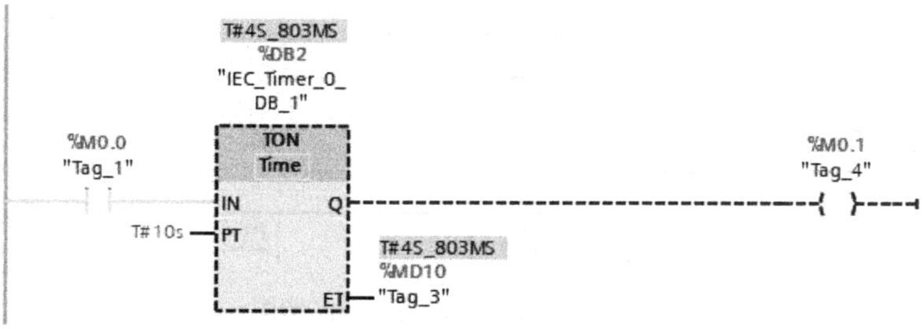

图 7-38　接通延时指令程序运行状态

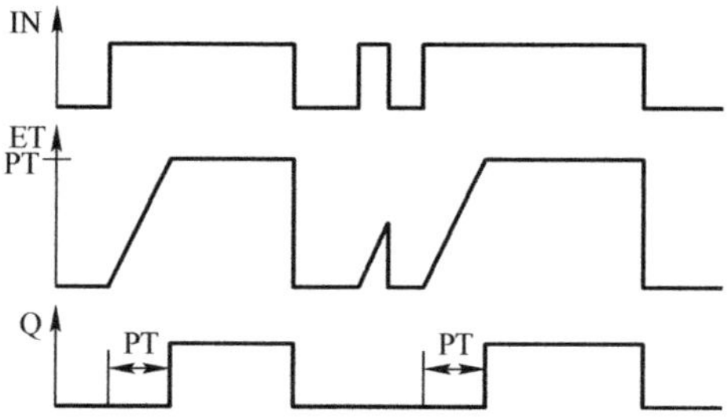

图 7-39　接通延时指令的波形图

启动接通延时定时器指令-(TON)-线圈的功能和接通延时指令功能相同，程序运行状态如图 7-40 所示。

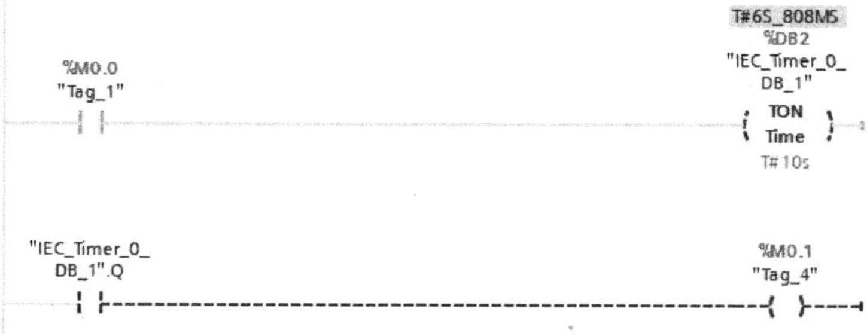

图 7-40　启动接通延时定时器指令程序运行状态

7.8.3 关断延时指令

关断延时指令 TOF，只要 IN 为 1 时，Q 输出为 1。IN 从 1 变为 0，定时器启动；当 ET=PT 时，Q 立即输出 0，ET 立即停止计时并保持。在任意时刻，只要 IN 变为 1，ET 立即停止计时并回到 0。关断延时指令程序运行状态如图 7-41 所示，波形图如图 7-42 所示。

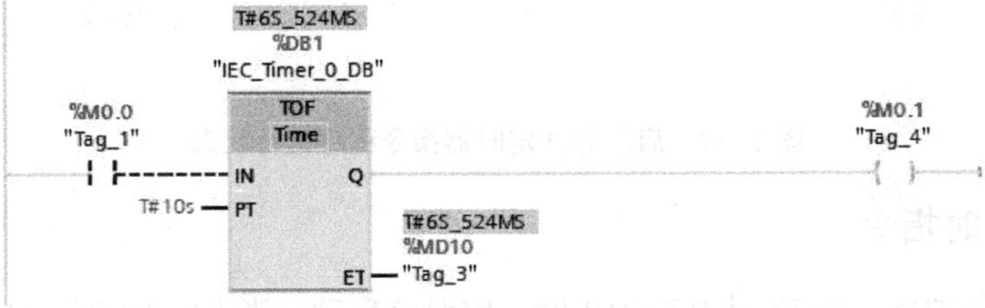

图 7-41 关断延时指令程序运行状态

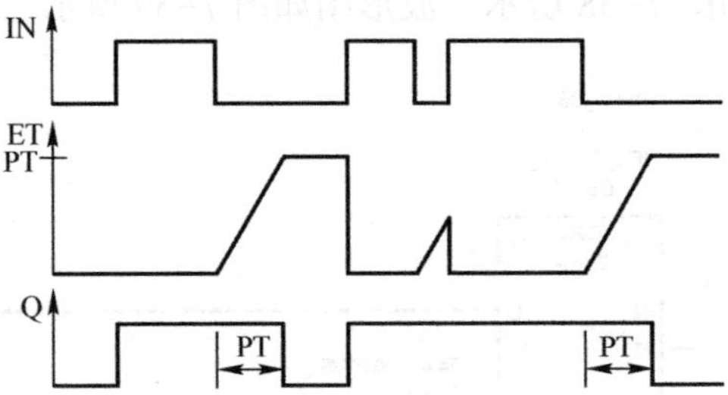

图 7-42 关断延时指令的波形图

启动关断延时定时器指令-(TOF)-线圈的功能和关断延时指令功能相同，程序运行状态如图 7-43 所示。

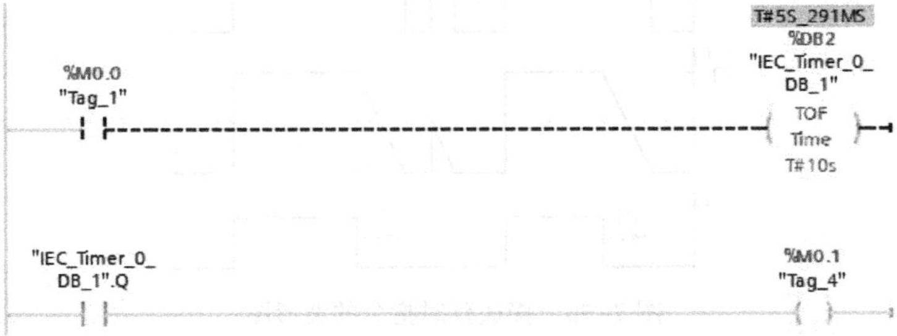

图 7-43 启动关断延时定时器指令程序运行状态

7.8.4 时间累加器指令

时间累加器指令 TONR，IN 从 0 变为 1，定时器启动；当 ET<PT 时，IN 为 1 时，则 ET 保持计时，IN 为 0 时，ET 立即停止计时并保持。当 ET=PT 时，Q 立即输出 1，ET 立即停止计时并保持。在任意时刻，只要 R 为 1 时，Q 输出 0，ET 立即停止计时并回到 0。R 从 1 变为 0 时，如果此时 IN 为 1，定时器启动。时间累加器指令程序运行状态如图 7-44 所示，波形图如图 7-45 所示。

时间累加器指令-(TONR)-线圈的功能和时间累加器指令 TONR 功能相同，程序运行状态如图 7-46 所示。注意，这里累加型定时器的复位，必须通过复位定时器指令-(RT)-线圈来复位。

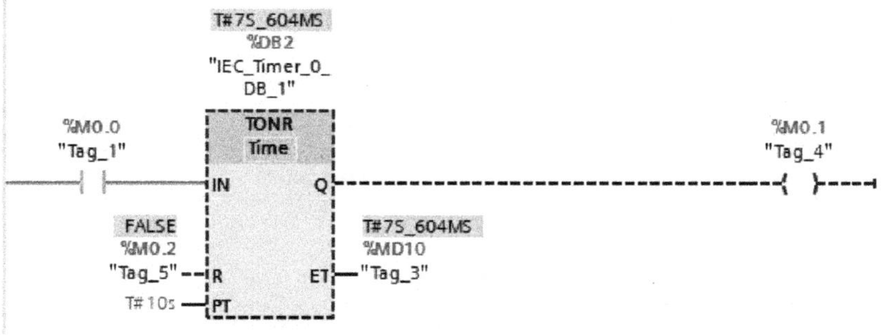

图 7-44　时间累加器指令程序运行状态

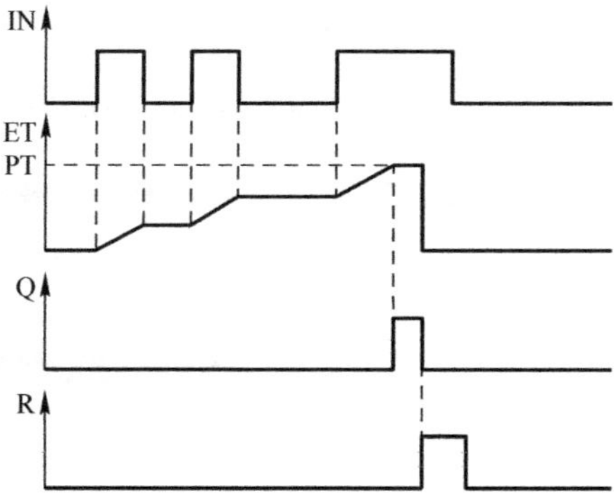

图 7-45　时间累加器指令的波形图

图 7-46　-(TONR)-线圈指令程序运行状态

7.8.5　S7-1200 PLC 定时器创建

S7-1200 PLC 定时器创建有以下几种方法：

1）定时器功能框指令直接拖入块中，自动生成定时器的背景数据块，该背景数据块位于“系统块→程序资源”中，如图 7-47 所示。

2）在 FB 的 Static 静态变量中，定义 IEC_TIMER 类型变量，生成多重背景，如图 7-48 所示。

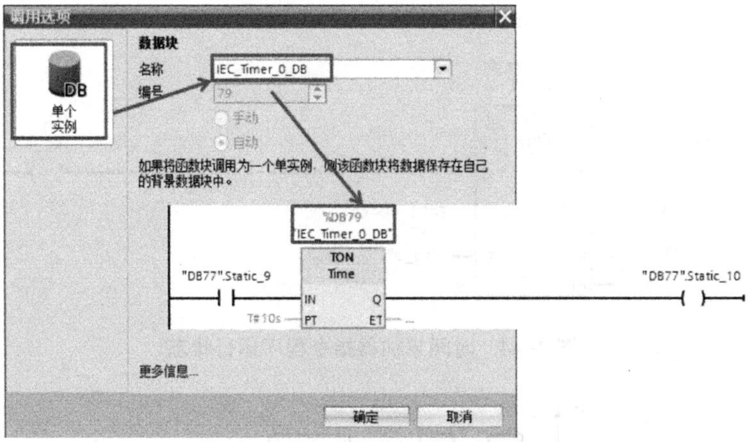

图 7-47　自动生成定时器的背景数据块

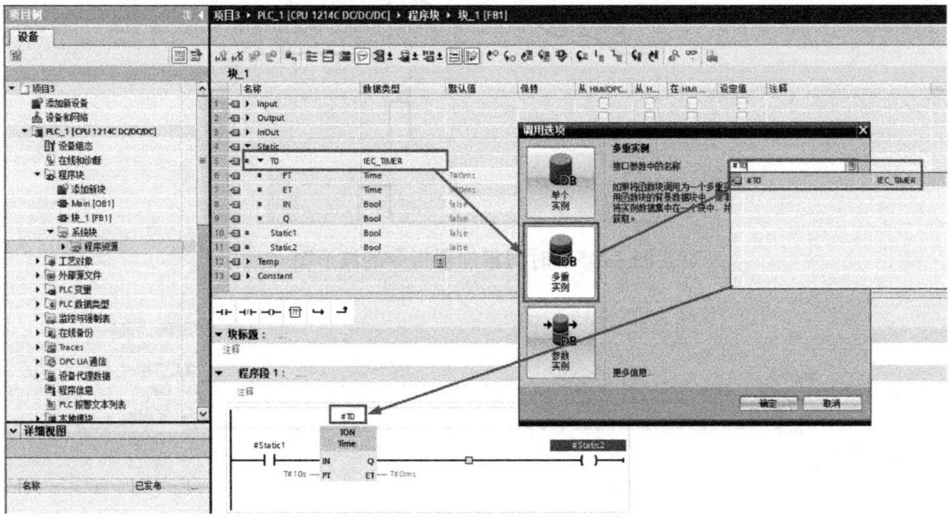

图 7-48　FB 中通过多重背景定义和使用定时器

7.9 计数器操作指令

S7-1200 PLC 的计数器操作指令如图 7-49 所示。

S7-1200 PLC 的计数器为 IEC 计数器，用户程序中可以使用的计数器数量仅受 CPU 的存储器容量限制。这里所说的是软件计数器，最大计数速率受所在 OB 的执行速率限制。指令所在 OB 的执行频率必须足够高，以检测输入脉冲的所有变化，如果需要更快的计数操作，请参考高速计数器（HSC）。S7-1200 PLC 调用计数器时需要指定相应的背景数据块，计数器指令的数据保存在背景数据块中。使用计数器时需要使用背景数据块或者数据类型为 IEC_COUNTER 的 DB 变量。计数器的背景数据块如图 7-50 所示。S7-1200 PLC 的 IEC 计数器没有计数器号，可以用背景数据块的名称如“C1”来做计数器的标识符。计数器的 CU 和 CD 分别是加计数输入和减计数输入，CU 或 CD 由 0 状态变为 1 状态时（信号的上升沿），当前计数器值 CV 被加 1 或减 1。PV 为预设计数值，Q 为布尔输出。R 为复位输入，CU、CD、R 和 Q 均为 Bool 变量。LD 用于减计数中将 CV 设置为 PV。

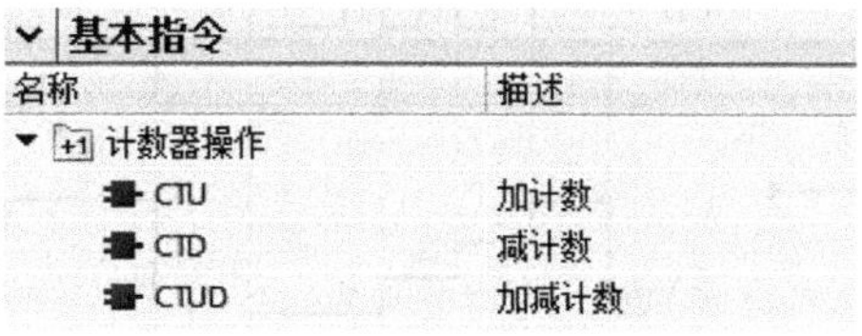

图 7-49　计数器操作指令

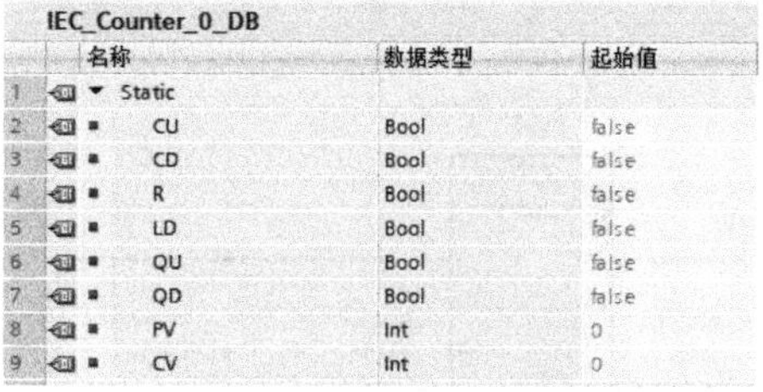

IEC_Counter_0_DB

	名称	数据类型	起始值
1	Static		
2	CU	Bool	false
3	CD	Bool	false
4	R	Bool	false
5	LD	Bool	false
6	QU	Bool	false
7	QD	Bool	false
8	PV	Int	0
9	CV	Int	0

图 7-50　计数器背景数据块

7.9.1　加计数指令

加计数指令 CTU，当 CU 从 0 变为 1 时，CV 增加 1；当 CV = PV 时，Q 输出 1，此后每当 CU 从 0 变为 1 时，Q 保持输出 1，CV 继续增加 1 直到达到计数器指定的整数类型的最大值。在任意时刻，只要 R 为 1，Q 输出 0，CV 立即停止计数并回到 0。加计数指令程序运行状态如图 7-51 所示，波形图如图 7-52 所示。

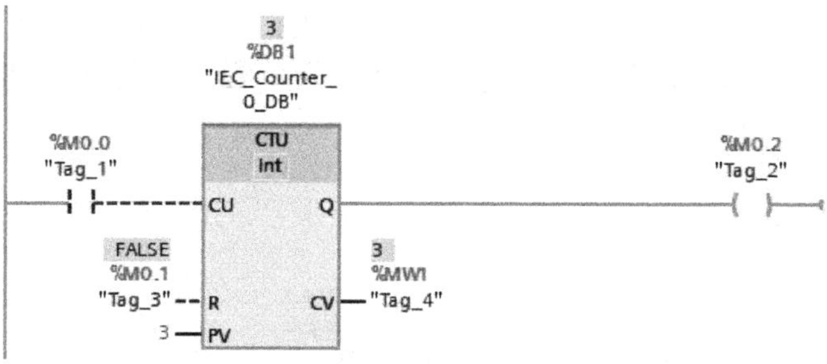

图 7-51　加计数指令程序运行状态

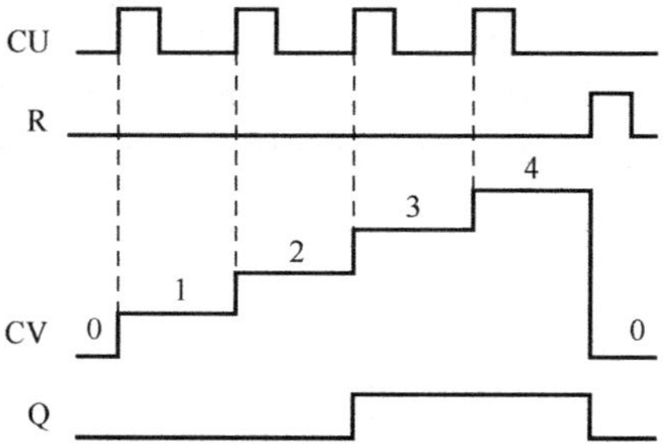

图 7-52　加计数指令的波形图

提示：实际应用中，常用 ADD 指令配合触点比较指令来代替加计数指令，如图 7-53 所示。可以通过修改 ADD 指令中 IN2 参数的值来改变每次增加的量，如将 IN2 的值由 1 改成 2，使用更加灵活。

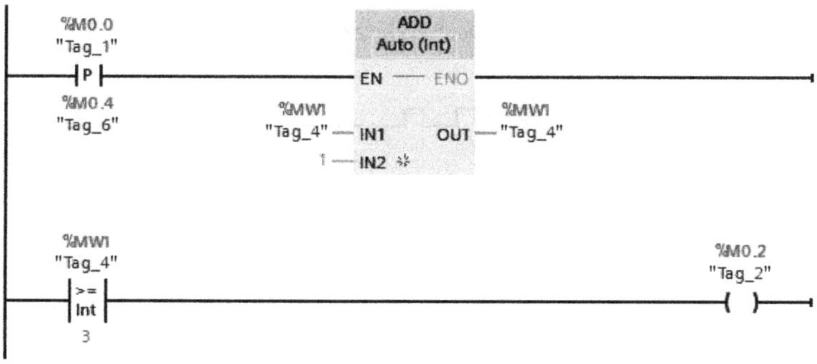

图 7-53　用 ADD 指令替代加计数指令

7.9.2　减计数指令

减计数指令 CTD，当 CD 从 0 变为 1 时，CV 减少 1；当 CV = 0 时，Q 输出 1，此后每当 CD 从 0 变为 1 时，Q 保持输出 1，CV 继续减少 1 直到达到计数器指定的整数类型的最小值。在任意时刻，只要 LD 为 1，Q 输出 0，CV 立即停止计数并回到 PV 值。减计数指令程序运行状态如图 7-54 所示，波形图如图 7-55 所示。

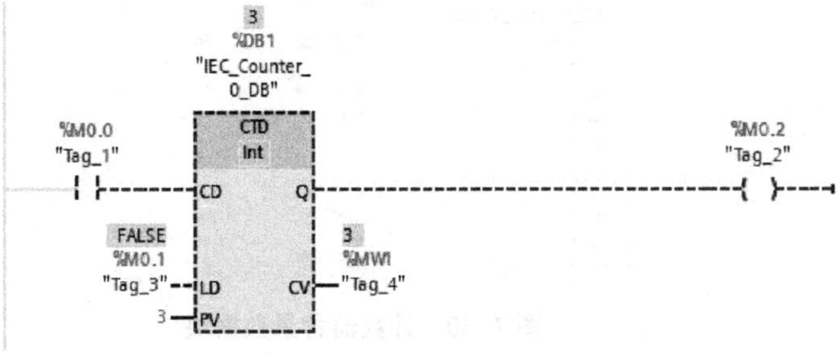

图 7-54　减计数指令程序运行状态

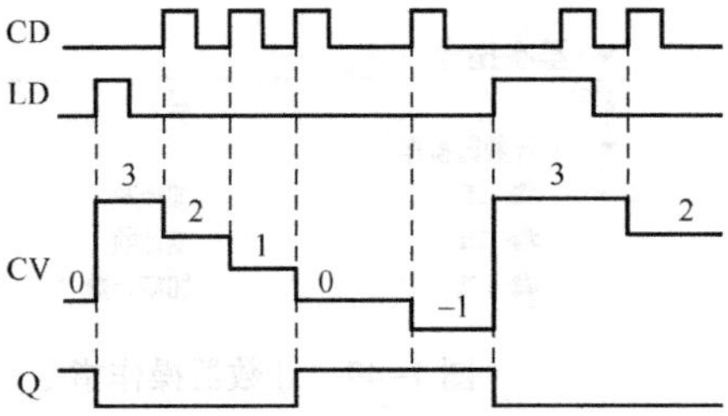

图 7-55　减计数指令的波形图

7.9.3　加减计数指令

加减计数指令 CTUD 是加计数和减计数两个指令的综合。当 CU 从 0 变为 1 时，CV 增加 1，当 CD 从 0 变为 1 时，CV 减少 1；当 CV>=PV 时，QU 输出 1，当 CV<PV 时，QU 输出 0；当 CV<=0 时，QD 输出 1，当 CV>0 时，QD 输出 0；CV 的上下限取决于计数器指定的整数类型的最大值与最小值。在任意时刻，只要 R 为 1 时，QU 输出 0，CV 立即停止计数并回到 0；只要 LD 为 1 时，QD 输出 0，CV 立即停止计数并回到 PV 值。加减计数指令程序运行状态如图 7-56 所示，波形图如图 7-57 所示。

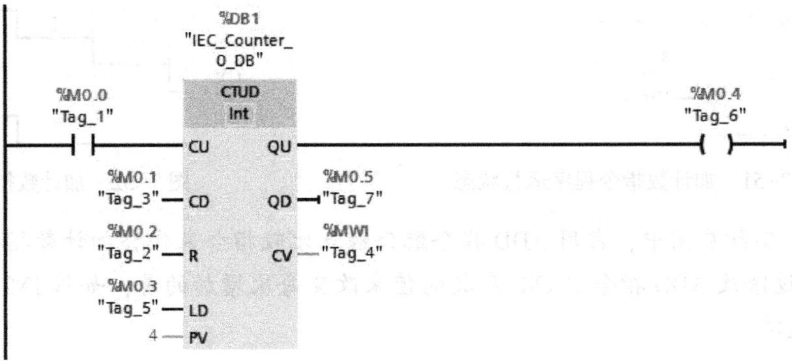

图 7-56　加减计数指令程序运行状态

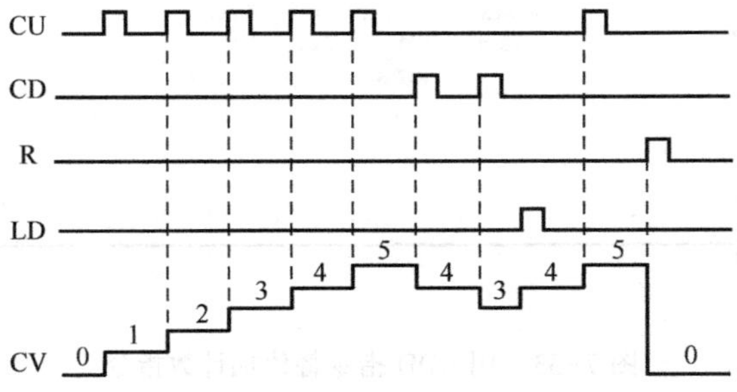

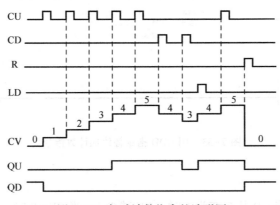

图 7-57　加减计数指令的波形图

7.10 高速脉冲输出与高速计数器

7.10.1 高速脉冲输出

脉冲宽度（高电平）与脉冲周期之比称为占空比。脉冲宽度调制（PWM）是一种波形周期固定、脉冲宽度可调节的脉冲输出。在产生 PWM 波形之前，首先要设置波形的周期，一旦波形的周期确定，就不会在波形的产生过程中发生更改，但脉冲宽度是可调的。脉冲宽度为 0 时占空比为 0，没有脉冲输出，输出一直为低电平。脉冲宽度等于脉冲周期时，占空比为 100%，没有脉冲输出，输出一直为高电平。脉冲列输出（Pulse Train Output，PTO）功能提供占空比固定为 50%的方波脉冲列输出。PWM 功能虽然使用的是数字量输出，但其在很多方面类似于模拟量，如它可以控制加热器的温度、电动机的转速、阀门的开度、舵机的转向等。

S7-1200 PLC 的脉冲发生器可组态为 PTO 或 PWM，PTO 的功能只能由运动控制指令来实现，PWM 的功能使用 CTRL_PWM 指令块实现，当一个通道被组态为 PWM 时，将不能使用 PTO 功能，反之亦然。S7-1200 PLC 最多能组态 4 个高速脉冲输出，使用 CPU 内置或信号板（SB）外扩输出端子。

7.10.2 模拟量控制 PWM 的脉冲宽度举例

本例使用模拟量输入控制数字量输出，当模拟量值（本例以电位器代替）发生变化时，CPU 输出的脉冲宽度随之改变，但周期不变，可用于控制脉冲方式的加热设备（本例以 LED 的闪烁代替）。此应用通过 PWM 功能实现，脉冲周期为 1 s，模拟量输入 0～10 V，转换的数字量值在 0～27648 之间变化。

1. 新建工程

使用 STEP7 V16 创建一个名为“1200_PWM”的新项目。

2. 添加 S7-1200 PLC

“添加新设备”组态型号为 CPU 1214C DC/DC/DC V4.4，PLC 命名为“PLC_1”。

3. 模拟量转换的相关设置

S7-1200 PLC（1214C）内部集成了 2 路模拟量输入通道，分别为通道 0 和通道 1，可以同时接收并处理两个传感器输入的模拟信号，对应的地址为 IW64 和 IW66。在 CPU 的“属性”→“常规”→“AI 2”标签项可以进行查看和设置，如图 7-58 所示。本例用通道 0，通道地址 IW64 保存转换的模拟量值，输入电压信号为 0～10 V DC。S7-1200 PLC 模拟量转换的工作原理如图 7-59 所示。

4. PWM 组态

进入 CPU 的“属性”→“常规”→“脉冲发生器（PTO/PWM）”→“PTO1/PWM1”→“常规”页面，勾选右侧窗口的“启用该脉冲发生器”复选框。

选中图 7-60 左侧窗口的“参数分配”，在右侧窗口用下拉式列表框中选择信号类型为“PWM”，时基（用来设定 PWM 脉冲周期的时间单位）为“毫秒”，脉宽格式（用来定义 PWM 脉冲的占空比档次）为“S7 模拟量格式”。循环时间（表示 PWM 脉冲的周期时间）为“1000” ms，即 1 s 的脉冲周期。初始脉冲宽度（表示 PWM 脉冲周期中高电平的脉冲宽度）为“0”。

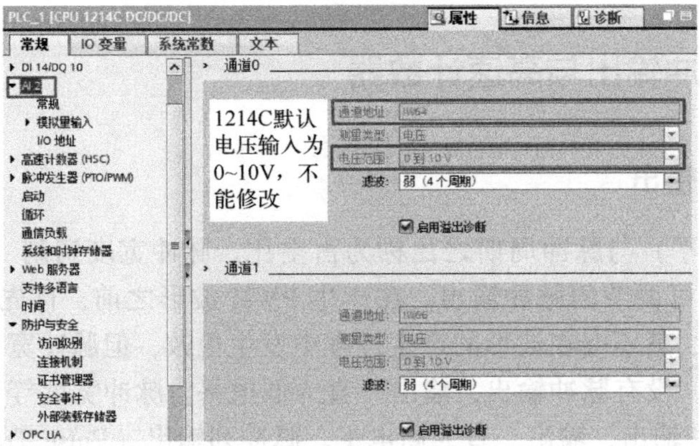

图 7-58　模拟量输入通道

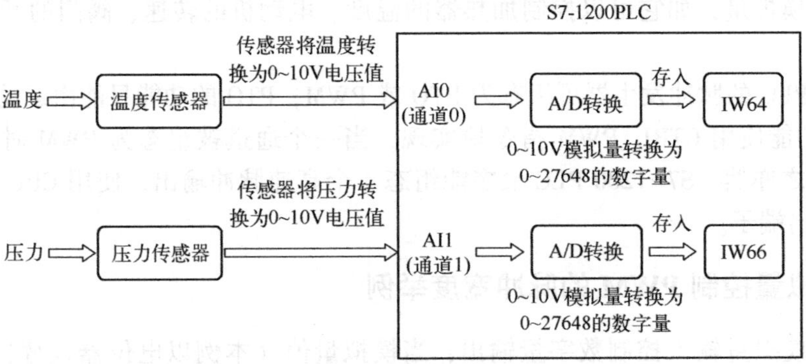

图 7-59　S7-1200 PLC模拟量转换工作原理

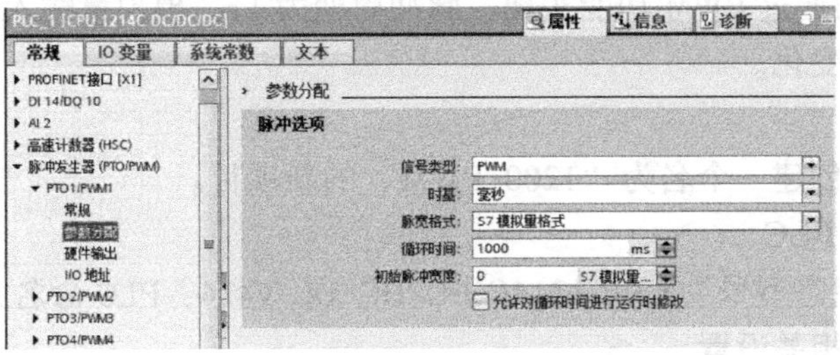

图 7-60　脉冲发生器参数设置

提示： 脉宽格式可选百分之一、千分之一、万分之一或S7模拟量格式。百分之一表示把PWM的脉冲周期分成100等分，以1/100为单位来表示PWM的脉冲周期中高电平的分辨率。千分之一和万分之一表示把PWM的脉冲周期分成更小的等分，分辨率更高。S7模拟量格式表示把PWM的脉冲周期划分成27648等分。因为S7-1200 PLC的模拟量量程范围为0~27648（单极性）或-27648~27648（双极性）。初始脉冲宽度可以设定的范围值由脉宽格式确定，本例中脉宽格式选择了“S7模拟量格式”，则初始脉冲宽度值可以设定的范围值为0~27648。

选中图7-60左侧窗口的“硬件输出”，在右侧窗口的脉冲输出列表中选择“Q0.0”。

注意： 硬件输出点只能是CPU或SB上的DO点。SM扩展模块上的DO点不支持PWM功能。

选中图7-61左侧窗口的“IO地址”，在右侧窗口可以看到PWM1的起始地址和结束地址。此地址为Word类型，用于存放脉宽值，用户可在系统运行中实时修改此值达到修改脉宽的目的，默认情况下，PWM1使用QW1000，PWM2使用QW1002，以此类推。由于脉宽值存放地址为过程映像区，这里更新方式默认为自动更新。

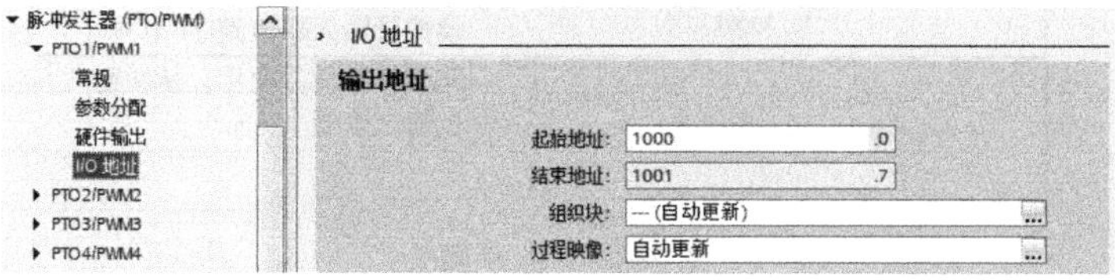

图 7-61 PWM 地址

5. 建立变量

在“项目树”中展开“PLC 变量”文件夹，双击“显示所有变量”，打开“PLC 变量”窗口，在该窗口的“变量”标签页中建立变量表，如图 7-62 所示。

PLC 变量

	名称	变量表	数据类型	地址	保持	从 H...	从 H...	在 H...	注释
1	PWM_enable	默认变量表	Bool	%M10.0	☐	☑	☑	☑	PWM使能端
2	PWM_busy	默认变量表	Bool	%M10.1	☐	☑	☑	☑	PWM功能应用中
3	PWM_Status	默认变量表	Word	%MW12	☐	☑	☑	☑	PWM状态值
4	Analog_input	默认变量表	Word	%IW64	☐	☑	☑	☑	模拟量值寄存器
5	Pulse_width	默认变量表	Word	%QW1000	☐	☑	☑	☑	PWM脉冲宽度

图 7-62 建立的变量表

6. PWM 编程

打开程序块 OB1，进行 PWM 的编程。在右侧指令选项板的“扩展指令”中的“脉冲”文件夹中可以找到 CTRL_PWM 指令。可以通过双击指令或是拖拽的方式把 CTRL_PWM 指令放到程序编辑区。在插入 CTRL_PWM 指令时会弹出“调用选项”对话框，单击“确定”按钮，生成该指令的默认名称为 CTRL_PWM_DB 的背景数据块。

配置 CTRL_PWM 指令参数，如图 7-63 所示。双击参数 PWM，待右侧出现图标，单击该图标按钮，在下拉列表框中选中“Local~Pulse_1”，其值为 265，它是 PWM1 的硬件标识符的值。ENABLE 参数是 PWM 脉冲的使能端，其为 TURE 时 CPU 发出 PWM 脉冲，其为 False 时，不发脉冲。BUSY 参数标识 CPU 是否正在发出 PWM 脉冲，当 CTRL_PWM 指令块正在运行时，BUSY 位将一直为 0。STATUS 参数为 PWM 指令的状态值，当 STATUS = 0 时表示无错误，当 STATUS 非 0 时（状态代码）表示 PWM 指令错误。

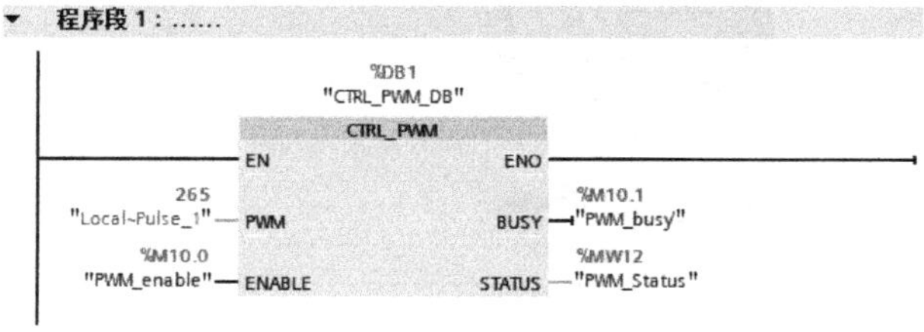

图 7-63 CTRL_PWM 指令

在右侧指令选项板的“基本指令”中的“移动操作”文件夹中找到 MOVE 指令，并拖拽到程序编辑区。将模拟量值寄存器 IW64 的值送到 PWM 脉宽 QW1000 中，从而改变 PWM 波的脉冲宽度，如图 7-64 所示。

7. 监控

在“项目树”中展开“监控与强制表”文件夹，双击“添加新监控表”，插入一个新的监控表，在表中输入监控变量，如图 7-65 所示。使能 PWM_enable，通过 PLC 自身的模拟量通道 0 外接电位器（见图 7-66），改变输入电压“Analog_input”值，脉冲以 1 s 为固定周期，脉宽随“Pulse_width”变化。整体实物展示如图 7-67 所示。

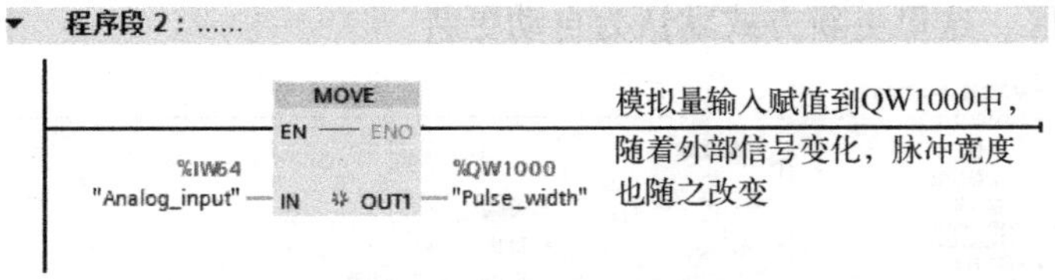

图 7-64　脉宽调节

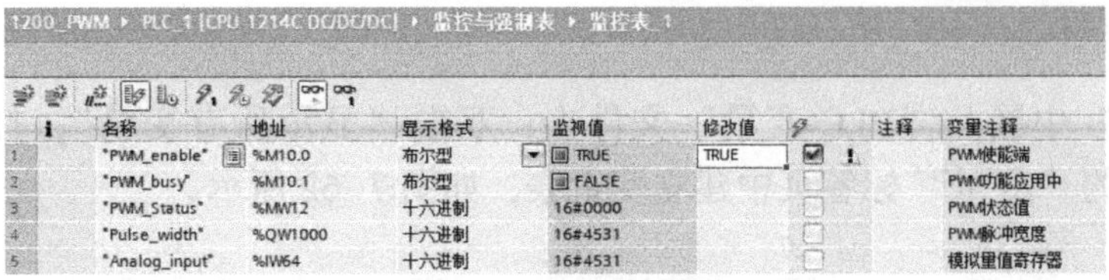

1200_PWM ▸ PLC_1 [CPU 1214C DC/DC/DC] ▸ 监控与强制表 ▸ 监控表_1

	i	名称	地址	显示格式	监视值	修改值	ϟ	注释	变量注释
1		"PWM_enable"	%M10.0	布尔型	TRUE	TRUE	☑ !		PWM使能端
2		"PWM_busy"	%M10.1	布尔型	FALSE		☐		PWM功能应用中
3		"PWM_Status"	%MW12	十六进制	16#0000		☐		PWM状态值
4		"Pulse_width"	%QW1000	十六进制	16#4531		☐		PWM脉冲宽度
5		"Analog_input"	%IW64	十六进制	16#4531		☐		模拟量值寄存器

图 7-65　PWM 监控变量表

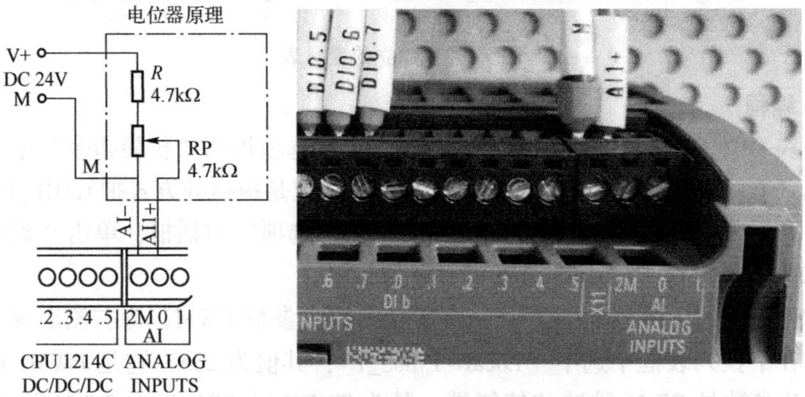

图 7-66　电位器输入模拟量输入信号接线图

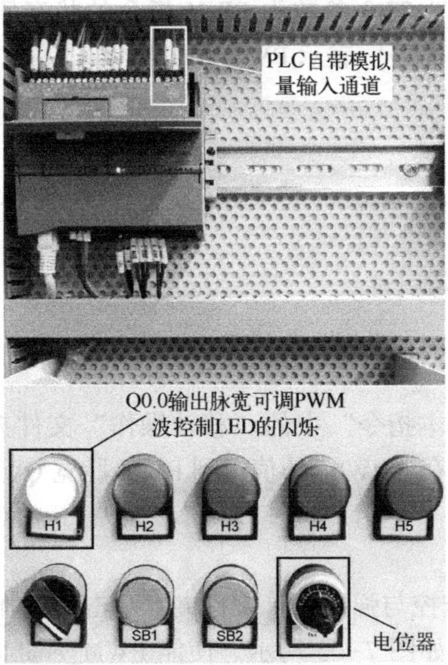

图 7-67　PWM 波脉宽可调实物展示图

7.10.3　高速计数器简介

在工业领域数据采集和处理中，经常会遇到如流量、转速、扭矩等高速脉冲信号形式的传感器。西门子 S7-1200 系列 PLC CPU 模块自身提供了最多 6 路高速脉冲采集通道，其独立于 CPU 的扫描周期进行计数，可测量单相脉冲频率最高为 100 kHz，双相或 A/B 相最高频率为 80 kHz，除用来计数外还可用来进行频率测量，高速计数器还可用于连接增量型旋转编码器。如果使用信号板还可以测量单相脉冲频率高达 200 kHz 的信号，A/B 相最高频率为 160 kHz。

7.10.4　编码器基础

编码器是传感器的一种，主要用来检测机械运动的速度、位置、角度、距离和计数等，许多电动机控制均需配备编码器以供电动机控制器作为换相、速度及位置的检出等，应用范围相当广泛。按照不同的分类方法，编码器可以分为以下几种类型：

1）根据检测原理，可分为光学式、磁电式、感应式和电容式。

2）根据输出信号形式，可以分为模拟量编码器、数字量编码器。

3）根据编码器方式，分为增量式编码器、绝对式编码器和混合式编码器。

1. 光电编码器

光电编码器是集光、机、电技术于一体的数字化传感器，主要利用光栅衍射原理来实现位移到数字的变换，通过光电转换将输出轴上的机械几何位移量转换成脉冲或数字量的传感器。典型的光电编码器由码盘、检测光栅、光电转换电路（包括光源、光敏器件、信号转换电路）、机械部件等组成。光电编码器具有结构简单、精度高、寿命长等优点，广泛应用于精密定位、速度、长度、加速度、振动等方面。这里主要介绍 SIMATIC S7 系列高速计数普遍支持的增量式编码器和绝对式编码器。

2. 增量式编码器

增量式编码器提供了一种对连续位移量离散化、增量化以及位移变化（速度）的传感方法。增量式编码器的特点是每产生一个输出脉冲信号就对应于一个增量位移，它能够产生与位移增量等值的脉冲信号。增量式编码器测量的是相对于某个基准点的相对位置增量，而不能直接检测出绝对位置信息。增量式编码器实物如图 7-68 所示。

图 7-68　增量式编码器实物

提示：分辨率（Resolution）又称为线数，指编码器转一圈输出多少个脉冲。

如图 7-69 所示，增量式编码器主要由光源、码盘、检测光栅、光电检测器件和转换电路组成。在码盘上刻有节距相等的辐射状透光缝隙，相邻两个透光缝隙之间代表一个增量周期。检测光栅上刻有 A、B 两组与码盘相对应的透光缝隙，用以通过或阻挡光源和光电检测器件之间的光线，它们的节距和码盘上的节距相等，并且两组透光缝隙错开 1/4 节距，使得光电检测器件输出的信号在相位上相差 90°。当码盘随着被测转轴转动时，检测光栅不动，光线透过码盘和检测光栅上的透光缝隙照射到光电检测器件上，光电检测器件就输出两组相位相差 90°的近似于正弦波的电信号，电信号经过转换电路的信号处理，就可以得到被测轴的转角或速度信息。一般来说，增量式光电编码器输出 A、B 两相相位差为 90°的脉冲信号（即两相正交输出信号），根据 A、B 两相的先后位置关系，可以方便地判断出编码器的旋转方向。另外，码盘一般还提供用作参考零位的 Z 相标志（指示）脉冲信号，码盘每旋转一周，会发出一个零位标志信号。

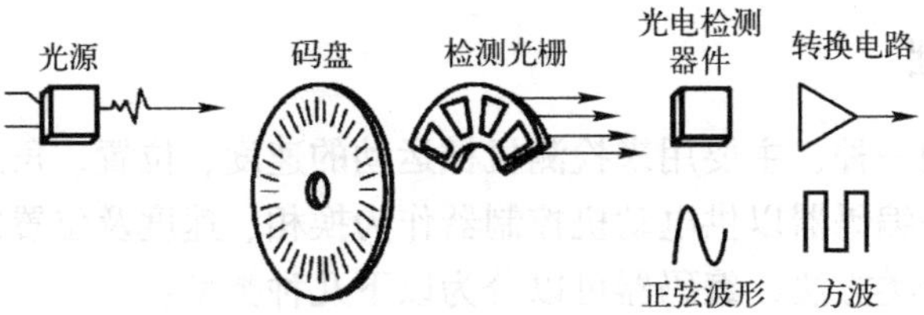

图 7-69　增量式编码器原理图

3. 绝对式编码器

绝对式编码器的原理及组成部件与增量式编码器基本相同，不同的是绝对式编码器用不同的数码来指示每个不同的增量位置，它是一种直接输出数字量的传感器。绝对式编码器的特点是不需要计数器，在转轴的任意位置都可读出一个固定的与位置相对应的数字码，即直接读出角度坐标的绝对值，如图 7-70 所示。

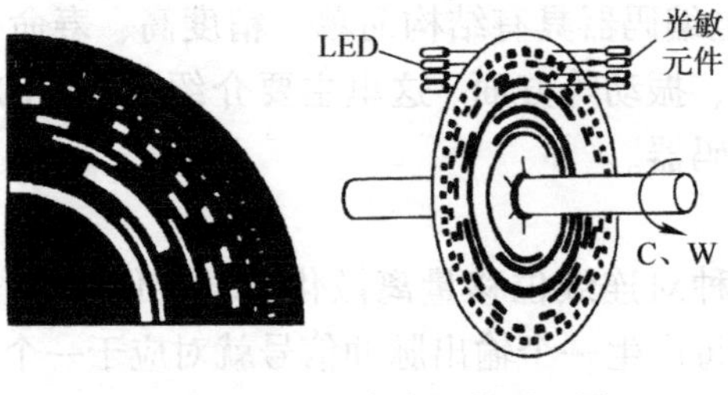

图 7-70　绝对式编码器原理图

7.10.5　编码器应用举例

本例旋转机械上有增量式编码器做反馈，接入到 S7-1200 PLC CPU，要求在计数 2500 个脉冲时，计数器当前值清 0，置位 M0.5，并设定新预置值为 5000 个脉冲，当计满 5000 个脉冲后，计数器当前值清 0，复位 M0.5，并将预置值再设为 2500，周而复始执行此功能。

1. 物理连接

S7-1200 PLC 与编码器的接线如图 7-71 所示。

2. 新建工程

使用 STEP7 V16 创建一个名为“高速计数器 HSC”的新项目。

3. 添加 S7-1200 PLC 并硬件组态

“添加新设备”组态 1 个型号为 CPU 1215C DC/DC/DC V4.4 的 1200 PLC 站点，命名为“PLC_1”。在 CPU“属性”→“常规”→“系统和时钟存储器”中使能系统存储器位，即勾选“启用系统存储器字节”选项，以方便后续程序编写。

选择 CPU“属性”→“常规”→“高速计数器（HSC）”→“HSC1”页面，在 HSC1 中选择“常规”，勾选“启用该高速计数器”选项，激活高速计数功能；在 HSC1 中选择“功

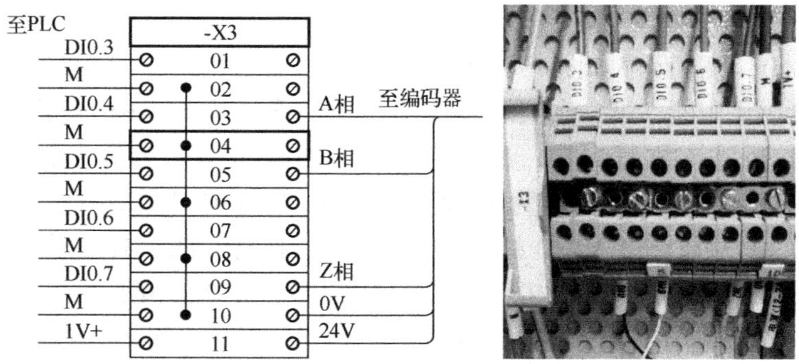

图 7-71　S7-1200 PLC 与编码器的接线

能”，右侧的计数类型选择“计数”，工作模式选择“A/B 计数器”，初始计数方向选择“加计数”；在 HSC1 中选择“初始值”，右侧的初始计数器值设置为“0”，初始参考值设置为“2500”；在 HSC1 中选择“事件组态”，勾选激活右侧的“为计数器值等于参考值这一事件生成中断”，单击“硬件中断”输入框右侧的“...”按钮，在弹出页面选择所需的硬件中断，如果没有硬件中断或者没有所需要的硬件中断，则单击“新增”按钮，会弹出“添加新块”页面，在该页面中选择“Hardware interrupt”，注意该硬件中断的中断 OB 编号是 40，单击“确定”按钮；在 HSC1 中选择“硬件输入”，在时钟发生器 A 的输入中选择图 7-71 所示的 I0.4 点，在时钟发生器 B 的输入中选择 I0.5 点；在 HSC1 中选择“IO 地址”，在右边可查看 HSC 的计数值地址，起始地址到结束地址为 HSC 实际计数器值的存放地址，本例为 ID1000，组织块和过程映像设置为默认值。

选择 CPU“属性”→“常规”→“DI 14/DQ 10”→“数字量输入”下面的“通道 4”和“通道 5”，在右侧的输入滤波器里设置 I 点的输入滤波器时间，这里要根据硬件输入 I 点的最大输入频率（本例为 100 kHz）设置合适的滤波值（本例为 3.2 μs）。

4. 主程序 OB1

展开项目树中的 PLC 的程序块，双击打开 OB1，编写程序如图 7-72 所示。M1.0 为初始化脉冲，仅在首次扫描时接通，在 OB1 中，用初始化脉冲将标志字节 MB10 清零。CTRL_HSC 指令将计数器当前值初始化为 0。

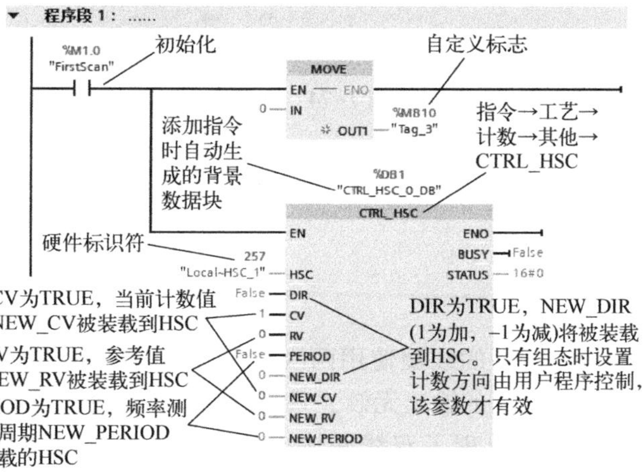

图 7-72　OB1 主程序

5. 硬件中断程序 OB40

双击打开 OB40，编写程序如图 7-73 所示。当 HSC 计数值等于组态时设置的参考值 2500 时，会激活 OB40 硬件中断，第一次进入 OB40 时，程序段 1 中的 MB10 标志字节等于 0，执行 CTRL_HSC 指令，当前计数值清零，参考值设置成 5000，同时置位 M0.5。在程序段 3 将 MB10 的值加 1，并判断是否为 2，不为 2，退出 OB40。当 HSC 计数值等于 5000 时，会第二次激活并进入 OB40，程序段 2 中 MB10 标志字节等于 1，执行 CTRL_HSC 指令，当前计数值清零，参考值设置成 2500，同时复位 M0.5。在程序段 3 将 MB10 的值加 1，并判断是否为 2，此时为 2，重新初始化 MB10 为 0，退出 OB40。至此，完成一个周期，然后周而复始执行此功能。

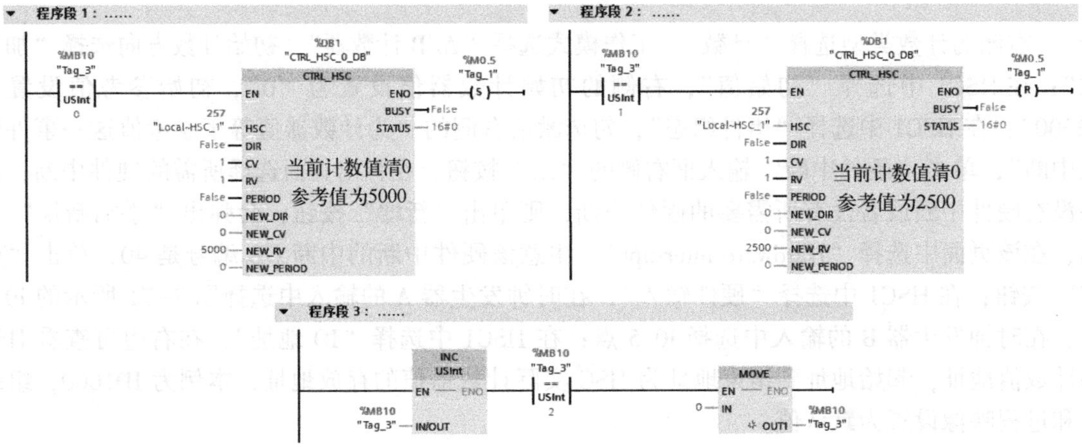

图 7-73　OB40 硬件中断程序

6. 组态下载和硬件调试

项目硬件和软件全部编译后下载到 PLC，旋转编码器的转轴，在 S7-1200 PLC 监控表中可以监视 ID1000，查看 HSC1 计数值的变化情况，如图 7-74 所示。

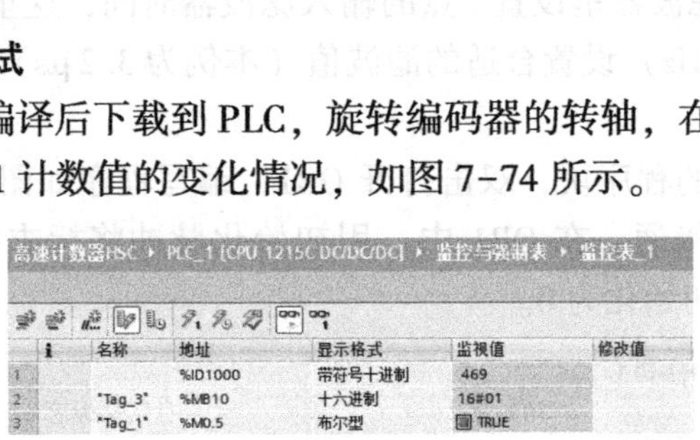

i	名称	地址	显示格式	监视值	修改值
1		%ID1000	带符号十进制	469	
2	"Tag_3"	%MB10	十六进制	16#01	
3	"Tag_1"	%M0.5	布尔型	TRUE	

图 7-74　监控表

7.11 编程注意事项

7.11.1 双线圈输出

如果在同一程序中同一元件的线圈使用两次或多次，则称为双线圈输出。由于 PLC 循环扫描工作方式的特点，这时前面的输出无效，只有最后一次有效，设计程序时一般不应出现双线圈输出。图 7-75 左侧程序出现了双线圈输出的错误，虽然程序指令编排上 I0.1、I0.2、I0.4 都影响 Q0.0 的状态，但 PLC 的工作过程是循环扫描执行的，只有最后一条指令 I0.4 的程序行执行完成后，才进行集中的输出刷新阶段，才会将 Q0.0 的状态通过输出接口电路输出给负载，即前面的程序行对 Q0.0 的状态都不产生影响，这与设计程序的逻辑是不符的。所以遇到这种情况，需要把所有对 Q0.0 产生影响的条件全部并联起来，统一驱动 Q0.0，修改程序如图 7-75 的右侧所示。

注意： *初学者特别容易犯双线圈输出的错误，导致程序运行出现意想不到的结果，需要尤其加以重视。*

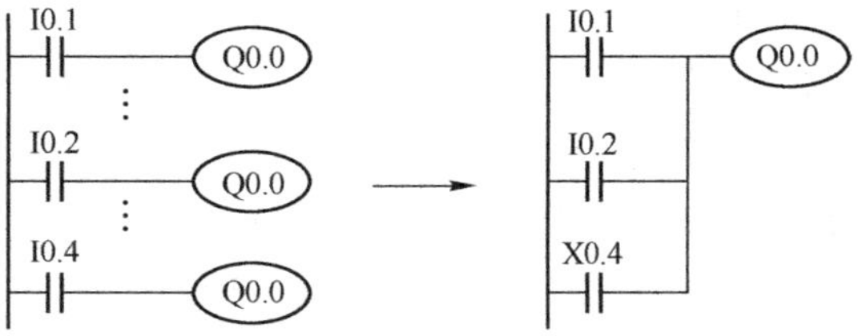

图 7-75　双线圈输出程序的修改

7.11.2　尽量减少 I/O 点信号的使用

PLC 的价格与 I/O 点数有关，每一个输入信号和输出信号分别占用一个输入点和一个输出点，因此减少输入信号和输出信号的点数是降低硬件费用的主要措施。

实际工程应用中，梯形图程序的编写过程中通过辅助继电器 M 来代替很多 I 点的使用，因为可以通过组态精简系列面板的方式在触摸屏上设置图形元素来关联辅助继电器 M，进而实现人机界面的交互控制。

提示： *初学者在编写梯形图程序时常使用大量的 I 点，应学会用 M 点代替 I 点的使用方法。*

习　题

7-1　某个压力传感器的量程为 0~0.1 MPa，转换成对应的电压信号为 0~5 V，S7-1200 PLC 转换后的数值存放在地址 IW64 中，试编程求以 Pa 为单位的压力值，压力值存储于寄存器 MD30 中。

7-2　S7-1200 PLC CPU 本体上集成的模拟量通道支持以下哪种输入类型？(　　)

A. ±10 V　　B. 0~20 mA　　C. 0~10 V　　D. 4~20 mA

7-3　什么是程序的循环扫描周期时间？S7-1200 PLC 默认的循环周期监视时间是多少？当循环扫描周期时间超过循环周期监视时间时会怎样？

7-4　哪个上升沿指令有背景数据块？(　　)

A. -(P)-　　B. P_TRIG　　C. R_TRIG　　D. ┤P├

7-5　M 存储器的断电数据保持区域可以从哪个地址开始设置？(　　)

A. MB10　　B. MB1　　C. MB0　　D. 任意地址

7-6　简述 TIA Portal 软件中工具栏的“下载到设备”图标的功能以及“在线”菜单下“下载到设备”“扩展下载到设备”“下载并复位 PLC 程序”的功能。

7-7　S7-1200 PLC CPU 本体支持（　　）最大高速计数器。

A. 4 个　　B. 2 个　　C. 8 个　　D. 6 个

7-8　对新的 S7-1200 PLC CPU 初次下载，TIA Portal 软件将采用以下哪种方式执行下载操作？(　　)

A. 下载并复位 PLC 程序　　B. 下载到设备
C. 扩展下载到设备　　D. 不确定

7-9　简述 S7-1200 PLC 中的 PTO 控制方式。

7-10　S7-1200 PLC CPU 使用 PTO 控制方式时可以支持的最大轴数为（　　）。
A. 2 个　　B. 6 个　　C. 4 个　　D. 8 个

7-11　使用 PLCSIM 软件可以对几个 S7-1200 PLC 进行仿真？（　　）
A. 4 个　　B. 3 个　　C. 2 个　　D. 1 个

7-12　1215C 本体所支持的 HSC 最高频率是多少？（　　）
A. 200 kHz　　B. 1 MHz　　C. 50 kHz　　D. 100 kHz

7-13　关于高速计数器，以下描述正确的是（　　）。
A. 需要勾选 DI 输入点的上升沿中断　　B. DI 输入点不经过过程映像区
C. 需要勾选 DI 输入点的脉冲捕捉　　D. 不需要设置滤波时间

7-14　S7-1200 PLC CPU 集成的前两个 DO 输出端子，除作为正常的 DO 通道使用外，还可以输出________及________形式的脉冲序列。

7-15　下列指令中哪一个不是计数器指令？（　　）
A. TON　　B. CTUD　　C. CTU　　D. CTD

7-16　判断：TON 的启动输入端 IN 由 1 变 0 时定时器复位。（　　）

7-17　判断：当前值大于或等于预设值 PT 时，定时器 TONR 被置位并停止计时。（　　）

7-18　判断：TONR 的启动输入端 IN 由 1 变 0 时定时器复位。（　　）

7-19　判断：S7-1200 系列 PLC 中提供了增计数器、减计数器、增减计数器三种类型的计数器。（　　）

7-20　判断：PTO 为高速脉冲串输出，它总是输出占空比为 50%的方波脉冲。（　　）

7-21　编程题：用接在 I0.0 输入端的光电开关检测传送带上通过的产品，有产品通过时 I0.0 为 ON，如果在 10 s 内没有产品通过，由 Q0.0 发出报警信号，用 I0.1 输入端外接的开关解除报警信号，画出梯形图。

7-22　判断：CTU 计数器的当前值大于或等于预置数 PV 时置位，停止计数。（　　）

7-23　判断：用来累计比 CPU 循环周期还要快的输入事件的工艺功能是高速计数器。（　　）

7-24　判断：TON 是关断延时定时器。（　　）

7-25　“值在范围内”指令是（　　）。
A. IN_Range　　B. OUT_Range　　C. TON　　D. MOVE

7-26　接通延时定时器 TON 的 IN 输入电路________时开始定时，当前时间________预设时间时，输出 Q 变为 1 状态。

7-27　“生成脉冲”定时器 TP 在 IN 输入端接通时，其输出 Q 的状态为（　　）。
A. 不变　　B. 1　　C. 0　　D. 不确定

7-28　分析图 7-76 所示梯形图，Q0.0 接通的条件是（　　）。
A. M0.2＝1　　B. PT＝10 s　　C. MD10＝10 s　　D. M0.3＝1

7-29　分析图 7-77 所示梯形图。
（1）当复位信号 M1.1＝1 时，当前值 CV 的值是（　　）。
A. 0　　B. 1　　C. 4　　D. -4

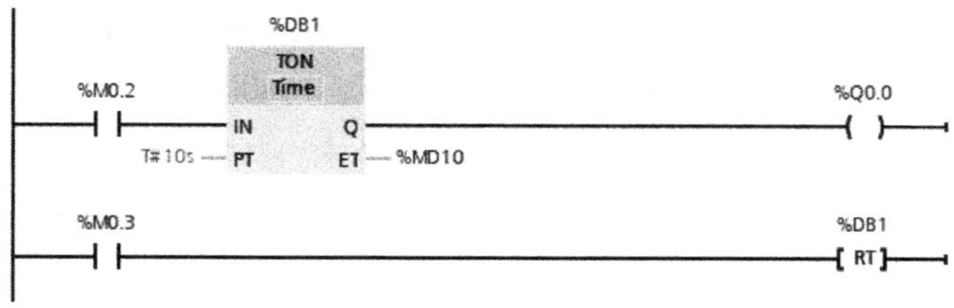

图 7-76　题 7-28 图

（2）当 M1.1=0，M1.0 有持续的 1 Hz 脉冲信号输入时，Q0.0 得电的条件是（　　）。

A. CV=0　　B. CV=1　　C. CV<4　　D. CV>=4

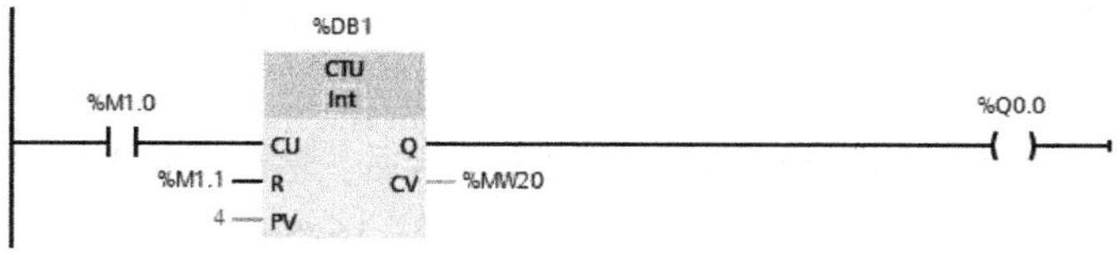

图 7-77　题 7-29 图

7-30　分析图 7-78 所示梯形图，当装载信号 M1.3=1 时，CV 的值是（　　），Q0.5 的状态是（　　）。

A. 0,0　　B. 3,0　　C. 1,1　　D. 3,1

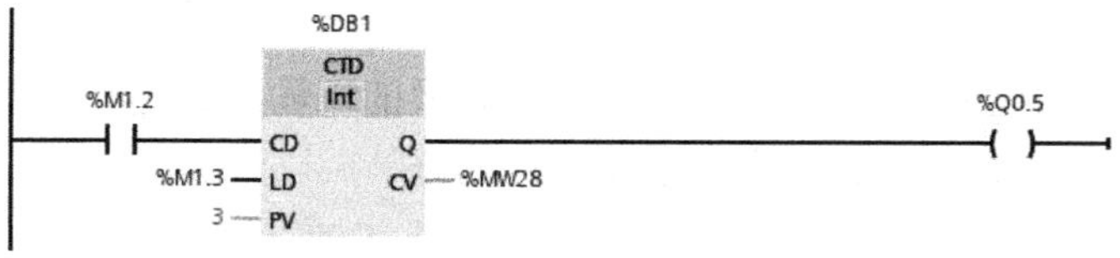

图 7-78　题 7-30 图

7-31　分析图 7-79 所示梯形图，Q1.0 接通的时间为（　　）。

A. 一直接通　　B. 10 s 后接通　　C. 0~5 s 接通　　D. 5~10 s 接通

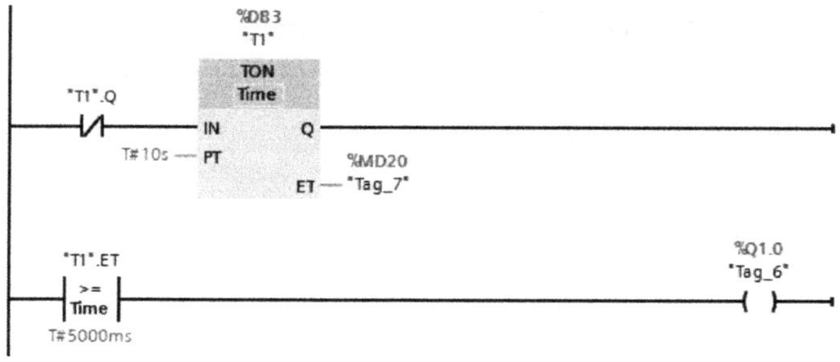

图 7-79　题 7-31 图

7-32　图 7-80 所示为逻辑右移指令 SHR，是将输入参数 IN 指定的存储单元的整个内容逐位右移若干位，移位结果保存在输出参数 OUT 指定的地址中，其中输入参数 N 的作用是（　　）。

A. 存储单元的长度　　B. 移位数据的位数

C. 移位的位数　　D. 移位的数据个数

7-33　图 7-81 所示为逻辑左移指令 SHL，该指令执行后，输出参数 OUT 的结果是（　　）。

A. 16#2000　　B. 16#0200　　C. 16#0080　　D. 16#0800

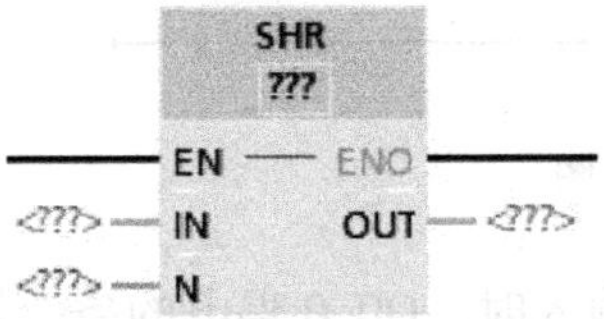

图 7-80　题 7-32 图

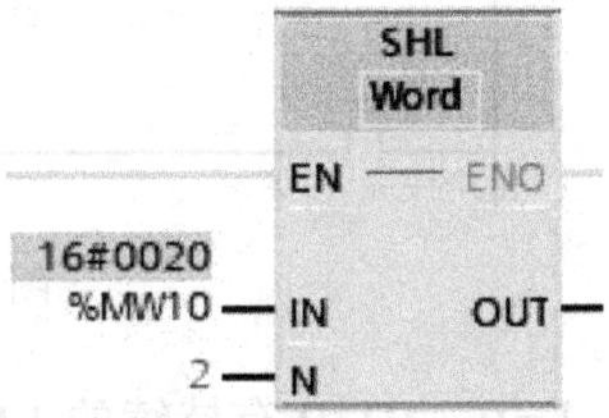

图 7-81　题 7-33 图

7-34　图 7-82 所示为取整指令 ROUND，该指令执行后，输出参数 OUT 的结果是（　　）。

A. 2　　B. 2.5　　C. 3　　D. 0

7-35　图 7-83 所示为转换指令 CONV，该指令执行后，输出参数 MW10 的结果是（　　）。

A. 16#12345678　　B. 16#1234　　C. 16#5678　　D. 16#3478

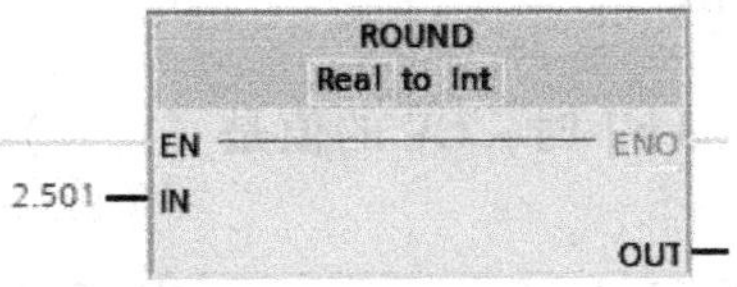

图 7-82　题 7-34 图

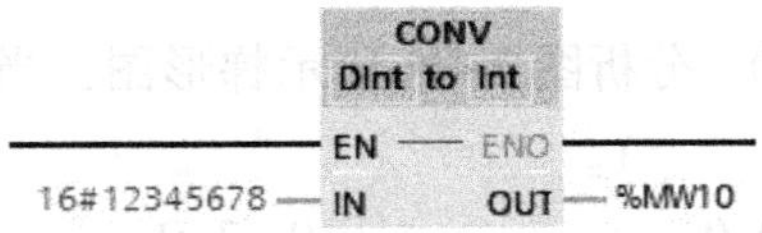

图 7-83　题 7-35 图

7-36　“NOT”触点为取反 RLO 触点，它用来转换能流输入的逻辑状态。如图 7-84 所示，当 I0.2 闭合，I0.3 断开时，Q0.3 的状态是（　　）。

A. 0　　B. 1　　C. 0 或 1　　D. 不能判断

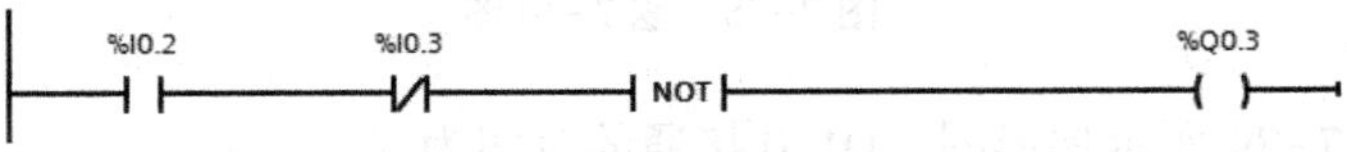

图 7-84　题 7-36 图

7-37　分析图 7-85 所示定时器的梯形图，错误的表述是（　　）。

A. M0.0 接通，TON 开始计时，M0.0 断开，TON 停止计时并复位

B. M0.0 接通，Q0.0 的状态变为 1

C. M0.0 接通后，TON 的当前值 ET 增加到 5 s

D. M0.0 接通后，经过 5 s，输出参数 Q 的状态变为 1

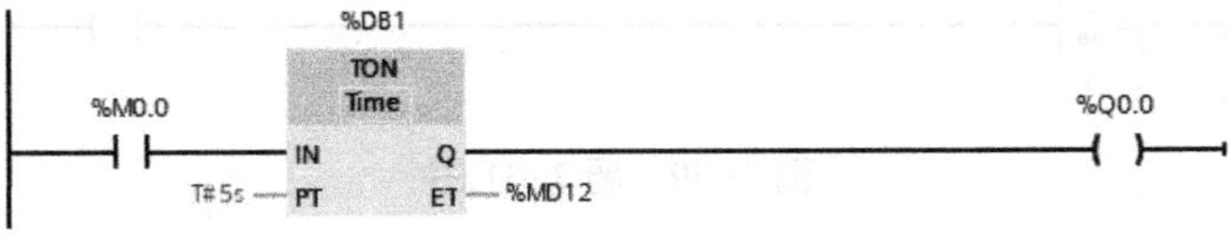

图 7-85　题 7-37 图

7-38　分析图 7-86 所示定时器的梯形图，M0.0 的状态变为 1 之后，下列说法正确的是（　　）。

A. TON 定时器得电开始计时

B. Q0.1 状态变为 1

C. TON 定时器复位

D. TON 定时器的输入参数 IN 得到一个扫描周期的脉冲

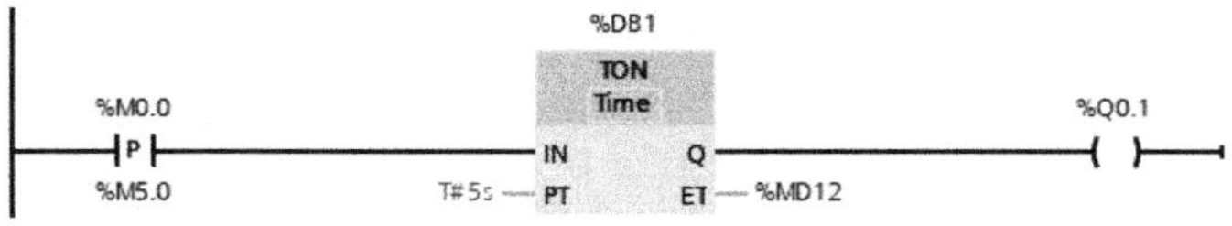

图 7-86　题 7-38 图

7-39　如图 7-87 所示，先按下按钮 I0.0，再按下按钮 I0.1，该程序执行的结果 M10.0 的状态为（　　）。

A. 0　　B. 1

C. 先是 1，再变为 0　　D. 先是 0，再变为 1

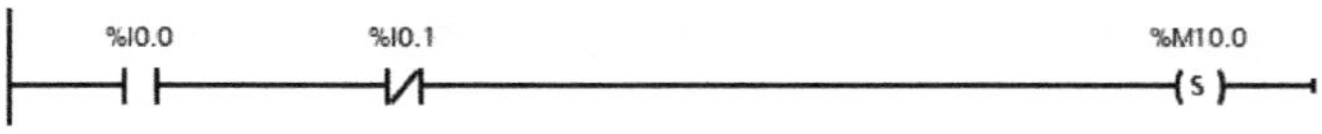

图 7-87　题 7-39 图

7-40　如需将 M4.0、M4.1、M4.2、M5.0、M5.1 位复位，使用 RESET_BF 指令，其复位的位数为（　　）。

A. 1　　B. 0　　C. 5　　D. 10

7-41　如图 7-88 所示，时间在第 10~12 s 之间时，MW100 的值保持为 5，则该程序执行的结果描述正确的是（　　）。

A. 在第 10~12 s 期间，持续执行移动指令　　B. 刚到第 10 s，即执行移动指令

C. 第 10 s 结束，执行移动指令　　D. 第 12 s 结束，执行移动指令

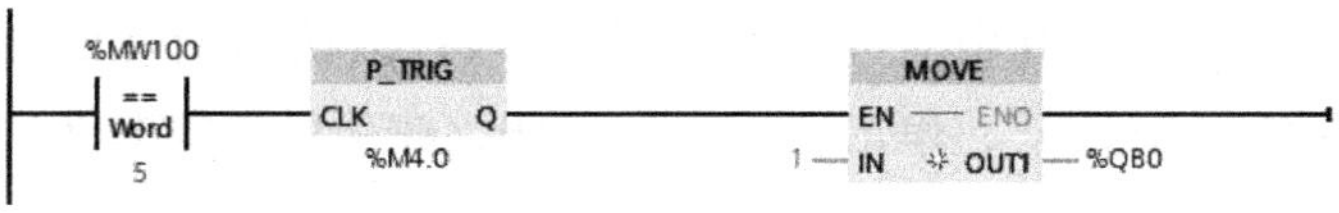

图 7-88　题 7-41 图

7-42　下列指令中，当前值既可以增加又可以减少的是（　　）。

A. TON　　B. TONR　　C. CTUD　　D. CTU

7-43　编程：两台电动机的控制。当系统处于手动控制状态时，按下每台电动机的起动按钮，电动机起动运行，同时累计运行时间，按下每台电动机的停止按钮，电动机停止运行。当系统处于自动控制状态时，按下自动起动按钮，系统会自动起动运行累计时间短的电动机，按下自动停止按钮，电动机停止运行。

7-44　定时器的 PT 为预设时间值，ET 为定时开始后经过的当前时间值，它们的数据类型为 32 位的 Time，单位为（　　）。

A. s　　B. ms　　C. min　　D. h

第 8 章　S7-1200 PLC 的用户程序结构

S7-1200 PLC 的用户程序包括 FC、FB 和 OB，这是本章的重点。交叉引用是一个查询功能，选择一个变量或地址单击交叉引用后，可以快速查询其使用情况。

8.1 函数和函数块

FC 和 FB 是用户编写的子程序，它们包含完成特定任务的程序。FC 和 FB 有与调用它的代码块交互信息的输入、输出接口参数，执行完 FC 和 FB 后，将执行结果返回给调用它的代码块。

8.1.1 函数

FC 主要用于进行一些运算，没有专用存储区，在 FC 执行结束后所有内部数据空间将全部释放。打开项目视图的“PLC_1”→“程序块”，双击其中的“添加新块”，打开“添加新块”对话框，如图 8-1 所示。单击其中的“函数”按钮，FC 默认的编号为“1”，默认的语言为“LAD”，设置 FC 名称为“计算”，单击“确定”按钮，在项目树中生成 FC1。

图 8-1　添加 FC

将光标放在 FC1 程序区最上面标有“接口区”的水平分隔条上，按住鼠标左键，往下拉动分隔条，分隔条上面是 FC 的接口区，下面是程序区。将分隔条拉至程序编辑器视窗的顶部，不再显示接口区，但是它仍然存在。在 FC 接口区中定义变量，注意这些变量只能在 FC 所在块内使用，都属于局部变量。定义好的变量如图 8-2 的接口区所示。在 FC 的程序区编写程序，实现两个数的相加，如图 8-2 的程序区所示。这里的输入参数和输出参数被称为 FC 的形参，形参在 FC 内部使用。

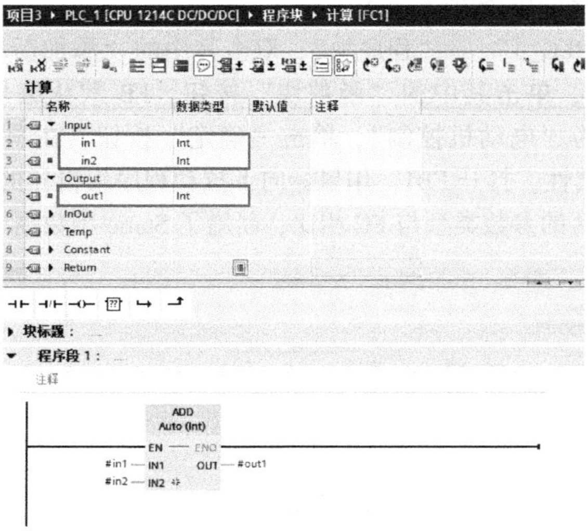

图 8-2　FC 接口区变量定义

项目树中双击打开“Main[OB1]”代码块，在代码块中对上面定义的 FC 进行调用。调用方法是将项目树中的 FC1 拖放到右侧程序区的水平“导线”上，FC1 方框中左侧的“输入数据”是在 FC1 的接口区中定义的 Input 参数和 InOut 参数，右侧的“输出数据”是 Output 参数。如图 8-3 所示，在 OB1 中对 FC1 进行了调用，方框外面的参数是实参。

注意：调用函数时，Output 和 InOut 不能用常数来作实参。只有 Input 的实参能设置为常数。

FC 除了作为处理一个复杂运算的子程序外，还可以将 FC 作为子程序被 OB1 调用，使整个程序更加结构化，如图 8-4 所示。

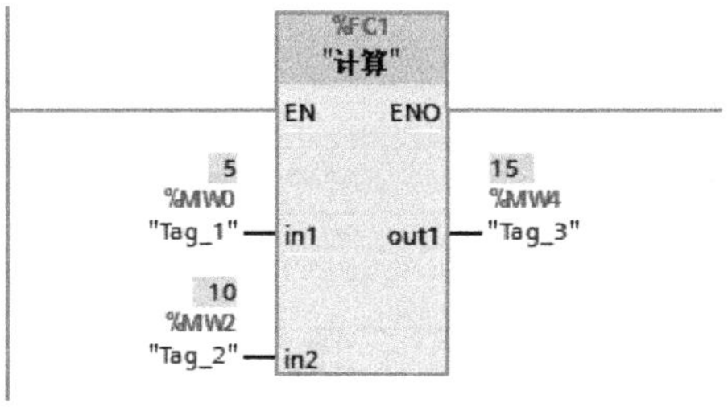

图 8-3　FC 在 OB1 中的调用

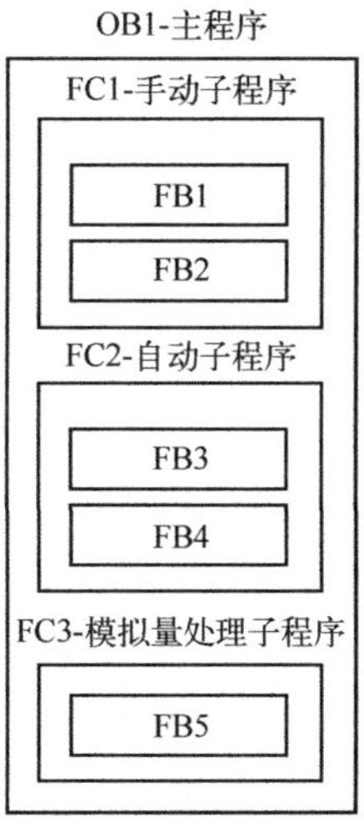

图 8-4　FC 在 OB1 程序结构化中的作用

8.1.2 函数块

FB 是用户编写的有自己存储区（背景数据块）的代码块。每次调用 FB 时，都需要指定一个背景数据块。FB 的输入、输出参数和静态局部数据（Static）用指定的背景数据块保存，FB 执行完后，背景数据块中的数值不会丢失。

打开项目视图的“PLC_1”→“程序块”，双击其中的“添加新块”，打开“添加新块”对话框，如图 8-5 所示，单击其中的“函数块”按钮，FB 默认编号为“1”，默认语言为“LAD”，设置 FB 名称为“电动机控制”，单击“确定”按钮，在项目树中生成 FB1。去掉 FB1“优化的块访问”属性。打开 FB1，用鼠标向下拉动程序编辑器的分隔条，分隔条上面是函数块的接口区，接口区的参数类型与 FC 相比，新增了 Static 型数据。

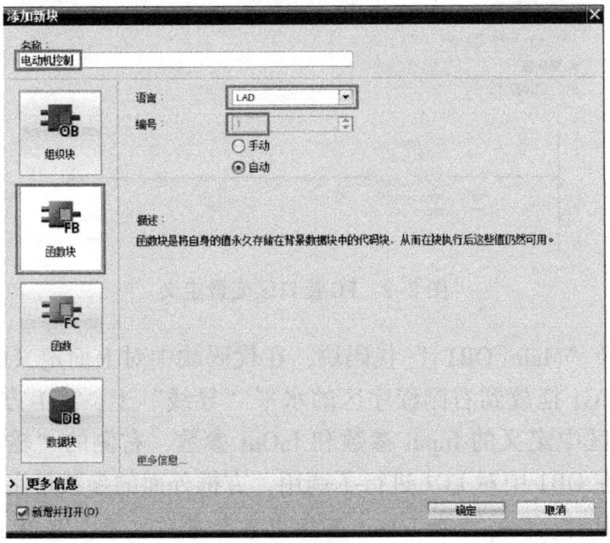

图 8-5　添加 FB

打开项目视图的“PLC_1”→“PLC 数据类型”，双击其中的“添加新数据类型”，系统自动生成“用户数据类型_1”的 UDT 类型。选中“用户数据类型_1”，右击选择快捷菜单中的“重命名”，将其名称改为“Motor”，“Motor”的定义如图 8-6 所示。

Motor

	名称	数据类型	默认值	从 HMI/OPC...	从 H...	在 HMI ...	设定值	注释
1	start	Bool	false	☑	☑	☑	☐	起动
2	stop	Bool	false	☑	☑	☑	☐	停止
3	out	Bool	false	☑	☑	☑	☐	电动机输出
4	brake	Bool	false	☑	☑	☑	☐	制动输出

图 8-6　“Motor”的定义

FB1 的接口区变量定义如图 8-7 所示。这里定义了 2 个 Static 类型的变量，m 是“Motor”类型变量，T0_IDB 是 IEC_TIMER 类型变量，用来作 IEC 定时器的背景数据块。此外，还定义了一个 Input 参数“制动时间”，Time 数据类型。

电动机控制

	名称	数据类型	偏移量	默认值
1	▼ Input			
2	制动时间	Time	0.0	T#0ms
3	▶ Output			
4	▶ InOut			
5	▼ Static			
6	▶ m	"Motor"	4.0	
7	▶ T0_IDB	IEC_TIMER	6.0	
8	▶ Temp			
9	▶ Constant			

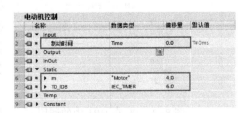

图 8-7　FB1 接口区变量定义

注意：在 FB 中，IEC 定时器的背景数据块如果指定 FB 外一个固定的数据块（图 8-9 选择单个实例)，在同时多次调用 FB1 时，该数据块将会被同时用于两处或多处，程序运行将会出错。这里通过在 FB1 接口区中定义 IEC_TIMER 的静态变量“T0_IDB”，用它提供 FB1 中所用定时器的背景数据。每次调用 FB1 时，在 FB1 不同的背景数据块中，都有保存定时器背景数据的存储区“T0_IDB”。

FB1 用于控制电动机的“起动-保持-停止”，当停止时，通过关断延时定时器（TOF）开始定时并起动制动输出“brake”，经过输入参数“制动时间”设置的时间到达后，停止制动。FB1 的梯形图程序如图 8-8 所示。

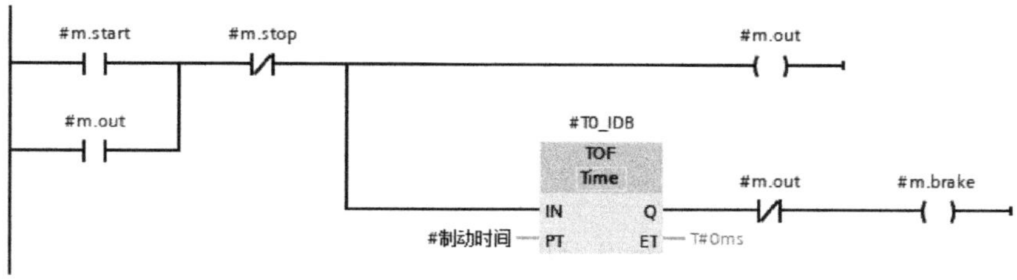

图 8-8　FB1 的梯形图程序

注意： 在编写图 8-8 梯形图中的 TOF 定时器时，会弹出如图 8-9 所示的“调用选项”对话框，用来选择 TOF 定时器背景数据块的类型，注意这里需要选择“多重实例”→“#T0_IDB”选项，并“确定”，即使用 FB1 数据块的 IEC_TIMER 类型变量“T0_IDB”保存定时器 TOF 的背景数据。

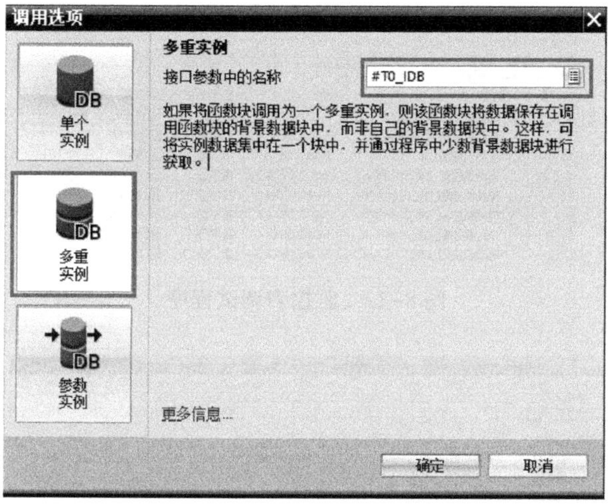

图 8-9　定时器调用选项对话框

项目树中双击打开“Main[OB1]”代码块，在代码块中对上面定义的 FB1 进行两次调用。调用方法是将项目树中的 FB1 拖放到右侧程序区的水平“导线”上。在出现的如图 8-10 所示的“调用选项”对话框中，输入背景数据块的名称，这里取系统默认名称。单击“确定”按钮，自动生成 FB1 的背景数据块。OB1 梯形图程序如图 8-11 所示。程序的仿真调试可以通过“监控表”进行，如图 8-12 所示。

FB 中定义的 Static 类型的 UDT 变量与 PLC 软元件进行映射：打开项目视图的“PLC_1”→“程序块”，双击其中的“添加新块”，打开“添加新块”对话框，如图 8-13 所示，单击其中的“函数”按钮，语言选择“SCL”，设置函数名称为“Mapping”，单击“确定”按钮，在项

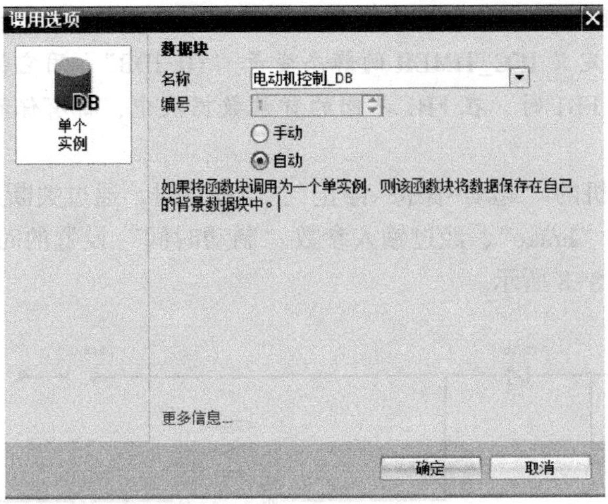

图 8-10　FB 调用选项对话框

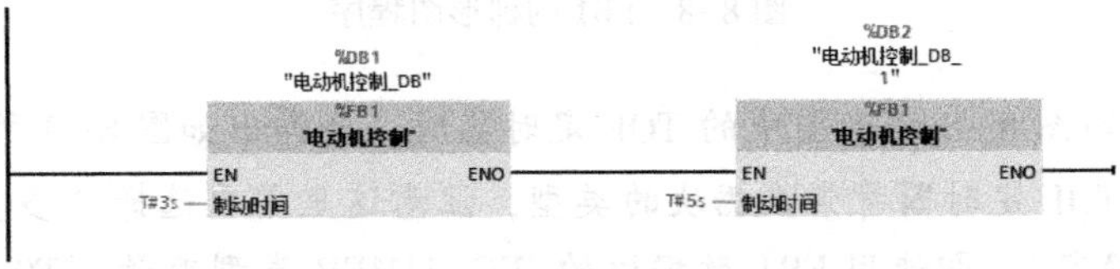

图 8-11　OB1 中两次调用 FB1

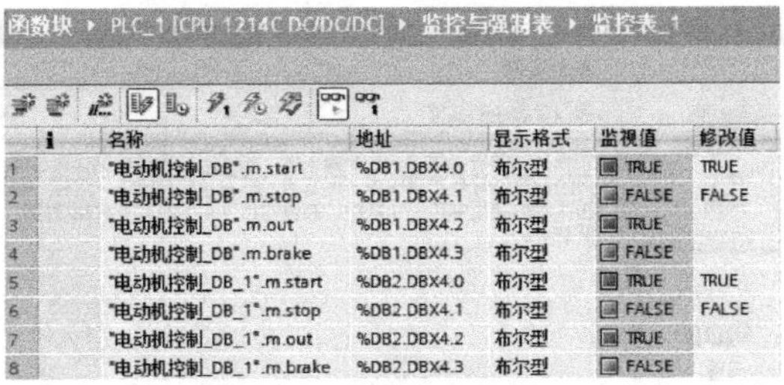

	i	名称	地址	显示格式	监视值	修改值
1		"电动机控制_DB".m.start	%DB1.DBX4.0	布尔型	TRUE	TRUE
2		"电动机控制_DB".m.stop	%DB1.DBX4.1	布尔型	FALSE	FALSE
3		"电动机控制_DB".m.out	%DB1.DBX4.2	布尔型	TRUE	
4		"电动机控制_DB".m.brake	%DB1.DBX4.3	布尔型	FALSE	
5		"电动机控制_DB_1".m.start	%DB2.DBX4.0	布尔型	TRUE	TRUE
6		"电动机控制_DB_1".m.stop	%DB2.DBX4.1	布尔型	FALSE	FALSE
7		"电动机控制_DB_1".m.out	%DB2.DBX4.2	布尔型	TRUE	
8		"电动机控制_DB_1".m.brake	%DB2.DBX4.3	布尔型	FALSE	

图 8-12　监控表调试程序

图 8-13　新建用于映射的 FC

目树中生成 FC1。打开项目视图的“PLC_1”→“PLC 变量”，双击其中的“显示所有变量”，打开“PLC 变量”窗口，在其中输入需要映射的 PLC 软元件，这里映射的是 PLC 的中间软元件 M，如图 8-14 所示。打开项目视图的“PLC_1”→“程序块”，双击其中的“Mapping [FC1]”，打开函数代码编辑窗口，在其中输入 SCL 的映射代码，如图 8-15 所示。

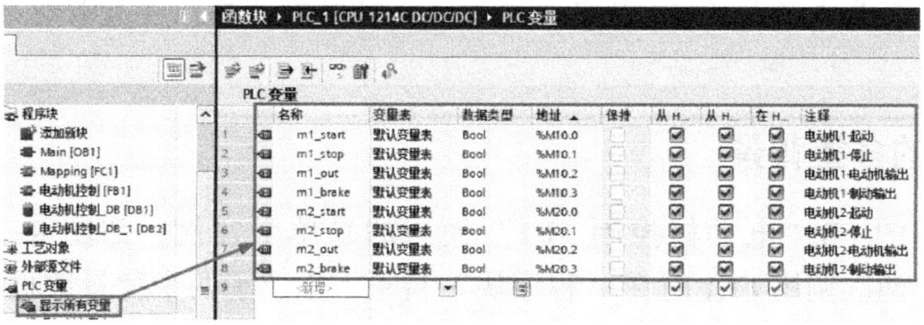

图 8-14　用于映射的 PLC 变量

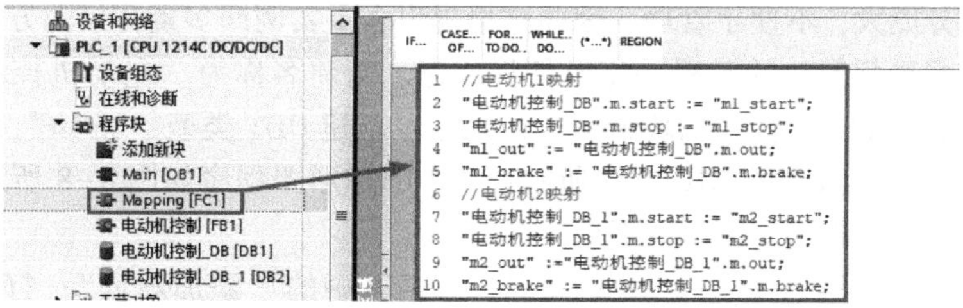

图 8-15　FC 中编写的 SCL 映射代码

在“项目树”中双击打开“Main[OB1]”代码块，在代码块中增加程序段 2，完成“Mapping”映射 FC 的调用，OB1 梯形图程序如图 8-16 所示。

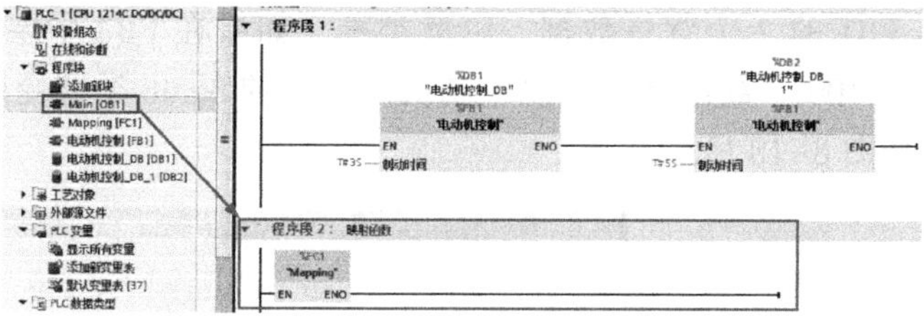

图 8-16　OB1 中增加 Mapping 映射 FC 的调用

添加映射代码程序的仿真调试可以通过“监控表”进行，如图 8-17 所示。

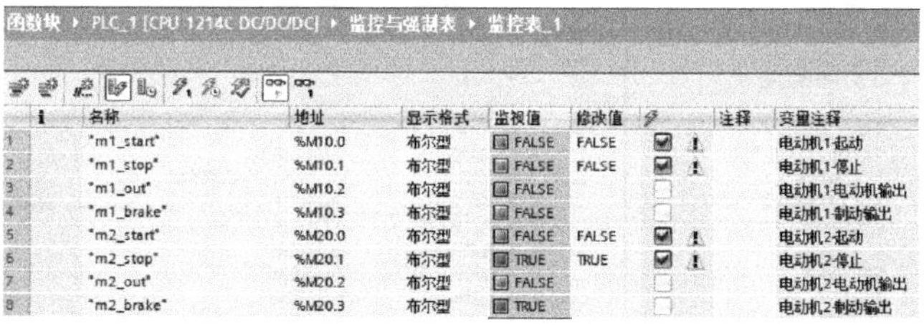

图 8-17　添加映射后的监控表调试程序

总结： 1）FB 接口区的参数类型与 FC 相比，新增了 Static 型数据。

2）FB 通过定义 Static 的 UDT 类型变量，而不是 Input、Output 类型变量，可以减少调用 FB 时因配置参数传递而带来的大量额外工作。Static 的 UDT 类型变量与 PLC 的 I 点、Q 点、M

点映射可以通过新建一个 FC 并在 FC 中通过 SCL 进行。

3) FB 中使用定时器时，在 FB 的 Static 型数据中定义 IEC_TIMER 型变量，并将其作为定时器的背景数据，即多重背景。多重背景使得多次调用相同 FB 时，各个 FB 中的定时器的背景数据被包含在它们所在 FB 的背景数据块中，从而避免使用 FB 外的一个固定的 DB 作背景数据块即单个实例，所带来的相同 FB 被多次调用时定时器因共享同一背景数据块而产生的严重冲突。

8.1.3 函数块的多重背景

由于 8.1.2 节的 FB “电动机控制 FB1” 使用的是单个实例，如图 8-10 所示，因此在图 8-11 的 OB1 中两次调用 FB1 时在“程序块”目录下生成了两个背景数据块“电动机控制_DB[DB1]”和“电动机控制_DB_1[DB2]”。试想，如果一个程序需要控制 100 台电动机或者更多的电动机，那么“程序块”目录下的背景数据块也会生成 100 个甚至更多，整个“程序块”的目录将十分庞大，不便于管理，因此这里提出多重实例即多重背景的方式。

新建一个“多重背景”的工程并完成硬件组态。新建名称为“电动机控制”的 FB1，如图 8-5 所示，并去掉 FB1“优化的块访问”的勾选。新建 UDT 类型“Motor”，如图 8-6 所示。FB1 的接口区定义参数和变量如图 8-7 所示。FB1 的梯形图程序如图 8-8 所示。以上操作和 8.1.2 节的内容完全相同，这里不再赘述。

打开项目视图的“PLC_1”→“程序块”，双击其中的“添加新块”，打开“添加新块”对话框，单击其中的“函数块”按钮，FB 默认编号为“2”，默认的语言为“LAD”，设置 FB 名称为“多台电动机控制”，单击“确定”按钮，在项目树中生成 FB2。去掉 FB2“优化的块访问”的勾选。打开 FB2，在 FB 的接口区定义 2 个数据类型为“电动机控制”的 Static 类型变量“1 号电动机”和“2 号电动机”。每个 Static 类型变量将用作 FB1 调用时的背景数据，相当于在 FB2 中定义了 FB1 的 2 个背景数据。以此类推，如果在 FB2 中要控制 100 台电动机，那就可以在 FB2 中定义 100 个数据类型为“电动机控制”的 Static 类型变量，这时可以通过数组的方式进行定义，如图 8-18 所示。

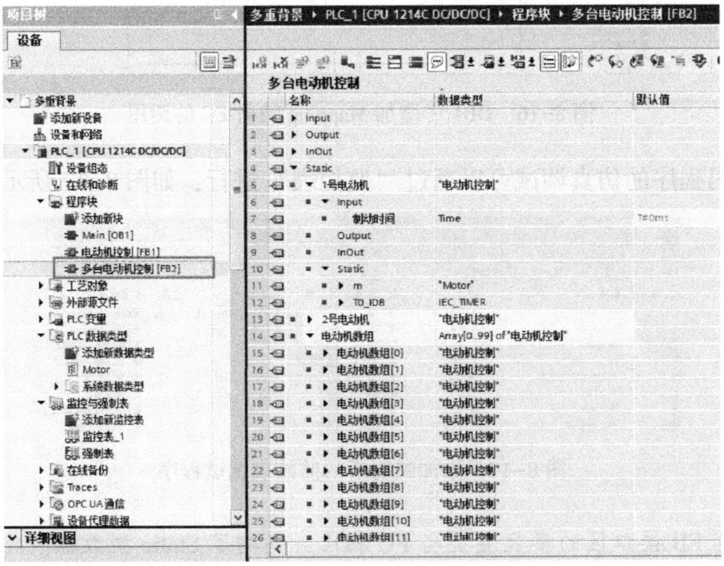

图 8-18 FB2 接口区定义

注意：图 8-18 的 FB2 接口区中 Static 类型变量的数据类型是“电动机控制”，这里的“电动机控制”指的是 FB1，意思是定义 FB1 的 Static 型背景数据。

接下来在 FB2 代码块中对上面定义的 FB1 进行两次或多次调用。调用方法是将项目树中的 FB1 拖放到右侧程序区的水平“导线”上。出现如图 8-19 所示的“调用选项”对话框，注意第一次调用 FB1 时，这里需要选择“多重实例”→“#"1 号电动机"”（或“#电动机数组[0]”）选项，并“确定”，第二次调用 FB1 时，这里需要选择“多重实例”→“#"2 号电动机"”（或“#电动机数组[1]”）选项，并“确定”，以此类推。FB2 梯形图程序如图 8-20 所示，FB2 中一共调用了 4 次 FB1，每次调用 FB1 时都为其指定了 FB2 接口区中定义的多个 Static 型变量中的某一个变量作为其背景数据，因 FB2 中存在多个背景数据，故也称为多重背景或多重实例。使用多重背景后“程序块”的目录结构清晰，不会因多次调用 FB1 而生成多个背景数据块。

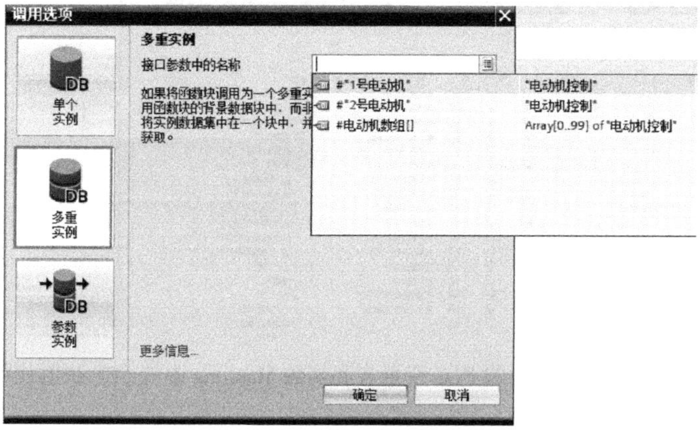

图 8-19　FB 多重实例调用选项对话框

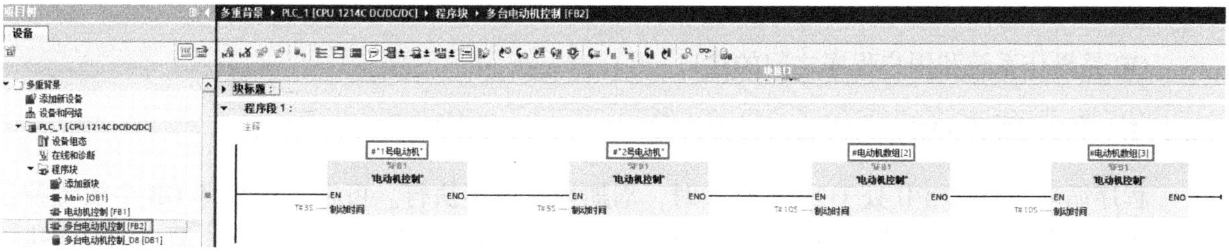

图 8-20　FB2 中多次调用 FB1 梯形图程序

在“项目树”中双击打开“Main[OB1]”代码块，在代码块中对上面定义的 FB2 进行调用。调用方法是将项目树中的 FB2 拖放到右侧程序区的水平“导线”上。在出现的如图 8-21 所示的“调用选项”对话框中，输入背景数据块的名称，这里取系统默认名称。单击“确定”按钮，自动生成 FB2 的背景数据块“多台电动机控制_DB”。OB1 梯形图程序如图 8-22 所示。

FB 中定义的 Static 类型的 UDT 变量与 PLC 软元件进行映射的方法同 8.1.2 节，用于映射的 PLC 变量表和函数 Mapping 中的 SCL 映射代码如图 8-23 所示。仿真调试通过“监控表”进行。

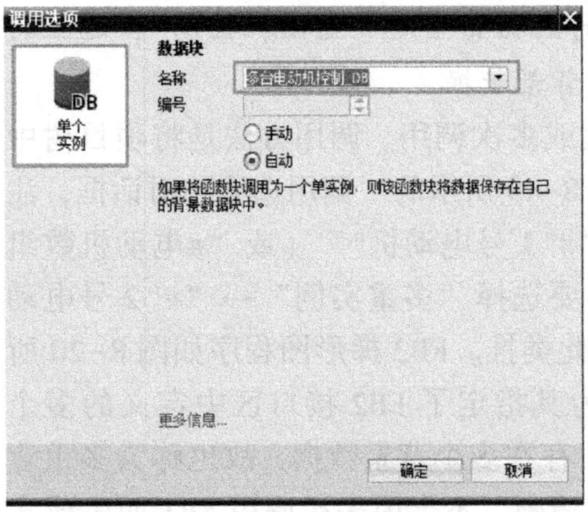

图 8-21　FB2 调用选项对话框

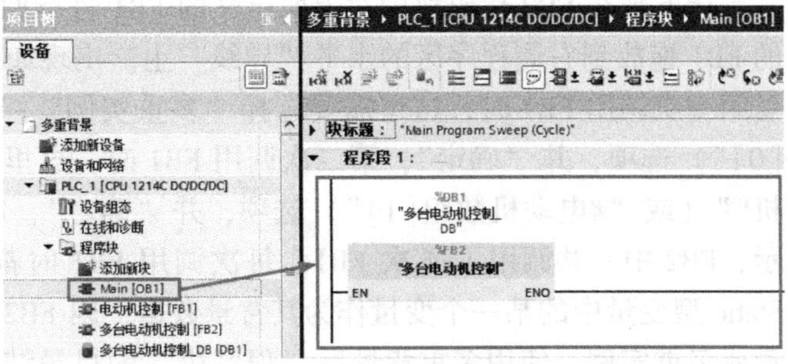

图 8-22　OB1 中调用 FB2

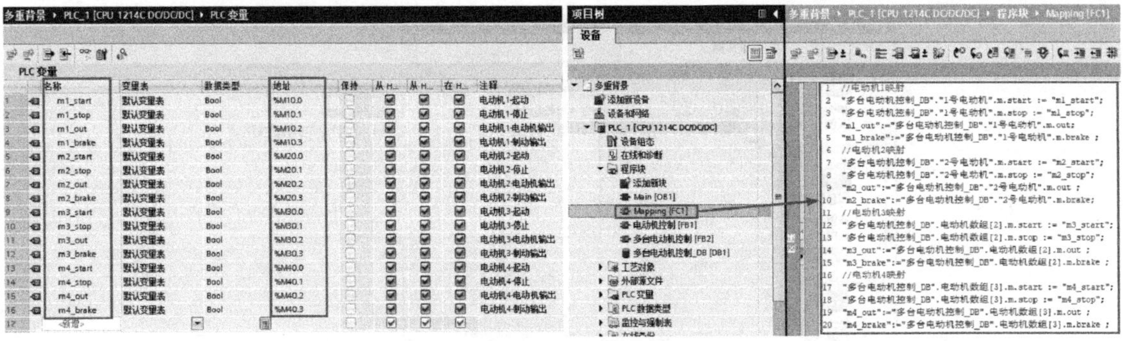

图 8-23　用于映射的 PLC 变量表和函数 Mapping 中的 SCL 映射代码

8.2　组织块

OB 是操作系统和用户程序之间的接口。

8.2.1　程序循环 OB

程序循环 OB 在 CPU 处于 RUN 模式时，周期性地循环执行。可在程序循环 OB 中放置控制程序的指令或调用其他功能块（FC 或 FB）。主程序（Main）为程序循环 OB，要启动程序执行，项目中至少有一个程序循环 OB。操作系统每个扫描周期调用该程序循环 OB 一次，从而启动用户程序的执行。S7-1200 PLC 允许使用多个程序循环 OB，按 OB 的编号顺序执行。OB1 是新建工程时默认生成的，其他程序循环 OB 的编号必须大于或等于 123。程序循环 OB 的优先级为 1，可被高优先级的组织块中断；程序循环执行一次需要的时间即为程序的循环扫描周期时间。最长循环时间默认设置为 150 ms。如果程序超过了最长循环时间，操作系统将调用 OB80（时间故障 OB）；如果 OB80 不存在，则 CPU 停机。

例如，在循环组织块 OB123 中调用 FC1。具体实现过程如下：

1）按图 8-24 所示步骤创建 OB123。

2）通过上述类似方法创建功能 FC1，如图 8-25 所示。

3）在 OB123 中调用 FC1，如图 8-26 所示。

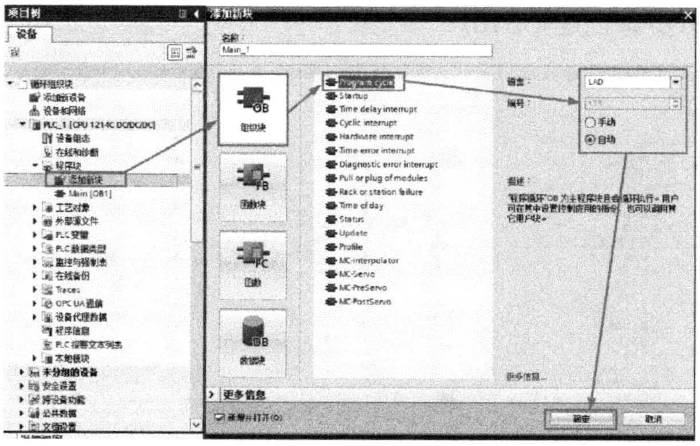

图 8-24　创建 OB123

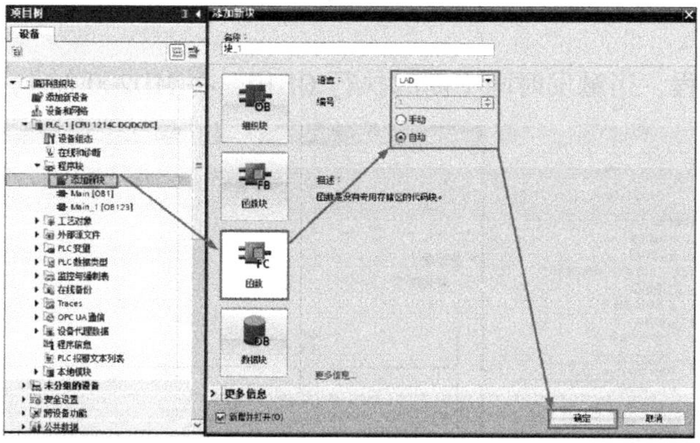

图 8-25　创建 FC1

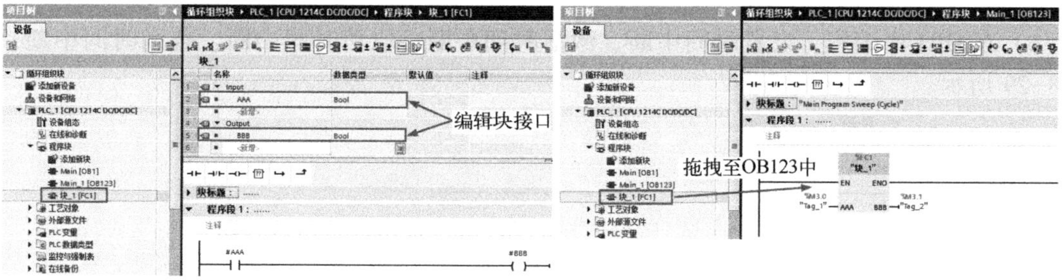

图 8-26　OB123 调用 FC1

8.2.2　时间中断 OB

时间中断 OB 用于在时间可控的应用中定期运行一部分用户程序，可实现在某个预设时间到达时只运行一次；或者在设定的触发日期到达后，按每分/小时/天/周/月等周期运行。只有在设置并激活了时间中断，且程序中存在时间中断 OB 的情况下，才能运行时间中断。时间中断 OB 的默认编号是 10。与 OB10 相关的指令有 SET_TINTL（设置时间中断）、CAN_TINT（取消时间中断）、ACT_TINT（激活时间中断）和 QRY_TINT（查询时间中断状态），这些指令的位置在指令列表的“扩展指令”→“中断”→“时间中断”中。

例如，从设定时间开始每分钟执行 OB10，每调用一次 OB10 将 MD200 加 1，具体实现过程如下：

1）按图 8-27 所示步骤创建 OB10。

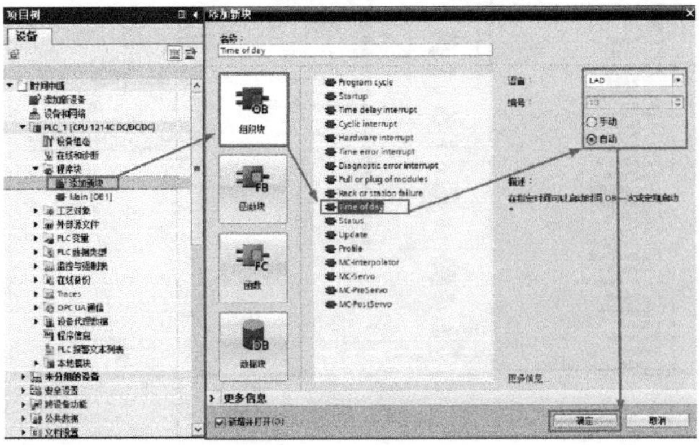

图 8-27　创建 OB10

2）在 OB10 中编程，当触发时间中断时执行 OB10，将 MD200 加 1，如图 8-28 所示。

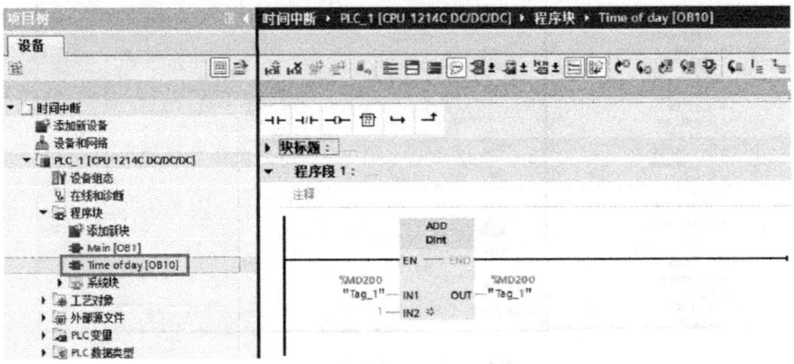

图 8-28　OB10 中编程

3）在 OB1 中编程，设置时间中断、激活时间中断、取消时间中断、查询时间中断，如图 8-29 所示。

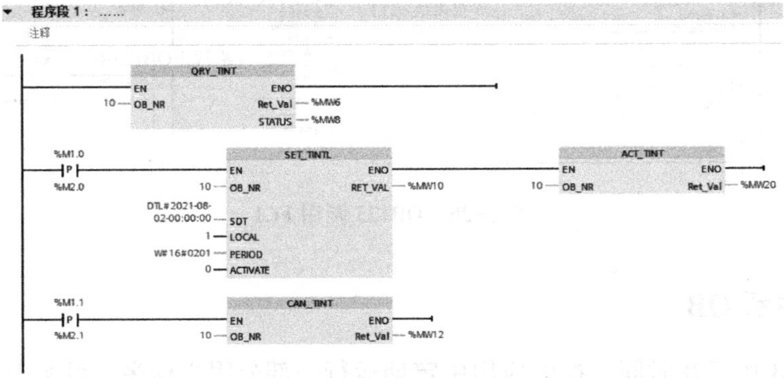

图 8-29　OB1 中编程

在 OB1 中调用 QRY_TINT 指令来查询时间中断状态，读取的状态字用 MW8 保存。在 M1.0 的上升沿，调用 SET_TINTL 和 ACT_TINT 指令来分别设置和激活 OB10。在 M1.1 的上升沿，调用 CAN_TINT 指令来取消时间中断。上述指令的参数 OB_NR 是 OB 的编号，SET_TINTL 指令的 SDT 参数是开始时间中断的日期和时间。参数 LOCAL 为 TRUE(1)表示使用本地时间，为 FALSE(0)表示使用系统时间。参数 PERIOD 用来设置从 SDT 开始计时的执行时间间隔，见表 8-1。参数 ACTIVATE 为 TRUE(1)时，设置并激活时间中断，为 FALSE(0)时仅设置时间中断，需要调用 ACT_TINT 指令来激活时间中断。RET_VAL 是执行时可能出现的错误代码，为 0 时无错误。

表 8-1 参数 PERIOD

参数值	执行时间间隔	参数值	执行时间间隔
W#16#0000	单次执行	W#16#1201	每周一次
W#16#0201	每分钟一次	W#16#1401	每月一次
W#16#0401	每小时一次	W#16#1801	每年一次
W#16#1001	每天一次	W#16#2001	月末一次

注意：①系统会忽略所指定的秒级和毫秒级开始时间而是设定为“0”；②如果组态时间中断时设置相应 OB 只执行一次，则启动时间一定不能为已经过去的时间；③如果组态时间中断时设置周期性执行相应 OB，但启动时间已过，则将在下次的时间间隔到了后的时间执行该时间中断；④若参数 PERIOD 重复周期设置为每月，则必须将 SDT 参数的起始日期设置为 1~28 日中的一天；⑤当遇到程序下载后 OB10 时间中断无法执行的情况，可以尝试用 TIA Portal 编程软件“在线工具”→“CPU 操作面板”上的“MRES”命令按钮来复位存储器后再重新下载程序。这也是调试程序时的一种重要经验方法。

8.2.3 延时中断 OB

PLC 普通定时器的工作过程与扫描工作方式有关，其定时精度较差。如果需要高精度的延时，应使用延时中断。

延时中断 OB 在经过一段指定的时间延时后，才执行相应的延时中断 OB 中的程序。可以通过在 OB1 中调用 SRT_DINT 指令启动延时中断 OB。在使用 SRT_DINT 指令编程时，需要提供延时中断 OB 号、延时时间，当到达设定的延时时间，操作系统将启动相应的延时中断 OB；当启动延时中断后，在延时时间到达之前，也可以通过 CAN_DINT 指令取消已启动的延时中断，同时还可以使用 QRY_DINT 指令查询延时中断的状态。这些指令的位置在指令列表的“扩展指令”→“中断”→“延时中断”中。

注意：当 SRT_DINT 指令的使能输入 EN 上生成下降沿时，开始延时时间，超出参数 DTIME 中指定的延时时间（1~60000 ms）之后，执行相应的延时中断 OB。

延时中断 OB 的默认编号为 20。延时中断 OB 的执行示意图如图 8-30 所示。

1）调用 SRT_DINT 指令启动延时中断。

2）到达设定的延时时间时，操作系统将启动相应的延时中断 OB。

3）图 8-30 中，OB20 打断了 OB1，优先执行。

4）OB20 执行完后，回到 OB1 的断点处继续执行 OB1。

5）当启动延时中断后，在延时时间到达之前，调用 CAN_DINT 指令可取消已启动的延时中断。

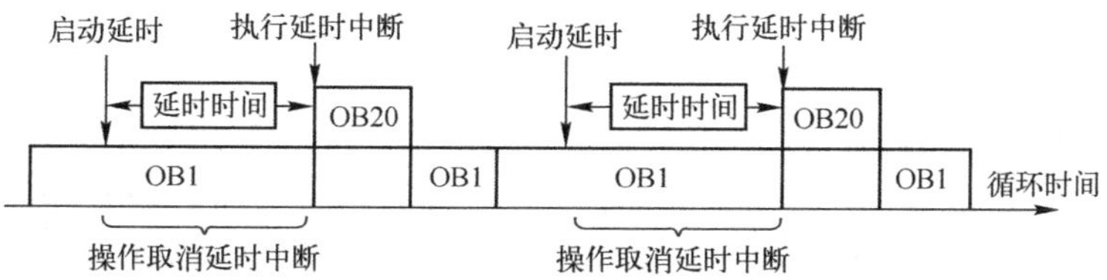

图 8-30 延时中断 OB 执行图例

例如，当 M0.0 由 1 变 0 时，延时 5 s 后启动 OB20，将 Q0.0 置位。具体实现过程如下：

1）按图 8-31 所示步骤创建 OB20。

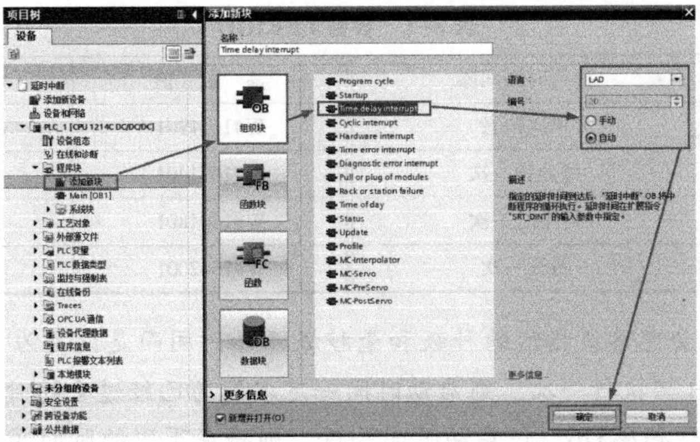

图 8-31 创建 OB20

2）打开 OB20，在 OB20 中编程，当延时中断执行时，置位 Q0.0，如图 8-32 所示。

图 8-32 OB20 中的编程

3）在 OB1 中编程调用 SRT_DINT 指令启动延时中断，调用 CAN_DINT 指令取消延时中断，调用 QRY_DINT 指令查询中断状态。OB1 中的编程如图 8-33 所示。

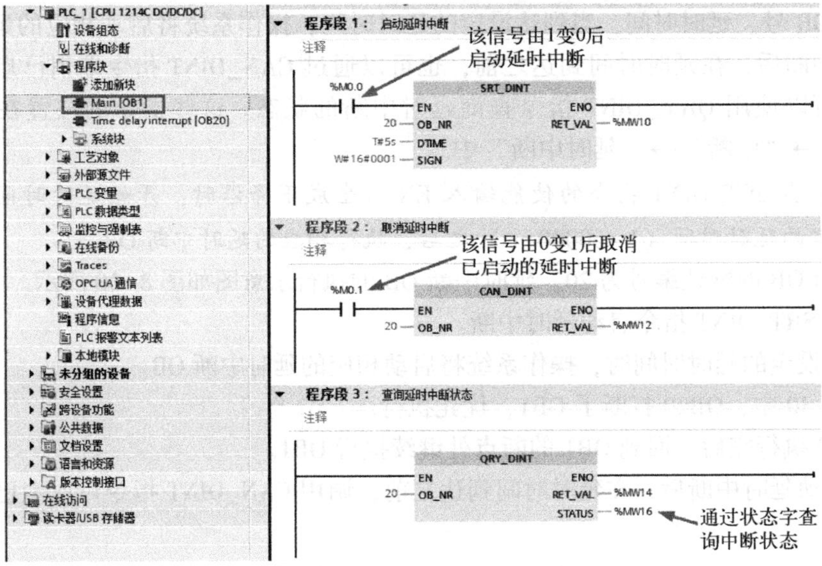

图 8-33 OB1 中的编程

提示： *SIGN 是调用延时中断 OB 时 OB 的启动事件信息中出现的标识符，可不深究。*

4）测试结果。当 M0.0 由 1 变 0 时，延时 5 s 后执行延时中断 OB20，可看到 PLC 输出点 Q0.0 指示灯亮；当 M0.0 由 1 变 0 时，在延时的 5 s 到达之前，如果 M0.1 由 0 变 1 则取消延时中断，OB20 将不会执行。

8.2.4　循环中断 OB

循环中断 OB 在经过一段固定的时间间隔后执行循环中断 OB 中的程序。S7-1200 PLC 在创建循环中断 OB 时设定固定的间隔扫描时间。可以使用 SET_CINT 指令设置循环中断的间隔扫描时间，使用 QRY_CINT 指令查询循环中断的状态。这些指令的位置在指令列表的“扩展指令”→“中断”→“循环中断”中。循环中断 OB 的默认编号为 30。

例如，运用循环中断使 Q0.0 点 500 ms 输出为 1，500 ms 输出为 0，即实现周期为 1 s 的方波输出，具体实现过程如下：

1）按图 8-34 所示步骤创建 OB30，将循环时间设置为 500 ms。

注意：可以使用 SET_CINT 指令的 CYCLE 参数重新设置循环中断的时间间隔。OB 的时间间隔是指周期调用该 OB 的时间间隔。例如，如果时间间隔为 100 μs，则在程序执行期间会每隔 100 μs 调用该 OB 一次。

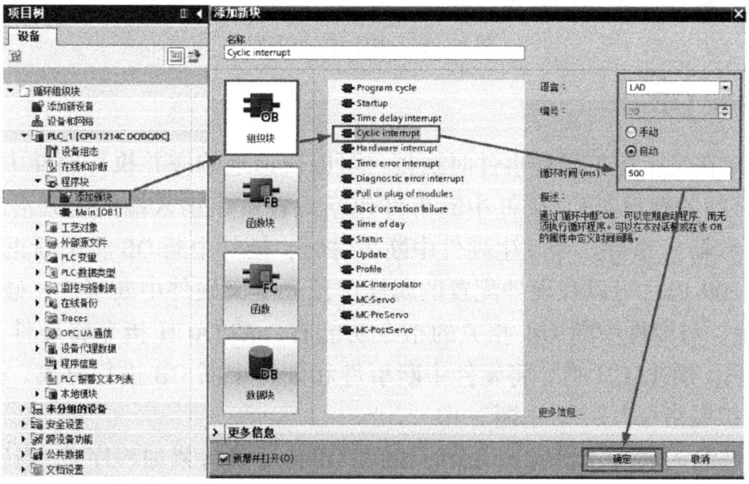

图 8-34　创建 OB30

2）OB30 中的编程如图 8-35 所示，当循环中断执行时，Q0.0 以方波形式输出。

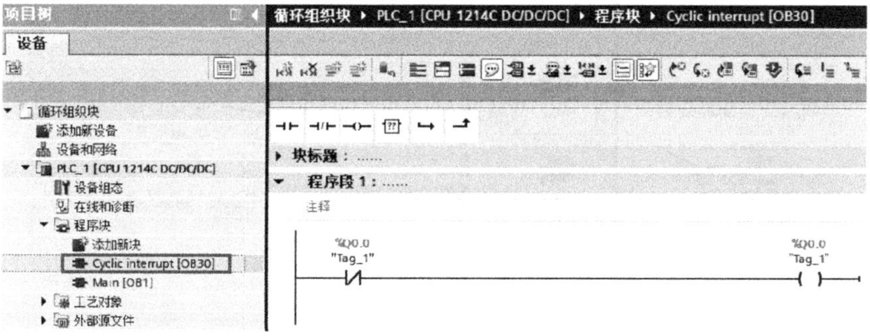

图 8-35　OB30 中的编程

3）在 OB1 中编程调用 SET_CINT 指令，可以重新设置循环中断时间间隔，例如 CYCLE = 1 s（即周期为 2 s）。OB1 中的编程如图 8-36 所示。

4）测试结果：程序下载后，可看到 CPU 的输出 Q0.0 指示灯 0.5 s 亮、0.5 s 灭交替切换；当 M100.0 由 0 变 1 时，通过 SET_CINT 指令将循环间隔时间设置为 1 s，这时可看到 CPU 的输出 Q0.0 指示灯 1 s 亮、1 s 灭交替切换。

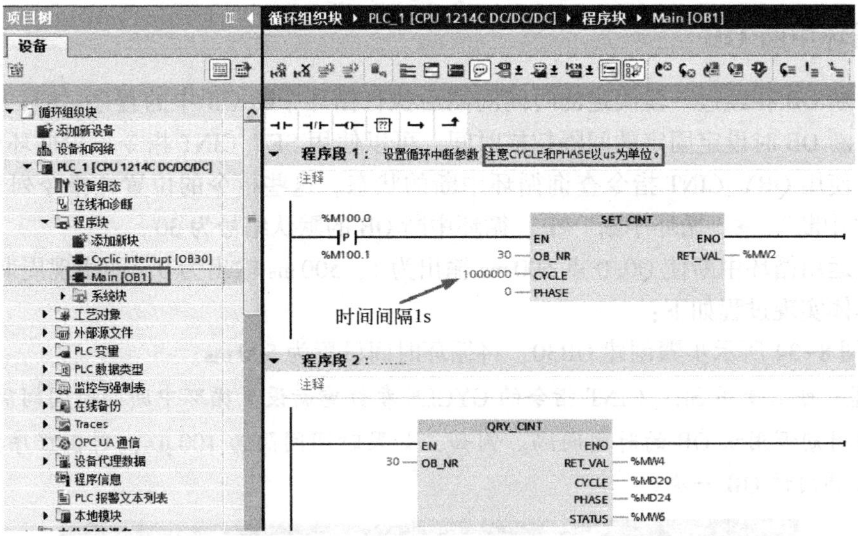

图 8-36　OB1 中的编程

8.2.5　硬件中断 OB

硬件中断 OB 在发生相关硬件事件时执行，可以快速地响应并执行硬件中断 OB 中的程序（例如立即停止某些关键设备）。硬件中断事件包括内置数字输入端的上升沿和下降沿事件以及 HSC（高速计数器）事件。当发生硬件中断事件时，硬件中断 OB 将中断正常的循环程序而优先执行。S7-1200 PLC 可以在硬件配置的属性中预先定义硬件中断事件。硬件中断 OB 的编号默认从 40 起始。与硬件中断 OB 相关的指令功能有：ATTACH 指令将硬件中断事件和硬件中断 OB 进行关联，DETACH 指令将硬件中断事件和硬件中断 OB 进行分离。这些指令的位置在指令列表的“扩展指令”→“中断”中。

例如，当硬件输入 I0.0 处于上升沿时，触发 OB40（执行累加程序），当硬件输入 I0.1 处于上升沿时，触发 OB41（执行递减程序）。

1）按图 8-37 所示步骤创建 OB40，以同样的方法创建 OB41。

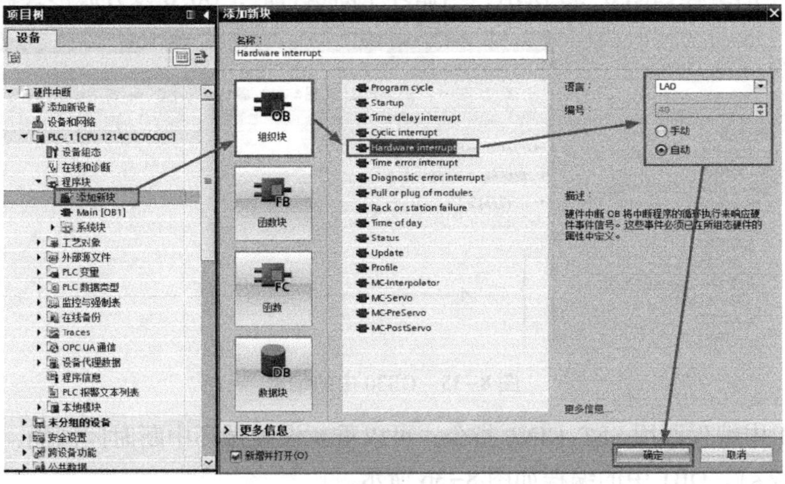

图 8-37　创建 OB40

2）OB40 中的编程如图 8-38 所示，当硬件输入 I0.0 处于上升沿时，触发硬件中断并执行 MW200 加 1。

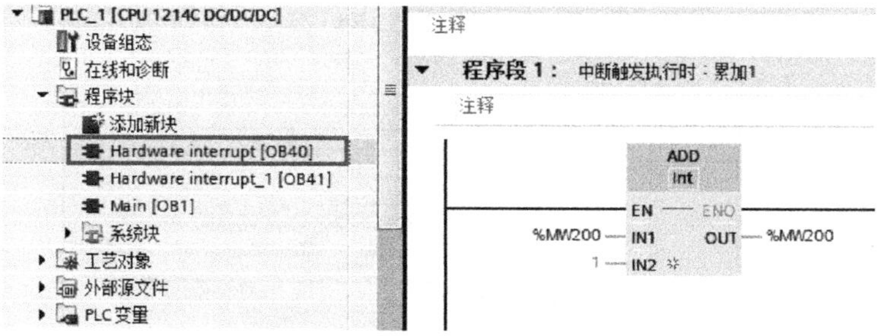

图 8-38　OB 40 中的编程

3）OB41 中的编程如图 8-39 所示，当硬件输入 I0.1 处于上升沿时，触发硬件中断并执行 MW200 减 1。

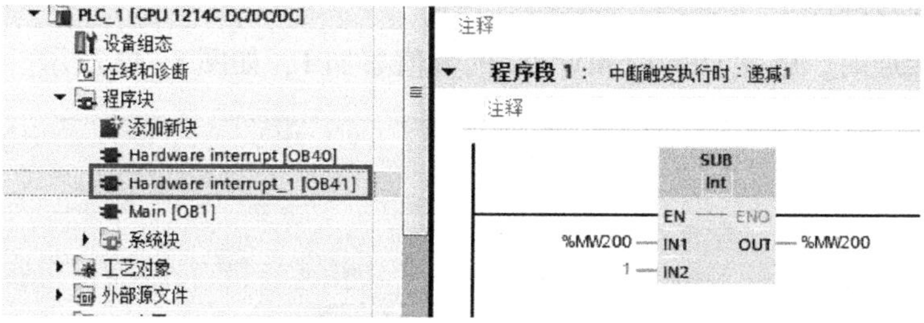

图 8-39　OB 41 中的编程

4）在 CPU 属性窗口中关联硬件中断事件，分别将 I0.0 和 OB40 关联、I0.1 和 OB41 关联，如图 8-40、图 8-41 所示。

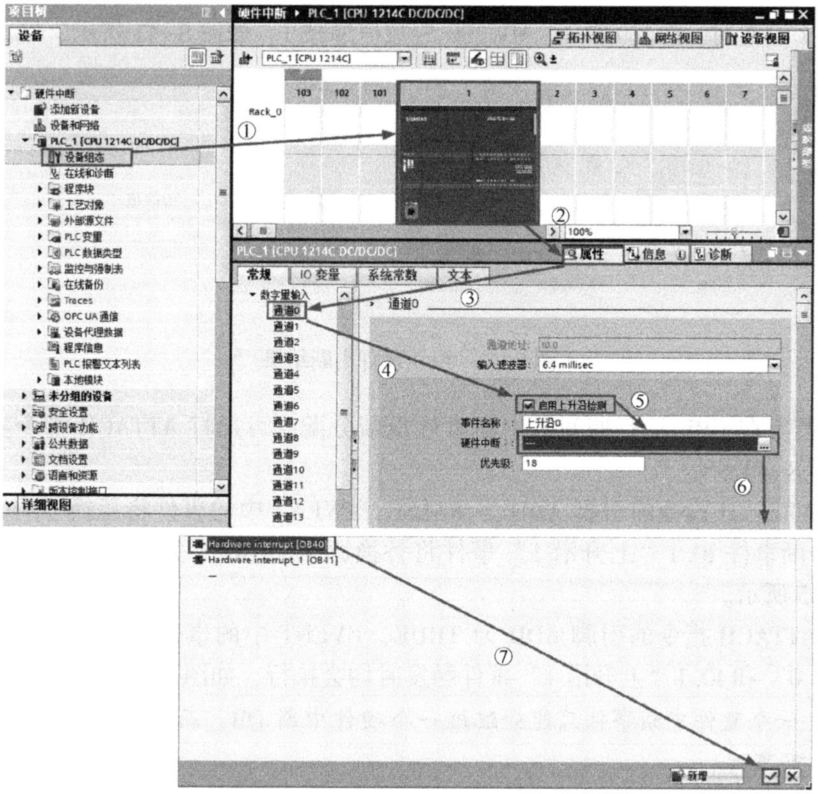

图 8-40　I0.0 和 OB40 关联

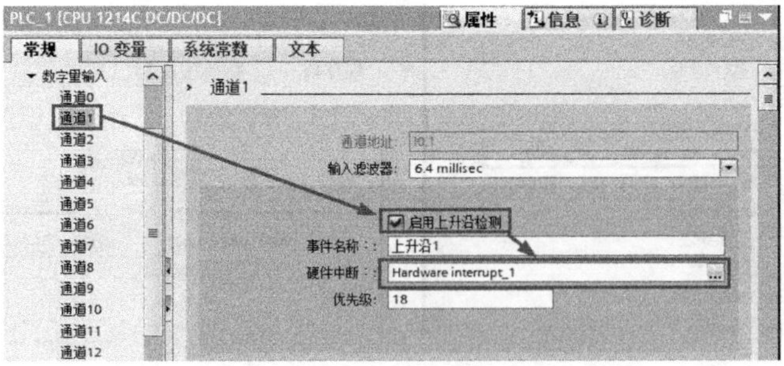

图 8-41　I0.1 和 OB41 关联

5）测试结果。硬件中断只能在物理 PLC 上进行测试，不能仿真。程序下载后，在监控表中查看 MW200 的数据。

① 当 I0.0 接通时，触发 OB40，MW200 的数值累加 1，如图 8-42 所示。

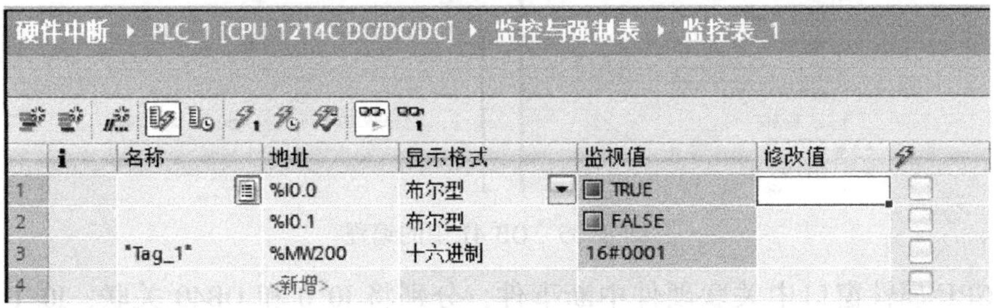

图 8-42　I0.0 硬件中断结果

② 当 I0.1 接通时，触发 OB41，MW200 的数值递减 1，如图 8-43 所示。

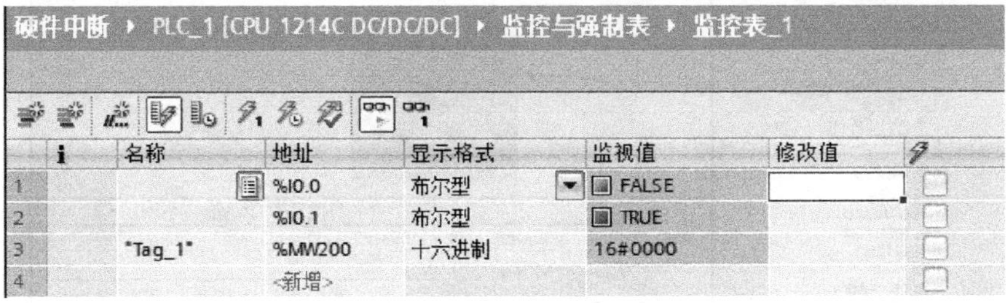

图 8-43　I0.1 硬件中断结果

6）如果需要在 CPU 运行期间对中断事件重新分配，可通过 ATTACH 指令实现，OB1 中编程步骤如图 8-44 所示。

① 如果 ATTACH 指令的引脚 ADD 为 FALSE，EVENT 中的事件将替换 OB40 中的原有事件，即硬件中断事件 I0.1 “上升沿 1” 事件将替换原来 OB40 中关联的 I0.0 “上升沿 0” 事件，如图 8-45 所示。

② 如果 ATTACH 指令的引脚 ADD 为 TRUE，EVENT 中的事件将添加至 OB40，OB40 在 I0.0 “上升沿 0” 和 I0.1 “上升沿 1” 事件触发时均会执行，如图 8-46 所示。

注意：一个硬件中断事件只能分配给一个硬件中断 OB，而一个硬件中断 OB 可以分配给多个硬件中断事件。

7）如果需要在 CPU 运行期间对中断事件进行分离，可通过 DETACH 指令实现，OB1 中的编程如图 8-47 所示。

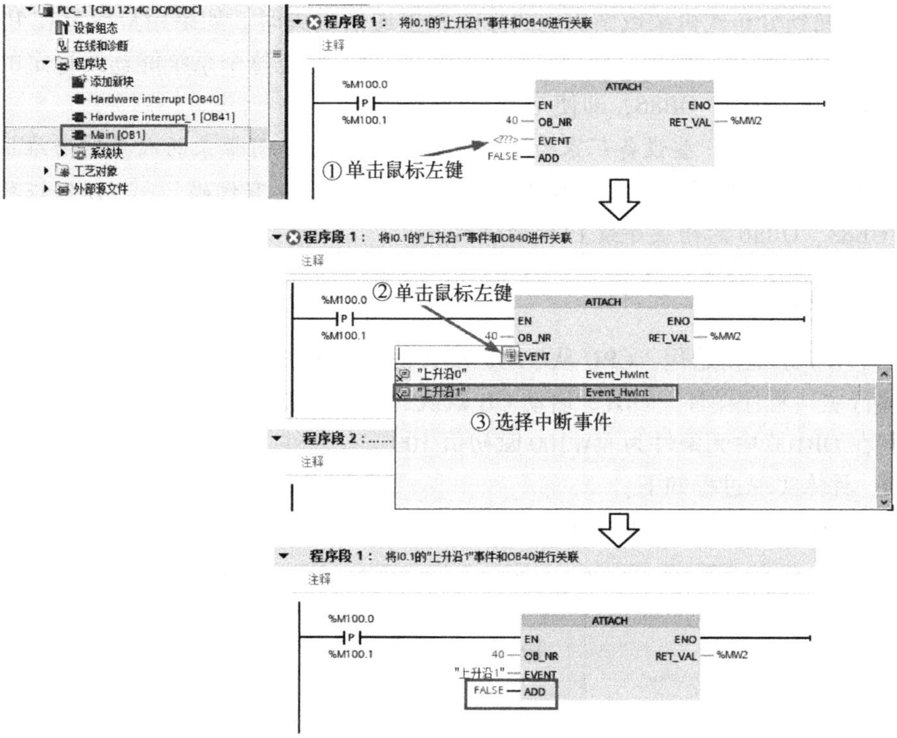

图 8-44　ATTACH 指令

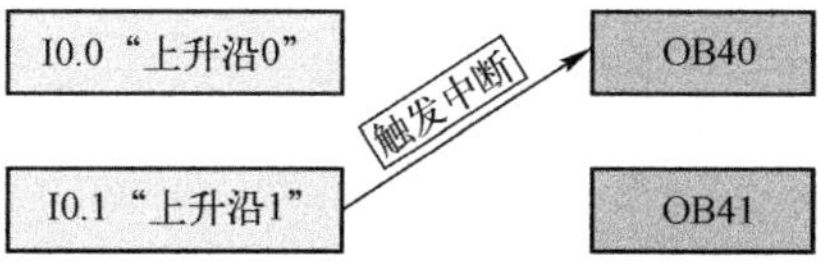

图 8-45　ADD 参数为 FALSE 时硬件中断关系

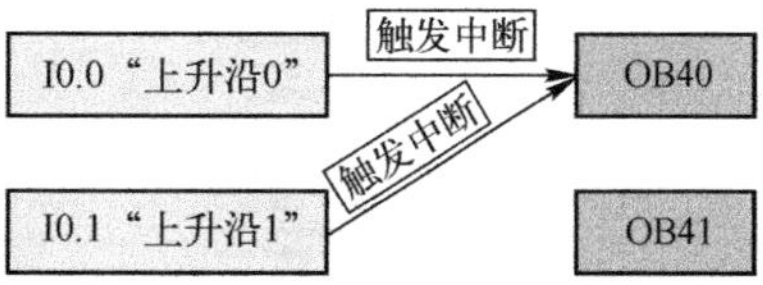

图 8-46　ADD 参数为 TRUE 时硬件中断关系

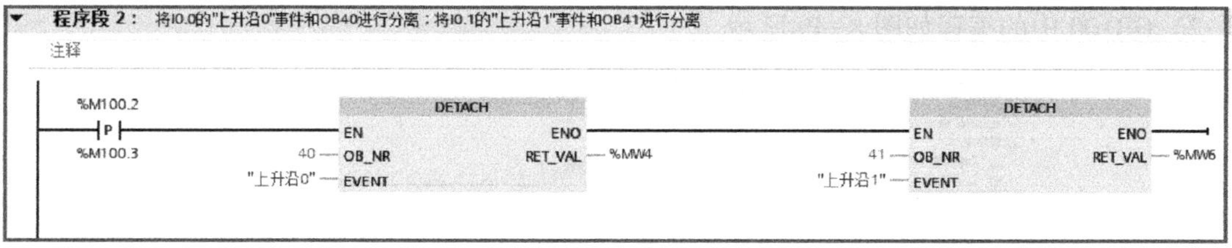

图 8-47　DETACH 指令

8.2.6　诊断错误、插拔中断、机架或站故障

用户在写程序时由于没有考虑到现场很多因素，导致所写程序特别是 SCL 程序，可能进入死循环状态，当出现这种错误时就会启用诊断错误 OB82。如果程序在编写时没有建立 OB82 这个组织块，PLC 将会停机。除了程序错误，还有硬件错误，如某个模块烧坏、模块通道出现短路、超出模块测量上下限等都会产生诊断错误，将调用 OB82。用户可以在 OB82 里编写一些跟安全生产相关的保护程序，防止产生严重的事故，如紧急关掉一些设备、阀门等。

用户搭建分布式 IO 的时候，有些设备比较低端，是不支持热插拔的，一旦在运行时插拔这类模块，如果没有插拔中断组织块 OB83，同样会导致 PLC 停机。为了保证整个系统能连续稳定的运行，需要在 PLC 程序中创建一个 OB83，即使是空的 OB83。

当 CPU 检测到分布式机架或站出现故障或发生通信丢失时，如果用户没有在 PLC 程序中创建机架或站故障组织块 OB86，会导致 PLC 停机。为了保证整个系统能连续稳定的运行，需要在 PLC 程序中创建一个 OB86，即使是空的 OB86。

提示： 实际中，一些设备厂家为了降低 PLC 停机给公司带来的人员现场维护成本的增加，程序里会调用一个空的 OB82、OB83、OB86，即使里面没有代码，也可以保证程序不会因为 OB82、OB83、OB86 的错误导致 PLC 的停机。

8.2.7 启动 OB

启动 OB 用于系统初始化，CPU 从 STOP 模式切换到 RUN 模式时，执行一次启动 OB。执行后，才执行主“程序循环”OB1。启动 OB 默认的是 OB100，一般只需要一个启动 OB。

例如，在 OB100 中无条件为 MW100 赋初值 100，有条件（当 I0.0=TRUE 时）为 MW102 赋初值 200，具体实现过程如下：

1）按图 8-48 所示步骤创建 OB100。

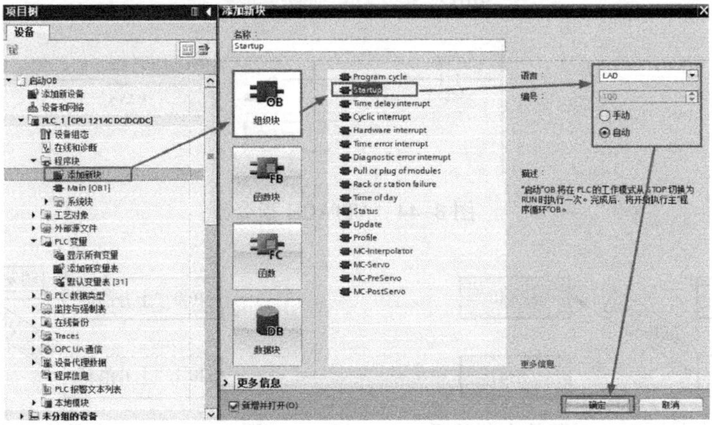

图 8-48　创建 OB100

2）OB100 中的编程如图 8-49 所示。

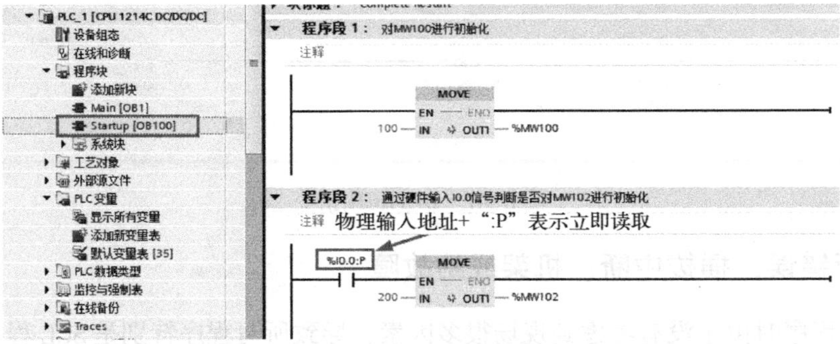

图 8-49　OB100 中的编程

注意： 由于启动 OB 在执行过程中不更新过程映像区，所以读到的过程映像数值均为 0。因此，要在启动模式下读取物理输入的当前状态，必须对输入执行立即读取操作，例如 I0.0:P。如果程序段 2 中使用的是 I0.0，则程序段 2 中的指令将不会被执行。

3）测试结果。程序下载到仿真 PLC 后，在 SIM 表中查看 MW100、MW102 的数据。

① 当硬件输入 I0.0 为 0 时，CPU 上电启动或 STOP→RUN 操作时首先执行 OB100，即 MW100 被赋值 100，MW102 未被赋值 200，如图 8-50 所示。

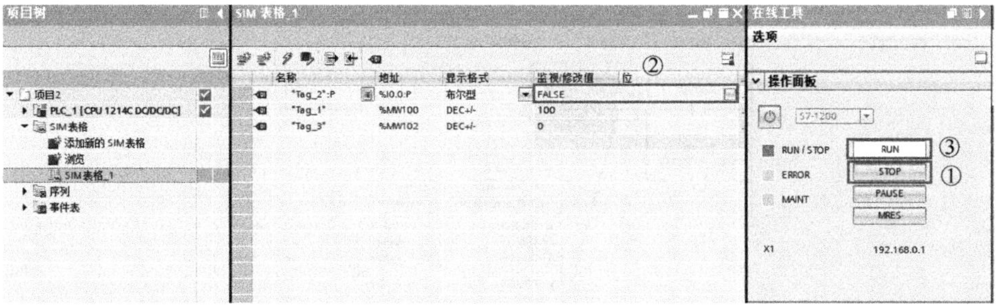

图 8-50　测试结果 1

② 当硬件输入 I0.0 为 1 时，CPU 上电启动或 STOP→RUN 操作时首先执行 OB100，即 MW100 被赋值 100，MW102 被赋值 200，如图 8-51 所示。

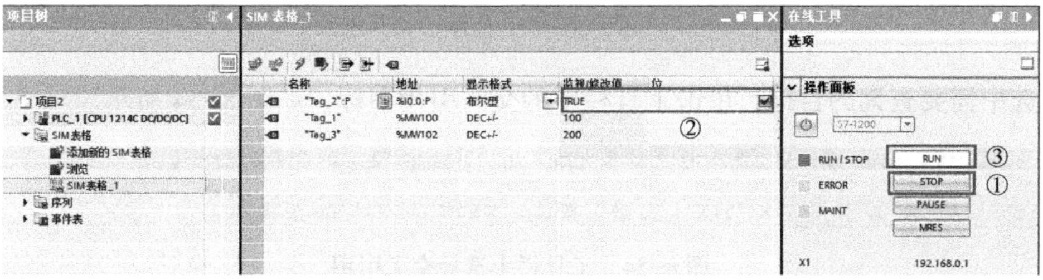

图 8-51　测试结果 2

8.3　交叉引用

交叉引用（Cross-reference）提供项目中对象的使用概况，可以看到哪些对象相互依赖以及各对象所在的位置。因此，交叉引用是项目文档的一部分，还可以直接跳到对象的使用位置。在 TIA Portal V15 及更高版本中，交叉引用中将显示带有版本标识的指令，不带版本标识的指令则不显示。

8.3.1　打开交叉引用的方法

打开交叉引用的方法很多，下面介绍常用的几种：

1）选中需要查询的目标，在“工具”菜单中，选择“交叉引用”命令，如图 8-52 所示。

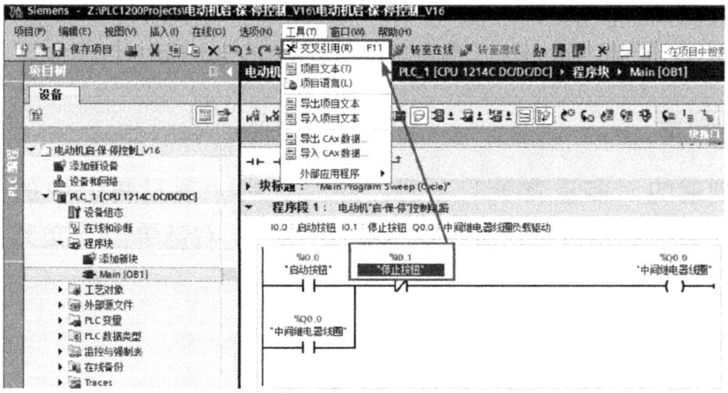

图 8-52　“工具”菜单打开交叉引用

2）选中需要查询的目标（可以是某个程序、某个块、某个程序段、某个变量、某个块接口或某个 PLC 数据类型等），在快捷菜单中，选择“交叉引用”，如图 8-53 所示。

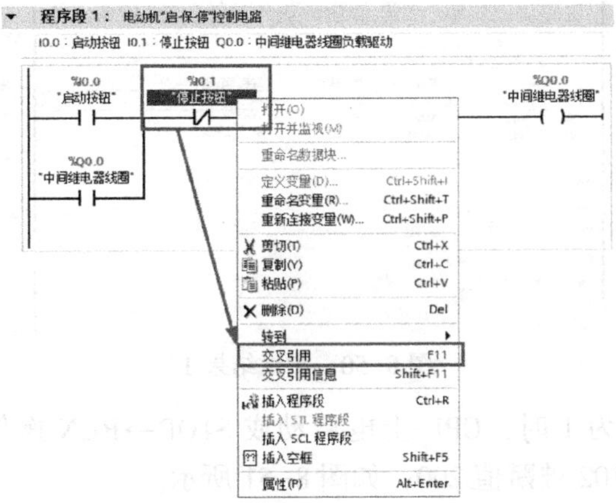

图 8-53 快捷菜单中选择“交叉引用”

3）选中需要查询的目标，单击工具栏中的交叉引用图标，如图 8-54 所示。

图 8-54 工具栏中选择交叉引用

4）选中需要查询的目标，并按下快捷键〈F11〉打开交叉引用。

注意：带有版本标识的指令并且在程序中使用，才可以显示交叉引用，如图 8-55 所示。如果交叉引用为灰色，说明该指令在程序中没有调用。

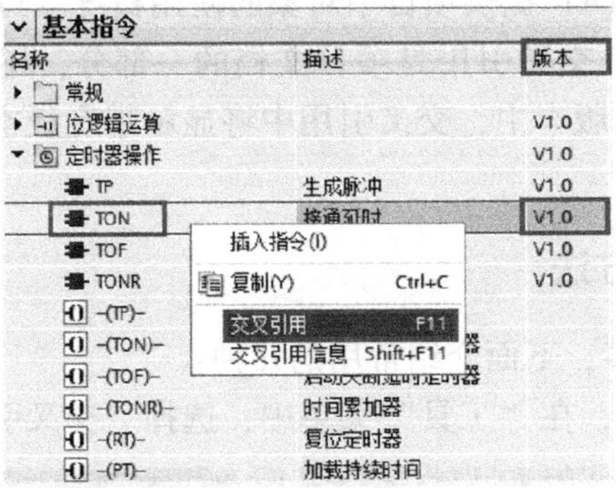

图 8-55 带版本标识指令的交叉引用

8.3.2 交叉引用列表

打开 8.1.3 节创建的“多重背景”项目，同时选中“项目树”中的“多台电动机控制[FB2]”及其背景数据块“多台电动机控制_DB[DB1]”，右键单击“交叉引用”，打开交叉引用列表，表中内容显示如图 8-56 所示。

8.3.3 重叠访问

在实际编程过程中，随着程序量的增加，变量使用也会越来越多，如果没有仔细规划，很容易导致变量使用出现冲突。此处举例说明如何查看变量重叠访问。

在 OB1 中简单编程，程序段 1 中将 MW18 的数值传送到 MW20 中。程序段 2 中使用 M20.0

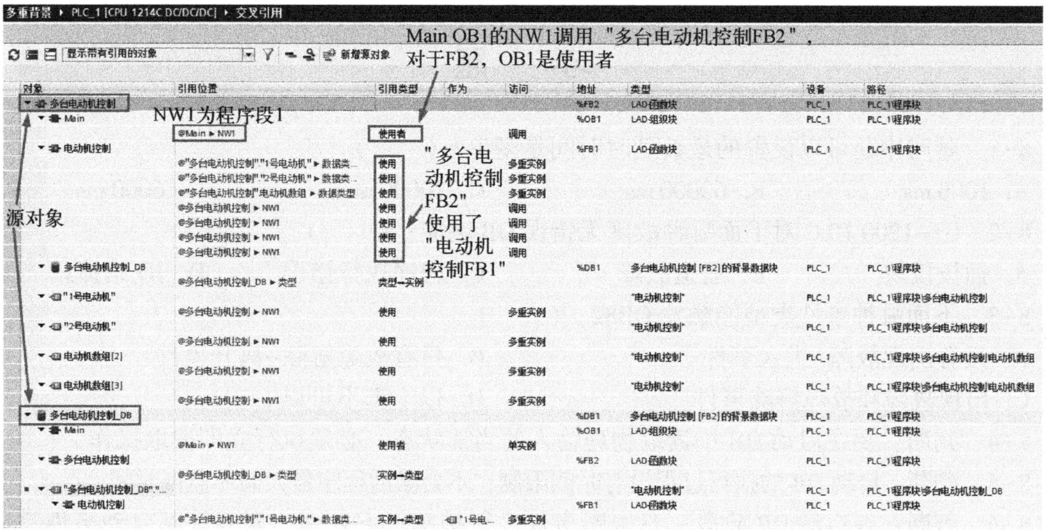

图 8-56　交叉引用列表

对输出线圈 M20.1 赋值，其中 M20.0、M20.1 和 MW20 地址重叠，如图 8-57 所示。选中 MW20 后右击，在下拉菜单中选择“交叉引用”，交叉引用列表的工具栏中选择显示重叠访问按钮，如图 8-58 所示。

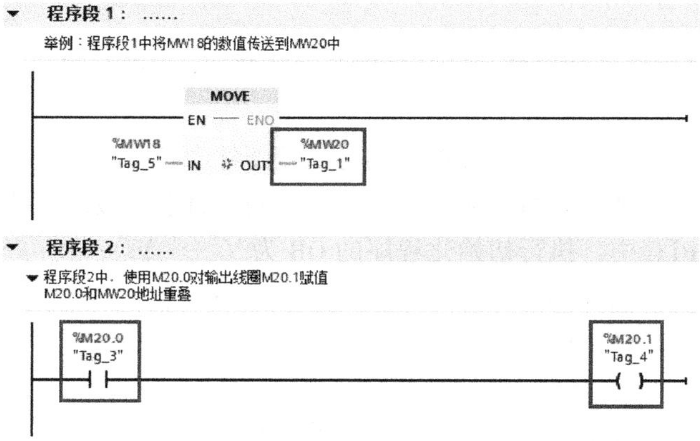

图 8-57　编程中出现变量使用重叠

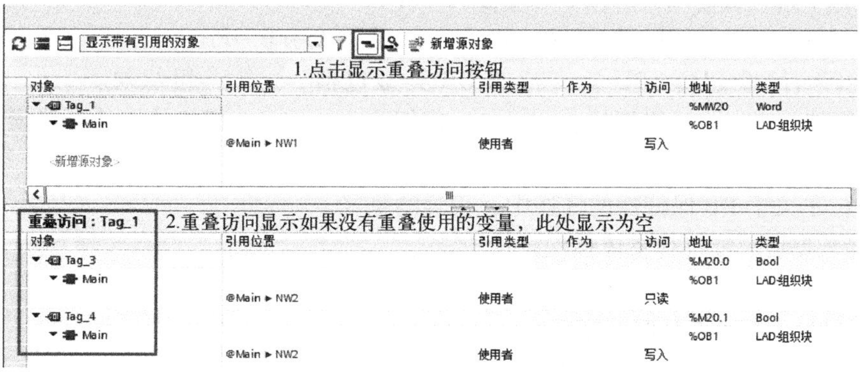

图 8-58　显示重叠访问的变量

习　题

8-1　延时中断可以设置的最长延时时间是多少？(　　)

A. 1000 ms　　B. 60000 ms　　C. 10000 ms　　D. 6000 ms

8-2　S7-1200 PLC 对下面哪种故障无错误 OB 响应？(　　)

A. 插拔模块　　B. 通道故障　　C. 程序执行错误　　D. IO 站掉站

8-3　下面哪种事件类型能触发 OB82？(　　)

A. 只有出现故障-进入事件　　B. 只有故障解除-离开事件

C. 出现故障和故障解除事件　　D. 以上都不可以

8-4　判断：要在启动 OB 中读取物理输入的当前状态，必须执行立即读取操作。(　　)

8-5　判断：启动 OB 的执行过程没有时间限制，不会激活程序最大循环监视时间。(　　)

8-6　判断：在启动 OB 阶段，对中断事件进行排队但不处理，需要等到启动事件完成后才进行处理。(　　)

8-7　热插拔模块将触发下面哪个中断 OB？(　　)

A. OB80　　B. OB82　　C. OB86　　D. OB83

8-8　判断：在 CPU 属性中组态最大循环时间，当 CPU 中的程序执行时间超过最大循环时间时，如果 OB80 不存在，CPU 将切换到 STOP 模式；如果 OB80 存在，则 CPU 执行 OB80 且不停机。(　　)

8-9　判断：一个硬件中断事件只能分配给一个硬件中断 OB，而一个硬件中断 OB 可以分配给多个硬件中断事件。(　　)

8-10　判断：数字量输入和高速计数器均可触发硬件中断。(　　)

8-11　判断：如果循环中断执行时间大于间隔时间，将会导致时间错误。(　　)

8-12　S7-1200 PLC 中，执行初始化程序的 OB 为（　　）。

A. OB1　　B. OB10　　C. OB30　　D. OB100

8-13　S7-1200 PLC 中，用于存储数据的块是（　　）。

A. OB　　B. FC　　C. FB　　D. DB

8-14　定义模拟量模块测量值超上下限的硬件中断 OB 是（　　）。

A. OB121　　B. OB40　　C. OB35　　D. OB82

8-15　以下哪种程序结构可以引入多重背景结构？(　　)

A. OB→FB→FC　　B. OB→FC→FB　　C. OB→FB→FB　　D. OB→FC→FC

8-16　S7-1200 PLC CPU 所支持的 OB 类型包括________组织块、________组织块、________组织块、________组织块、________组织块、________组织块、诊断错误组织块、插拔中断组织块、机架或站故障组织块。

8-17　以下关于 DB 保持性的描述中，正确的是（　　）。

A. 全局数据块只能进行整体性保持性设定

B. FB 的背景数据不能进行保持性设定

C. IEC 定时器的背景数据不能进行保持性设定

D. IEC 计数器的背景数据可进行保持性设定

8-18　谈一谈你对多重背景数据块的理解，怎样实现多重背景？

8-19　编程：用循环中断组织块 OB30，每 5 s 将 QW0 的值加 1，在 M0.1 的上升沿，将循环时间修改为 2 s。

8-20　编程：用 M0.1 的上升沿启动时间中断，在指定的日期时间将 Q0.1 置位，在 M0.2 的上升沿取消时间中断。

8-21　判断：OB 是由系统直接调用的。(　　)

8-22　判断：一个程序可以包括多个 OB。(　　)

8-23　编程：3 台电动机控制方法相同。按下起动按钮，电动机延时 5 s 后运行；按下停止按钮，电动机停止运行。使用 FB 编写电动机控制模型，3 台电动机调用 FB 进行控制。

8-24　以下哪个 S7-1200 PLC 块不支持设置写保护功能？(　　)

A. FB　　B. DB　　C. OB　　D. FC

8-25　以下哪个不是 S7-1200 PLC OB 支持的保护功能设置？(　　)

A. 防拷贝保护　　B. 写保护　　C. 专有保护技术　　D. 防共享保护

8-26　判断：对 S7-1200 PLC 的程序块先设置了“专有保护技术”功能后，不能再设置“写保护”和“防拷贝保护”。(　　)

8-27　DB 种类有________和________。

8-28　在 FB 的接口区，(　　) 具有调用时由块读取其值，执行后又由块写入其值的参数的功能。

A. 输入参数　　B. 输出参数　　C. 输入/输出参数　　D. 常量

8-29　简述 FC 和 FB 的区别。

8-30　简述结构化编程的优点。

8-31　调用（　　）时，必须为之分配一个背景数据块，背景数据块不能重复使用，否则会产生数据冲突。

A. DB　　B. OB　　C. FC　　D. FB

8-32　时间错误 OB 的编号为（　　）。

A. 80　　B. 82　　C. 83　　D. 86

8-33　判断：背景数据块的结构与相应 FB 的接口区相同，且只能在 FB 中更改。(　　)

第 9 章　精简系列面板的组态与应用

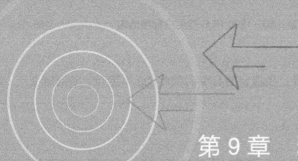

触摸屏又称 HMI 界面，已广泛应用于工业控制现场，常与 PLC 配套使用。可以通过触摸屏对 PLC 进行参数设置、数据显示，以及用曲线、动画等形式描述自动化控制过程。本章主要介绍 SIMATIC 触摸屏产品体系、新一代精简系列面板、WinCC 以及精简系列面板的画面组态。

9.1 SIMATIC 触摸屏产品体系

SIMATIC HMI 面板产品家族主要有精简面板（面向简单的应用）、精智面板（复杂任务的首选）、移动面板（在移动中进行实时监控）和按键面板（创新的传统按钮的替代方案），它们共同构成 SIMATIC 触摸屏产品体系，面向所有 HMI 应用，如图 9-1 所示。

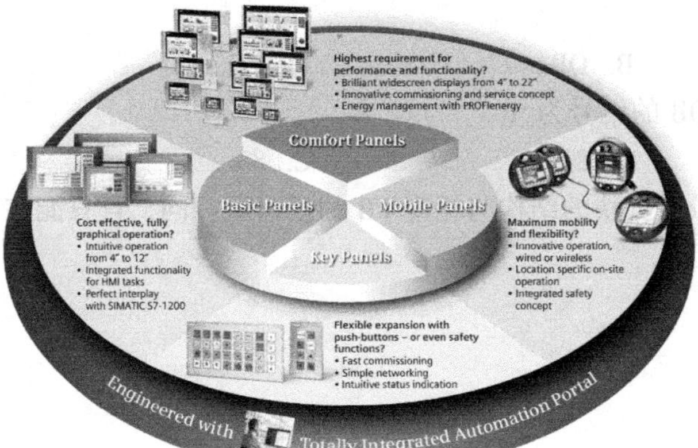

图 9-1　SIMATIC 触摸屏产品体系

9.2 新一代精简系列面板

在微型工厂和小型应用中，可视化应用变得尤为重要。新一代 SIMATIC HMI 精简面板质优价廉，包含 HMI 所有重要的功能，可广泛应用于自动控制各领域的操作和监控，如图 9-2 所示。

新一代 SIMATIC HMI 精简面板配备 4～12 in（1 in = 0.0254 m）高分辨率宽屏显示屏，可支持垂直安装，64000 色显示，高分辨率，确保最佳显示效果。新一代 SIMATIC HMI 精简面板配有界面友好易用的触摸屏和手感极佳且功能可自由定义的按键。全新设计的 USB 接口可连接键盘、鼠标或条形码扫描仪，可快速实现 U 盘数据归档。通过 PROFINET 接口，新一代 SI-

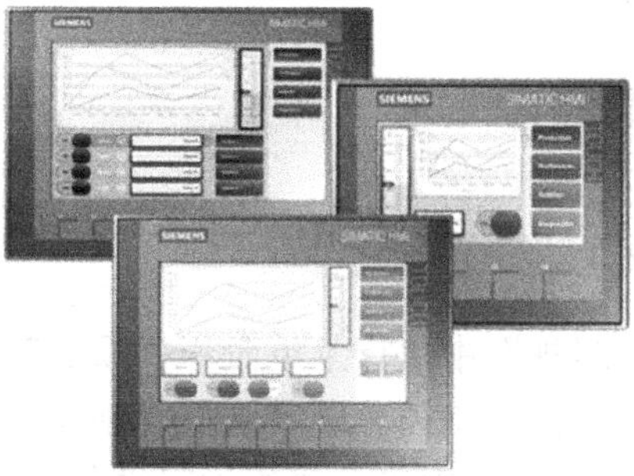

图 9-2　精简系列面板

MATIC HMI 精简面板可快速连接各种 PLC。它与 SIMATIC S7-1200 PLC 完美结合，并且可以在统一的 TIA Portal 中进行工程组态，优势更为彰显。

9.3 WinCC（TIA Portal）介绍

WinCC（TIA Portal）是一款 HMI 界面组态软件，组态的内容包含 HMI Panel（面板）、基于 PC 的 RT Advanced 项目以及基于 PC 的 RT Professional 项目。

WinCC（TIA Portal）有 4 种版本，具体使用取决于可组态触摸屏以及项目类型，各版本之间的区别如下。

1）WinCC Basic：可以组态所有精简系列面板。

2）WinCC Comfort：可以组态所有面板（包括精简面板、精智面板和移动面板）。

3）WinCC Advanced：除可以组态面板外，还可以组态基于 PC 的 WinCC Runtime Advanced 运行系统。WinCC Runtime Advanced 是一款基于 PC 单站系统的可视化组态软件。

4）WinCC Professional：除了 WinCC Advanced 可组态的设备外，还可以组态基于 PC 的 WinCC Runtime Professional 运行系统。WinCC Runtime Professional 是一种用于构建组态范围从单站到多站（包括标准客户端或 Web 客户端）SCADA 系统的组态软件。

注意：这里介绍的是 WinCC（TIA Portal）软件，需要提醒的是，不要与经典 WinCC 混淆。WinCC（TIA Portal）的软件版本都是按照 V14、V15、V16、…的规律排列，但是经典的 WinCC 都是按照 V5. x、V6. x、V7. x、…的规律来排列，前者可以组态触摸屏，但后者不可以。在组态基于 PC 的单站或者多站系统时，两款软件都可以实现相应的功能，功能以及使用方法方面有些许差别，所以建议大家按照各自系统的具体要求来做选择和权衡。

可以通过 Portal 的“帮助”→“已安装的产品”打开图 9-3 所示的“已安装的软件”窗口，查看已安装 WinCC（TIA Portal）的版本。

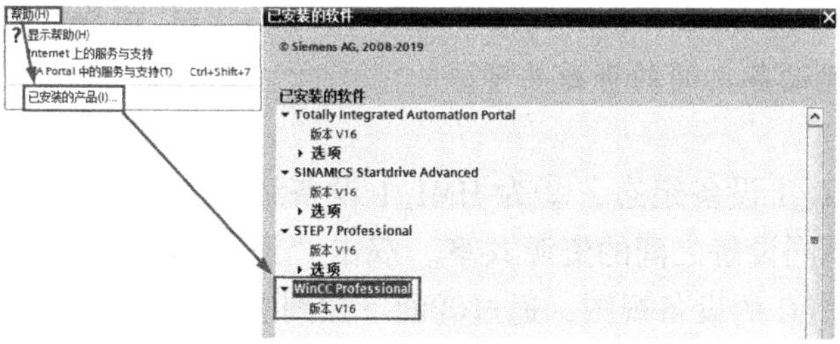

图 9-3　查看“已安装的软件”的版本

9.4 精简系列面板的画面组态

9.4.1 添加 PLC 设备和编写梯形图

启动 TIA Portal 软件，在项目视图中执行菜单命令“项目”→“新建”来创建新项目，项目名称为“触摸屏”，并选择项目保存路径，最后单击“创建”按钮完成新项目的创建。

在项目视图的左侧“项目树”一栏中双击“添加新设备”，在弹出的对话框中选择“控制器”→“SIMATIC S7-1200”→“CPU”→“CPU 1214C DC/DC/DC”→“6ES7 214-1AG40-0XB0”→“V4.4”，单击“确定”按钮完成 PLC 的添加。

在“项目树”中展开“\PLC_1\程序块”，双击其中的“Main[OB1]”，打开程序编辑窗口，输入电动机的“起-保-停”控制程序，如图 9-4 所示。

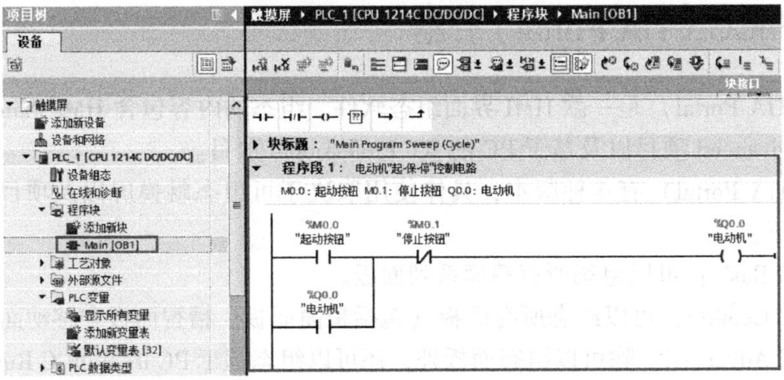

图 9-4 电动机的“起-保-停”控制程序

提示： 因为电动机的起动和停止需要通过触摸屏控制，所以程序中启动和停止使用的软元件是 M 点而不是 I 点。因为 I 点的状态只能取决于外部输入开关的状态，不能通过触摸屏去改变 I 点的状态。

9.4.2 添加 HMI 设备和组态连接

1. 添加 HMI 设备

打开项目视图，双击其中的“添加新设备”，打开“添加新设备”对话框，按图 9-5 所示添加一款触摸屏设备，本例中添加的是 9 in 精简系列面板 KTP900 Basic PN。取消勾选“启动设备向导”复选框，单击“确定”按钮，生成名为“HMI_1”的面板。

提示： 从这里大家能进一步体会到 Portal 的优点，PLC 设备和触摸屏设备在一个软件里面创建和完成，实现设备之间的资源共享。

2. 组态连接

图 9-6 中①为 PLC_1 设备组态，②为 HMI_1 设备组态，两个地方的设备组态功能相同，充分体现了 Portal 下不同设备之间的资源共享。双击“设备组态”（①），窗口画面如图 9-6 右侧所示，展现的是 PLC 的设备视图，通过③的下拉列表框可以进行 PLC 与 HMI 设备视图的切换，读者可自行尝试。单击“网络视图”（④），弹出图 9-7 所示画面。此时图 9-7 中还未连接。单击图 9-7 中的“连接”按钮，其右侧选择框显示连接类型为“HMI 连接”。单击标有

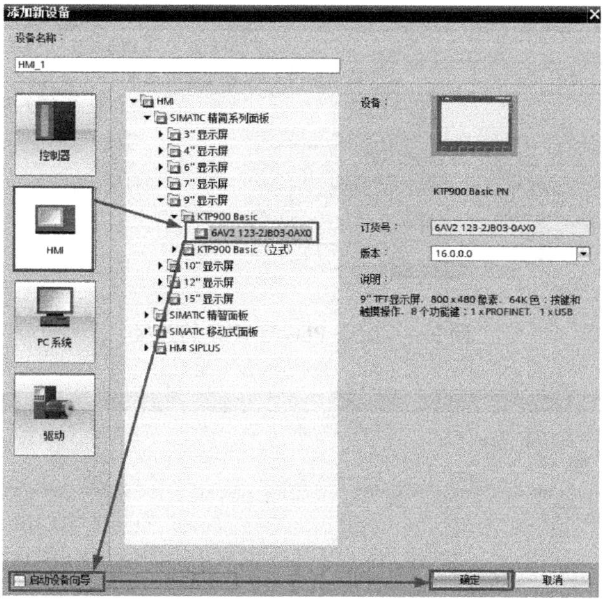

图 9-5　添加触摸屏设备

②的 PLC_1 中的以太网接口（绿色小方框），按住鼠标左键，移动鼠标，拖出一条直线，将它拖到标有③的 HMI_1 的以太网接口，松开鼠标左键，生成图中的“HMI_连接_1”。

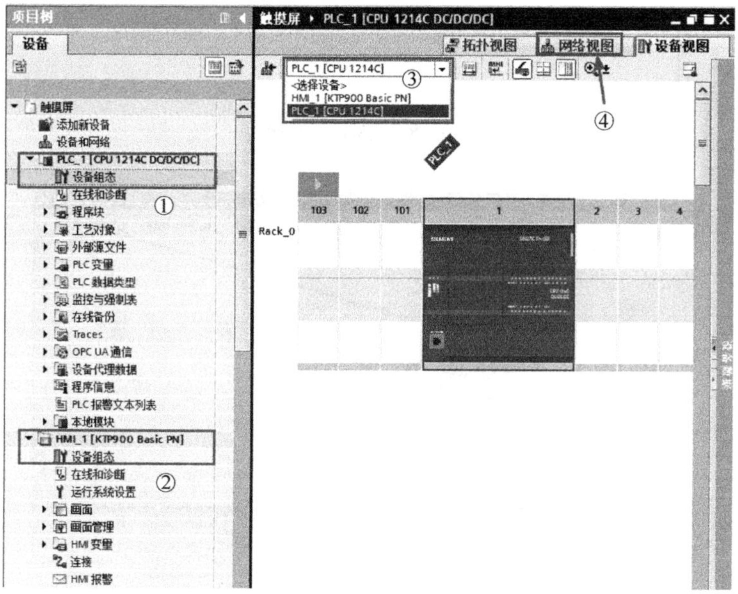

图 9-6　PLC 和触摸屏设备视图

提示：图 9-7 中的“拓扑视图”可以不进行连接，因为“拓扑视图”主要用于 PROFINET 通信，但这里 PLC 和 HMI 之间是 S7 通信，而不是 PROFINET 通信。

双击“项目树”中的“连接”，打开图 9-8 所示的连接窗口，从中可以看到已经建立了一个连接，PLC 的默认 IP 地址是“192. 168. 0. 1”，HMI 的默认 IP 地址是“192. 168. 0. 2”。

在项目树中双击“\PLC_1\设备组态”，打开“设备视图”，选择 PLC，勾选“属性”→“常规”→“防护与安全”→“连接机制”中的“允许来自远程对象的 PUT/GET 通信访问”复选框，如图 9-9 所示。

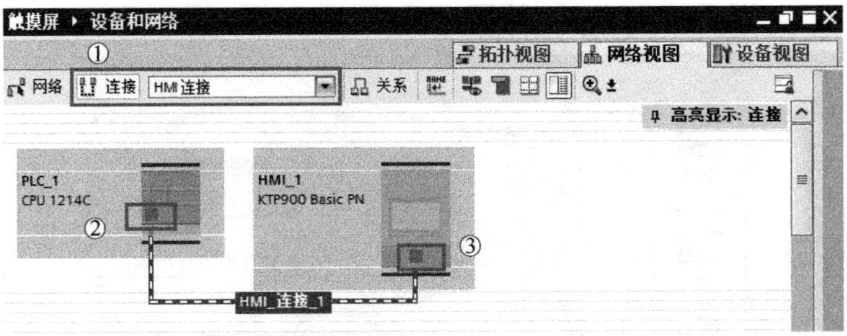

图 9-7　组态 PLC 与 HMI 的连接

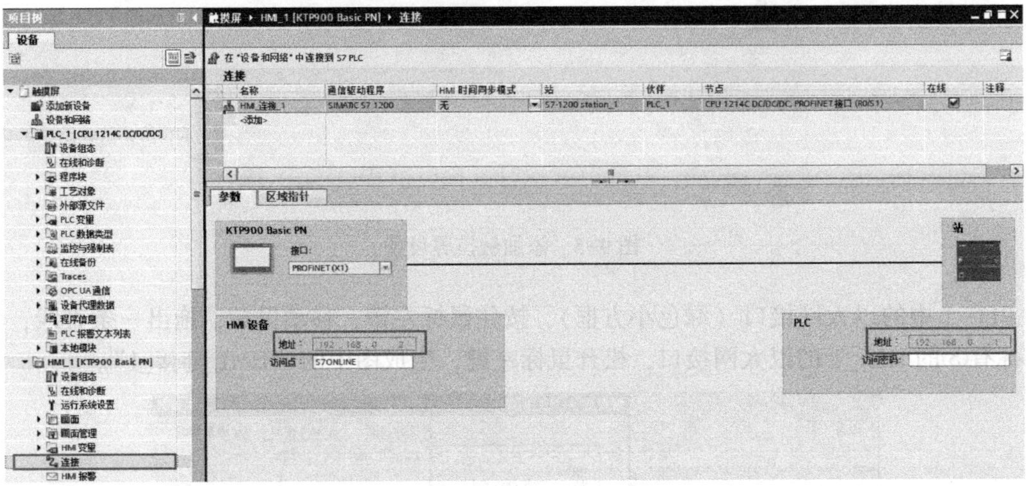

图 9-8　HMI 的连接

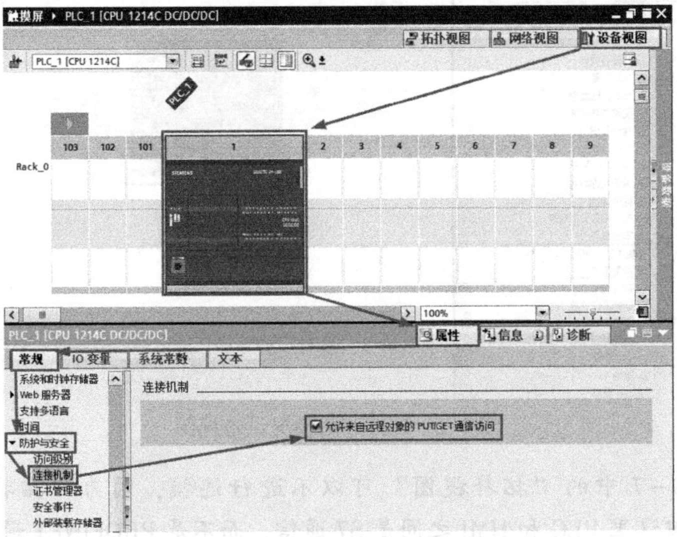

图 9-9　CPU 连接机制属性设置

9.4.3　组态指示灯与按钮

1. 打开画面

生成 HMI 设备后，在项目树中展开“\HMI_1\画面”，在“画面”文件夹下自动生成了一个名为“画面_1”的画面，将它的名称改为“主画面”。双击打开该画面，如图 9-10 所示。可以通过右下角的下拉列表框或滑块来对画面的显示比例进行调整。

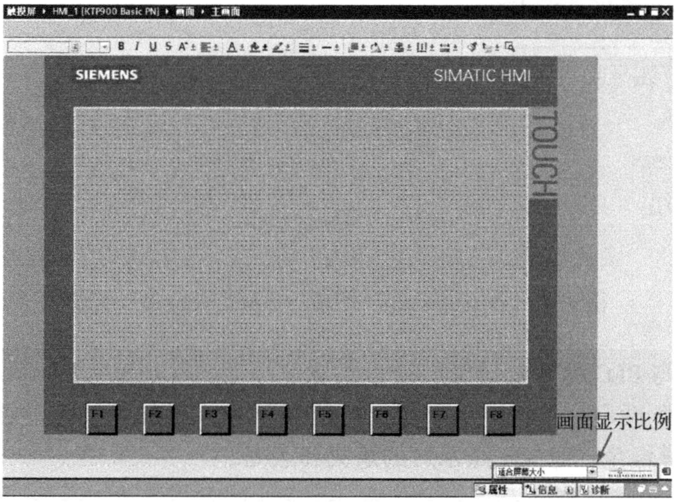

图 9-10　打开画面

2. 组态指示灯

指示灯用来显示 PLC 的 Bool 类型变量“电动机”的状态，将“工具箱”的“基本对象”选项板中的“圆”拖拽到画面上希望的位置，并调整圆的大小。选中生成的圆，打开巡视窗口的“属性”→“动画”→“显示”文件夹，双击其中的“添加新动画”。在弹出的“添加动画”对话框中选择“外观”，单击“确定”按钮，如图 9-11 所示。

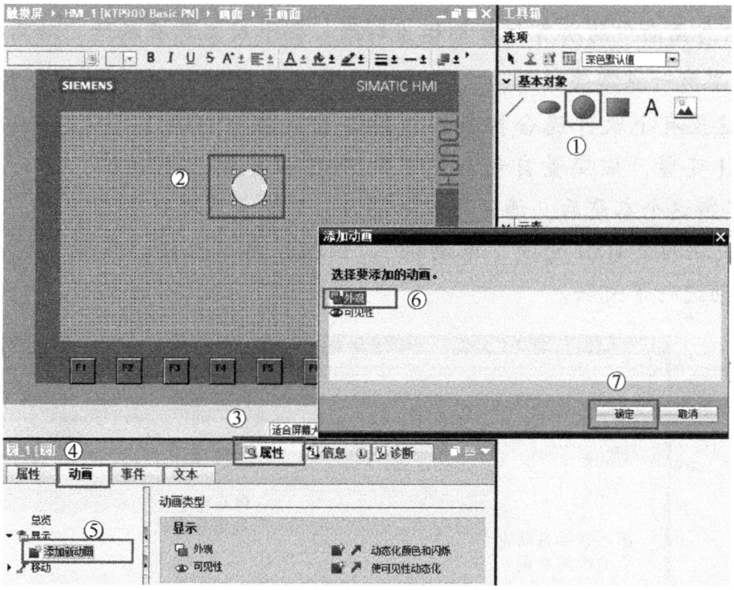

图 9-11　添加指示灯“外观”动画

圆的“外观”动画添加后，进行外观动画的配置，如图 9-12 所示，选择“外观”→变量“…”→PLC 变量“默认变量表”中的“电动机”位变量，单击“√”按钮。

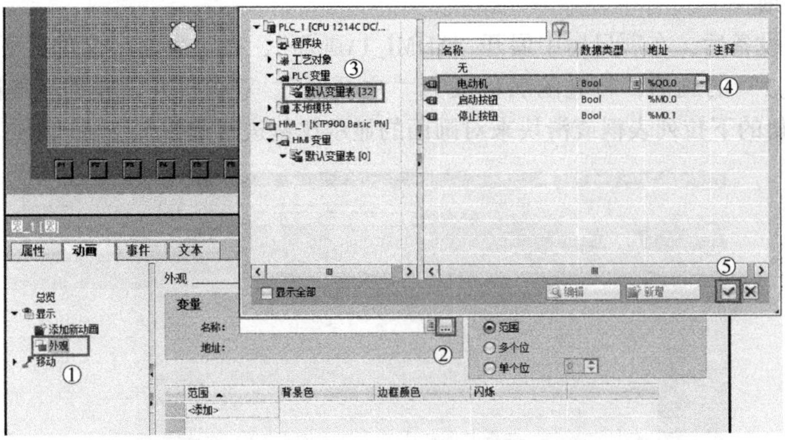

图 9-12　配置指示灯“外观”动画关联的 PLC 变量

圆的“外观”与 PLC 的“电动机”变量关联完毕后，在图 9-13 所示的“范围”列表项中添加“0”和“1”两项，并将“电动机”位变量值为 0 时的背景色设置为深绿色，值为 1 时的背景色设置为亮绿色，对应于指示灯的熄灭和点亮。

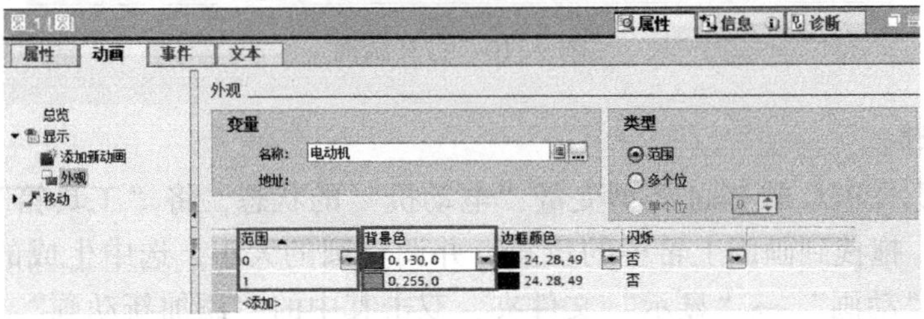

图 9-13　配置指示灯“外观”动画功能

提示：组态画面中的所有元素都称为对象，每个对象都有属性、动画和事件三要素。

注意：这里有一点需要说明，上面进行了圆的“外观”动画与 PLC 位变量“电动机”的关联，实际上这里有个软件隐含操作，软件会自动在“HMI 变量”中生成一个名称也为“电动机”的 HMI 变量，该变量自动与同名的 PLC 位变量“电动机”进行关联，这一点如图 9-14 所示。了解这个本质后，读者可以如图 9-15 所示再次查看指示灯“外观”动画关联的变量，实质上关联的是 HMI 变量“电动机”，但软件内部把 HMI 变量“电动机”与 PLC 变量“电动机”自动进行了关联。

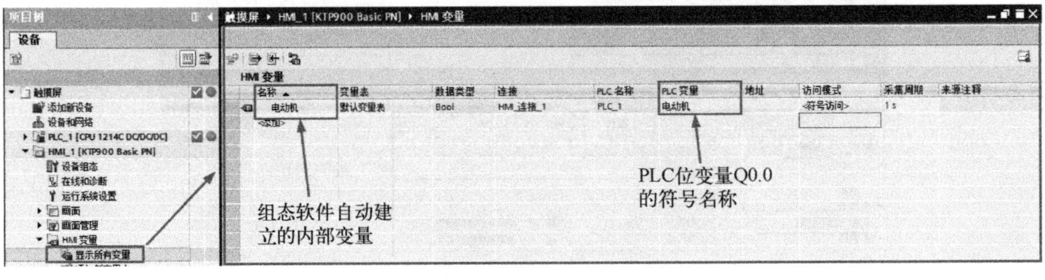

图 9-14　组态软件变量关联的本质

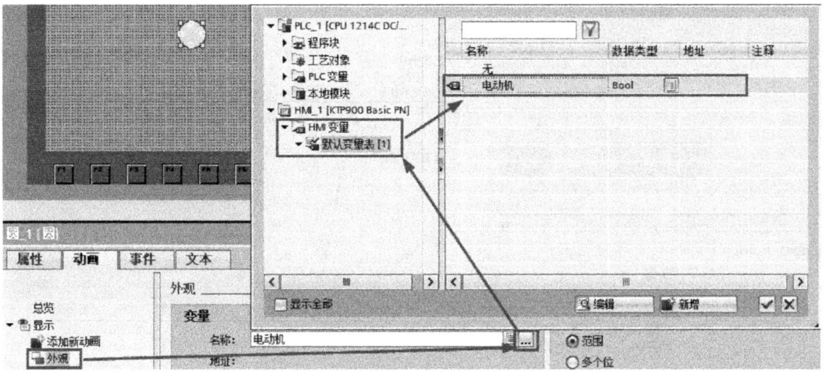

图 9-15 查看指示灯“外观”动画关联的变量

3. 组态按钮

画面上按钮的功能比接在 PLC 输入端的物理按钮的功能强大得多，用来将各种操作命令发送给 PLC，通过 PLC 的用户程序来控制生产过程。

将“工具箱”的“元素”选项板中的“按钮”图标拖拽到画面上希望的位置，并调整按钮的大小。双击新添加的按钮，按钮上的文本高亮显示，这时可以修改该文本，将其改为“起动”。鼠标左键选中“起动”按钮并同时按住键盘上的〈Ctrl〉键，拖动鼠标到合适的位置后，释放〈Ctrl〉键和鼠标左键。复制一个和“起动”按钮相同的按钮，将其文本改为“停止”。

选中生成的“起动”按钮，打开巡视窗口的“属性”→“事件”→“按下”项，单击视图右侧窗口的表格最上面一行，再单击它右侧出现的下拉列表，在出现的“系统函数”列表中选择“编辑位”文件夹中的函数“置位位”，如图 9-16 所示。然后单击表格中出现在第 2 行右侧的“…”，在出现的对话框中选择窗口左侧的“PLC 变量”→“默认变量表”，双击选中右侧窗口中的变量“起动按钮”，如图 9-17 所示。意思是当 HMI 运行时按下该按钮，最终将 PLC 变量“起动按钮”置位为 1 状态。选中生成的“起动”按钮，打开巡视窗口的“属性”→“事件”→“释放”项，用相同的方法设置在 HMI 运行时释放该按钮，执行系统函数“复位位”，将 PLC 变量“起动按钮”复位为 0 状态。因此，该按钮具有了点动按钮的功能，按下按钮时变量“起动按钮”被置位，释放按钮时它被复位。

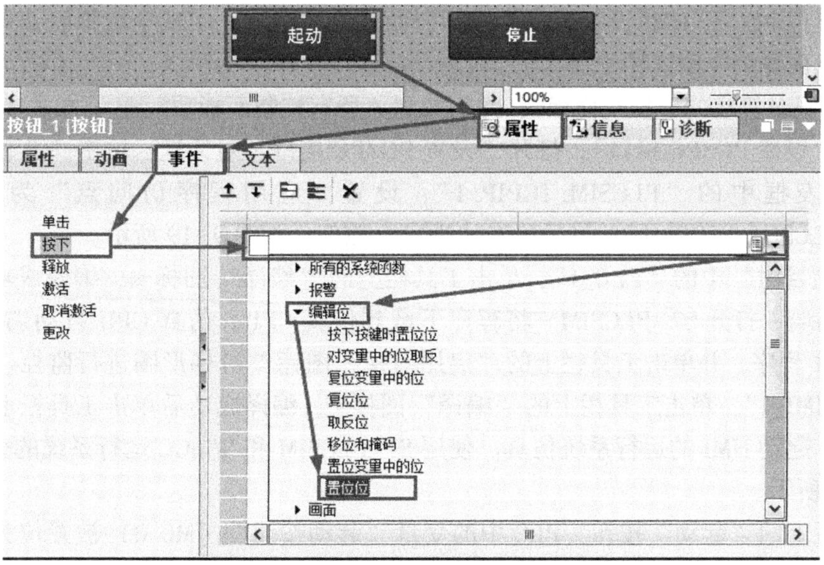

图 9-16 “起动”按钮按下时执行的函数

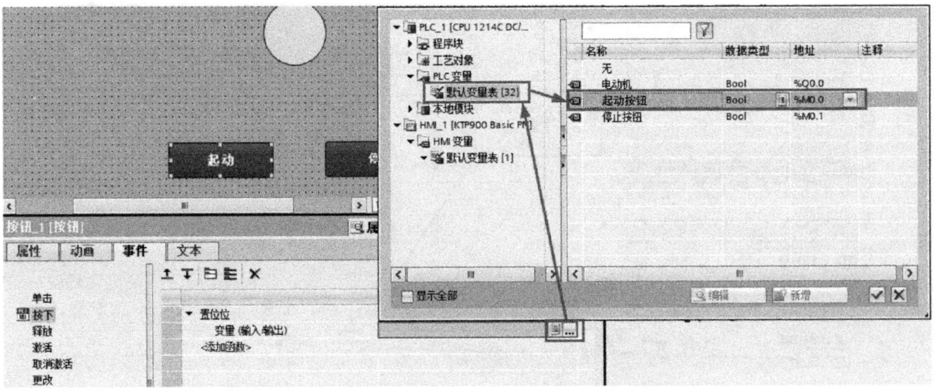

图 9-17 “起动”按钮按下时操作的变量

选中生成的“停止”按钮，打开巡视窗口的“属性”→“事件”→“按下”项，用相同的方法设置当按下该按钮时，执行系统函数“置位位”，将 PLC 变量“停止按钮”置位为 1 状态。选中生成的“停止”按钮，打开巡视窗口的“属性”→“事件”→“释放”项，用相同的方法设置当释放该按钮时，执行系统函数“复位位”，将 PLC 变量“停止按钮”复位为 0 状态。

9.4.4 精简系列面板的仿真与运行

HMI 的价格较高，初学者一般没有条件用硬件做实验。在没有 HMI 设备的情况下，可以用 WinCC 的运行系统来仿真 HMI 设备并测试项目，调试已组态的 HMI 设备的功能。仿真调试也是学习 HMI 设备的组态方法和提高动手能力的重要途径。

这里介绍两种常用的仿真调试方法。

1. 使用 S7-PLCSIM 和 WinCC 运行系统的全虚拟联调仿真

由于 PLC 设备和 HIM 设备都已经集成在 Portal 的同一个项目中，可以用 WinCC 的运行系统对 HMI 设备仿真，用 PLC 的仿真软件 S7-PLCSIM 对 PLC 进行仿真，还可以对仿真 HMI 和仿真 PLC 之间的通信和数据交换仿真。这种仿真不需要 HMI 设备和 PLC 的硬件，只用计算机也能很好地模拟 PLC 和 HMI 设备组成的实际控制系统的功能，实现全虚拟联调仿真，特别适合初学者。下面详细介绍这种方法。

首先，打开计算机的“控制面板”，并切换到“所有控制面板项”显示方式（见图 9-18）。双击其中的“设置 PG/PC 接口”，打开“设置 PG/PC 接口”对话框，单击“为使用的接口分配参数”列表框中的“PLCSIM. TCPIP. 1”，设置“应用程序访问点”为“S7ONLINE (STEP7)→PLCSIM. TCPIP. 1”，最后单击“确定”按钮，如图 9-19 所示。

选中“项目树”中的“PLC_1”，单击工具栏上的“编译”图标，编译成功后单击“开始仿真”图标，打开 S7-PLCSIM。将程序下载到仿真 CPU，仿真 CPU 自动切换到 RUN 模式。打开 OB1 程序，并单击工具栏上的“启用监视”图标对梯形图进行监控。选中“项目树”中的“HMI_1”，单击工具栏上的“编译”图标，编译成功后单击工具栏上的“开始仿真”图标，起动 HMI 的运行系统仿真。使用 S7-PLCSIM 和 WinCC 运行系统的全虚拟联调仿真如图 9-20 所示。

单击面板上的“起动”按钮，PLC 中的变量“起动按钮”（M0.0）被置位为 1 状态，变量“电动机”（Q0.0）变为 1 状态，画面上的指示灯亮。松开面板上的“起动”按钮，M0.0

变为 0 状态，但由于 Q0.0 自锁触点的保持作用，Q0.0 继续为 1 状态，指示灯仍为亮。

图 9-18　打开控制面板

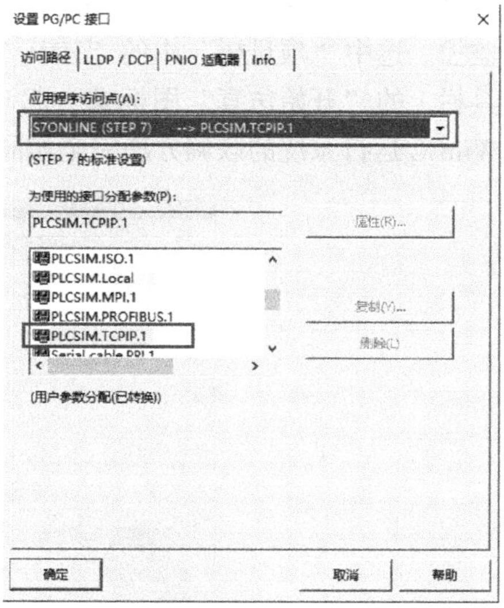

图 9-19　“设置 PG/PC 接口”对话框

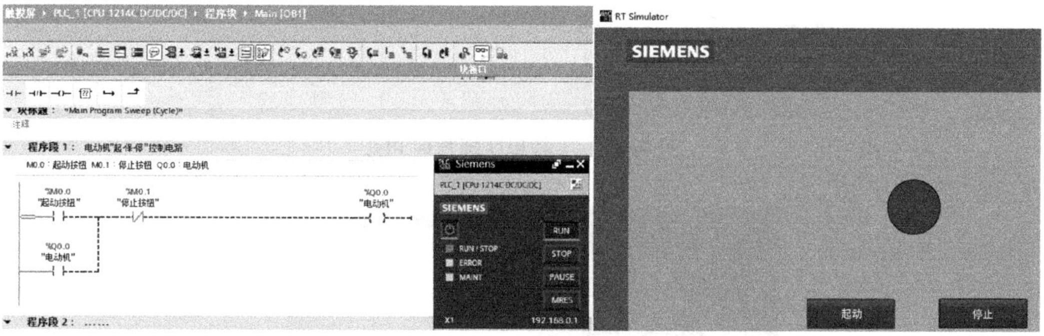

图 9-20　使用 S7-PLCSIM 和 WinCC 运行系统的全虚拟联调仿真

单击面板中的“停止”按钮，PLC 中的变量“停止按钮”（M0.1）变为 1 状态，Q0.0 断电，自锁解除，指示灯熄灭。松开面板上的“停止”按钮，M0.1 变为 0 状态，但由于 Q0.0 的自锁已经解除，所以指示灯仍然不亮。

2. 使用硬件 PLC 和 WinCC 运行系统的半虚拟联调仿真

设计好 HMI 设备的画面后，如果没有 HMI 设备，但是有硬件 PLC，可以在建立起计算机和 PLC 进行 S7 通信连接的情况下，用计算机模拟 HMI 设备的功能。这种半虚拟联调仿真可以减少调试时刷新 HMI 设备闪存的次数，节约调试时间。这种仿真的效果与实际系统基本相同。下面简要介绍这种方法。

打开计算机的“控制面板”，并切换到“所有控制面板项”显示方式（见图 9-18）。双击其中的“设置 PG/PC 接口”，打开“设置 PG/PC 接口”对话框，“为使用的接口分配参数”列表框中选计算机实际的物理网卡，后缀仍然是“.TCPIP.1”，设置“应用程序访问点”为“S7ONLINE（STEP7）→”指向本地真实网卡，不要指向“PLCSIM”，最后单击“确定”按钮。

选中“项目树”中的“PLC_1”，单击工具栏上的“编译”图标，编译成功后单击工具栏上的“下载到设备”图标，打开“扩展下载到设备”对话框，单击“开始搜索”按钮，在“选择目标设备”列表中选中要下载的硬件 PLC 后，单击“下载”按钮，将程序下载到物理 PLC（见图 9-21）。打开 OB1 程序，并单击工具栏上的“启用监视”图标对梯形图进行监控。选中“项目树”中的“HMI_1”，单击工具栏上的“编译”图标，编译成功后单击工具栏上的“开始仿真”图标，起动 HMI 的运行系统仿真。联调过程与使用 S7-PLCSIM 和 WinCC 运行系统的联调方法完全相同，这里不再赘述。半虚拟联调现场图片如图 9-22 所示。

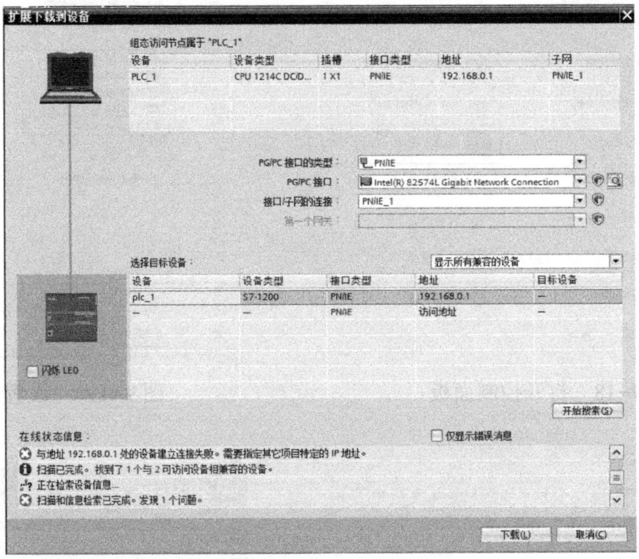

图 9-21　下载程序到物理 PLC

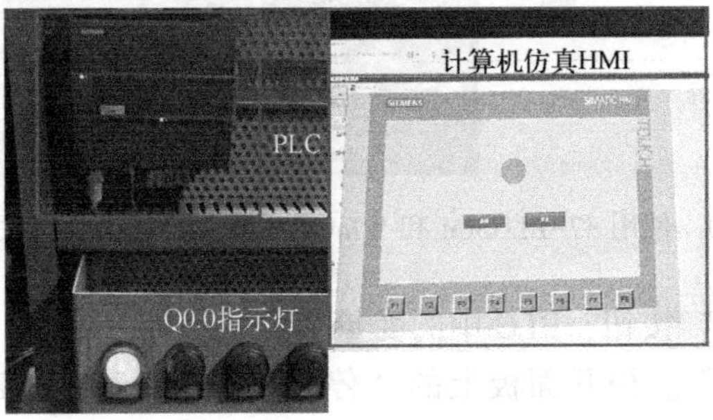

图 9-22　半虚拟仿真联调现场图片

9.4.5　精简系列面板的实物运行

对于既有物理 PLC，又有物理 HMI 的用户，可以将组态好的 PLC 设备和 HMI 设备下载到相应的物理设备中，实现全实物联调运行。方法如下：

打开“设置 PG/PC 接口”对话框，“为使用的接口分配参数”列表框中选计算机实际的物理网卡，后缀仍然是“.TCPIP.1”，设置“应用程序访问点”为“S7ONLINE（STEP7）→”指向本地真实网卡，不要指向“PLCSIM”，最后单击“确定”按钮。

选中“项目树”中的“PLC_1”，编译成功后单击工具栏上的“下载到设备”图标，将程序下载到物理 PLC（见图 9-21）。打开 OB1 程序，并单击工具栏上的“启用监视”图标对梯形图进行监控。选中“项目树”中的“HMI_1”，编译成功后单击工具栏上的“下载到设备”图标，打开“扩展下载到设备”对话框，单击“开始搜索”按钮，在“选择目标设备”

列表中选中要下载的硬件 HMI 后，单击“下载”按钮，将组态的 HMI 面板设备下载到物理 HMI（见图 9-23）。全实物联调现场图片如图 9-24 所示。

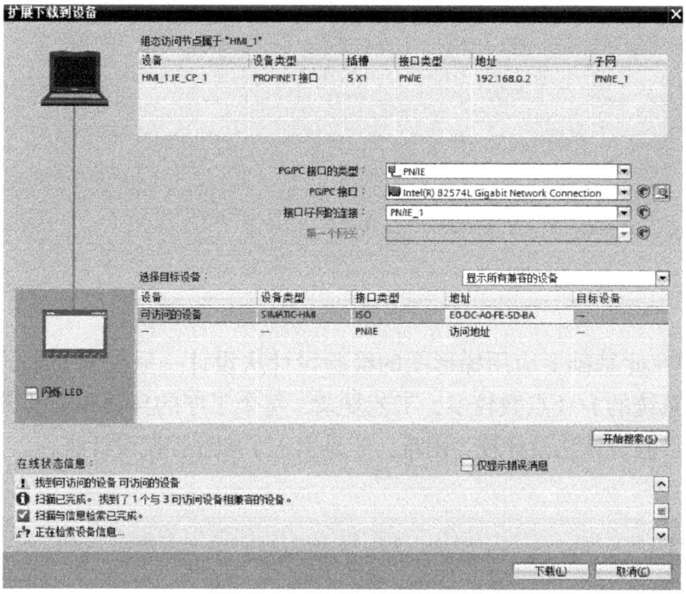

图 9-23　下载组态面板到物理 HMI

图 9-24　全实物联调现场图片

习　题

9-1　西门子触摸屏产品主要分为________、__________、________和________。

9-2　触摸屏又称__________。

9-3　判断：仿真的 PLC 和仿真的触摸屏可以进行通信操作。(　　)

9-4　判断：精简触摸屏可以通过 Portal WinCC 进行组态。(　　)

9-5　判断：触摸屏仿真软件是独立于 Portal 的一个软件，需要单独安装才能使用，软件名称为 WinCC。(　　)

9-6　编程：在触摸屏上制作“起动按钮”“停止按钮”“指示灯”“时间设定”对象。在“时间设定”中输入延时起动时间。按下触摸屏起动按钮，当到达延时时间时，触摸屏指示灯点亮；按下触摸屏停止按钮，触摸屏指示灯熄灭。

9-7　简述触摸屏变量和 PLC 变量的区别和联系。

9-8　HMI 有哪几种仿真调试的方法？各有何特点？

第 10 章　开关量控制系统梯形图设计方法

本章介绍梯形图中的基本电路，并在此基础上应用梯形图的经验设计法设计一般控制要求的PLC 程序。但对于复杂控制系统来说，系统的 I/O 点数较多，工艺复杂，每个工序的自锁要求及工序间的相互联锁关系也复杂，直接采用经验设计法设计较为困难，于是引入了顺序控制设计法。

10.1 梯形图中的基本电路

10.1.1 起-保-停电路

“起-保-停”电路是实现起动、保持和停止的电路，是电动机控制中应用非常广泛的基础电路。“起-保-停”电路的梯形图和信号波形图如图 10-1 所示。

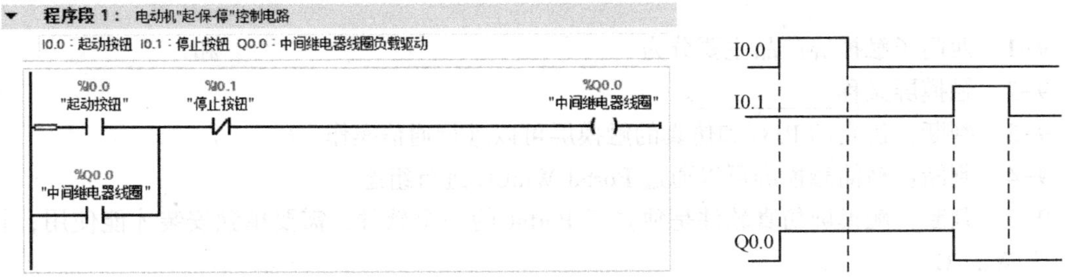

a)　　b)

图 10-1　“起-保-停”电路的梯形图和信号波形图

提示：“起-保-停”电路的特点是实现短信号的“记忆”和“自保持”功能。

10.1.2 置位复位电路

“起-保-停”电路用常规的常开、常闭触点和线圈输出指令编写，可以完成自锁功能。除了该方法外，还可以使用置位和复位操作来完成自锁功能，如图 10-2 所示。

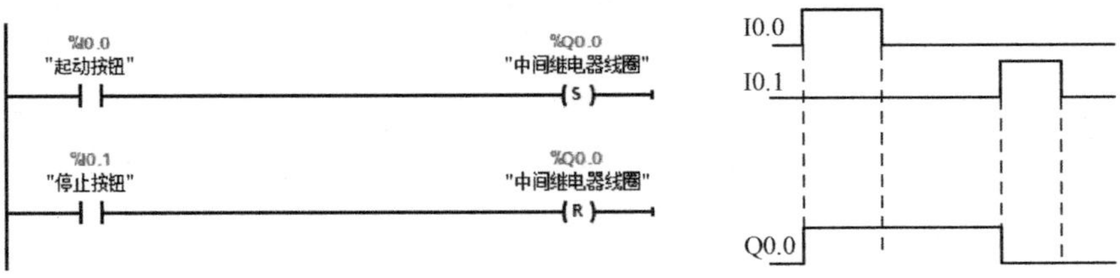

a)　　b)

图 10-2　置位复位指令的梯形图和信号波形图

10.1.3　三相异步电动机正反转控制电路

生产设备常常要求具有上下、左右、前后等正反方向的运动，这就要求电动机能正反向工作，对于交流感应电动机，一般借助接触器改变定子绕组相序来实现。常规继电控制电路如图 10-3 所示。在该控制电路中，KM1 为正转交流接触器，KM2 为反转交流接触器，SB1 为停止按钮，SB2 为正转控制按钮，SB3 为反转控制按钮。KM1、KM2 常闭触点构成电气互锁，SB2、SB3 复合按钮的常闭触点构成按钮互锁（机械互锁）。

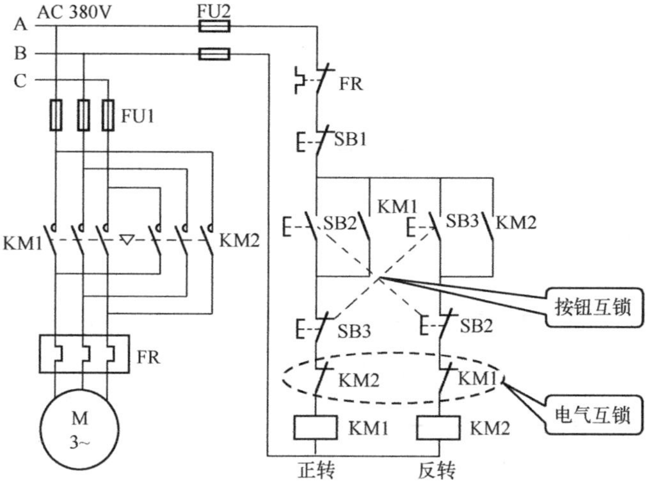

图 10-3　电动机正反转继电器控制电路

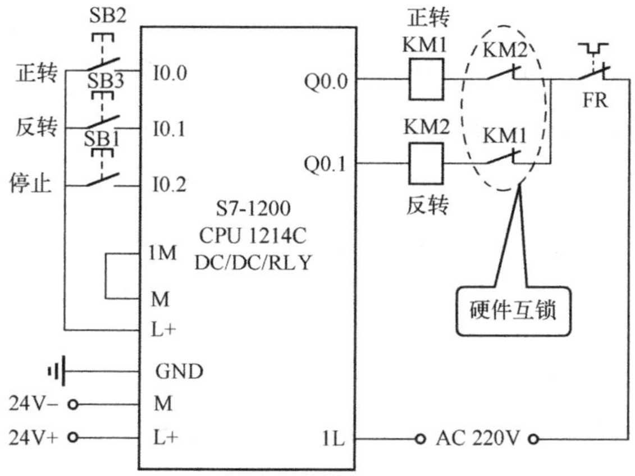

图 10-4　电动机正反转 PLC 控制电路

当按下 SB2 时，KM1 得电，电动机正转，KM1 的常闭触点断开反转控制回路，电气互锁起作用；此时当按下 SB3 时，SB3 的常闭互锁触点断开 KM1 线圈，KM1 失电，电气互锁解除，电动机停止正转，然后 KM2 得电，电动机反转，KM2 的常闭触点断开正转控制回路，电气互锁起作用。若要电动机再次正转，按下 SB2 即可，原理相同。控制电路的优势在于既可以避免误操作等引起的电源短路故障，又可以正反转直接进行切换。

将图 10-3 左侧的主电路部分保留，右侧的控制电路由继电器控制改成 PLC 控制，绘制的 PLC 外部接线图如图 10-4 所示。注意这里的 PLC 选择的是 DC/DC/RLY（继电器输出型），可以直接控制交流接触器线圈。PLC 输出电路中 KM1、KM2 的辅助常闭触点组成硬件电气互锁电路，这一点尤为重要，出于安全考虑，不能因为梯形图程序中设计了软件的接触器电气互锁就舍弃该硬件电气互锁。

注意：硬件互锁比软件互锁更重要，即使采用了软件互锁，在程序上绝对不会输出错误逻辑，但往往由于接触器故障，如接触器被卡死、触点粘连等问题，仍然有发生事故的可能。实际应用中安全第一，因此两种互锁都需要。

根据图 10-4 所示的 PLC 接线图，在 Portal 中新建“电动机正反转”工程，主程序 OB1 中编写 PLC 控制电动机正反转的梯形图程序，如图 10-5 所示。该程序加入了软件双重互锁，即按钮互锁和电气互锁，其中按钮互锁是为了正反转直接进行切换，电气互锁是从软件的层面上防止正反转线圈同时接通，造成主电路两相短路，引发严重事故。

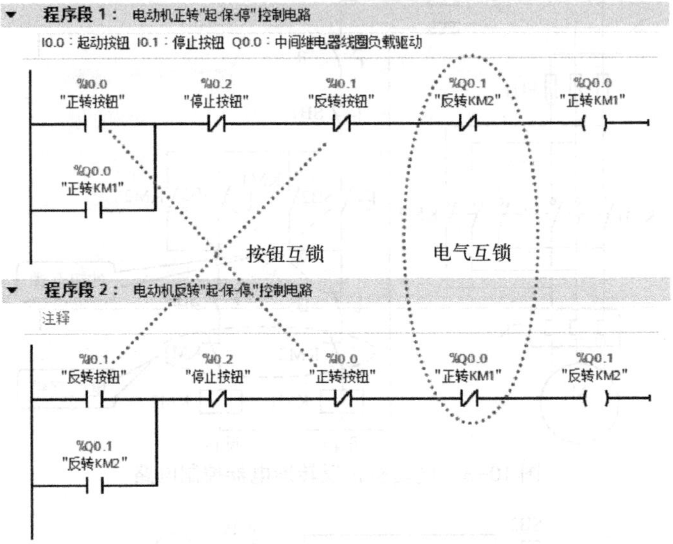

图 10-5 PLC 控制电动机正反转的梯形图

10.1.4 闪烁电路与 TRACE 功能

1. 闪烁电路

闪烁电路也称为振荡电路。闪烁电路实际上是一个时钟电路，它可以是等间隔的通断，也可以是不等间隔的通断。在实际的程序设计中，如果电路中用到闪烁功能，往往直接用两个定时器组成闪烁电路。

在 Portal 中新建“闪烁电路”工程，主程序 OB1 中编写一个断 2s、通 3s 的闪烁电路梯形图程序，如图 10-6 所示。程序完成后，编译并下载到 S7-PLCSIM 仿真 PLC 中运行，用 SIM 表进行调试，通过 SIM 表将 I0.0 接通并保持，Q0.0 对应的指示灯开始闪烁，波形图如图 10-7 所示。

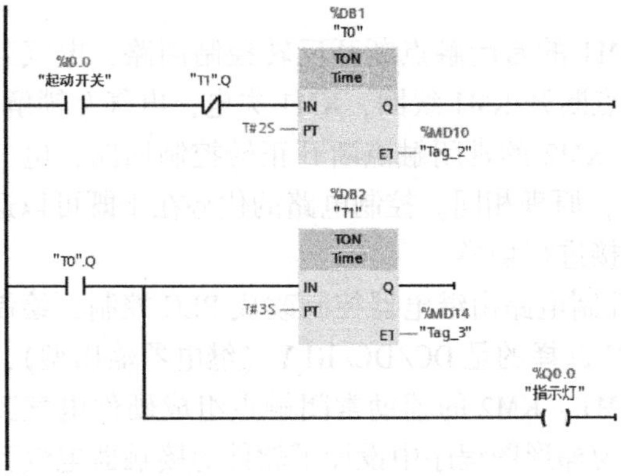

图 10-6 闪烁电路梯形图

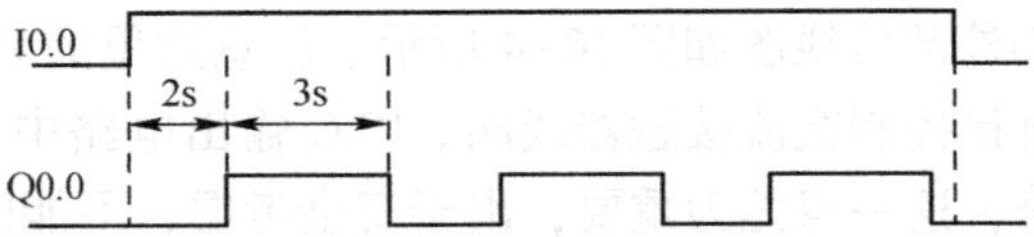

图 10-7 闪烁电路波形图

2. TRACE 功能

在 TIA Portal 软件中，通过 TRACE 功能记录测量值变化。将配置好的 TRACE 下载到 PLC 中，从而根据条件采样变量值。多个采样值形成以时间变化为横坐标的曲线，称为记录。S7-1200 PLC 每个 TRACE 配置最多可以组态 16 个信号。这里通过 TRACE 功能对上述闪烁电路中的波形进行记录和显示。

（1）新建 TRACE 配置　在 TIA Portal 软件中，展开项目树相应 PLC 站点下的“Traces”，双击其中的“添加新轨迹”项，会在“Traces”下新建一个“Trace”项（见图 10-8）并自动打开其组态页面。

（2）组态记录信号　一个 TRACE 配置最多记录 16 个变量，工作区组态信号（配置变量）如图 10-9 所示。

图 10-8　创建 TRACE

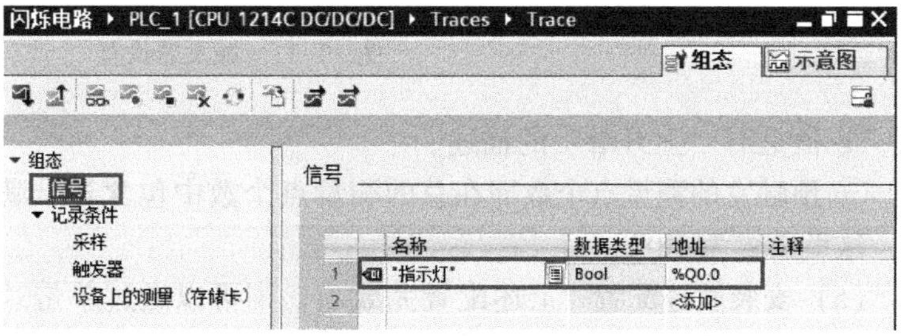

图 10-9　TRACE 信号配置

（3）设置采样条件　工作区 TRACE 配置采样如图 10-10 所示。

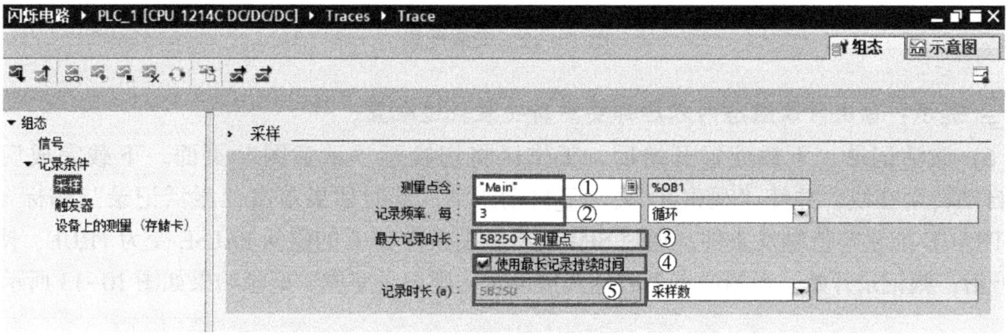

图 10-10　配置采样

① 采样 OB：TRACE 记录的是信号在所选采样 OB 结束处的值，这里设置的是 OB1。

② 采样频率：每隔 1~$(2^{31}-1)$个采样 OB，记录一次所有设置信号的值，这里设置为“3”。

③ 测量点数量：一次采样作为一个测量点，而 TIA Portal 软件根据 TRACE 配置信号的数量、数据类型以及采样频率计算出测量点的最大数量。

④ 如使用计算出测量点的最大数量，则激活选择框，这里选择激活。

⑤ 自行设置测量点数量，但不能超过测量点的最大数量。

（4）设置触发条件　触发器为 TRACE 采样的起始条件，工作区触发器设置如图 10-11 所示。

① 触发模式包括立即记录、变量触发和无触发器监视，这里选择“变量触发”。

② 触发变量选择 I0.0“启动开关”。

③ 触发事件选择“上升沿”，即当 I0.0 出现上升沿时才开始记录。

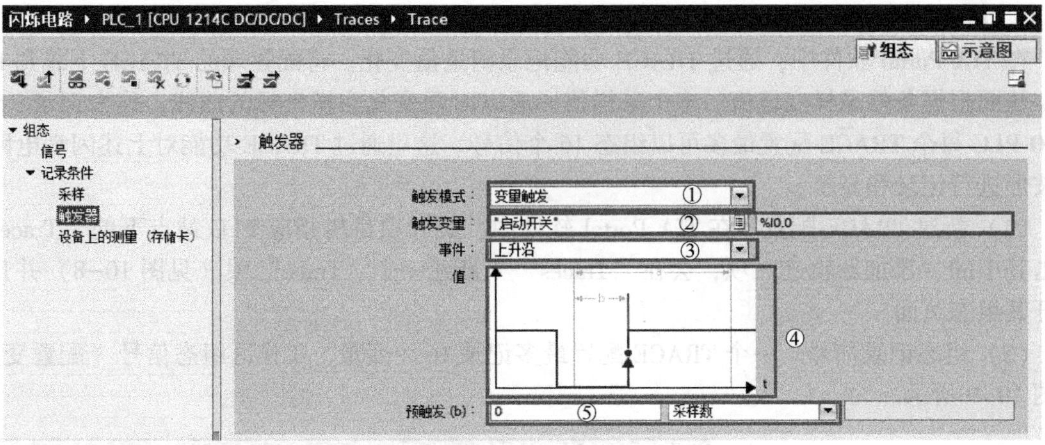

图 10-11　触发器设置

④ 值是对“上升沿”的描述。

⑤ 预触发的测量点个数即在总的测量点个数中包含若干满足触发条件时刻前测量点的记录，这里设置为“0”。

（5）安装轨迹配置　上述配置完成后，则可以通过单击“在设备上安装轨迹”图标实现将 TRACE 配置下载至 CPU，如图 10-12 所示。

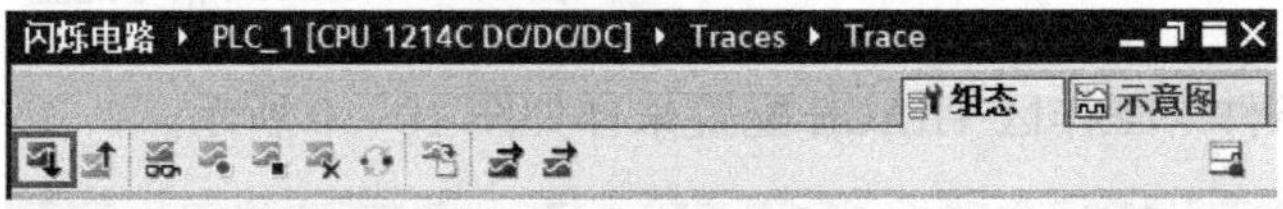

图 10-12　安装配置

提示：每次修改组态内容后都要重新安装轨迹配置。

（6）激活记录　下载配置开始后，工作区将切换至“示意图”页面。下载完成后会将 CPU 自动转至在线，并使“观察开/关”自动激活。此时如果单击“激活记录”图标，将按照 TRACE 配置等待触发条件。通过 SIM 表将触发条件 I0.0 的值从 FALSE 变为 TRUE，使之出现上升沿，则记录开始。当测量点个数达到预设时，则记录完成。记录结果如图 10-13 所示。

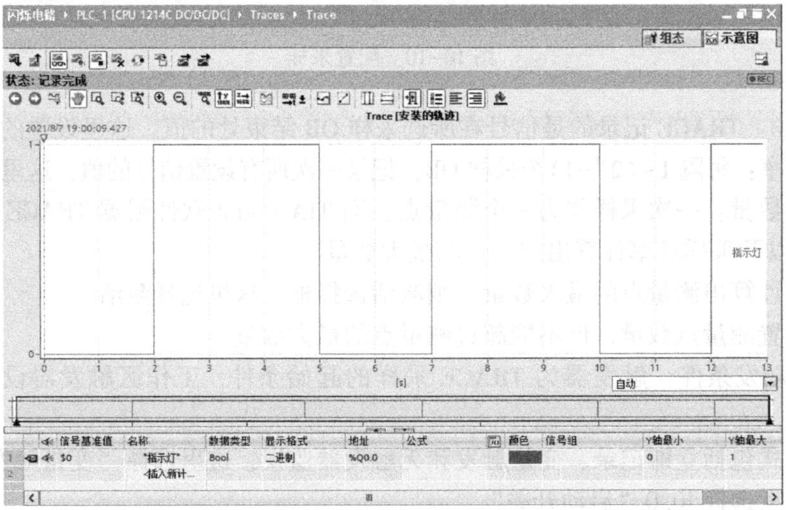

图 10-13　记录结果

10.1.5　接通延时/关断延时电路

西门子 S7-1200 PLC 的 TON 为接通延时指令，TOF 为关断延时指令。这里用这两条指令设计当 I0.0 接通并保持时，延时 9s 接通 Q0.0 并使之输出保持；当 I0.0 断开时，延时 7 s 断开 Q0.0。对应的波形图如图 10-14 所示。

在 Portal 中新建“延时接通/延时关断电路”工程，在主程序 OB1 中编写梯形图程序，如图 10-15 所示。程序完成后，编译并下载到 S7-PLCSIM 仿真 PLC 中运行，用 SIM 表进行调试，通过 SIM 表将 I0.0 接通并保持，Q0.0 延时 9s 后接通并保持点亮，将 I0.0 断开，Q0.0 延时 7s 后断开并熄灭。

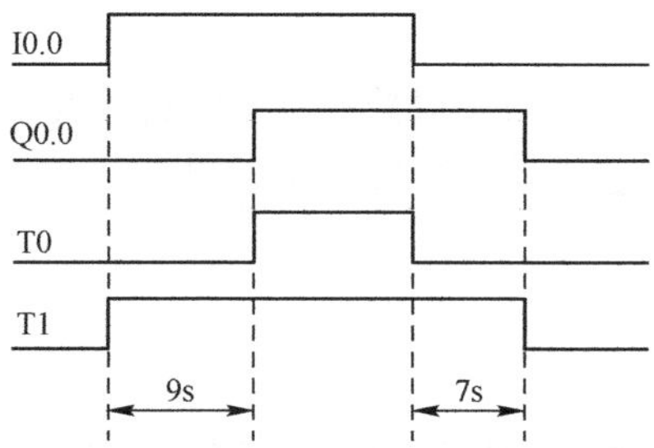

图 10-14　接通延时/关断延时波形图

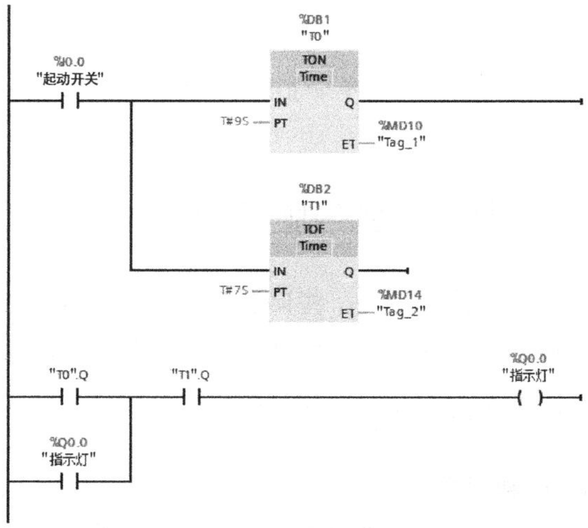

图 10-15　接通延时/关断延时梯形图

10.1.6　单按钮电路

在许多控制场合，有时为了节省一个输入点，需要用一个按钮控制设备起停，即单按钮电路。单按钮电路也叫二分频电路，因为该电路还可以实现对控制信号的二分频输出，如图 10-16 所示。这里介绍实现单按钮电路的两种常见梯形图。

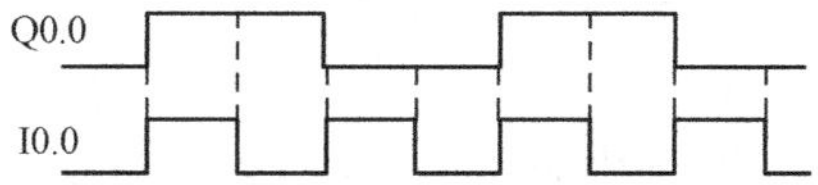

图 10-16　二分频波形图

1. 单按钮电路 A

在 TIA Portal 中新建“单按钮电路 A”工程，在 OB1 中编写梯形图程序，如图 10-17 所示。

2. 单按钮电路 B

在 TIA Portal 中新建“单按钮电路 B”工程，在主程序 OB1 中编写梯形图程序，如图 10-18 所示，I0.0 第一个脉冲到来时，PLC 第一次扫描，M0.0 为 ON，Q0.0 为 ON，第二次扫描，Q0.0 自锁；I0.0 第二个脉冲到来时，PLC 第一次扫描，M0.0 为 ON，Q0.0 断开，第二次扫描，M0.0 断开，Q0.0 保持断开；以此类推。

提示：单按钮电路可用于一个按钮控制一台设备的起停，例如一个按钮控制一盏灯的亮灭。I0.0 下面可并联多个输入按钮，就可实现多个开关控制一盏灯。

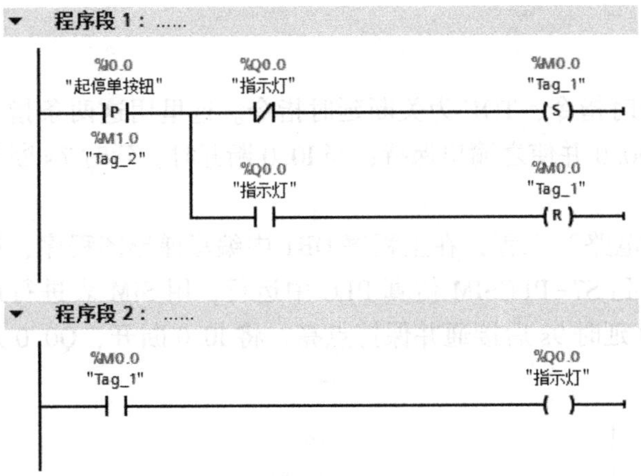

图 10-17　单按钮电路 A 梯形图

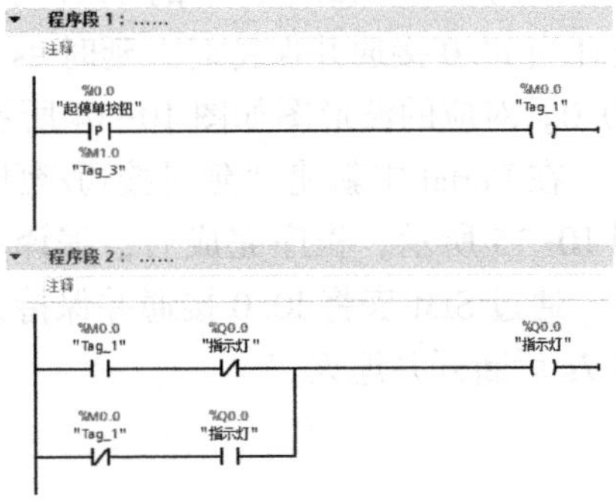

图 10-18　单按钮电路 B 梯形图

10.2　梯形图的经验设计法

经验设计法是指在一些典型基本电路的基础上，根据被控对象对控制系统的具体要求，不断地修改和完善梯形图的设计方法。本节通过两个采用经验设计法的实例来说明。

10.2.1　两种液体混合装置实例

1. 控制要求

图 10-19 所示为两种液体混合装置示意图，L1、L2、L3 为液位传感器，液面淹没时接通，液体 A、液体 B 的流入由电磁阀 A、B 控制，M 为搅匀电动机，电磁阀 C 用于控制混合液的排出。其控制要求如下。

1）初始状态：各阀门全部关闭，电动机停止运行，混合液灌空，所有液位传感器处于 OFF（断开状态）。

2）操作工艺流程：

① 按下起动按钮 SB1 后，打开电磁阀 A，液体 A 流入混合液灌。

② 当中限位传感器 L2 被淹没，变为 ON 时，电磁阀 A 关闭，电磁阀 B 打开。

③ 当上限位传感器 L1 被淹没，变为 ON 时，电磁阀 B 关闭，电动机 M 开始运行，搅拌液体，20 s 后停止搅拌。

④ 电磁阀 C 打开放出混合液体。

⑤ 当液面降至下限位传感器 L3，变为 OFF 时，开始定时，5 s 后混合液灌放空，关闭电磁阀 C。此后又开始重复下一个周期的循环。

3）按下停止按钮 SB2，要将当前的混合操作处理完毕后，即在当前工作周期的操作结束后，才停止操作（停在初始状态）。

2. 控制方案

（1）人工控制方案　图 10-20 所示为采用人工控制方案的示意图，从图中可以看出，若要采用人工控制方案，操作人员的手要控制系统的起停、3 个阀门的开闭、搅拌电动机的起停，眼睛要紧盯 3 个液位传感器的状态、时钟的定时时间，如此工作一天操作人员是极为辛苦的，而且控制效果、控制精度也不理想。于是可采取下面的自动控制方案。

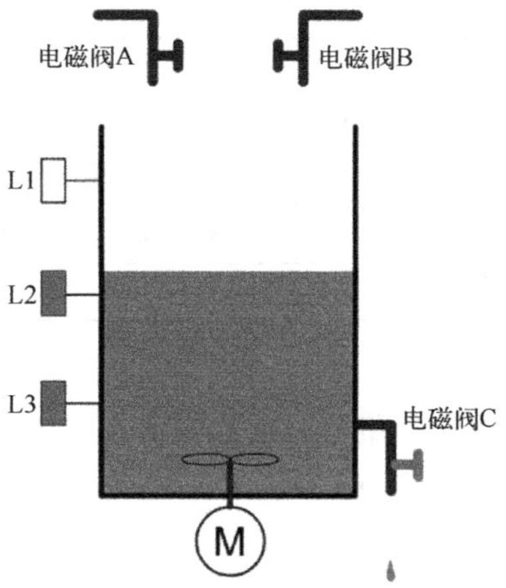

图 10-19　两种液体混合装置示意图

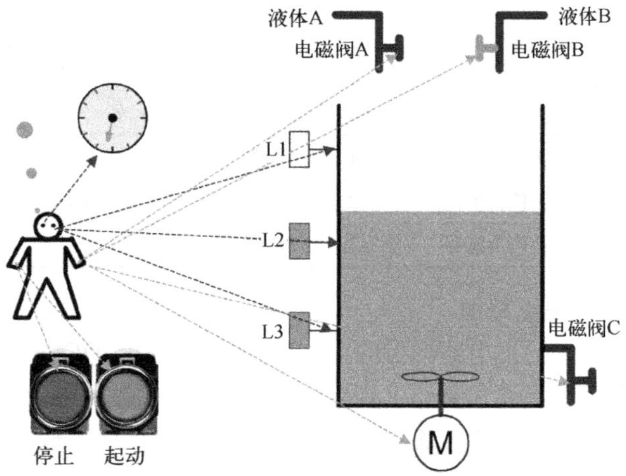

图 10-20　人工控制方案示意图

（2）自动控制方案　图 10-21 所示为采用自动控制方案的示意图。控制柜面板上的起动和停止按钮作为主令信号，输入给控制柜内的 PLC 主控制器，PLC 根据输入信号的状态运行内部的控制程序，并将程序的运行结果通过 PLC 的输出接口电路输出，控制电磁阀、接触器等执行机构，执行机构控制被控对象（混合液罐）内液体的混合和搅拌，被控对象上安装的 3 个液位传感器反馈液位信号到 PLC，由 PLC 根据反馈的液位状态通过内部控制程序执行，进一步得出新的运行结果，再次通过 PLC 的输出接口电路输出，控制执行机构，执行机构作用于被控对象，如此循环，构成工业上常用的闭环控制系统。

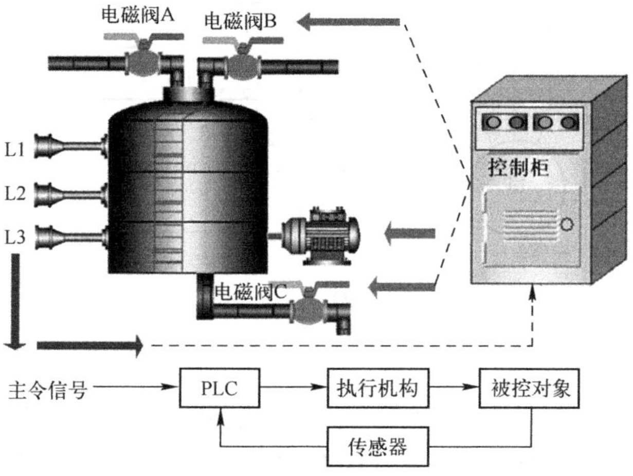

图 10-21　自动控制方案示意图

3. PLC 的 I/O 分配表

根据控制要求，列出 PLC 的 I/O 分配表，见表 10-1。

表 10-1　PLC 的 I/O 分配表

输入 I 点				输出 Q 点				内部元件		
序号	名　称	文字符号	地址	序号	名　称	文字符号	地址	序号	名　称	地址
1	起动按钮	SB1	I0.0	1	电磁阀 A	YVA	Q0.0	1	系统运行标志	M0.0
2	停止按钮	SB2	I0.1	2	电磁阀 B	YVB	Q0.1	2	搅拌时间 20 s 定时器	T0

（续）

输入I点				输出Q点				内部元件		
序号	名　称	文字符号	地址	序号	名　称	文字符号	地址	序号	名　称	地址
3	高液位传感器	L1	I0.2	3	电磁阀 C	YVC	Q0.2	3	排空时间 5 s 定时器	T1
4	中液位传感器	L2	I0.3	4	搅拌电动机	M	Q0.3	4	辅助保持	M0.1
5	低液位传感器	L3	I0.4							

4. 主电路图

系统的主电路图如图 10-22 所示。QF1、QF2 和 QF3 为低压断路器。接触器 KM 的 3 对主触头用于接通和断开三相异步电动机 M（搅拌电动机）。PSW 为直流 24 V 开关电源，用于为 PLC 供电。单相交流 220 V 电源用于为 PLC 外部输出负载供电。

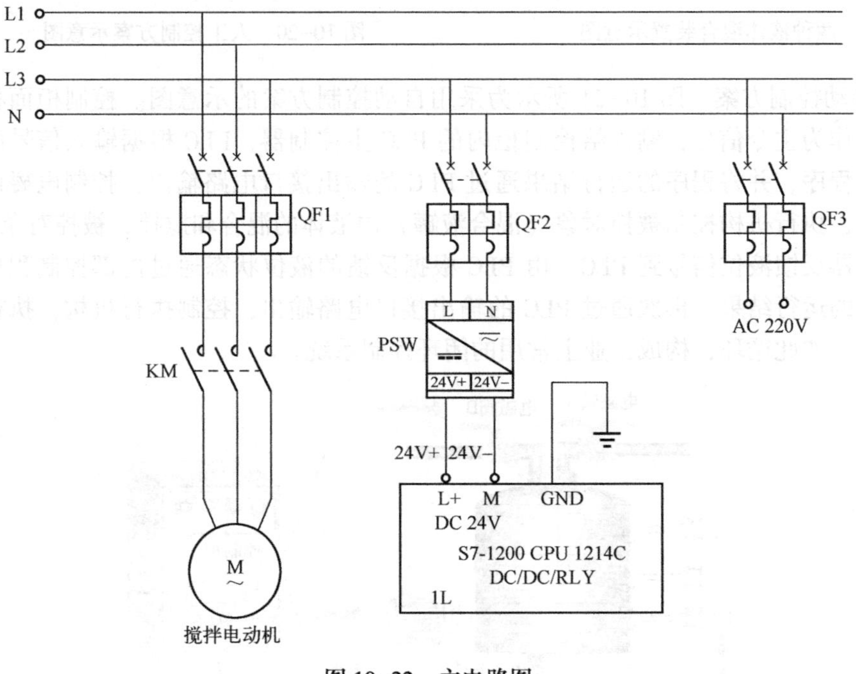

图 10-22　主电路图

5. PLC 控制电路图

系统的 PLC 控制电路图如图 10-23 所示。PLC 为 S7-1200 CPU 1214C，DC/DC/RLY，输入回路使用 CPU 内置的 24 V 传感器电源（L+和 M 端子），传感器电源的负极 M 点与输入电路内部的公共点 1M 连接，L+是传感器电源的正极，从而构成漏型输入接线方式。

6. 梯形图程序（经验设计法）

程序段 1：“起-保-停”基本电路实现对 M0.0（系统运行标志）的控制，如图 10-24 所示。

程序段 2：M0.0 为 1，则 Q0.0 为 1，打开电磁阀 A，流入液体 A，当 A 液体淹没中液位传感器即 I0.3 为 1 时，Q0.0 为 0，电磁阀 A 关闭。注意，这里容易忽略以下情况，在打开电磁阀 C 排放混合液体即 Q0.2 为 1 时，当液位低于中液位传感器即 I0.3 为 0 时，如果不加限制，就会意外使 Q0.0 接通，电磁阀 A 打开，导致严重事故，所以必须在程序中加入 Q0.2（电磁阀 C）的常闭触点，防止在排放液体的过程中意外接通 Q0.0（电磁阀 A），如图 10-25 所示。

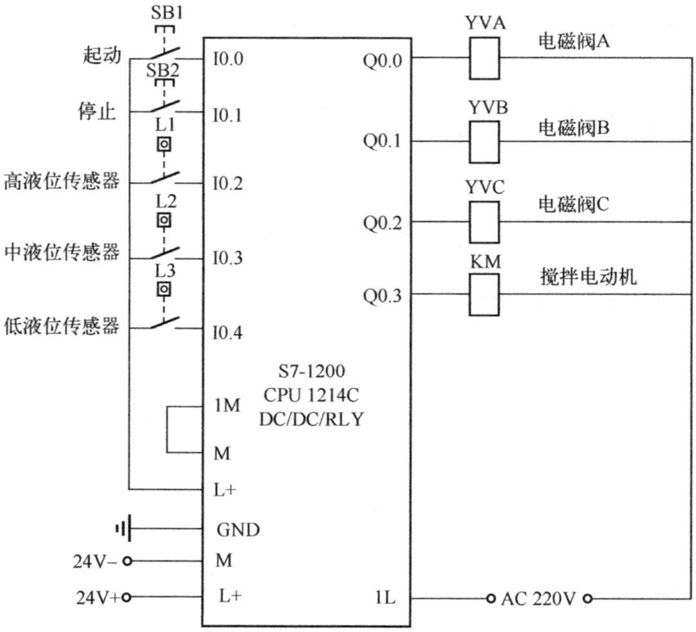

图 10-23　PLC 控制电路图

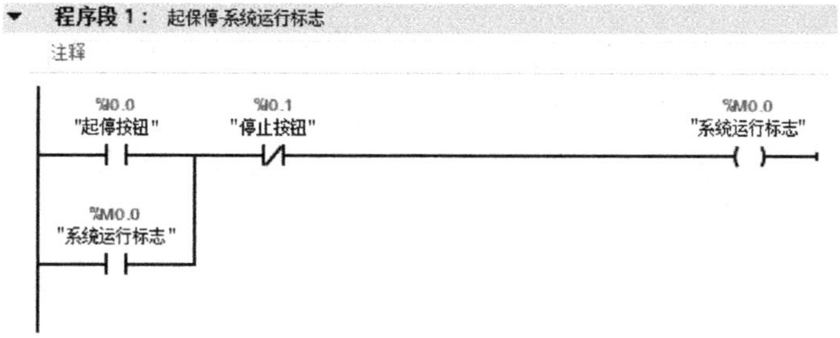

图 10-24　程序段 1

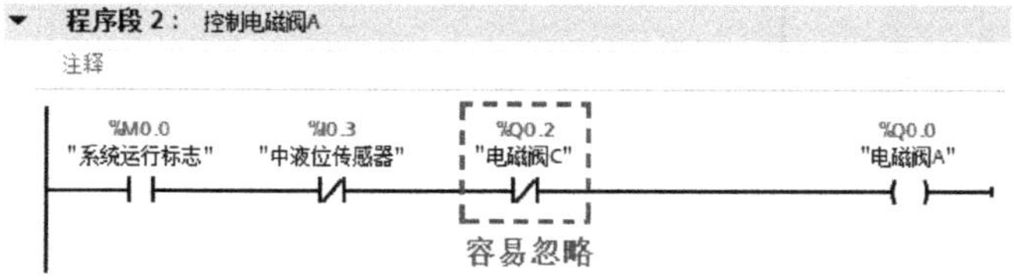

图 10-25　程序段 2

程序段 3：当液体 A 淹没中液位传感器即 I0.3 为 1 时，Q0.1 为 1，电磁阀 B 打开，流入液体 B。当液体 B 淹没高液位传感器即 I0.2 为 1 时，Q0.1 为 0，电磁阀 B 关闭。注意，这里容易忽略以下情况，在打开电磁阀 C 排放混合液体即 Q0.2 为 1 时，当液位刚低于高液位传感器即 I0.2 为 0 时，如果不加限制，就会意外使 Q0.1 接通，电磁阀 B 打开，导致严重事故，所以必须在程序中加入 Q0.2（电磁阀 C）的常闭触点，防止在排放液体的过程中意外接通 Q0.1（电磁阀 B），如图 10-26 所示。

程序段 4：当液体 B 淹没高液位传感器即 I0.2 为 1 时，Q0.3 为 1，搅拌电动机开启，同时启动接通延时定时器 T0 进行 20 s 定时，20 s 时间一到，便通过 T0 的常闭触点断开 Q0.3，如图 10-27 所示。

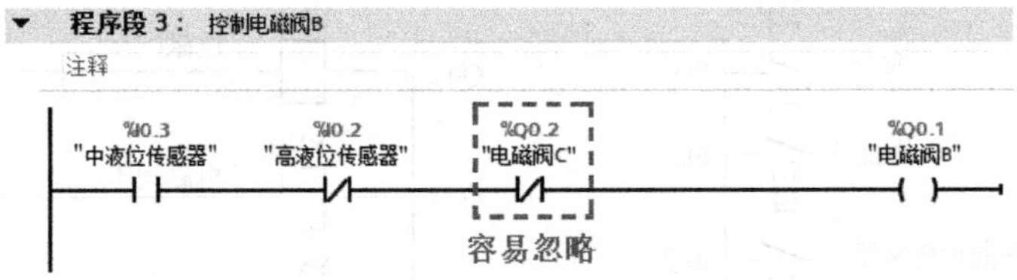

图 10-26 程序段 3

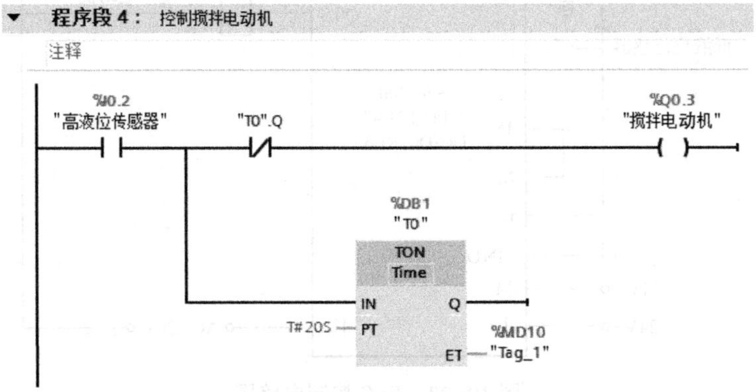

图 10-27 程序段 4

程序段 5：电磁阀 C 开启即 Q0.2 为 1，开始排放混合好的液体。在排液过程中，液位低于低液位传感器即 I0.4 出现下降沿，启动接通延时定时器 T1 进行 5 s 排空定时，5 s 时间一到，便通过 T1 的常闭触点断开 Q0.2（电磁阀 C），同时 T1 也会自动断开。注意，这里 M0.1 起到辅助保持的作用。程序如图 10-28 所示。

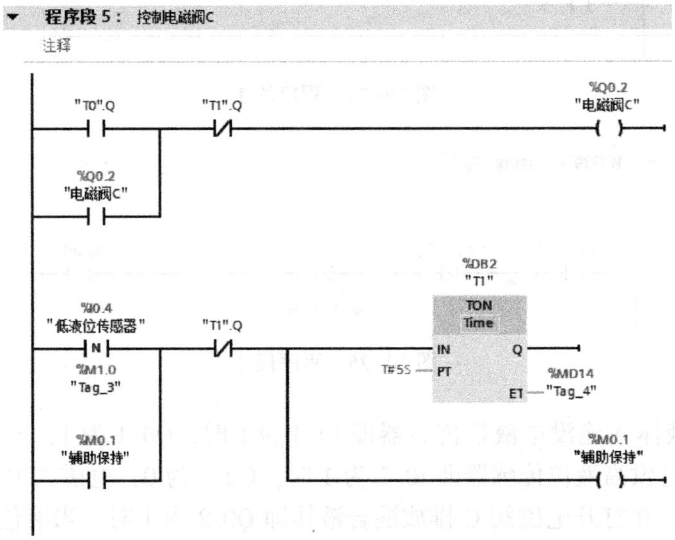

图 10-28 程序段 5

7. 仿真调试

将编译成功的程序下载到 S7-PLCSIM 中进行仿真运行，并利用 SIM 表进行调试，调试过程中注意液位传感器的通断需要根据工艺要求在 SIM 表中人工进行模拟，如图 10-29 所示。

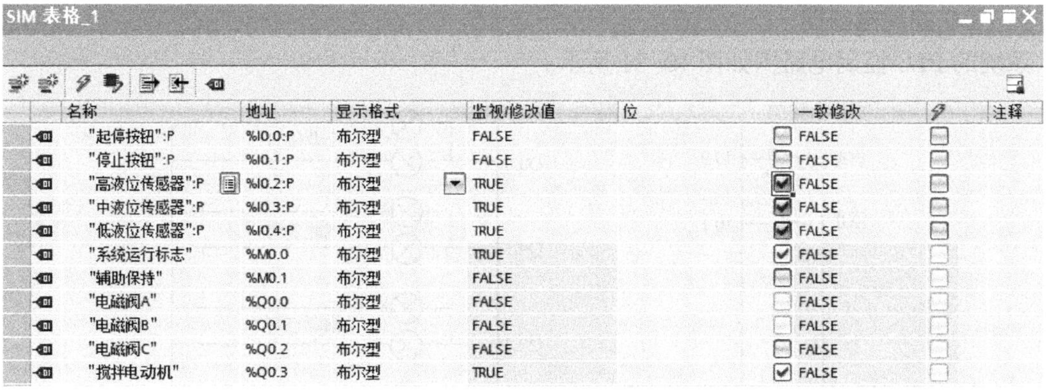

SIM 表格_1

名称	地址	显示格式	监视/修改值	位	一致修改		注释
"起停按钮":P	%I0.0:P	布尔型	FALSE		FALSE		
"停止按钮":P	%I0.1:P	布尔型	FALSE		FALSE		
"高液位传感器":P	%I0.2:P	布尔型	TRUE		FALSE		
"中液位传感器":P	%I0.3:P	布尔型	TRUE		FALSE		
"低液位传感器":P	%I0.4:P	布尔型	TRUE		FALSE		
"系统运行标志"	%M0.0	布尔型	TRUE		FALSE		
"辅助保持"	%M0.1	布尔型	FALSE		FALSE		
"电磁阀A"	%Q0.0	布尔型	FALSE		FALSE		
"电磁阀B"	%Q0.1	布尔型	FALSE		FALSE		
"电磁阀C"	%Q0.2	布尔型	FALSE		FALSE		
"搅拌电动机"	%Q0.3	布尔型	TRUE		FALSE		

图 10-29 SIM 表仿真调试

10.2.2 十字路口交通信号灯控制实例

城市道路十字路口靠交通信号灯来维持交通秩序。在每个方向都有红、黄、绿 3 种信号灯，红色表示“停”，绿色表示“行”，黄色表示“警示”，如图 10-30 所示。

1. 控制要求

系统工作时，有如下控制要求：

1）系统受一个启动按钮控制，按下启动按钮，信号灯系统开始工作，直到按下停止按钮，系统停止工作。

2）系统启动后，南北方向红灯亮 25 s，与此同时东西方向绿灯亮 20 s，到 20 s 时该灯开始闪亮，闪亮 3 s 后熄灭，东西方向黄灯亮，且亮 2 s 后熄灭，然后东西方向红灯亮、南北方向红灯熄灭且绿灯亮。

3）东西方向红灯亮 30 s，与此同时南北方向绿灯亮 25 s，到 25 s 时该灯开始闪亮，闪亮 3 s 后熄灭，南北方向黄灯亮，且亮 2 s 后熄灭，然后南北方向红灯亮、东西方向红灯熄灭且绿灯亮。

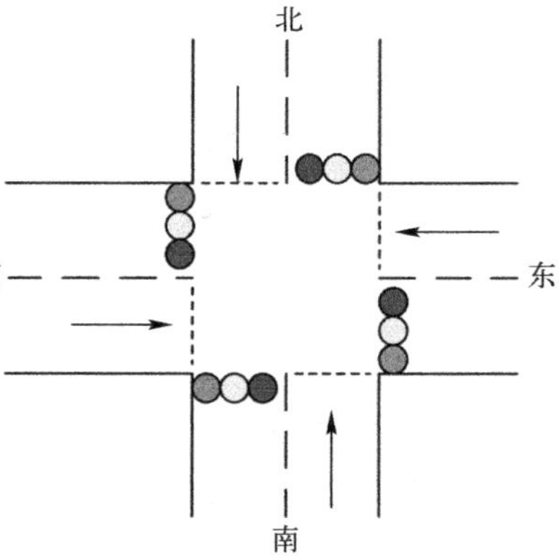

图 10-30 十字路口交通信号灯示意图

4）两个方向的绿灯闪亮间歇时间均为 0.5 s。

5）两个方向的信号灯按上述要求周而复始地进行工作。

2. PLC 的 I/O 分配表

根据控制要求，列出 PLC 的 I/O 分配表，见表 10-2。

表 10-2 PLC 的 I/O 分配表

输入 I 点				输出 Q 点			内部元件		
序号	名 称	文字符号	地址	序号	名 称	地址	序号	名 称	地址
1	启动按钮	SB1	I0.0	1	南北绿灯	Q0.0	1	系统运行标志	M0.0
2	停止按钮	SB2	I0.1	2	南北黄灯	Q0.1	2	20 s 定时	T0
				3	南北红灯	Q0.2	3	3 s 定时	T1
				4	东西绿灯	Q0.3	4	2 s 定时	T2
				5	东西黄灯	Q0.4	5	25 s 定时	T3
				6	东西红灯	Q0.5	6	3 s 定时	T4
							7	2 s 定时	T5

3. PLC 控制电路图

系统的 PLC 控制电路图如图 10-31 所示。

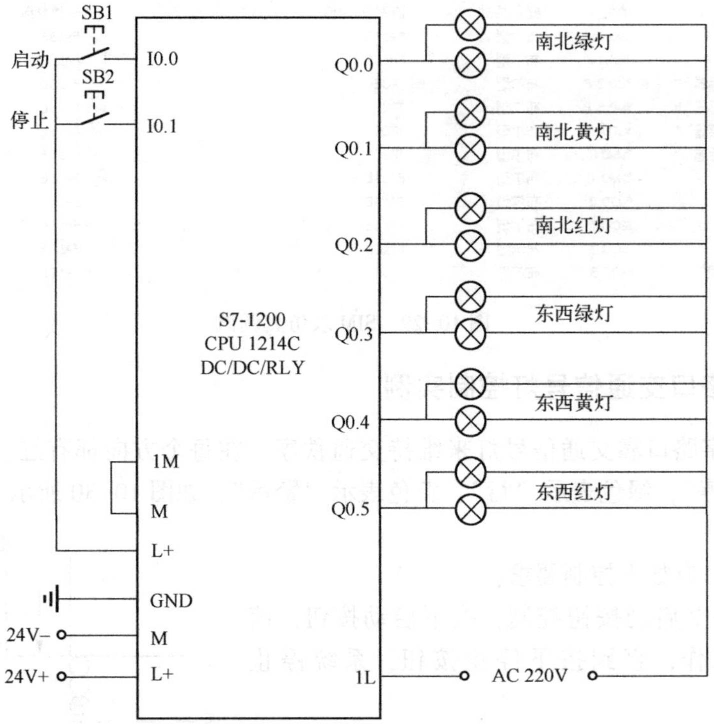

图 10-31 PLC 控制电路图

4. 信号时序图

十字路口交通信号灯主令信号与负载信号灯在一个周期内的时序关系如图 10-32 所示。

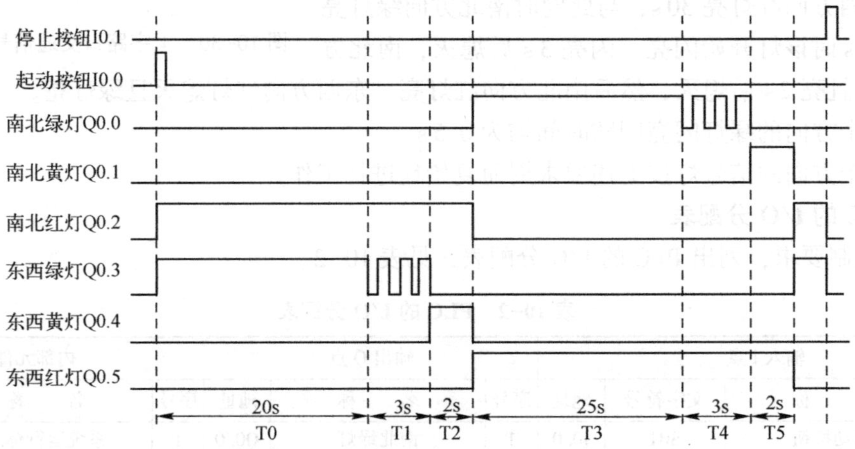

图 10-32 十字路口交通信号灯时序图

5. 启动时钟存储器位

本实例要求绿灯闪亮，间歇时间为 0.5 s，即绿灯输出频率为 1 Hz 的脉冲。为了实现这个功能，可以使用 PLC 的时钟存储器位。打开 PLC 的设备视图，选中 CPU 后，单击巡视窗口的“属性”→“常规”→“系统和时钟存储器”，如图 10-33 所示。勾选“启用时钟存储器字节”复选框（默认地址为 MB0）。由于 M0.0 已经定义为系统运行标志位，所以为了避免冲突，这里将时钟存储器字节地址修改成 MB100。设置完成后，M100.5 将为 1 Hz 的时钟脉冲信号。

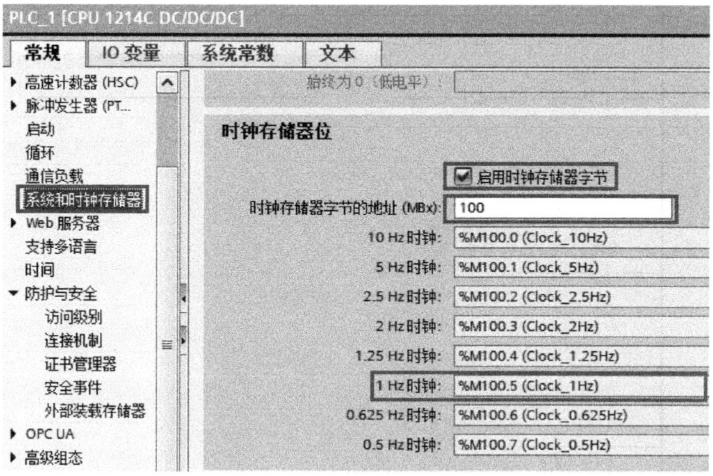

图 10-33　时钟存储器位

6. 梯形图程序（经验设计法）

分析：这是一个关于时序循环的问题，这类问题有很多，其编程有一定的规律，掌握这个规律，编程就会很容易。

1）根据时序图中各负载发生的变化，定下所需定时器的编号和各定时器要延时的时间（见图 10-32）。

2）由于各定时器是按先后循环接通的，所以要用前一个定时器的触点接通后一个定时器的线圈，再用最后一个定时器的触点断开最前一个定时器的线圈，这样就完成了定时器的循环定时。

3）写驱动负载的程序，根据时序图中各负载上升沿和下降沿的变化，上升沿表示负载要接通，用相应信号的常开触点，下降沿表示负载要断开，用相应信号的常闭触点。在一个周期中负载有多次接通时，用各路触点并联。

下面根据以上分析进行梯形图的编写。

程序段 1：“启-保-停”基本电路实现对 M0.0（系统运行标志）的控制，如图 10-34 所示。

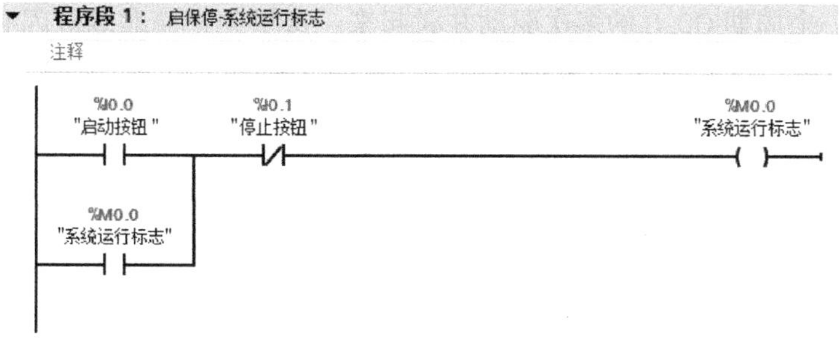

图 10-34　程序段 1

程序段 2：构造定时器循环启动。M0.0 启动 T0，T0 启动 T1，T1 启动 T2，T2 启动 T3，T3 启动 T4，T4 启动 T5。最后用 T5 断开 T0，实现循环（T0 断开 T1，T1 断开 T2，T2 断开 T3，

T3 断开 T4，T4 断开 T5）。T5 复位后，T0 又重新接通，继续循环启动，如图 10-35 所示。

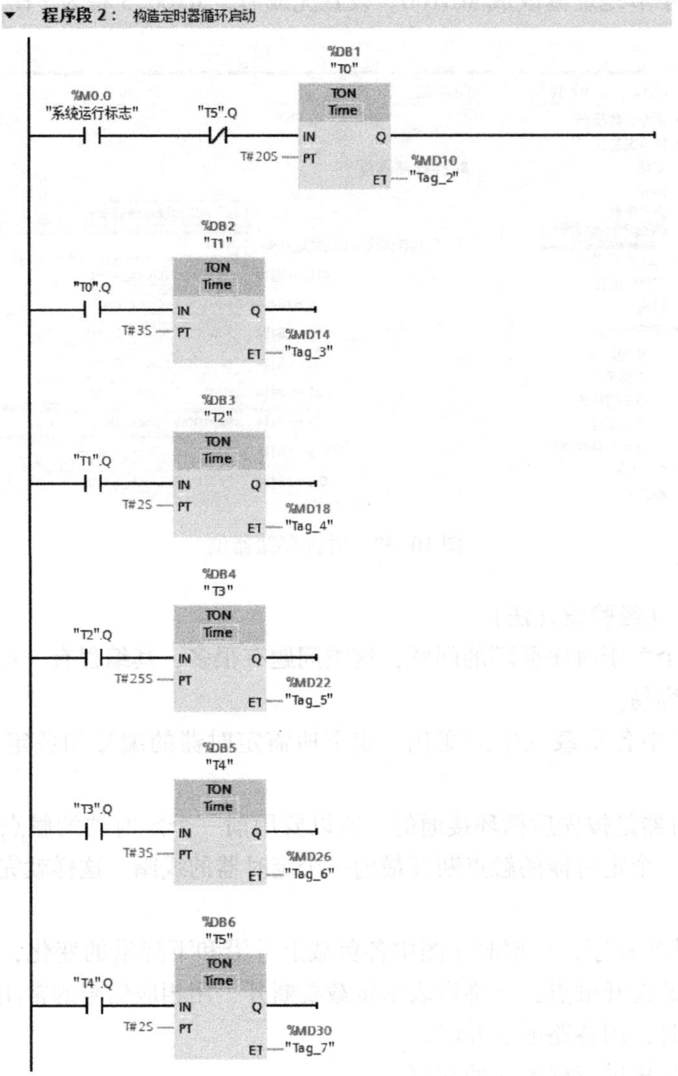

图 10-35 程序段 2

程序段 3：根据南北绿灯时序图的上升沿和下降沿变化，用相应触点接通和断开线圈 Q0.0（南北绿灯）。将一个周期 Q0.0 的多次驱动并联起来。这里先把南北绿灯闪亮 3 s 作为一个 3 s 的持续接通状态看待，然后再串入 M100.5 的 1 Hz 时钟脉冲，实现 3 s 的 1 Hz 频率闪烁，如图 10-36 所示。

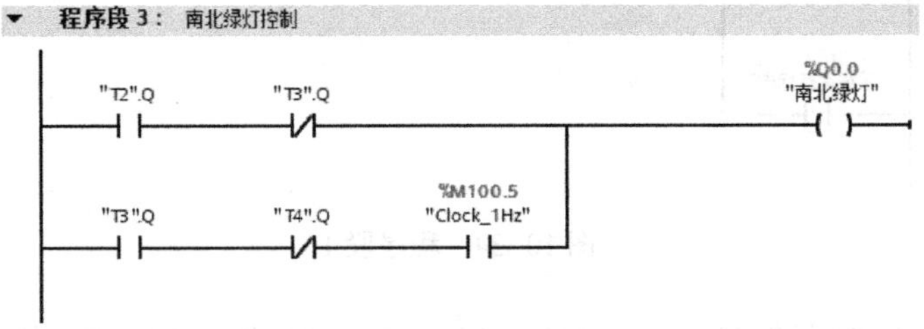

图 10-36 程序段 3

程序段 4：根据南北黄灯时序图的上升沿和下降沿变化，用相应触点接通和断开线圈 Q0.1（南北黄灯），如图 10-37 所示。

图 10-37 程序段 4

程序段 5：根据南北红灯时序图的上升沿和下降沿变化，用相应触点接通和断开线圈 Q0.2（南北红灯），如图 10-38 所示。

图 10-38 程序段 5

程序段 6：根据东西绿灯时序图的上升沿和下降沿变化，用相应触点接通和断开线圈 Q0.3（东西绿灯）。将一个周期 Q0.3 的多次驱动并联起来。东西绿灯 1 Hz 频率闪烁 3 s 的编程思路同程序段 3。程序如图 10-39 所示。

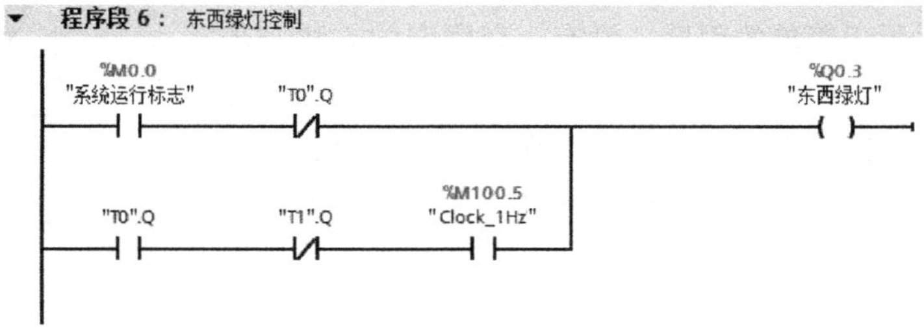

图 10-39 程序段 6

程序段 7：根据东西黄灯时序图的上升沿和下降沿变化，用相应触点接通和断开线圈 Q0.4（东西黄灯），如图 10-40 所示。

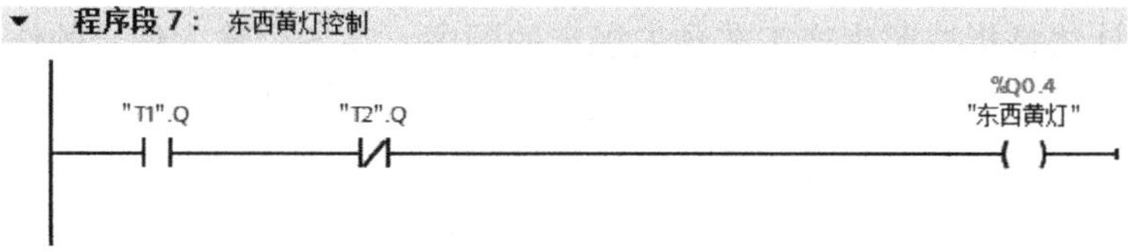

图 10-40 程序段 7

程序段 8：根据东西红灯时序图的上升沿和下降沿变化，用相应触点接通和断开线圈 Q0.5（东西红灯），如图 10-41 所示。

图 10-41 程序段 8

7. 仿真调试

将编译成功的程序下载到 S7-PLCSIM 中进行仿真运行，并利用 SIM 表进行调试，如图 10-42 所示。

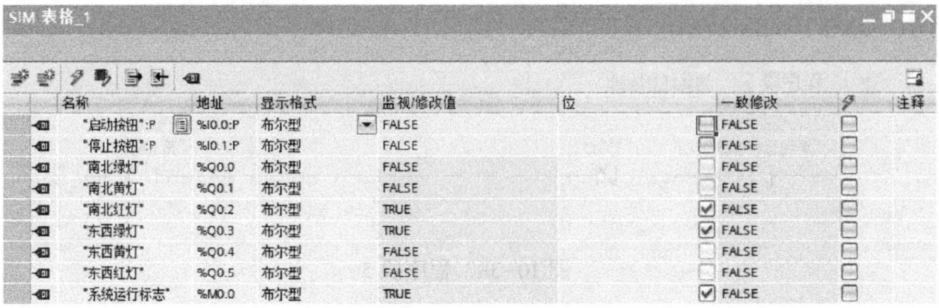
SIM 表格_1

名称	地址	显示格式	监视/修改值	位	一致修改		注释
"启动按钮":P	%I0.0:P	布尔型	FALSE		FALSE		
"停止按钮":P	%I0.1:P	布尔型	FALSE		FALSE		
"南北绿灯"	%Q0.0	布尔型	FALSE		FALSE		
"南北黄灯"	%Q0.1	布尔型	FALSE		FALSE		
"南北红灯"	%Q0.2	布尔型	TRUE	☑	FALSE		
"东西绿灯"	%Q0.3	布尔型	TRUE	☑	FALSE		
"东西黄灯"	%Q0.4	布尔型	FALSE		FALSE		
"东西红灯"	%Q0.5	布尔型	FALSE		FALSE		
"系统运行标志"	%M0.0	布尔型	TRUE	☑	FALSE		

图 10-42 SIM 表仿真调试

10.2.3 采用经验设计法编程的问题

经验设计法适用于简单的程序，没有一套固定的方法和步骤可以遵循，具有很大的试探性和随意性。在设计复杂的梯形图时，由于要考虑的因素很多，往往交织在一起，分析起来非常困难，需要反复修改和完善，设计出的梯形图质量与编程者经验有关。经验设计法设计出的梯形图往往非常复杂，分析起来非常困难，给 PLC 控制系统的维护和改进带来了很大困难，如图 10-43 所示。

图 10-43 经验设计法的问题

10.3 梯形图的顺序控制设计法

顺序控制设计法是指按照生产工艺预先规定的顺序，在各个输入信号的作用下，根据内部状态和时间的顺序，在生产过程中各个执行机构自动、有秩序地进行操作。如果一个控制系统可以分解成几个独立的控制动作或工序，且这些动作或工序必须严格按照一定的先后次序执行才能保证生产的正常进行，这样的控制系统称为顺序控制系统。使用顺序控制设计法时，首先要根据系统的工艺过程画出顺序功能图，然后根据顺序功能图画出梯形图。

10.3.1 顺序功能图的基本要素

顺序功能图是描述控制系统的控制过程、功能和特性的一种图形，也是设计 PLC 顺序控制程序的有力工具。它不涉及所描述的控制功能的具体技术，是一种通用的技术语言。图 10-44 所示为某控制系统的顺序功能图，M1.0 为初始化脉冲，M0.0 为初始步，M0.1～M0.3 为一般步，Q0.0~Q0.2 以及"T0 1s"为动作，I0.0~I0.2 以及"T0".Q 为转换条件，以上所有元素由有向连线连接起来，构成一个完整的顺序功能图，实现一定的顺序控制功能。顺序功能图主要由步、动作（或命令）、有向连线、转换（短线）和转换条件 5 个基本要素组成，如图 10-45 所示。

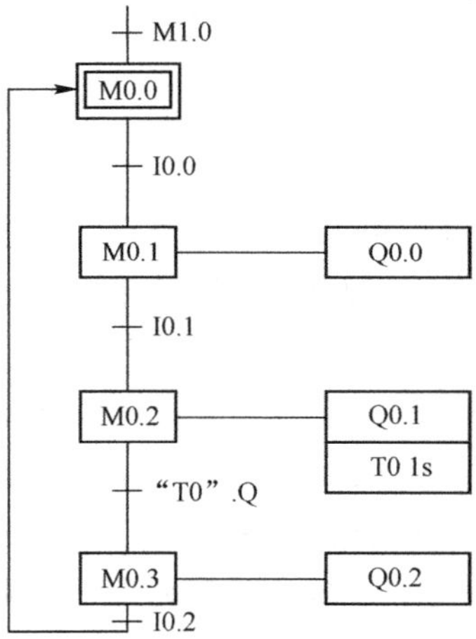

图 10-44　某控制系统的顺序功能图

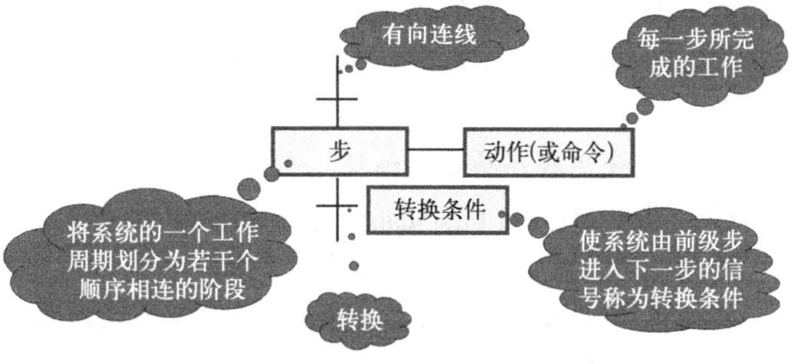

图 10-45　顺序功能图的 5 个基本要素

1. 步的基本概念和划分

步是系统所处的阶段（状态），根据输出量的状态变化划分。任一步内，各个输出量状态保持不变，同时相邻两步输出量总的状态是不同的。步用辅助继电器 M 表示。图 10-46 展示了一个周期内如何根据输出量的状态来划分步。步在顺序功能图中用矩形框表示。

2. 初始步

与系统的初始状态相对应的步称为初始步，初始状态一般是系统等待启动命令的相对静止状态。初始步用双线矩形框表示，每一个顺序功能图至少应该有一个初始步。图 10-44、图 10-46 中的 M0.0 所对应的步就是初始步。

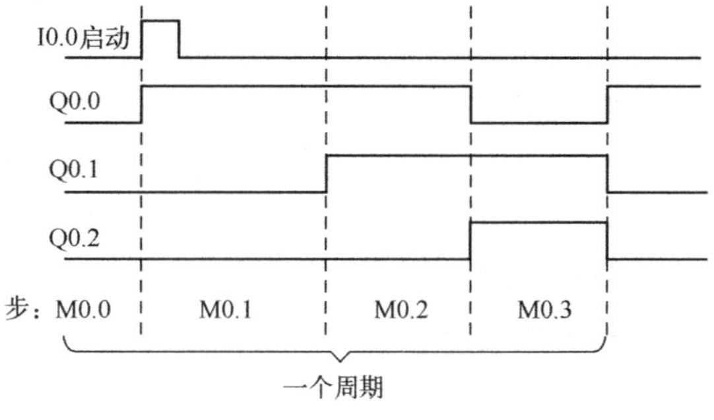

图 10-46　一个周期内步的划分

3. 活动步

当系统正处于某一步所在的阶段时，该步处于活动状态，称该步为活动步。步处于活动状态时，相应步的动作被执行；步处于不活动状态时，相应的非存储型动作被停止执行。

提示： 非存储型动作是指用一般的线圈输出指令的动作，存储型动作是指用置位指令的动作。

4. 与步对应的动作（或命令）

与步对应的动作（或命令）用矩形框来表示，矩形框中的文字或变量表示动作（或命令），该矩形框应与它所在的步对应的框相连。如果某一步有几个动作（或命令），可以用图 10-47 所示的两种画法来表示，但是并不隐含这些动作（或命令）之间的任何顺序。

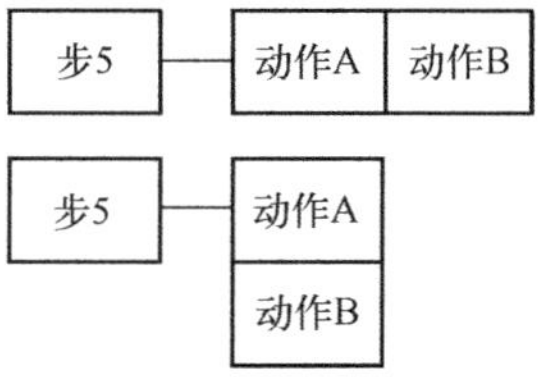

图 10-47　几个动作（或命令）的两种画法

表示动作（或命令）时，应注意区分动作（或命令）是存储型还是非存储型。对于存储型的，应为动作（或命令）添加修饰词“置位”“复位”，以表示置位、复位操作。

5. 有向连线

有向连线（状态转移路线和方向）将代表各步的框按它们成为活动步的先后次序排列并连接起来。当从上到下、从左到右为默认方向时，有向连线上的方向箭头可省略。

6. 转换

转换（分割两个相邻步），在有线连线上用与有向连线垂直的短线来表示。

7. 转换条件

转换条件（触发状态变化的条件），标注在表示转换的短线旁，可以是文字语言、布尔代数表达式或图形符号。转换条件可以是外部输入信号、内部编程元件触点信号以及多个信号的逻辑组合。

注意：使用顺序功能图编程，在对 CPU 组态时需要启用系统存储器字节，默认为 MB1（可修改）。其中 M1.0（FirstScan）为系统初始化脉冲，当 PLC 上电运行时，M1.0 仅在第一个扫描周期接通，故称作初始化脉冲。在顺序功能图中 M1.0 的常开触点用来在 PLC 上电运行时激活初始步（使初始步成为活动步），否则因为顺序功能图中没有活动步，系统将无法完成步的切换，即无法工作。

10.3.2 顺序功能图的基本结构

顺序功能图的基本结构有单序列、选择序列和并行序列。一个顺序功能图通常综合运用这 3 种结构。

1. 单序列

由一系列相继激活的步组成，每一步后面仅接一个转换，每一个转换后面只有一个步，如图 10-48a 所示。

2. 选择序列

选择序列的开始称为分支，转换符号只能标在水平连线之下。选择序列的结束称为合并，转换符号只能标在水平连线之上，如图 10-48b 所示。

3. 并行序列

并行序列表示系统同时工作的独立部分的工作情况。并行序列的水平连线用双线表示，且只允许有一个转换符号。并行序列的开始称为分支，结束称为合并，如图 10-48c 所示。

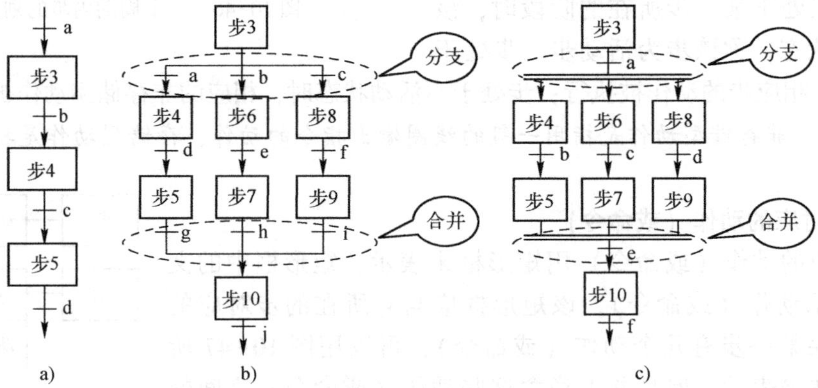

图 10-48 单序列、选择序列与并行序列

10.3.3　顺序功能图中转换实现的基本规则

1. 转换实现的条件

在顺序功能图中，步的活动状态的进展由转换实现来完成。转换实现必须同时满足两个条件：

1）该转换所有的前级步都是活动步。

2）相应的转换条件得到满足。

这两个条件缺一不可。

2. 转换实现应完成的操作

转换实现时应完成以下两个操作：

1）使所有由有向连线与相应转换符号相连的后续步都变为活动步。

2）使所有由有向连线与相应转换符号相连的前级步都变为不活动步。

3. 绘制顺序功能图时的注意事项

下面针对绘制顺序功能图时常见的错误提出注意事项：

1）两个步绝对不能直接相连，必须用一个转换将它们隔开。

2）两个转换也不能直接相连，必须用一个步将它们隔开。

3）不要漏掉初始步。

4）顺序功能图是用来描述自动工作过程的，而自动控制系统一般要求能多次重复执行同一工艺过程，因此在顺序功能图中一般应有由步和有向连线组成闭环，即在完成一次工艺过程的全部操作后，从最后一步返回初始步，系统停留在初始状态（单周期操作），在连续循环工作方式时，应从最后一步返回下一工作周期开始运行的第一步。

5）必须用初始化脉冲（默认为 M1.0，可以修改）的常开触点作为转换条件，将初始步预置为活动步。

10.3.4　顺序功能图转换成梯形图的方法

顺序功能图绘制完成后，需要转换成梯形图才能下载到 PLC 中运行。转换的方法是以顺序功能图中的转换为中心，使用置位、复位指令的编程方法。步骤如下：

1）用转换的所有前级步的存储器位的常开触点与转换对应的转换条件（触点或电路）串联，作为执行 SET、RST 指令的条件。

2）用 SET 指令使所有后续步的存储器位置位。

3）用 RST 指令使所有前级步的存储器位复位。

4）所有转换写完后，再来写动作（或命令），方法是用代表步的存储器位的常开触点来驱动负载，如果负载需要多个步驱动，则将多个步的存储器位并联后统一驱动，以避免出现双线圈输出的错误。

注意： 在步的活动状态的转换过程中，相邻两步的状态会同时 ON 一个扫描周期，可能会引发瞬时的问题（如上一步驱动电动机正转，下一步驱动电动机反转）。为了避免这种情况，应在程序软件以及 PLC 外部硬件中设置由常闭触点组成的软件、硬件电气互锁。

10.3.5　两种液体混合装置实例

本节用顺序控制设计法进行两种液体混合装置实例的程序设计。10.2.1 节已经对两种液体混合装置的控制要求、控制方案、PLC 的 I/O 分配表、主电路图、PLC 控制电路图进行了详细介绍，这里不再赘述。之所以本节仍然以同样的实例进行说明，是为了让读者更好地对两种设计方法进行对比，从而有更深刻的体会。

1. 顺序功能图的绘制

两种液体混合装置的顺序功能图如图 10-49 所示。首先是一个关于系统运行标志 M0.0 的起-保-停控制电路，这部分独立于顺序功能图，并且已经是梯形图程序。接下来的流程图便是顺序功能图，M1.0（FirstScan）为系统初始化脉冲，用于 PLC 上电运行时激活初始步 M2.0。注意，对 CPU 硬件组态时需要在属性中启用系统存储器字节。顺序功能图是按照系统的工艺要求进行绘制的，每一步只需要写这一步做什么，即对应的动作（或命令），当这一步为活动步时就会执行对应的动作（或命令），当这一步变为非活动步时，对应的非存储型动作（或命令）就停止执行。

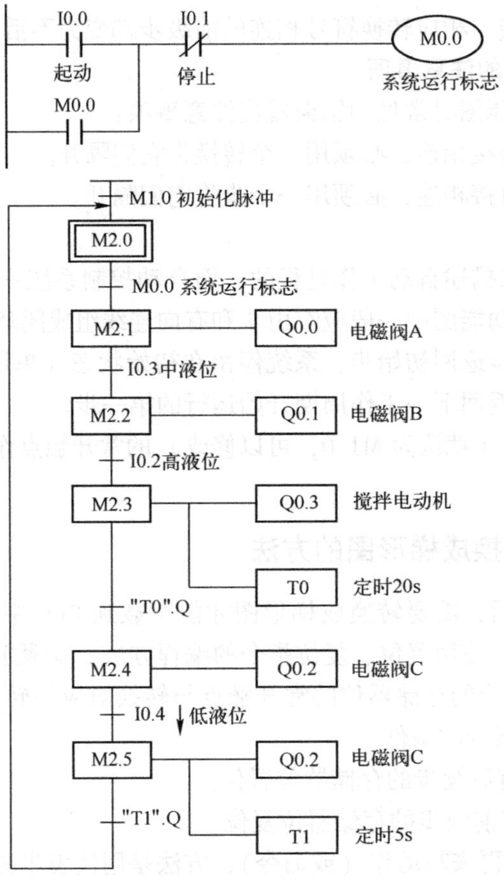

图 10-49　顺序功能图

2. 顺序功能图转换成梯形图

程序段 1：系统运行标志 M0.0 的起-保-停控制电路，如图 10-50 所示。

程序段 2：PLC 上电运行，初始化脉冲 M1.0 激活初始步 M2.0，如图 10-51 所示。

程序段 3：当 M2.0 初始步为活动步，并且系统运行标志 M0.0 为 1 时，置位 M2.1 步，复位 M2.0 步，如图 10-52 所示。

程序段 4：当 M2.1 为活动步，并且中液位传感器 I0.3 为 1 时，置位 M2.2 步，复位 M2.1 步，如图 10-53 所示。

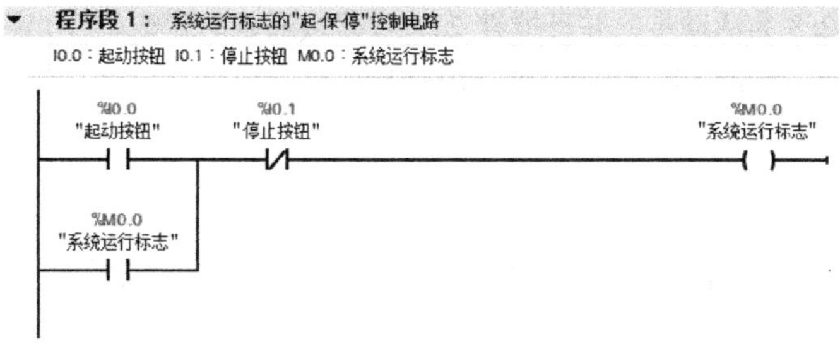

图 10-50　程序段 1

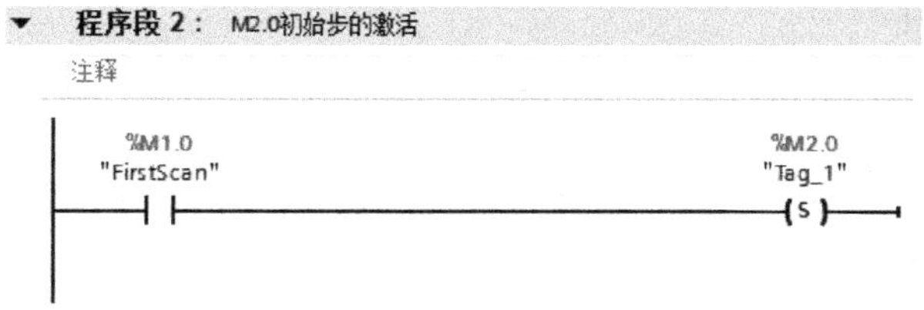

图 10-51　程序段 2

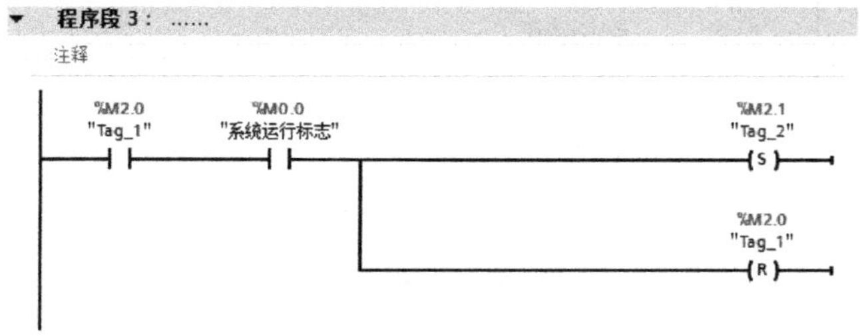

图 10-52　程序段 3

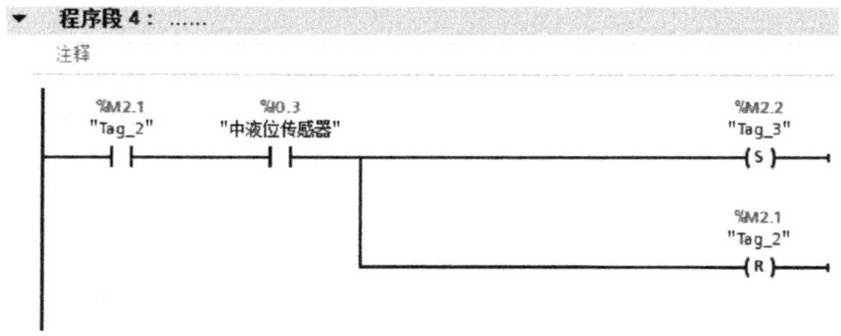

图 10-53　程序段 4

程序段 5：当 M2.2 为活动步，并且高液位传感器 I0.2 为 1 时，置位 M2.3 步，复位 M2.2 步，如图 10-54 所示。

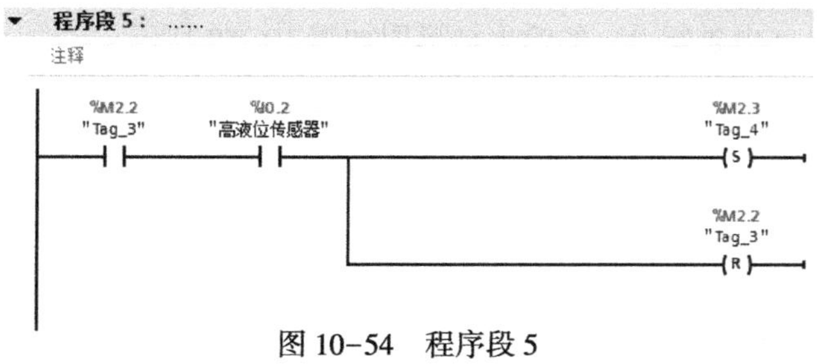

图 10-54　程序段 5

程序段 6：当 M2.3 为活动步，并且搅拌 20 s 后即接通延时定时器 T0 定时结束时（"T0".Q 为 1），置位 M2.4 步，复位 M2.3 步，如图 10-55 所示。

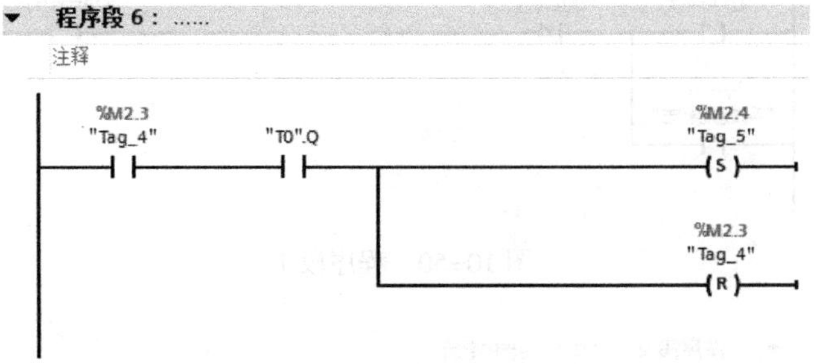

图 10-55　程序段 6

程序段 7：当 M2.4 为活动步，并且低液位传感器 I0.4 出现下降沿时，置位 M2.5 步，复位 M2.4 步，如图 10-56 所示。

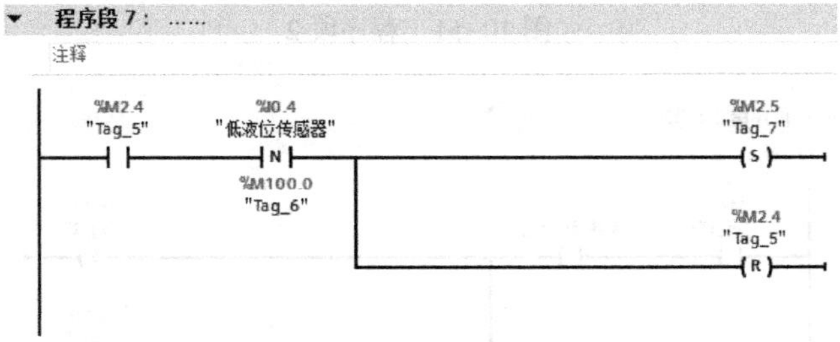

图 10-56　程序段 7

程序段 8：当 M2.5 为活动步，并且排空 5 s 后即接通延时定时器 T1 定时结束时（"T1".Q 为 1），重新置位 M2.0 步，复位 M2.5 步，如图 10-57 所示。到此为止，完成了顺序功能图所有步的切换。

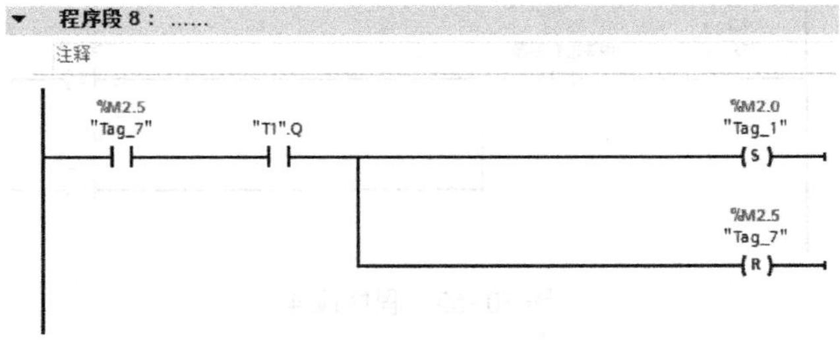

图 10-57　程序段 8

程序段 9：Q0.0（电磁阀 A）的输出梯形图如图 10-58 所示。

程序段 10：Q0.1（电磁阀 B）的输出梯形图如图 10-59 所示。

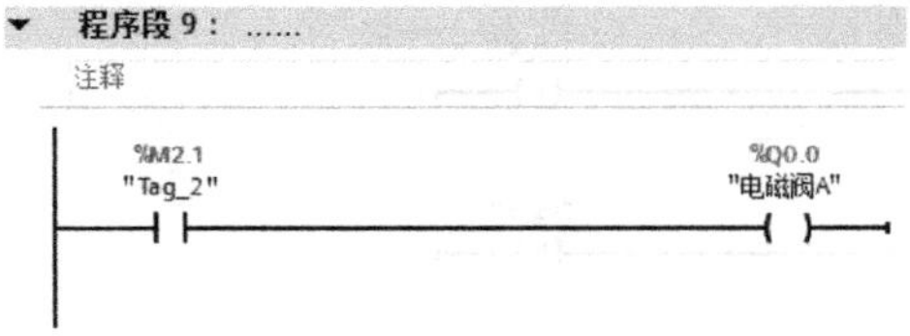

图 10-58　程序段 9

图 10-59　程序段 10

程序段 11：Q0.3（搅拌电动机）的输出，并启动接通延时定时器 T0，进行 20 s 的搅拌定时，如图 10-60 所示。

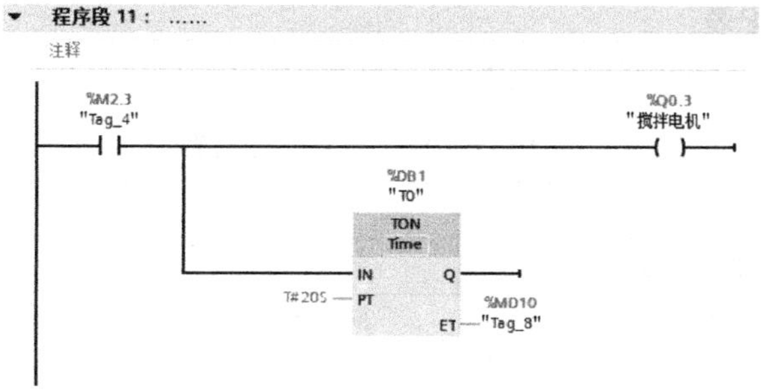

图 10-60　程序段 11

程序段 12：Q0.2（电磁阀 C）的输出，这里要特别注意将 M2.4 与 M2.5 两个步的常开触点并联后输出，以避免双线圈输出的错误，如图 10-61 所示。

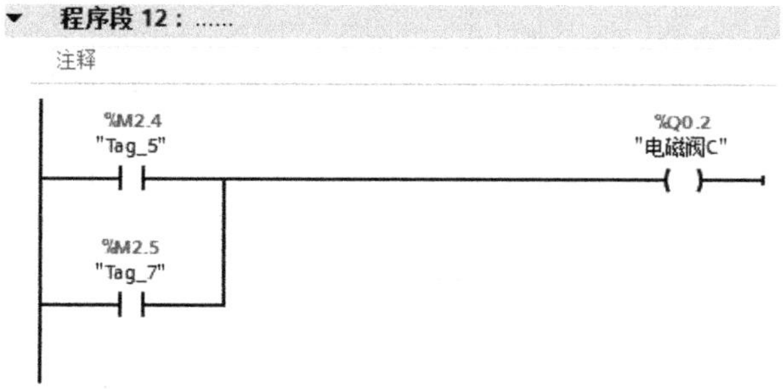

图 10-61　程序段 12

程序段 13：排空接通延时定时器 T1 的启动，延时 5 s，如图 10-62 所示。

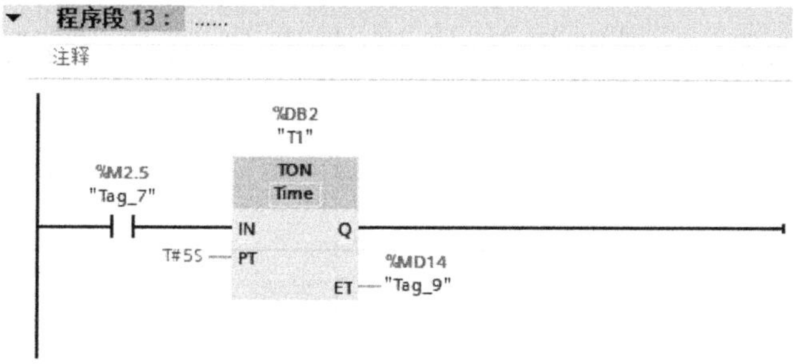

图 10-62　程序段 13

至此，顺序功能图已转换成梯形图。本实例的顺序功能图是单序列的。顺序功能图到梯形图的转换过程有固定规律可循，只要绘制出顺序功能图，就可以按部就班地编写出梯形图，这一点与经验设计法形成了强烈对比，读者可以深入体会。

3. 仿真调试

将编译成功的程序下载到 S7-PLCSIM 中进行仿真运行，并利用 SIM 表进行调试。仿真调试可参见 10.2.1 节，这里不再赘述。

10.3.6　十字路口交通信号灯控制实例

本节用顺序控制设计法进行十字路口交通信号灯控制实例的程序设计。

1. 控制要求

控制要求参见 10.2.2 节。

2. PLC 的 I/O 分配表

根据控制要求，列出 PLC 的 I/O 分配表，见表 10-3。

表 10-3 PLC 的 I/O 分配表

输入 I 点				输出 Q 点			内部元件		
序号	名 称	文字符号	地址	序号	名 称	地址	序号	名 称	地址
1	启动按钮	SB1	I0.0	1	南北绿灯	Q0.0	1	系统运行标志	M0.0
2	停止按钮	SB2	I0.1	2	南北黄灯	Q0.1	2	南北红灯 25 s 定时	T0
				3	南北红灯	Q0.2	3	南北绿灯 25 s 定时	T1
				4	东西绿灯	Q0.3	4	南北绿灯闪灭 0.5 s	T2
				5	东西黄灯	Q0.4	5	南北绿灯闪亮 0.5 s	T3
				6	东西红灯	Q0.5	6	南北黄灯 2 s 定时	T4
							7	东西绿灯 20 s 定时	T5
							8	东西绿灯闪灭 0.5 s	T6
							9	东西绿灯闪亮 0.5 s	T7
							10	东西黄灯 2 s 定时	T8
							11	东西红灯 30 s 定时	T9
							12	南北绿灯闪烁计数	C0
							13	东西绿灯闪烁计数	C1

3. PLC 控制电路图

控制电路图见 10.2.2 节。

4. 信号时序图

十字路口交通信号灯主令信号与负载信号灯在一个周期内的时序关系如图 10-63 所示。

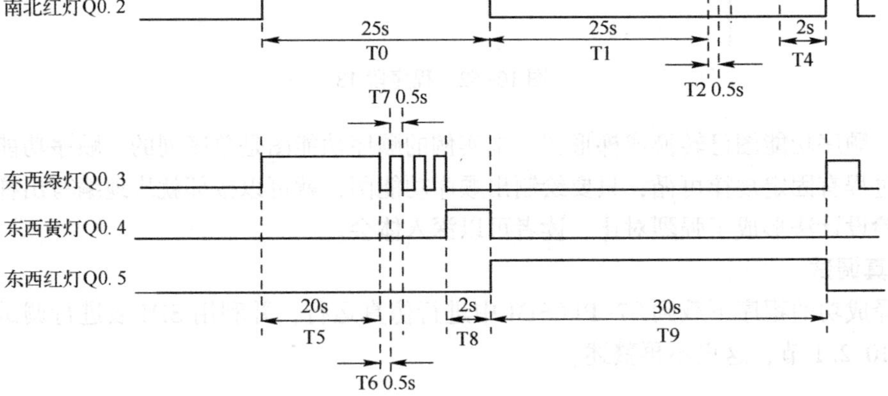

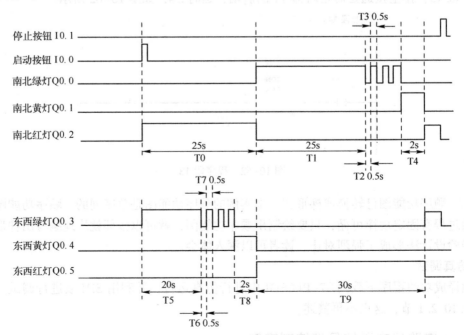

图 10-63 十字路口交通灯时序图

5. 启动系统存储器位

打开 PLC 的设备视图，选中 CPU 后，再选中下面巡视窗口的“属性”→“常规”→“系统和时钟存储器”，如图 10-64 所示。勾选“启用系统存储器字节”（默认地址为 MB1，可以修改，这里保持默认即可）。设置完成后，M1.0（FirstScan）将在 PLC 上电运行时接通一个扫描周期，用来作为初始化脉冲激活初始步。

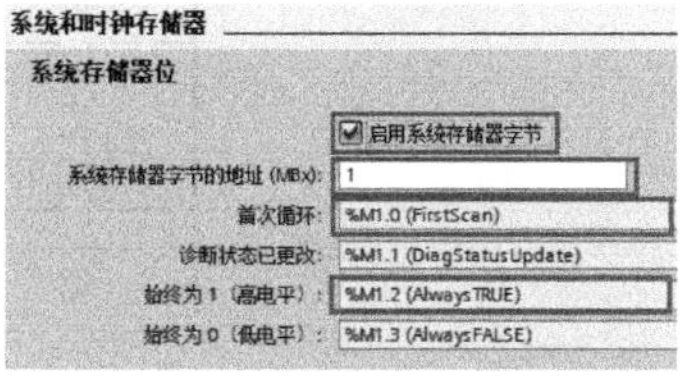

图 10-64　系统存储器位

提示： 本实例将绿灯闪烁 3 s 的功能用计数器计数的方式来实现，所以这里不启用时钟存储器位。启用系统存储器字节后，M1.2（Always TRUE）在 PLC 运行期间一直为 1，可以利用这一点把 M1.2 用作程序中的无条件执行条件。

6. 顺序功能图的绘制

十字路口交通信号灯控制实例的顺序功能图如图 10-65 所示。顺序功能图是以并行序列为主要结构进行设计的，但其内部也包含了单序列和选择序列部分。

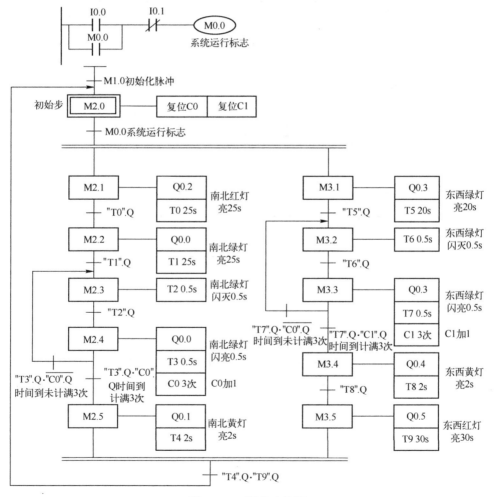

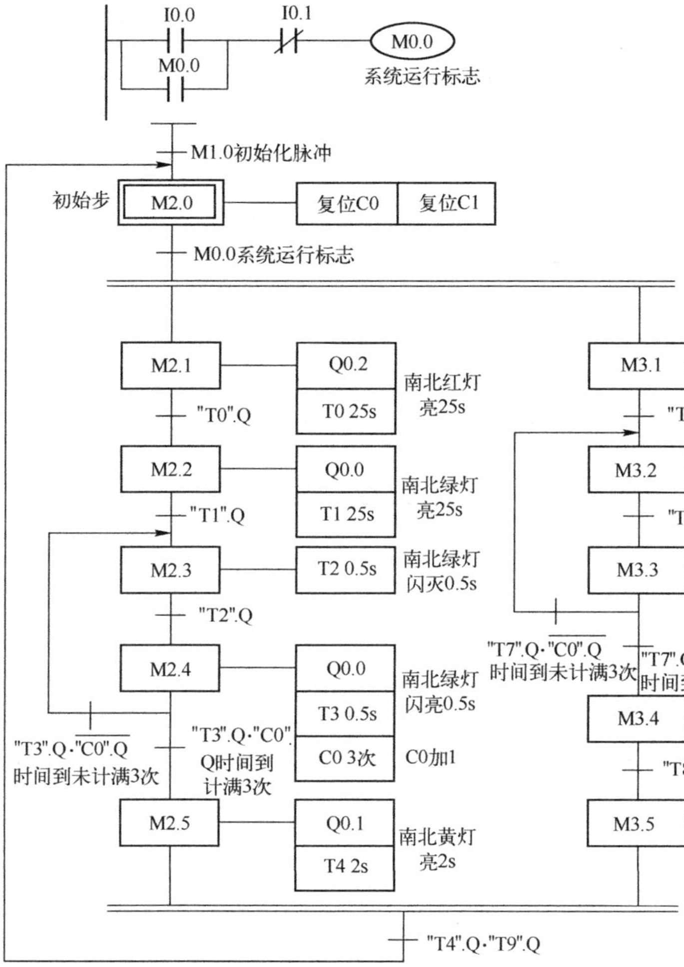

图 10-65　顺序功能图

7. 顺序功能图转换成梯形图

程序段 1：系统运行标志 M0.0 的启-保-停控制电路如图 10-66 所示。

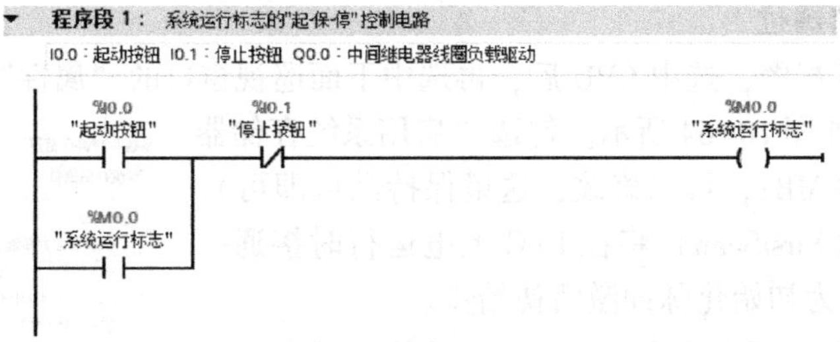

图 10-66 程序段 1

程序段 2：PLC 上电运行，初始化脉冲 M1.0 激活初始步 M2.0，如图 10-67 所示。

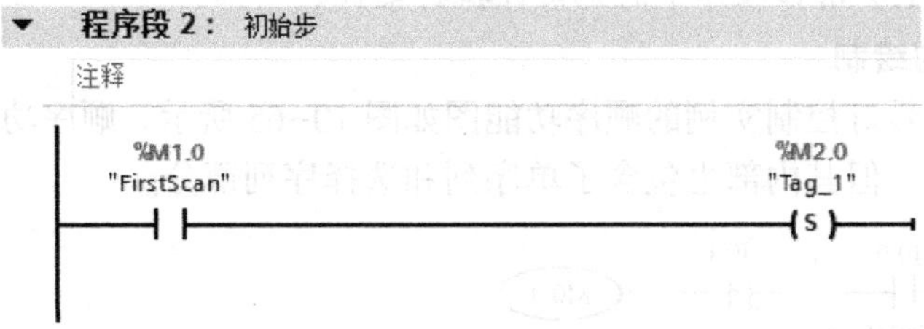

图 10-67 程序段 2

程序段 3：当 M2.0 为活动步，并且系统运行标志位 M0.0 为 1 时，置位 M2.1 和 M3.1，开启并行序列的两个分支，注意这里不要忘了复位 M2.0，如图 10-68 所示。之后的梯形图与单序列的方式相同，分别对每一条分支进行编写，最后进行分支的合并。

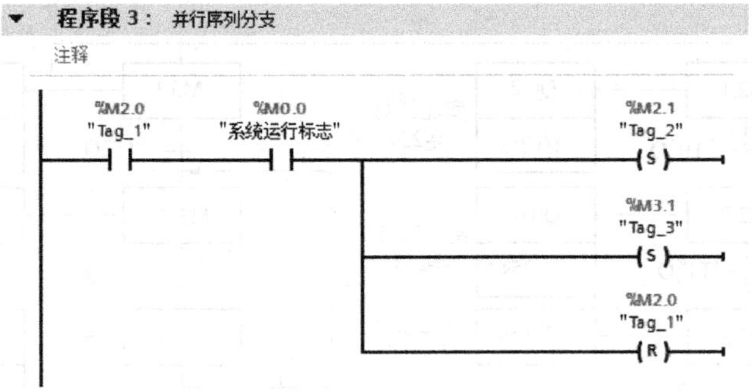

图 10-68 程序段 3

程序段 4：下面开始并行序列南北分支梯形图的编写。当 M2.1 为活动步，并且接通延时定时器 T0 的 25 s 定时结束（"T0".Q 为 1）时，置位后续步 M2.2，复位前级步 M2.1，如图 10-69 所示。

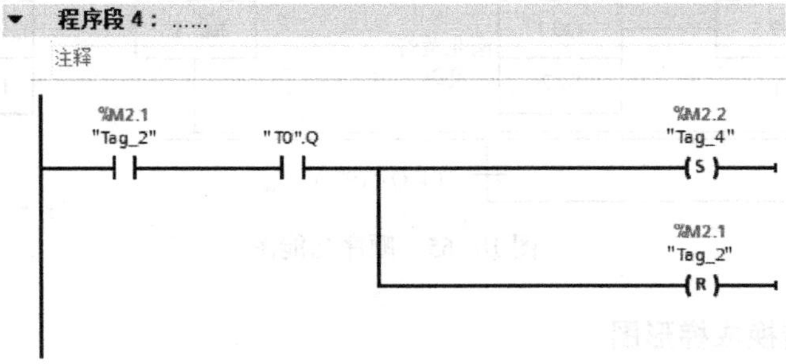

图 10-69 程序段 4

程序段 5：当 M2.2 为活动步，并且接通延时定时器 T1 的 25 s 定时结束（"T1".Q 为 1）时，置位后续步 M2.3，复位前级步 M2.2，如图 10-70 所示。

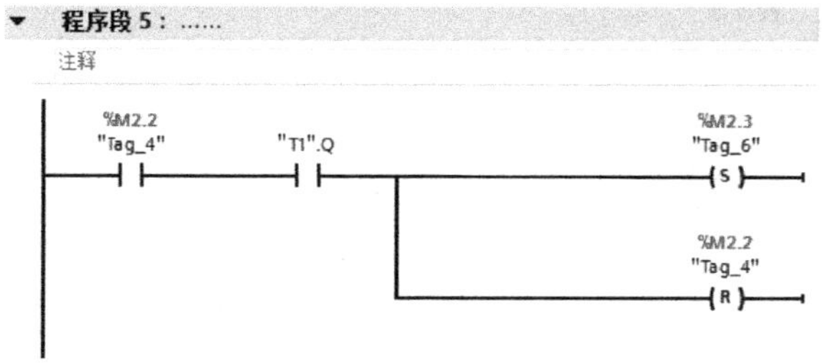

图 10-70　程序段 5

程序段 6：当 M2.3 为活动步，并且接通延时定时器 T2 的 0.5 s 定时结束（"T2".Q 为 1）时，置位后续步 M2.4，复位前级步 M2.3，如图 10-71 所示。

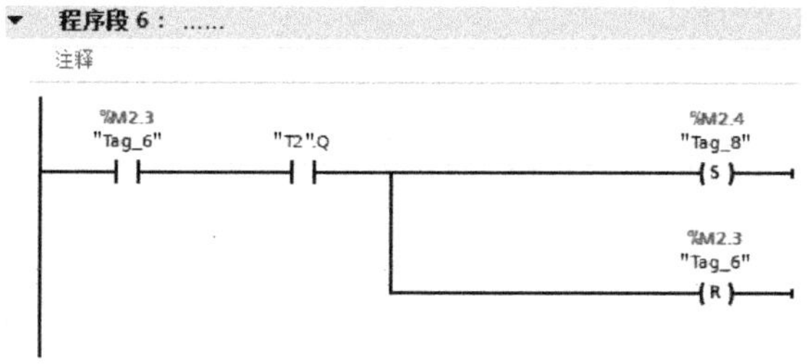

图 10-71　程序段 6

程序段 7：当 M2.4 为活动步，并且接通延时定时器 T3 的 0.5 s 定时结束（"T3".Q 为 1）时，出现了两个分支的选择序列。加计数器 C0 对步 M2.4 位元件的上升沿进行计数，即 M2.4 每激活一次，计数器加 1。此时，在满足前面条件的基础上，当计数器的当前值等于设定值 3（"C0".QU 为 1）时，置位后续步 M2.5，复位前级步 M2.4；当计数器的当前值小于设定值 3（"C0".QU 为 0）时，置位后续步 M2.3，复位前级步 M2.4。梯形图如图 10-72 所示。至此，并行序列南北方向分支的梯形图编写完成，等待东西方向分支的梯形图编写完成后统一进行并行序列分支的合并。

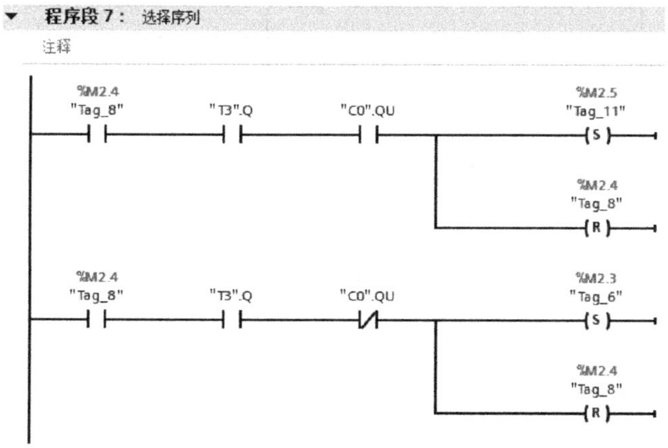

图 10-72　程序段 7

程序段 8：下面开始并行序列东西分支梯形图的编写。当 M3.1 为活动步，并且接通延时定时器 T5 的 20s 定时结束（"T5".Q 为 1）时，置位后续步 M3.2，复位前级步 M3.1，如图 10-73 所示。

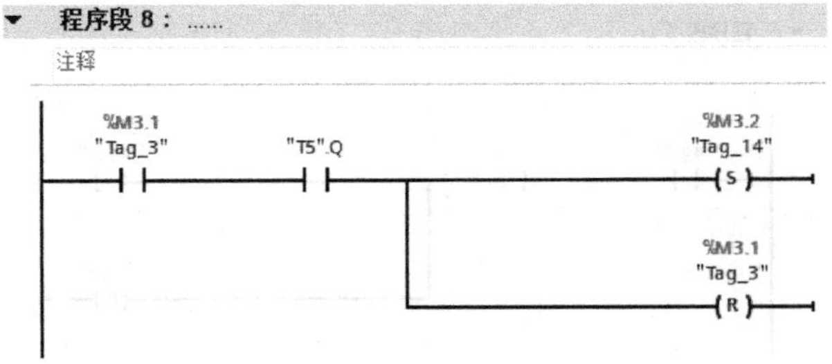

图 10-73　程序段 8

程序段 9：当 M3.2 为活动步，并且接通延时定时器 T6 的 0.5s 定时结束（"T6".Q 为 1）时，置位后续步 M3.3，复位前级步 M3.2，如图 10-74 所示。

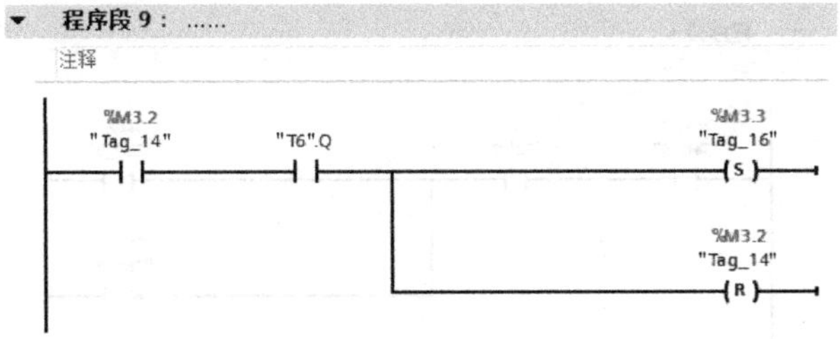

图 10-74　程序段 9

程序段 10：当 M3.3 为活动步，并且接通延时定时器 T7 的 0.5s 定时结束（"T7".Q 为 1）时，出现了两个分支的选择序列。加计数器 C1 对步 M3.3 位元件的上升沿进行计数，即 M3.3 每激活一次，计数器加 1。此时，在满足前面条件的基础上，当计数器的当前值等于设定值 3（"C1".QU 为 1）时，置位后续步 M3.4，复位前级步 M3.3；当计数器的当前值小于设定值 3（"C1".QU 为 0）时，置位后续步 M3.2，复位前级步 M3.3。梯形图如图 10-75 所示。

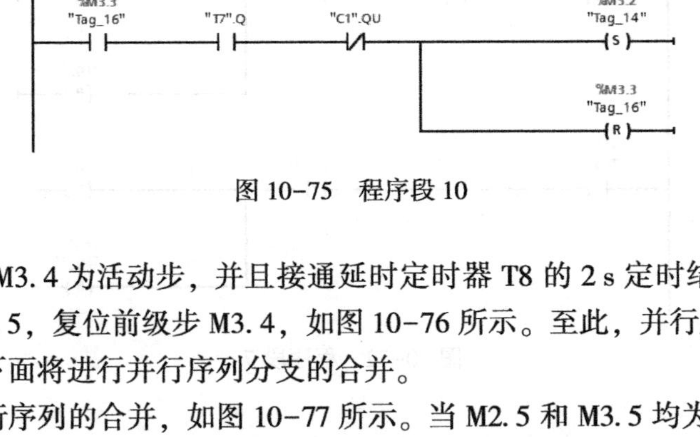

图 10-75　程序段 10

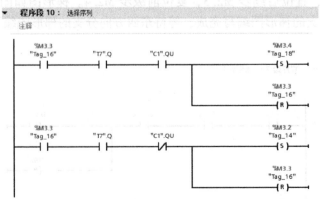

程序段 11：当 M3.4 为活动步，并且接通延时定时器 T8 的 2s 定时结束（"T8".Q 为 1）时，置位后续步 M3.5，复位前级步 M3.4，如图 10-76 所示。至此，并行序列东西方向分支的梯形图编写完成，下面将进行并行序列分支的合并。

程序段 12：并行序列的合并，如图 10-77 所示。当 M2.5 和 M3.5 均为活动步时，T4 的 2s

和 T9 的 30 s 定时均结束时，置位后续步 M2.0，复位前级步 M2.5 和 M3.5。至此，完成了顺序功能图所有步的切换。

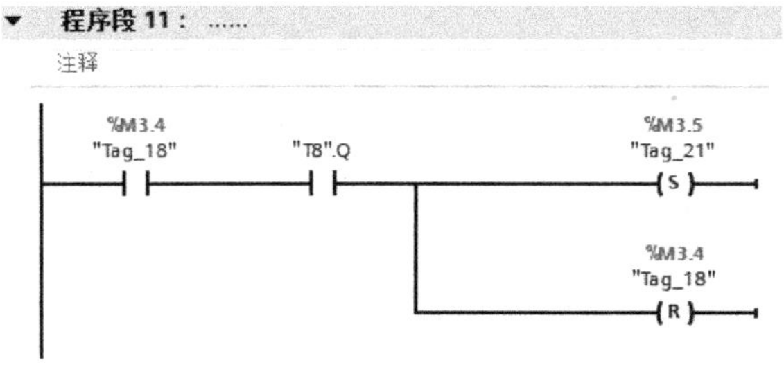

图 10-76　程序段 11

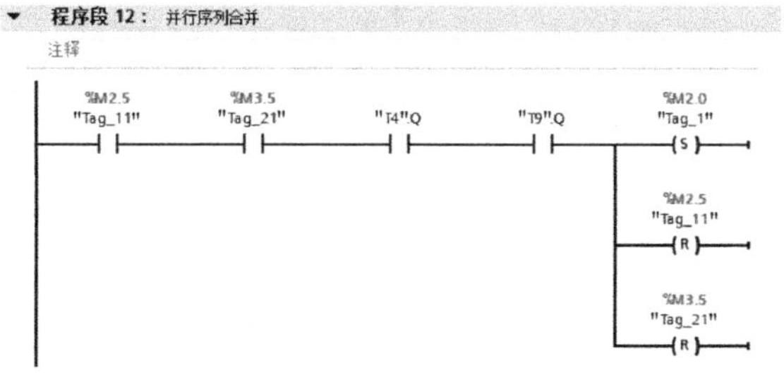

图 10-77　程序段 12

程序段 13：下面开始写负载的输出。南北红灯亮 25 s，梯形图如图 10-78 所示。

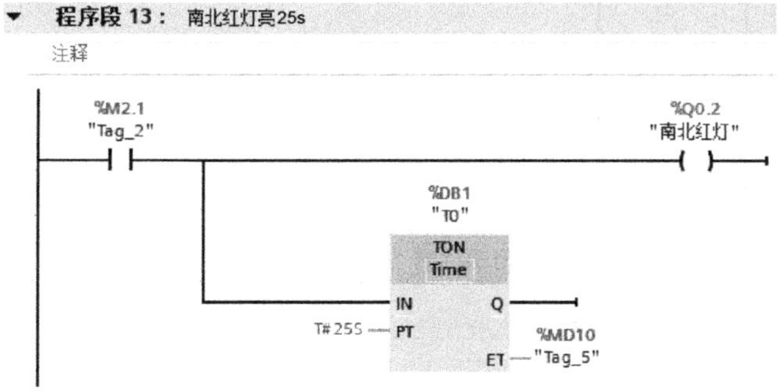

图 10-78　程序段 13

程序段 14：南北绿灯亮 25 s。注意：M2.2 和 M2.4 两步都会接通 Q0.0，为了避免双线圈输出错误，这里进行了并联后输出，如图 10-79 所示。

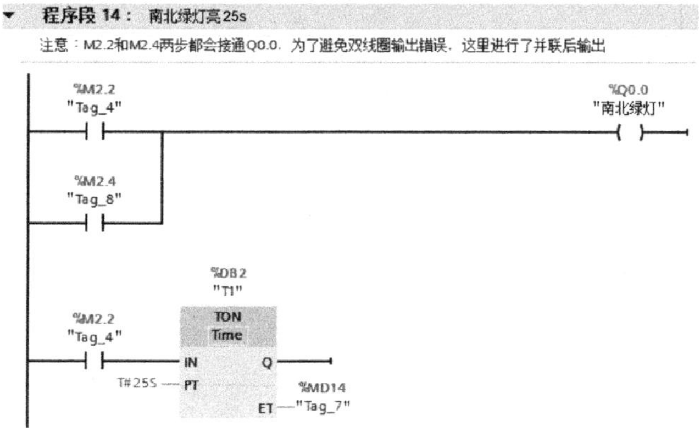

图 10-79　程序段 14

程序段 15：南北绿灯闪灭 0.5 s，如图 10-80 所示。

程序段 16：南北绿灯闪亮 0.5 s，由于在程序段 14 进行了并联后输出 Q0.0，所以这里没有对 Q0.0 输出。注意：计数器 C0 的复位端 R 接的是初始步 M2.0 的位元件，当 M2.0 为活动步时对计数器进行复位，即 M2.0 对计数器 C0 的复位动作。梯形图如图 10-81 所示。

程序段 17：南北黄灯亮 2 s，如图 10-82 所示。

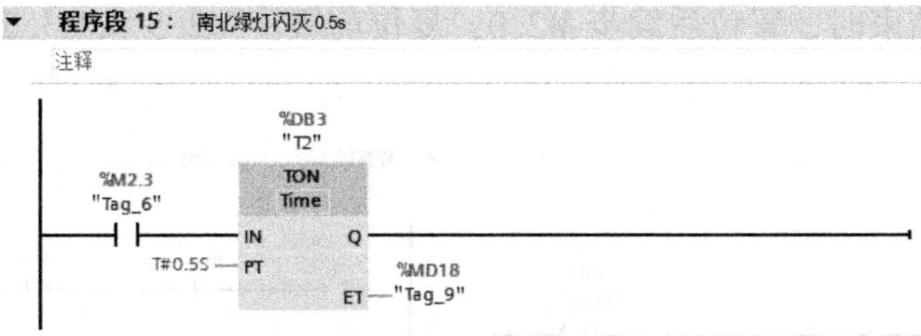

图 10-80　程序段 15

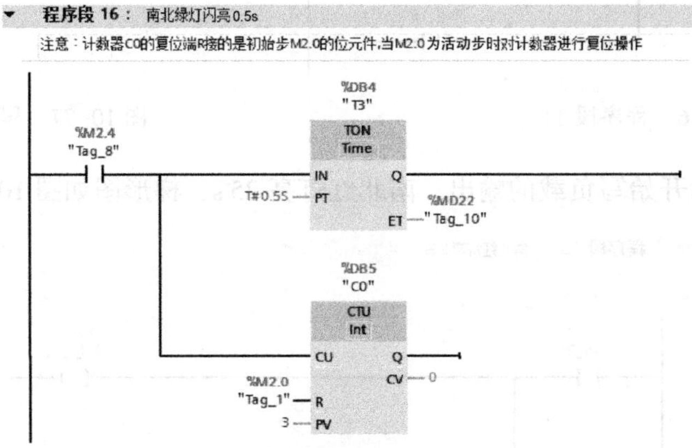

图 10-81　程序段 16

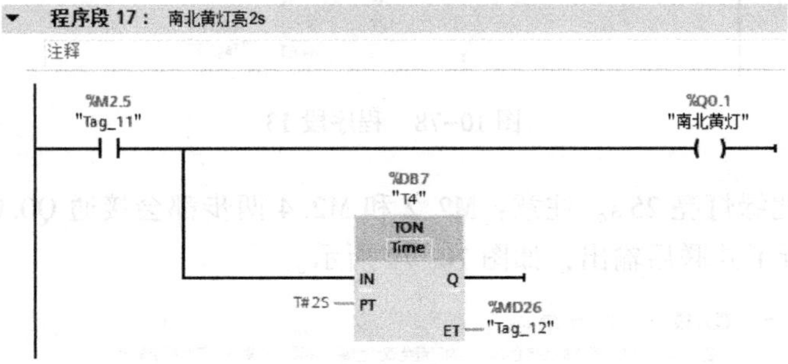

图 10-82　程序段 17

程序段 18：东西绿灯亮 20 s。注意：M3. 1 和 M3. 3 两步都会接通 Q0. 3，为了避免双线圈输出错误，这里进行了并联后输出，如图 10-83 所示。

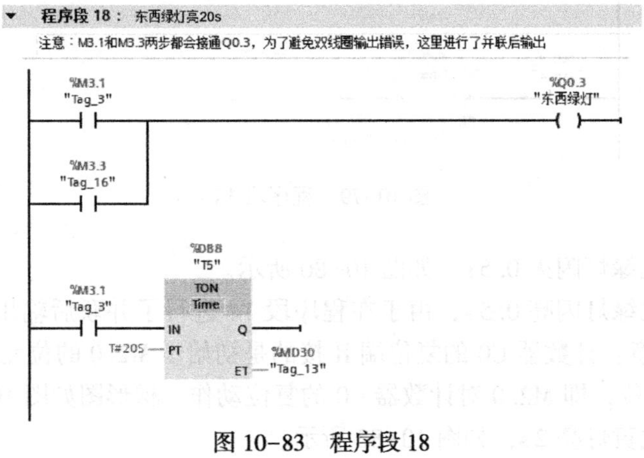

图 10-83　程序段 18

程序段19：东西绿灯闪灭0.5s，如图10-84所示。

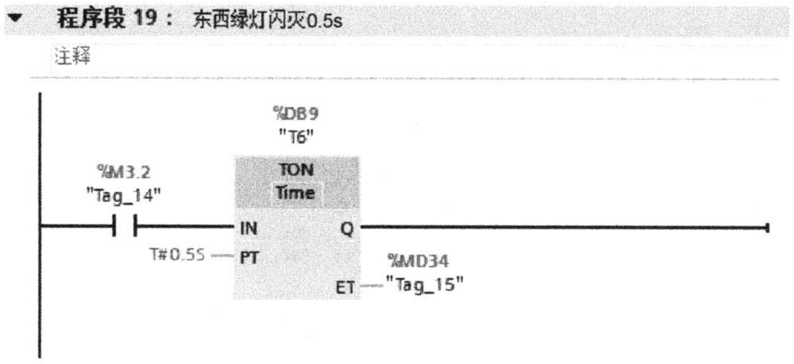

图10-84 程序段19

程序段20：东西绿灯闪亮0.5s，由于在程序段18中进行了并联后输出Q0.3，所以这里没有对Q0.3输出。注意：计数器C1的复位端R接的是初始步M2.0的位元件，当M2.0为活动步时对计数器进行复位，即M2.0对计数器C1的复位动作。梯形图如图10-85所示。

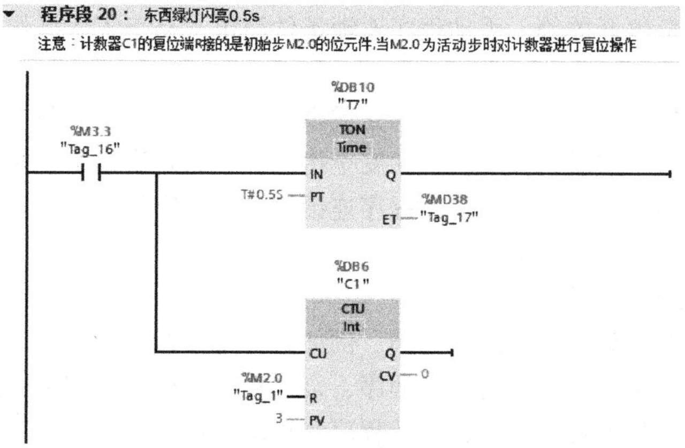

图10-85 程序段20

程序段21：东西黄灯亮2s，如图10-86所示。

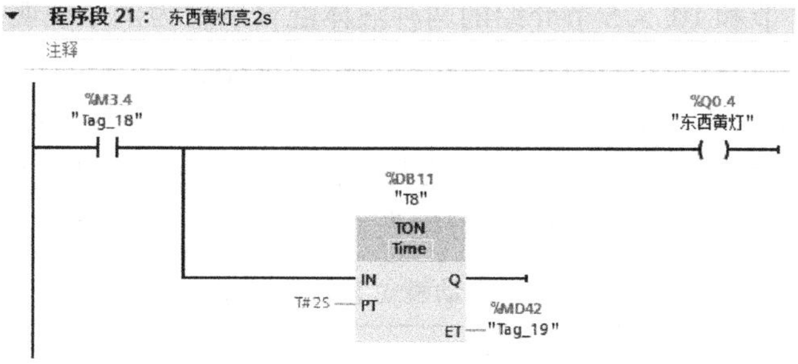

图10-86 程序段21

程序段22：东西红灯亮30s，如图10-87所示。至此，顺序功能图已转换成梯形图。

8. 仿真调试

将编译成功的程序下载到S7-PLCSIM中进行仿真运行，并利用SIM表进行调试。仿真调试可参见10.2.2，这里不再赘述。

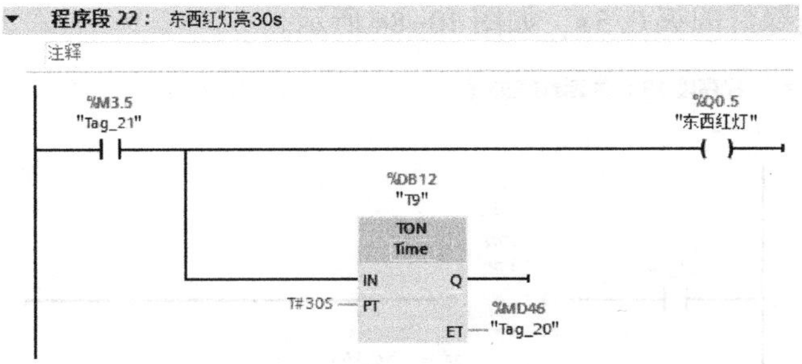

图 10-87　程序段 22

10.3.7　手动和自动程序

1. 手动和自动程序的概念

手动程序通常是单个动作或设备在人为操作后运行，不受自动程序的控制，常用于设备测试、故障检修或带故障生产模式。但手动程序必须受控于重要的极限位置和安全指标，如限位开关、过电流保护和急停开关等。手动程序连锁条件简单，易于工人操作，但效率低，对于流程控制极不方便。

自动程序通常是按照工艺流程要求自动完成系列动作组合，是设备或生产线运行的主要模式。自动程序除了受控于重要的极限位置和安全指标，还必须满足工艺流程之间的连锁，并且尽可能考虑到程序跑飞的意外情况。自动程序连锁复杂，程序编写难度大，但效率高，非常适合流程控制。

2. 手动和自动程序的编写

首先，手动模式和自动模式应严格互锁。例如整个生产线选择了自动模式运行，则相应的各设备都需要选择自动模式。其次，手动程序、自动程序最好都采用独立的子程序完成，输出逻辑先保存于中间继电器即可。最后，手动程序和自动程序的逻辑输出通过程序送到真正的最终执行输出。这样的编程模式把选择模式、逻辑控制和执行输出严格分开，只需把编程的重心放在逻辑控制上，思路清晰、逻辑分明，可以大大提高程序的质量。

3. 手动和自动程序的实例

这里仍以 10.2.1 节和 10.3.5 节介绍的两种液体混合装置为例来说明，编程思路为模式选择（FC1）、手动控制（FC2）、自动控制（FC3）和输出执行（FC4）。其中 FC1 和 FC4 都很简单，编程重点专注于 FC2 和 FC3 即可，不管逻辑控制有多复杂或改变有多大，几乎不用改动其他程序，这样做的程序不仅可读性高还方便调试，符合模块化编程的思想。由于控制要求中增加了手动控制功能，所以对 PLC 的 I/O 分配表重新进行设计，见表 10-4。

表 10-4　手动、自动模式下 PLC 的 I/O 分配表

输入 I 点				输出 Q 点				内部元件		
序号	名　称	文字符号	地址	序号	名　称	文字符号	地址	序号	名　称	地址
1	起动按钮	SB1	I0.0	1	电磁阀 A	YVA	Q0.0	1	系统运行标志	M0.0
2	停止按钮	SB2	I0.1	2	电磁阀 B	YVB	Q0.1	2	搅拌时间 20 s 定时器	T0
3	高液位传感器	L1	I0.2	3	电磁阀 C	YVC	Q0.2	3	排空时间 5 s 定时器	T1
4	中液位传感器	L2	I0.3	4	搅拌电动机	KM	Q0.3	4	步	M2.0 ~M2.5

（续）

输入 I 点				输出 Q 点				内部元件		
序号	名　称	文字符号	地址	序号	名　称	文字符号	地址	序号	名　称	地址
5	低液位传感器	L3	I0.4					5	电磁阀 A 输出继电器	M3.0
6	模式选择开关	SA	I0.5					6	电磁阀 B 输出继电器	M3.1
7	手动开阀 A	SB3	I0.6					7	电磁阀 C 输出继电器	M3.2
8	手动开阀 B	SB4	I0.7					8	搅拌电动机输出继电器	M3.3
9	手动开阀 C	SB5	I1.0							
10	手动开搅拌	SB6	I1.1							

本节重点介绍 PLC 手动、自动程序的设计，对于 PLC 外部接线图，这里不再重新绘制。

（1）主程序循环 OB1 的编写　主程序循环 OB1 的梯形图如图 10-88 所示。程序采用模块化结构，主程序 OB1 负责 FC1、FC2、FC3 和 FC4 四个功能模块的调用。程序结构清晰，方便修改和调试。

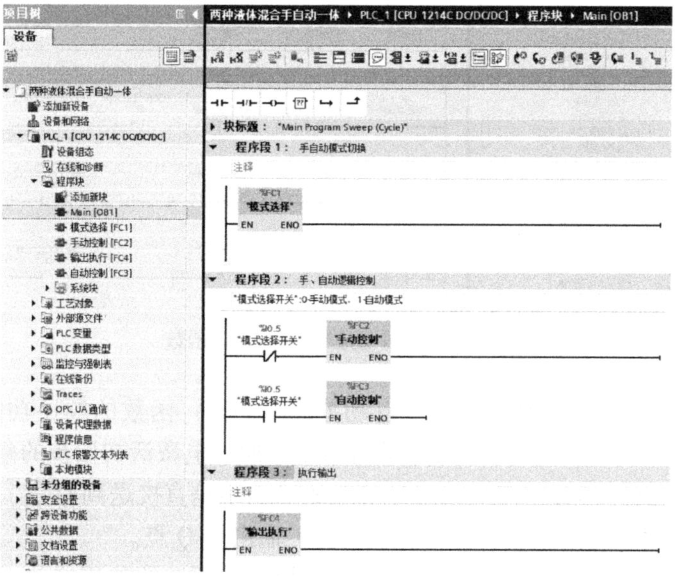

图 10-88　主程序循环 OB1

（2）模式选择（FC1）函数的编写　模式选择（FC1）函数的编写如图 10-89 所示。在 PLC 上电运行时（M1.0 为 1 状态一个扫描周期）和手动模式时（“模式选择开关” I0.5 为 0 状态），将非初始步（M2.1～M2.5）复位为 0，并置位初始步 M2.0。上述操作主要是防止由自动模式切换到手动模式，然后又返回自动模式时，可能会出现同时有多个活动步的异常情况。

（3）手动控制（FC2）函数的编写　手动控制（FC2）函数的编写如图 10-90 所示。在手动模式下，用 4 个手动按钮分别独立操作电磁阀 A、电磁阀 B、电磁阀 C 和搅拌电动机的开

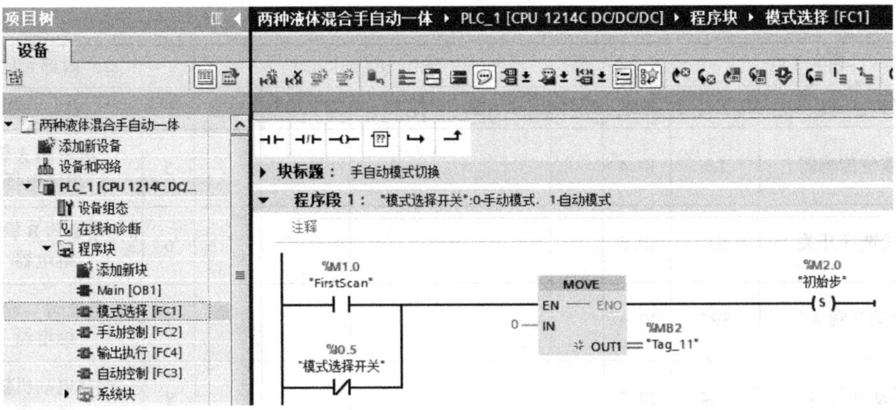

图 10-89　模式选择（FC1）函数

闭。每种操作结合控制需求，加入了常闭触点的互锁。

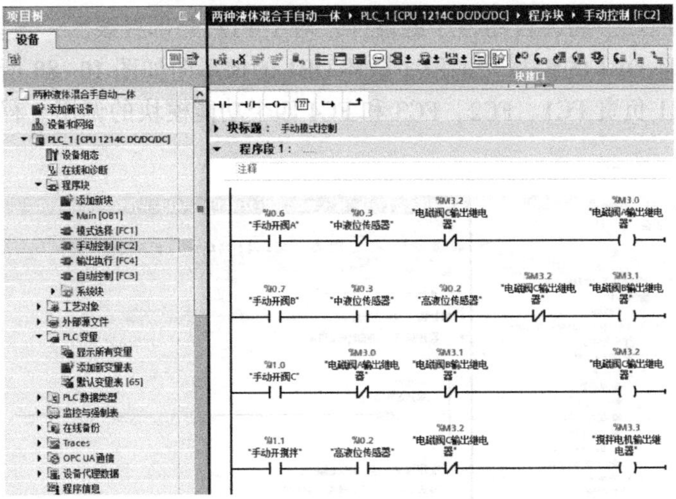

图 10-90　手动控制（FC2）函数

（4）自动控制（FC3）函数的编写　自动控制（FC3）函数的顺序功能图如图 10-91 所示。该图与图 10-49 的区别为：一是去掉了初始化脉冲上电激活初始步的条件，因为该功能已经放到模式选择（FC1）函数中完成；二是负载的输出不是直接送到 Q 点，而是先送到中间继电器 M3.0～M3.3，最后通过输出执行函数（FC4）输出给 Q 点。

自动控制（FC3）函数梯形图的编写读者可以根据前面介绍的用置位、复位指令的方法直接进行顺序功能图到梯形图的转化，这里不再赘述。

（5）输出执行（FC4）函数的编写　输出执行（FC4）函数的编写如图 10-92 所示。

10.3.8　顺序控制设计法编程的优点

顺序控制设计法的核心就是实现工序之间的“独立”、编程有序化。顺序控制设计法简单易学，设计效率高，调试、修改和阅读方便，其优点如图 10-93 所示。

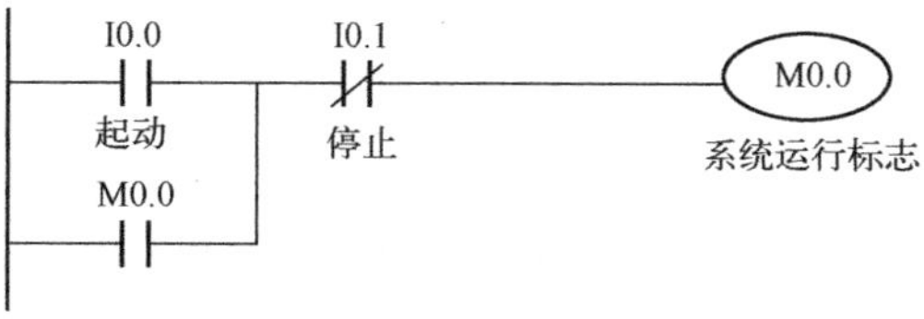

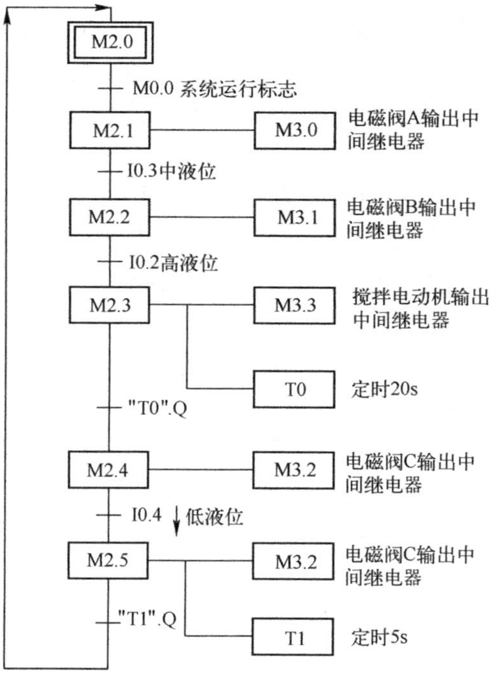

图 10-91　自动控制（FC3）函数的顺序功能图

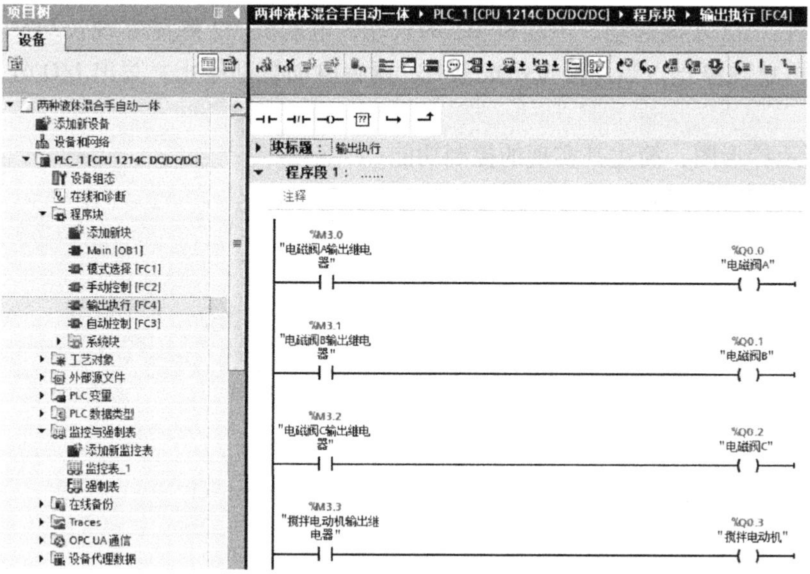

图 10-92　输出执行（FC4）函数

图 10-93　顺序控制设计法的优点

习　题

10-1　在编写 PLC 输出的程序时，一般有两种方式可以采用，一种是输出点用线圈输出，另一种是输出点直接采用置位和复位指令控制，试讨论这两种方式有何优缺点。

10-2　某轧钢厂的成品库可存放钢卷 1000 个，因为不断有钢卷进库、出库，需要对库存的钢卷数进行统计，当库存数低于下限 100 时，指示灯 HL1 亮；当库存数大于 900 时，指示灯 HL2 亮；当达到库存上限 1000 时，报警器 HA 响，停止进库。写出 I/O 分配表和梯形图。

10-3　利用一个接通延时定时器控制灯点亮 10 s 后熄灭，画出梯形图。

10-4　设计一个闪烁电路，要求 Q0. 0 为 ON 的时间为 5 s，Q0. 0 为 OFF 的时间为 3 s。

10-5　用接在 I0. 0 输入端的光电开关检测传送带上通过的产品，有产品通过时 I0. 0 为 ON，如果在 10 s 内没有产品通过，由 Q0. 0 发出报警信号，用 I0. 1 输入端外接的开关解除报警信号，画出梯形图。

10-6　试用经验设计法设计满足图 10-94 所示的梯形图。

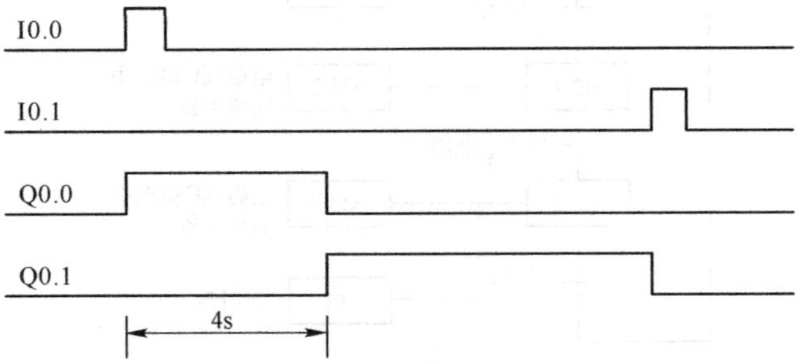

图 10-94　题 10-6 图

10-7　电动机 M1 起动后，M2 才能起动。电动机 M1 为长动，电动机 M2 既能实现长动又能实现点动。两台电动机均可单独停车，当总停按钮按下时，两台电动机都停止。写出 I/O 分配表，设计程序。

10-8　分析图 10-95 所示梯形图，简述其实现的控制功能。

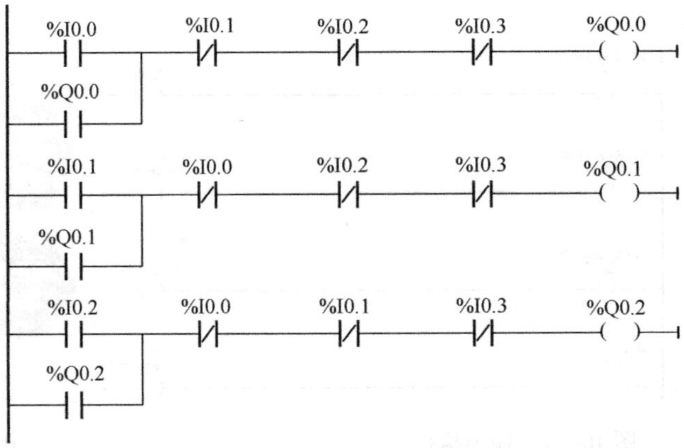

图 10-95　题 10-8 图

10-9　冲床的运动示意图如图 10-96 所示。初始状态时机械手在最左边，I0. 4 为 ON；冲头在最上面，I0.3 为 ON；机械手松开（Q0.0 为 OFF）。按下起动按钮 I0.0，Q0.0 变为 ON，工件被夹紧并保持，2 s 后 Q0.1 变为 ON，机械手右行，直到碰到右限位开关 I0.1。以后将顺序完成以下动作：冲头下行，冲头上行，机械手左行，机械手松开（Q0.0 被复位），系统返回初始状态。各限位开关和定时器提供的信号是相应步之间的转换条件。

要求：（1）写出 I/O 分配表。

（2）画出 PLC 控制电路图。

（3）画出 SFC 顺序功能图。

（4）将 SFC 顺序功能图转换成梯形图。

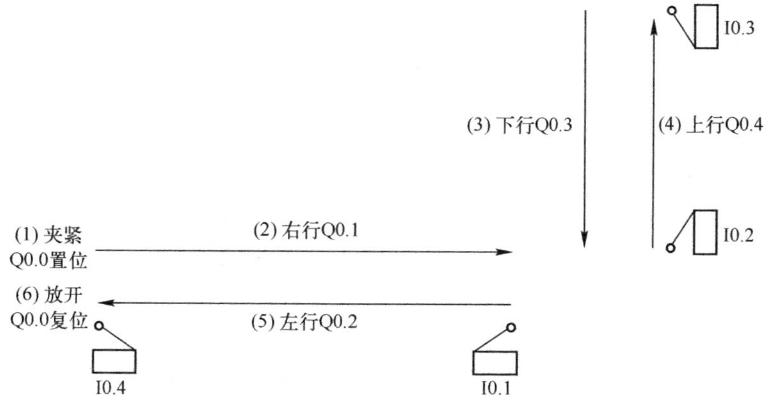

图 10-96 题 10-9 图

10-10 利用经验设计法完成传送带传送系统的控制设计，传送带动作的顺序是：当起动按钮按下后，1 号传送带首先运行，5 min 后 2 号传送带运行，10 min 后 3 号传送带运行，当传感器检测到 1 号传送带上连续 30 min 没有货物时，停止所有传送带运行，按下停止按钮时也能停止所有传送带的运行。

10-11 如图 10-97 所示的 3 条传送带，为了避免输送中货物的堆积，起动时应先起动下面的传送带，再起动上面的传送带。按下起动按钮后，3 号传送带开始运行，5 s 后 2 号传送带开始运行，再过 5 s 后，1 号传送带起动。停止时，停止顺序与起动时相反，按照 1 号、2 号、3 号的顺序停止，间隔 5 s。请画出 PLC 的 I/O 接线图、顺序功能图及梯形图。

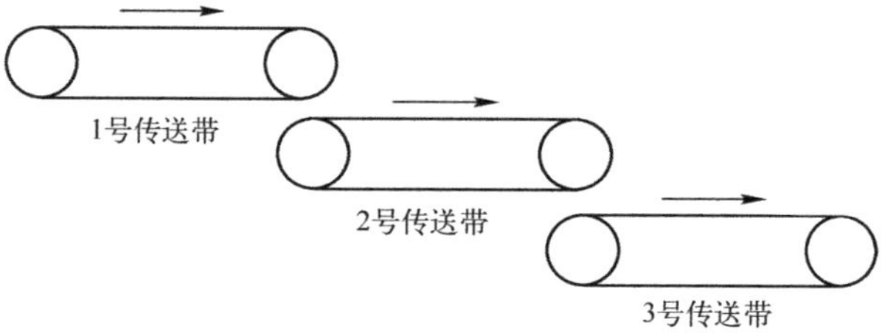

图 10-97 题 10-11 图

10-12 用 PLC 实现电动机的正反转控制，控制要求为：首先电动机正转起动，3 s 后自动反转，反转 2 s 后自动又回到正转，如此周期循环。当按下停车按钮后，必须完成一个完整的周期以后才能停下来。

要求：（1）画出主电路图。

（2）写出 I/O 分配表。

(3) 画出 PLC 控制电路图。

(4) 画出 SFC 顺序功能图。

(5) 将 SFC 顺序功能图转换成梯形图。

10-13 有一小车运行过程如图 10-98 所示。小车初始位置在后限位处，当小车压下后限位开关时，按下起动按钮，小车前进，当运行到料斗下方时，前限位开关被压合，此时打开料斗给小车加料，延时 15 s 后关闭料斗，小车后退返回，到后限位时，打开小车底门卸料，12 s 后结束，完成一个周期的动作。接着再进行下一次的循环，直到按下停止按钮后，小车回到原位后停止。

要求：(1) 画出主电路图。

(2) 写出 I/O 分配表。

(3) 画出 PLC 控制电路图。

(4) 画出 SFC 顺序功能图。

(5) 将 SFC 顺序功能图转换成梯形图。

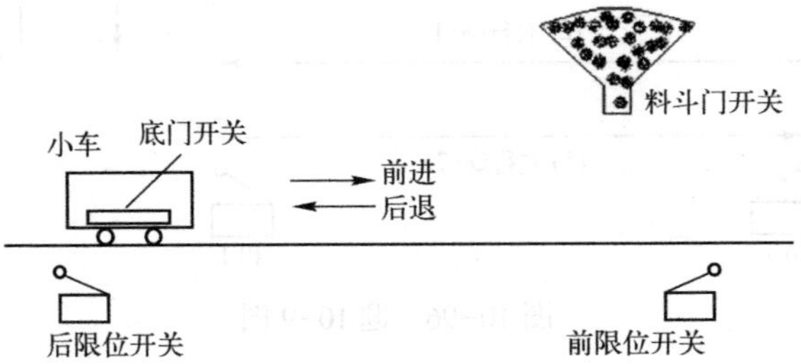

图 10-98 题 10-13 图

第 11 章　SCL 编程基础

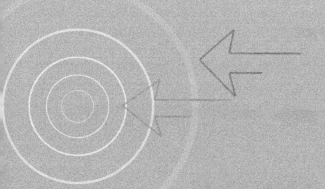

本章主要介绍 SCL 的概述及其语法标准，最后通过实例进行 SCL 的编程应用。

11.1 SCL 概述

SCL 是一种用于 S7 自动化系统的高级文本编程语言。借助 SCL 可以简化控制技术领域复杂的计算、算法、数据管理和数据组织等编程工作。

11.1.1 编程标准

SCL 符合国际标准 IEC 61131-3，该标准对 PLC 的编程语言实现了标准化。SCL 类似于 Pascal，具备高级语言的所有优势。SCL 除了有清晰的控制结构和丰富的数据概念，还拥有例如过程和函数等重要内容。因此，采用 SCL 可以编制结构清晰、易读性好的程序。

11.1.2 特点和应用领域

SCL 基于 Pascal 语言，它在 Pascal 语言的基础上，加入 PLC 编程的输入、输出、定时器、计数器、位存储器等特征，使其既具有高级语言的特点，又适合 PLC 的数据处理。SCL 支持布尔型、整型、实型等基本数据类型及日期时间、指针、用户自定义数据等复杂数据类型，提供了丰富的运算符，可以构建逻辑表达式、数学表达式、关系表达式等表达式，提供了判断、选择、循环等语句用于程序控制，同时还提供了基本指令、扩展指令、工艺指令及通信指令等丰富的指令，可以满足所有 PLC 控制的要求。由于其高级语言的特性，SCL 尤其适合在数据处理、过程优化、配方管理、数学、统计运算等方面的应用。

提示：为什么 SCL 结构化编程势必成为主流？经过半个世纪的发展，现在的 PLC 已经不是当初那个只能进行简单逻辑控制的 PLC，而是集运动控制、总线通信、数据处理、通信组网、安全控制和故障记录等功能于一身的自动化控制器，而且随着生产工艺的进步，这些功能已经成为 PLC 的主流功能。很显然，单纯的梯形图已经无法满足这些需求。

11.1.3 S7-SCL 与 TIA Portal

在 TIA Portal 软件中默认支持 SCL，在建立程序块时可以直接选择 SCL，示意图如图 11-1 所示。

在梯形图程序块中右击，在弹出的菜单中选择“插入 SCL 程序段”即可实现梯形图与 SCL 的混合编程，如图 11-2 所示。

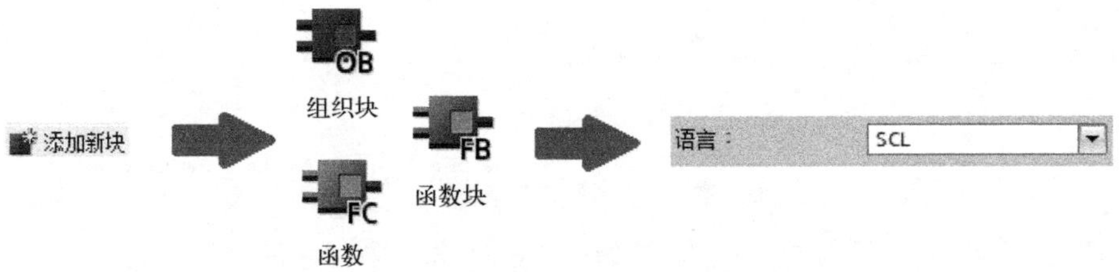

图 11-1　TIA Portal 中新建 SCL 程序块示意图

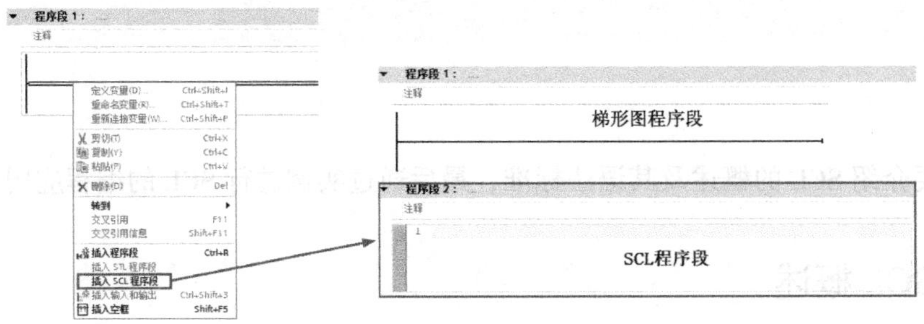

图 11-2　梯形图与 SCL 混合编程

在 TIA Portal 中 S7-SCL 的程序也是以程序块 FB 或者 FC 的形式体现，通过项目树视图并不能看出使用编程语言的类型，可以在块属性中看到语言类型，如图 11-3 所示。

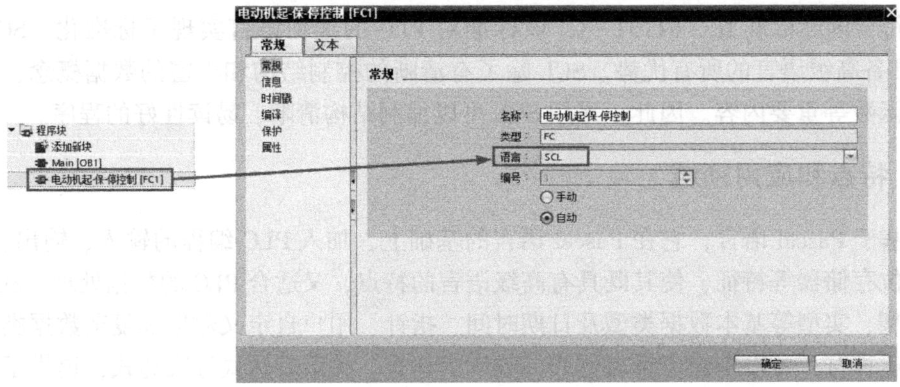

图 11-3　块属性中查看语言类型

在创建 SCL 程序块之前，通过单击菜单“选项”→“设置”，在弹出的“设置”对话框中选择“PLC 编程”→“SCL（结构化控制语言）”→“块接口”→“新块的默认设置”，可以通过下拉列表将该项由默认的“表格视图”修改成“文本视图”，如图 11-4 所示。

提示：FC 接口区的表格视图与文本视图是操作层面和代码层面的关系，各有优缺点，读者可以细心比较和体会。

11.1.4　块与源的相互生成

在 TIA Portal 项目视图中生成的 SCL 程序块，可以通过选中程序块后单击鼠标右键，在弹出的快捷菜单中选择“从块生成源”→“仅所选块”，在随后弹出的保存 SCL 文件对话框中选择保存路径和文件名，最后单击“保存”按钮完成从块到源的生成，如图 11-5 所示。

同理，也可以反向操作，从 SCL 源文件生成 SCL 程序块。方法如下：在 TIA Portal 项目视

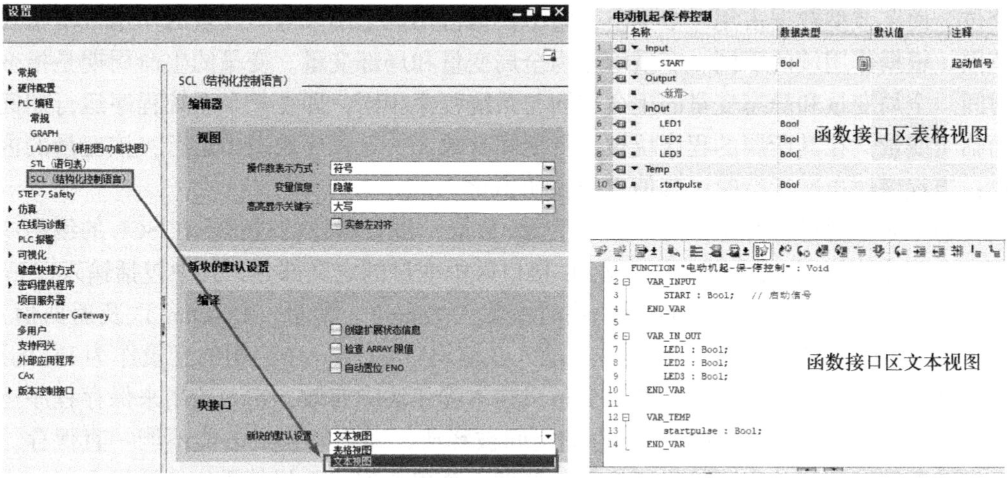

图 11-4　FC 接口区表格视图与文本视图

图中展开“PLC_1”→“外部源文件”，双击其中的“添加新的外部文件”项，弹出文件打开对话框，通过对话框选择要导入的 SCL 源文件后单击“打开”按钮。在“项目树”的“外部源文件”目录下会新添加一个刚刚打开的 SCL 源文件。选中该源文件后单击鼠标右键，在弹出的快捷菜单中选择“从源生成块”（见图 11-6），如果弹出“块可能会覆盖”确认对话框，选择“确定”按钮，则在程序块中由打开的 SCL 源文件生成了 SCL 程序块。

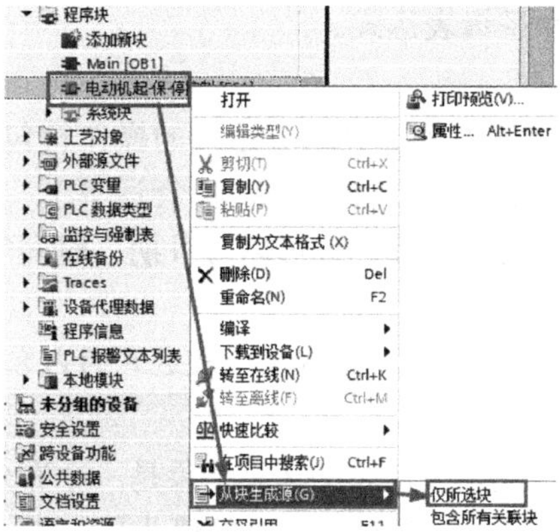

图 11-5　从块生成源

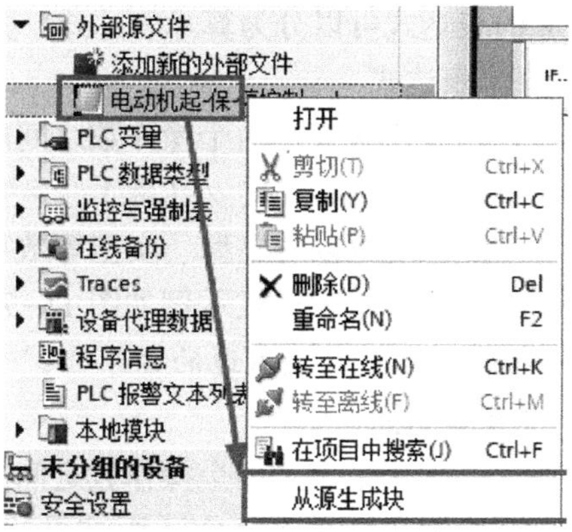

图 11-6　从源生成块

提示：“从块生成源”与“从源生成块”揭示了 TIA Portal 与 S7-SCL 之间的本质联系，实际使用中读者可以利用这一点灵活进行两者的对比，进一步熟悉 SCL。

11.2　SCL

11.2.1　SCL 的变量

与变量相关的概念包括：变量的名称、变量的数据类型、变量的作用域、变量的生命周期。变量的名称简称变量名，用来唯一标识该变量。变量名必须满足编程语言的命名规则。变量的数据类型用来表明其占用存储区的大小及支持的操作方式。比如，布尔型数据占用存储区的一个位，而字节型数据占用一个字节，整型数据占用两个字节等。变量的作用域是指变量的作用范围。根据作用域的不同，变量可分为全局变量和局部变量。变量的生命周期是指变量的存在时间。全局变量和静态变量的生命周期与系统程序相同，即在整个系统程序运行期间都有效；而临时变量只在其所属的程序块被执行期间有效。一旦程序块退出运行，该变量的内存就被释放；当程序块再次运行时，其值重新被初始化。

编程的本质是通过各种指令对数据（变量+常量）进行操作的过程。在 SCL 的编程中，变量必须先声明才能使用。图 8-2 中可见 FC 接口区中变量的定义部分，其中包括输入（Input）、输出（Output）、输入及输出（InOut）、临时变量（Temp）、常量（Constant）及返回值（Return）。在输入（Input）、输出（Output）、输入及输出（InOut）中声明的变量作为 FC 的形参，可以在上级调用中赋予不同的值。临时变量只在本程序块中有效，它一般用来保存程序运行过程的中间值，当 FC 的调用结束后，其存储空间被释放，即临时变量的值不能一直保存。但有时候，也需要程序运行的中间结果能保存，如做一个累加器，希望其累加的结果在下一次调用时存在，而不是每次都从 0 开始累加，这就需要用到静态变量。在 SCL 编程中，FC 中不能声明静态变量。要使用静态变量，必须使用 FB。FB 接口区中的 Static 栏就是用来声明静态变量的，如图 8-7 所示。

11.2.2 SCL 的表达式

表达式将在程序运行期间进行运算，然后返回一个值。一个表达式由操作数（如常数、变量或函数调用）和与之搭配的操作符（如 *、/、+ 或 -）组成。

SCL 的表达式可以分为算术表达式、关系表达式和逻辑表达式。

1. 算术表达式

算术表达式用来表达两个操作数之间的一种数学运算关系。算术表达式的操作符包括：+（加）、-（减）、*（乘）、/（除）、**（幂运算）、MOD（模运算/求余运算），其中+（加）、-（减）既可以对整型、实型等数字类型的数据进行运算，也可以对日期、时间等数据类型进行运算。算术表达式示例如图 11-7 所示。

提示： *表达式最右边的分号“;”表示一条语句的结束，它不属于表达式的内容。*

2. 关系表达式

关系表达式用来表示两个操作数之间的大小关系。关系表达式的运算结果是一个布尔型的变量。如果它表示的关系成立，则结果的值为真（TRUE）；否则，结果的值为假（FALSE）。关系表达式的运算符包括：=（等于）、<>（不等于）、<（小于）、<=（小于或等于）、>（大于）、>=（大于或等于）。关系表达式的示例如图 11-8 所示。

```
IF...  CASE... OF...  FOR... TO DO...  WHILE... DO...  (*...*)  REGION
//算术表达式
//加法运算
#TEMP_C:=#TEMP_A+#TEMP_B;
//减法运算
#TEMP_C := #TEMP_A - #TEMP_B;
//乘法运算
#TEMP_C := #TEMP_A * #TEMP_B;
//除法运算
#TEMP_C := #TEMP_A / #TEMP_B;
//幂运算,结果为浮点数
#TEMP_D := #TEMP_A ** #TEMP_B;
//模运算
#TEMP_C := #TEMP_A MOD #TEMP_B;
//时间减运算，结果为Time类型
#TEMP_DATE_1 := #TEMP_DATE_2 - #TEMP_DATE_3;
```

图 11-7 算术表达式示例

```
//关系表达式
#TEMP_RESULT := #TEMP_A > #TEMP_B;
```

图 11-8 关系表达式示例

3. 逻辑表达式

逻辑表达式用来表示逻辑上的“与”“或”“非”“异或”等关系。逻辑表达式是将操作数按位（bit）进行逻辑运算，其结果的数据类型取决于操作数的数据类型。例如两个 Bool 型的数据进行逻辑运算时，其结果为 Bool 型变量；若两个字（Word）类型的数据进行逻辑运算，其结果为字（Word）；如果一个字节（Byte）型数据与字（Word）型数据进行逻辑运算，其结果的数据类型为字（Word）。

逻辑表达式的运算符包括：AND（与）、NOT（非）、OR（或）、XOR（异或）。逻辑表达式示例如图 11-9 所示。

```
//逻辑表达式
#TEMP_A := #TEMP_B AND #TEMP_C;
#TEMP_A := #TEMP_B OR #TEMP_C;
#TEMP_A := NOT #TEMP_B;
#TEMP_A := #TEMP_B XOR #TEMP_C;
```

图 11-9　逻辑表达式示例

11.2.3　SCL 程序控制语句

语句是一条能被执行的代码，其作用是向 PLC 系统发出操作指令，要求执行相应的操作。语句经过编译后会产生若干条机器指令。在很多高级语言中，代码必须提供某种符号来表示一条语句，以便编译器能识别并编译。比如，C 语言的每一条语句末尾都要加英文分号“;”，而 VB 则以回车换行符来表示一条语句。SCL 的语法源自 Pascal，其每条语句的末尾也要加英文分号“;”。

注意：SCL 中每一个指令都以一个分号结束。

SCL 的程序结构有 3 种：顺序结构、选择结构和循环结构。

1. 顺序结构

由简单的赋值语句组成的自上而下的顺序代码称为顺序结构。图 11-7 所示的算术表达式示例即为顺序结构。

注意：SCL 中“:=”符号表示赋值。

2. 选择结构

选择结构用来根据某些条件来选择性地执行代码。选择结构包括 IF 语句和 CASE 语句。

（1）IF 语句　IF 语句用来判断某种条件（表达式）是否成立，如果条件成立（表达式值为 TRUE），则执行第一部分语句序列，其余语句序列不执行；如果条件不成立（表达式值为 FALSE），则执行由 ELSE 引导的语句序列（或者如果不存在 ELSE 分支，则直接跳转到 END_IF 之后的语句继续执行）。

注意：可以存在任意数量的 ELSIF 语句，实现多分支。

示例：

```
IF #Tag_1 = TRUE THEN
    #Tag_Value := 10;
ELSIF #Tag_2 = TRUE THEN
    #Tag_Value := 20;
ELSIF #Tag_3 = TRUE THEN
    #Tag_Value := 30;
ELSE
    #Tag_Value := 0;
END_IF;
```

（2）CASE 语句　使用 CASE 语句可以根据数字表达式的值，执行多个分支中的一个。

示例：

```
CASE #Tag_Value OF
  0:
      #Tag_1 := 1;
  1, 3, 5:
      #Tag_2 := 1;
  6..10:
      #Tag_3 := 1;
  16, 17, 20..25:
      #Tag_4 := 1;
END_CASE;
```

3. 循环结构

循环结构可以在某种条件下反复执行某段代码，包括 FOR 语句、WHILE 语句和 REPEAT 语句。

(1) FOR 语句　使用 FOR 语句可以重复执行程序循环，直至运行变量不在指定的取值范围内。

FOR 语句格式：

```
FOR <运行变量> := <起始值> TO <结束值> BY <增量> DO
<语句>;
END_FOR;
```

如果增量为 1，可以简写为

```
FOR <运行变量> := <起始值> TO <结束值> DO
<语句>;
END_FOR;
```

示例：

```
FOR #i := 2 TO 8 BY 2 DO
    #a_array[#i] := #Tag_Value * #b_array[#i];
END_FOR;
```

上述示例的含义为：Tag_Value 操作数乘以 b_array 数组变量的元素(2,4,6,8)，并将计算结果写入 a_array 数组变量的元素(2,4,6,8)中。

(2) WHILE 语句　使用 WHILE 语句可以重复执行程序循环，直至不满足执行条件为止。

WHILE 语句格式：

```
WHILE <条件> DO
<语句>;
END_WHILE;
```

示例：

```
WHILE #Tag_1 = 1 DO
    #TEMP_A := #TEMP_A + 1;
    IF #TEMP_A = 1000 THEN
        EXIT;
    END_IF;
END_WHILE;
```

上述示例含义为：只要 Tag_1 的值等于 1，将循环执行语句 TEMP_A := TEMP_A + 1；当 TEMP_A 的值达到 1000 时，EXIT 退出 WHILE 循环。

(3) REPEAT 语句　使用 REPEAT 语句可以重复执行程序循环，直至满足某种条件退出循环。

REPEAT 语句格式：

```
REPEAT
<语句>;
UNTIL <条件>
END_REPEAT;
```

示例：

```
REPEAT
    #TEMP_A += 1;
UNTIL #TEMP_A = 1000
END_REPEAT;
```

上述示例含义为：重复执行 TEMP_A += 1，直到 TEMP_A 的值等于 1000。

注意：通过执行 CONTINUE 指令可以提前终止本轮 FOR、WHILE、REPEAT 循环，通过执行 EXIT 指令可以终止 FOR、WHILE、REPEAT 整个循环的执行。RETURN 是退出块指令，可以终止当前程序块的执行，返回调用块继续执行。

11.2.4 沿信号检测指令

所谓“沿信号”是指信号的一种动态变化，包括上升沿和下降沿两种。上升沿是指信号从无到有（信号值从 0 变为 1）的过程，下降沿是指信号从有到无（信号值从 1 变为 0）的过程，这里的信号都是指数字量。可以看出，无论是上升沿还是下降沿，信号都处于动态而非稳态。在工控上，有时候需要捕捉信号的这种动态变化，以便触发相应的动作。这种捕捉在软件上需要使用沿信号检测指令来实现。几乎所有的 PLC 编程语言都提供沿信号检测指令，SCL 也不例外。

1. 上升沿信号

使用 R_TRIG 指令来检测上升沿信号。名称中 R 表示 Rising，即上升的意思。从指令列表中通过拖拽的方式添加 R_TRIG 指令（见图 11-10）会自动生成一个背景数据块，指令的初始状态如图 11-11 所示。

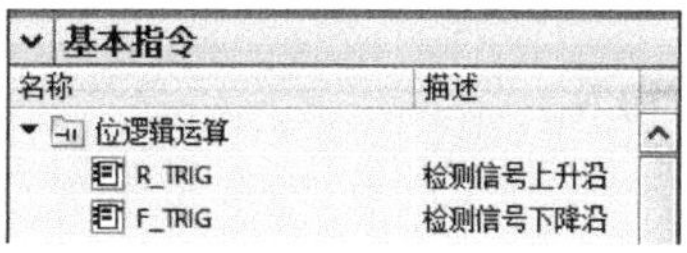

图 11-10　SCL 沿信号检测指令

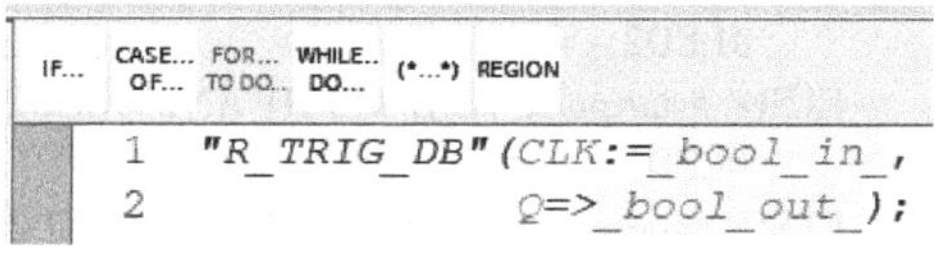

图 11-11　新添加的 R_TRIG 指令初始状态

其中，R_TRIG_DB 是自动生成的背景数据块的名称，CLK 是要检测的信号地址，Q 是输出信号的地址。

该指令将要检测信号 CLK 的先前状态值存放在背景数据块中，并与信号的当前值进行比较。如果先前状态值为 0，当前状态值为 1，则属于上升沿变化，Q 的输出值会在一个扫描周期内保持为真（1）。

2. 下降沿信号

与上升沿相对应的是下降沿。F_TRIG 指令用来检测下降沿信号，名称中的 F 是 Falling 的缩写，即下降的意思。从指令列表中添加 F_TRIG 指令（见图 11-10）会自动生成一个背景数据块，指令的初始状态如图 11-12 所示。

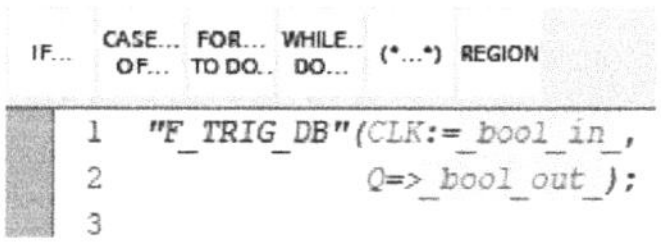

图 11-12　新添加的 F_TRIG 指令初始状态

其中，F_TRIG_DB 是自动生成的背景数据块的名称，CLK

是要检测的信号地址，Q 是输出信号的地址。

该指令将要检测信号 CLK 的先前状态值存放在背景数据块中，并与信号的当前值进行比较。如果先前状态值为 1，当前状态值为 0，则属于下降沿变化，Q 的输出值会在一个扫描周期内保持为真（1）。

注意： 无论是上升沿信号检测还是下降沿信号检测，其沿信号变化都只在一个 PLC 扫描周期内为真。

3. 举例

PLC 的 I0.0 连接一个按钮，Q0.0 输出控制第一盏灯，Q0.1 输出控制第二盏灯，Q0.2 输出控制第三盏灯。按钮第一次按下，第一盏灯亮；按钮第二次按下，第二盏灯亮；按钮第三次按下，第三盏灯亮；按钮第四次按下，三盏灯全灭。要求用 SCL 完成。

在 TIA Portal 中新建名为“SCL 沿信号检测”的工程，在工程中新建函数 FC1，编程语言选择 SCL。FC1 接口区变量定义如图 11-13 所示。

	名称	数据类型	默认值	注释
1	▼ Input			
2	START	Bool		启动信号
3	▼ Output			
4	<新增>			
5	▼ InOut			
6	LED1	Bool		第一盏灯
7	LED2	Bool		第二盏灯
8	LED3	Bool		第三盏灯
9	▼ Temp			
10	startpulse	Bool		启动信号上升沿检查结果

图 11-13　FC1 接口区变量定义

在 FC1 代码区中输入以下 SCL 语句：

```
"R_TRIG_DB"(CLK:=#START,
            Q=>#startpulse);
IF #startpulse AND NOT #LED1 AND NOT #LED2 AND NOT #LED3 THEN
    #LED1 := 1;
ELSIF #startpulse AND #LED1 AND NOT #LED2 AND NOT #LED3 THEN
    #LED2 := 1;
ELSIF #startpulse AND #LED1 AND #LED2 AND NOT #LED3 THEN
    #LED3 := 1;
ELSIF #startpulse AND #LED1 AND #LED2 AND #LED3 THEN
    #LED1 := 0;
    #LED2 := 0;
    #LED3 := 0;
END_IF;
```

在主程序 OB1 中编写梯形图，实现对 FC1 的调用，如图 11-14 所示。

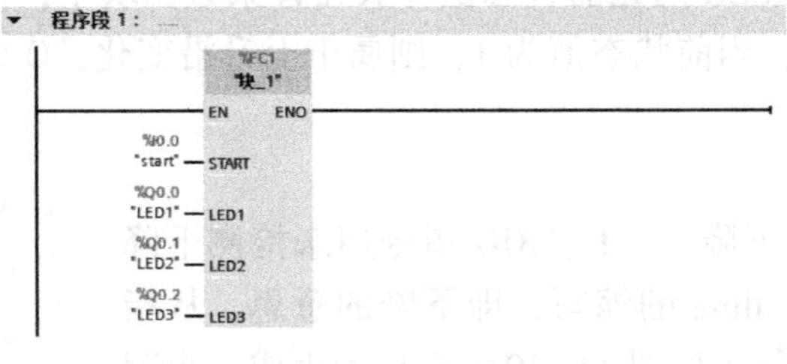

图 11-14　OB1 中调用 FC1

将编译成功的程序下载到 S7-PLCSIM 中进行仿真运行，并利用 SIM 表进行调试，如图 11-15 所示。

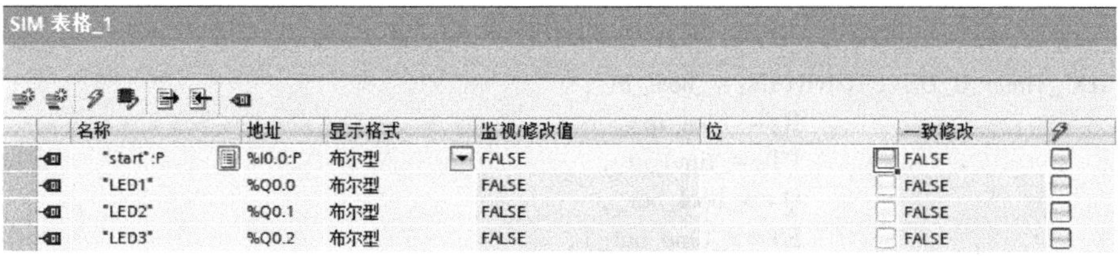
SIM 表格_1
名称 | 地址 | 显示格式 | 监视/修改值 | 位 | 一致修改
"start":P | %I0.0:P | 布尔型 | FALSE | FALSE
"LED1" | %Q0.0 | 布尔型 | FALSE | FALSE
"LED2" | %Q0.1 | 布尔型 | FALSE | FALSE
"LED3" | %Q0.2 | 布尔型 | FALSE | FALSE

图 11-15　SIM 表仿真调试

提示： 在 FC 中使用沿信号检测指令，必须为其创建相应的数据块。因为 FC 没有属于自己的背景数据块，不能保存静态变量。如果在程序中需要多次使用沿信号检测指令，建议使用 FB 而非 FC。因为 FB 有自己的背景数据块，可以把沿信号检测指令需要保存的静态数据存放到 FB 的背景数据块中，并且可以采用多重背景数据块的方式来减少程序中需要添加的 DB 数量。

11.2.5　定时器指令

SCL 中的定时器指令包括生成脉冲（TP）、接通延时（TON）、关断延时（TOF）、时间累加器（TONR）、复位定时器（RESET_TIMER）及加载持续时间（PRESET_TIMER）指令。指令列表如图 11-16 所示。

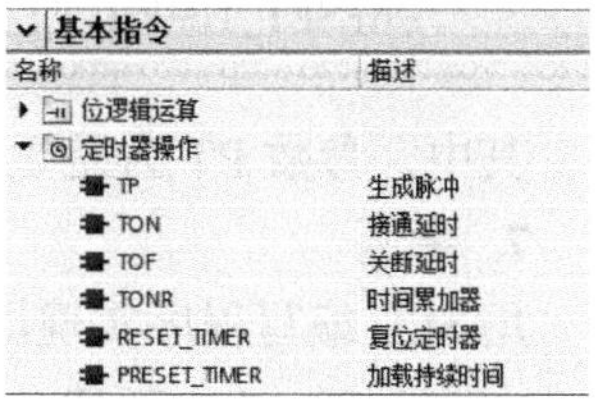

图 11-16　SCL 定时器指令

1. TP 指令

TP 指令的作用是用来产生脉冲信号。从指令列表中添加 TP 指令时会自动生成背景数据块（默认名称 IEC_Timer_0_DB），指令初始状态如下：

```
"IEC_Timer_0_DB".TP(IN:=_bool_in_,
                    PT:=_time_in_,
                    Q=>_bool_out_,
                    ET=>_time_out_);
```

TP 指令功能参见 7.8.1 节。

2. TON 指令

TON 指令用于信号的延时接通。从指令列表中添加 TON 指令时会自动生成背景数据块（默认名称 IEC_Timer_0_DB），指令初始状态如下：

```
"IEC_Timer_0_DB".TON(IN:=_bool_in_,
                     PT:=_time_in_,
                     Q=>_bool_out_,
                     ET=>_time_out_);
```

TON 指令功能参见 7.8.2 节。

3. TOF 指令

TOF 指令用于信号的延时断开。从指令列表中添加 TOF 指令时会自动生成背景数据块（默认名称 IEC_Timer_0_DB），指令初始状态如下：

```
"IEC_Timer_0_DB".TOF(IN:=_bool_in_,
                     PT:=_time_in_,
                     Q=>_bool_out_,
                     ET=>_time_out_);
```

TOF 指令功能参见 7.8.3 节。

4. TONR 指令

TONR 指令可以起到时间累加的作用。从指令列表中添加 TONR 指令时会自动生成背景数据块（默认名称 IEC_Timer_0_DB），指令的初始状态如下：

```
"IEC_Timer_0_DB".TONR(IN:=_bool_in_,
                      R:=_bool_in_,
                      PT:=_time_in_,
                      Q=>_bool_out_,
                      ET=>_time_out_);
```

时间累加定时器 TONR 指令功能参见 7.8.4 节。

5. RESET_TIMER 指令

RESET_TIMER 指令可用于 IEC 定时器的复位，从指令列表中添加 RESET_TIMER 指令，指令的初始状态如下：

```
RESET_TIMER(_iec_timer_in_);
```

建议将其放入 IF 语句中，以便在可控的条件下进行复位。该指令执行后，定时器的当前值及输出值均复位为 0。

6. PRESET_TIMER 指令

PRESET_TIMER 指令可用于设置 IEC 定时器的预设时间值，从指令列表中添加 PRESET_TIMER 指令，指令初始状态如下：

```
PRESET_TIMER(PT:=_time_in_,
             TIMER:=_iec_timer_in_);
```

其中，参数 PT 为需要设置的时间值，TIMER 为 IEC 定时器名称（编号）。

7. 举例

用 SCL 编写程序实现周期可调的方波输出。

在 TIA Portal 中新建名为“SCL 定时器”的工程，在工程中新建函数 FC1，编程语言选择 SCL。FC1 接口区变量定义如图 11-17 所示。

块_1

	名称	数据类型	默认值	注释
1	▼ Input			
2	▪ start	Bool		启动信号
3	▪ t	Time		电平宽度
4	▼ Output			
5	▪ out	Bool		方波输出

图 11-17　FC1 接口区变量定义

在 FC1 代码区中输入以下 SCL 语句：

```
"T0".TON(IN:=#start AND NOT "T1".Q,
         PT:=#t,
         Q=>#out);
"T1".TON(IN:="T0".Q,
         PT:=#t);
```

提示：从指令列表中添加 TON 指令时会自动生成背景数据块，这个例子中定时器的背景数据块名称分别取名为“T0”和“T1”。

在主程序 OB1 中编写梯形图，实现对 FC1 的调用，如图 11-18 所示。

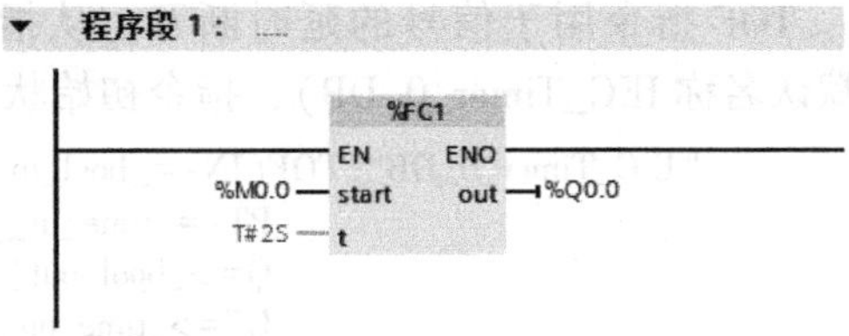

图 11-18　OB1 中调用 FC1

注意：OB1 中调用的 FC1，如果后期 FC1 内部进行了参数的修改，那么 OB1 中 FC1 的调用可能会出现红色的参数错误提示。遇到这种情况，只需在 OB1 程序中右击“FC1”，在快捷菜单中选中“更新块调用”，在弹出的“接口同步”对话框中单击“确定”按钮，即可完成“旧接口”到“新接口”的更新。如图 11-19 所示，最初 FC1 中 out 参数声明的是 InOut 类型，OB1 中对 FC1 进行调用后，对 FC1 中 out 参数声明进行了修改，将其由 InOut 类型改为 Output 类型，因此需要在 OB1 中对 FC1 的调用进行接口更新。

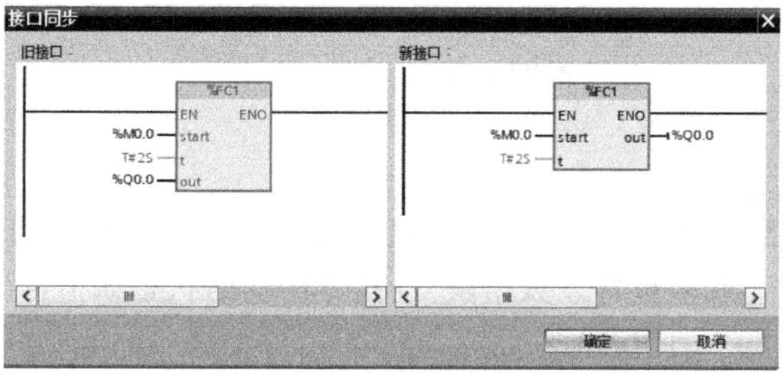

图 11-19　OB1 中更新 FC1 的调用

将编译成功的程序下载到 S7-PLCSIM 中进行仿真运行和调试。TRACE 轨迹显示如图 11-20 所示。

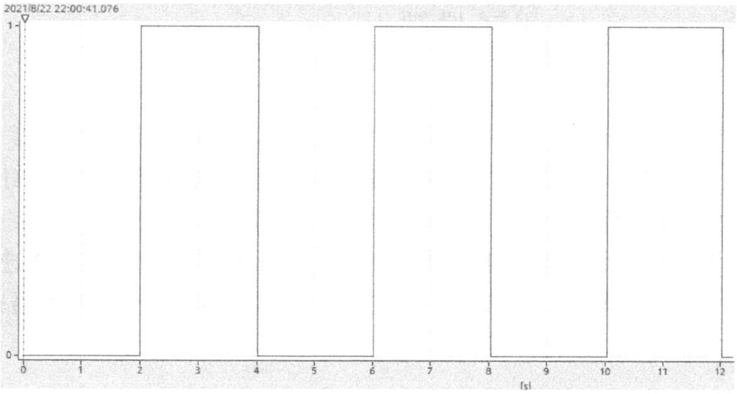

图 11-20　Q0.0 输出周期为 4 s 的方波轨迹显示

11.2.6　计数器指令

S7-1200 系列 PLC 使用的 IEC 计数器包括三类：加计数器（CTU）、减计数器（CTD）和加减计数器（CTUD）。指令列表如图 11-21 所示。

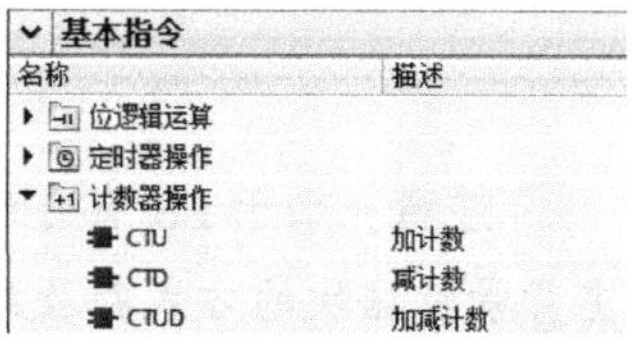

图 11-21　SCL 计数器指令

1. CTU 指令

CTU 指令用来进行向上计数。从指令列表中添加 CTU 指令时会提示生成背景数据块（或多重背景数据块），指令的初始状态如下：

```
"IEC_Counter_0_DB".CTU(CU:=_bool_in_,
                       R:=_bool_in_,
                       PV:=_int_in_,
                       Q=>_bool_out_,
                       CV=>_int_out_);
```

CTU 指令功能参见 7.9.1 节。

2. CTD 指令

CTD 指令用来进行向下计数。从指令列表中添加 CTD 指令时会提示生成背景数据块（或多重背景数据块），指令的初始状态如下：

```
"IEC_Counter_0_DB".CTD(CD:=_bool_in_,
                       LD:=_bool_in_,
                       PV:=_int_in_,
                       Q=>_bool_out_,
                       CV=>_int_out_);
```

CTD 指令功能参见 7.9.2 节。

3. CTUD 指令

CTUD 指令既可以进行向上计数，也可以进行向下计数。从指令列表中添加 CTUD 指令时会提示生成背景数据块（或多重背景数据块），指令的初始状态如下：

```
"IEC_Counter_0_DB".CTUD(CU:=_bool_in_,
                        CD:=_bool_in_,
                        R:=_bool_in_,
                        LD:=_bool_in_,
                        PV:=_int_in_,
                        QU=>_bool_out_,
                        QD=>_bool_out_,
                        CV=>_int_out_);
```

CTUD 指令功能参见 7.9.3 节。

4. 举例

PLC 的 I0.0 连接一个按钮，Q0.0 输出控制第一盏灯，Q0.1 输出控制第二盏灯，Q0.2 输出控制第三盏灯。按钮第一次按下，第一盏灯亮；按钮第二次按下，第二盏灯亮；按钮第三次按下，第三盏灯亮；按钮第四次按下，三盏灯全灭。要求用 SCL 完成。

该例子在 11.2.4 节采用沿信号检测指令编写，此处使用计数器指令进行编写。在 TIA Portal 中新建名为“SCL 计数器”的工程，在工程中新建函数块 FB1，编程语言选择 SCL。FB1 接口区变量定义如图 11-22 所示。

块_1

	名称	数据类型	默认值	保持	从 HMI/OPC...	从 H...	在 HMI ...	设定值	注释
1	▼ Input				☐	☐	☐	☐	
2	START	Bool	false	非保持	☑	☑	☑	☐	启动信号
3	▼ Output				☐	☐	☐	☐	
4	LED1	Bool	false	非保持	☑	☑	☑	☐	第一盏灯
5	LED2	Bool	false	非保持	☑	☑	☑	☐	第二盏灯
6	LED3	Bool	false	非保持	☑	☑	☑	☐	第三盏灯
7	<新增>				☐	☐	☐	☐	
8	▶ InOut				☐	☐	☐	☐	
9	▼ Static				☐	☐	☐	☐	
10	▶ C0	CTU_INT		保持	☑	☑	☑	☑	计数器

图 11-22　FB1 接口区变量定义

注意：由于 FB 有自己的背景数据块，可以把计数器 CTU 指令需要保存的静态数据以多重背景数据块的方式存放到 FB 的背景数据块中，减少程序中需要添加的 DB 数量。

在 FB1 代码区中输入以下 SCL 语句：

```
#C0(CU := #START,
    PV := 5,R:=#C0.QU);
IF #C0.CV = 1  THEN
    #LED1 := 1;
ELSIF #C0.CV = 2 THEN
    #LED2 := 1;
```

```
ELSIF #C0.CV = 3 THEN
    #LED3 := 1;
ELSIF #C0.CV = 4 THEN
    #LED1 := 0;#LED2 := 0; #LED3 := 0;
END_IF;
```

提示： 计数器设定值 PV 设置成 5，才能在程序中对计数器当前值 CV 的值是否为 4 进行判断；计数器的复位使用 C0.QU，即计数器计满 5 次执行复位操作。

在主程序 OB1 中编写梯形图，实现对 FB1 的调用，如图 11-23 所示。

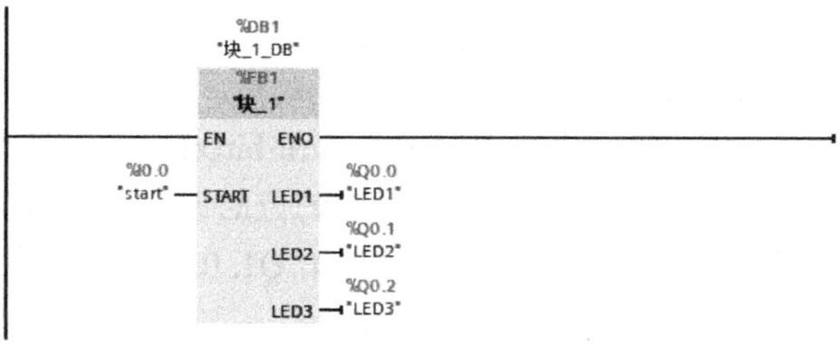

图 11-23　OB1 中调用 FB1

将编译成功的程序下载到 S7-PLCSIM 中进行仿真运行，并利用 SIM 表进行调试。

11.2.7　间接寻址指令 PEEK、POKE

1. PEEK 指令

PEEK 含义是“偷看，瞥一眼”，在计算机编程中表示“读取数据”。在 SCL 编程中，PEEK 指令可以用来读取输入缓存区（I）、输出缓存区（Q）、位存储区（M）及数据块（DB）中的数据，常用作间接寻址。

PEEK 指令支持以位（Bit）、字节（Byte）、字（Word）及双字（DWord）的形式进行操作，如果 PEEK 指令后面不指定数据类型，则默认为对字节型数据进行操作。可以在“基本指令”→“移动操作”→“读/写存储器”中找到该指令，如图 11-24 所示。

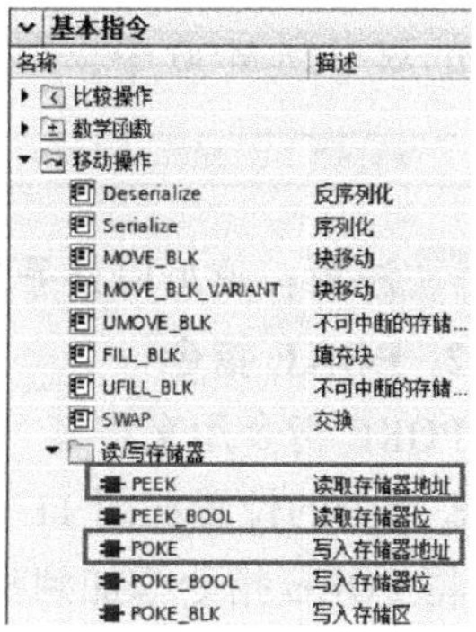

图 11-24　PEEK 和 POKE 指令位置

在 FB/FC 中添加 PEEK 指令的代码如下：

```
PEEK(area:=_byte_in_,dbNumber:=_dint_in_, byteOffset:=_dint_in_)
```

可以看出，PEEK 指令有 3 个参数：area、dbNumber 及 byteOffset，各参数的含义如下。

1）area：字节型数据（Byte），用来指定访问存储区的类型。16#81 表示输入缓存区（I）、16#82 表示输出缓存区（Q）、16#83 表示位存储区（M）、16#84 表示数据块（DB）。其中，16#84 只能访问“标准的”数据块。

2）dbNumber：双整型数据（DInt），用来指定数据块的编号，仅在访问数据块时使用，访问其他存储区时设置为 0。

3）byteOffse：双整型数据（DInt），用来指定读取数据的地址偏移量。

假设要读取输入缓存区（I）的第 2 个字节到位存储区（M）的第 9 个字节，则可以使用图 11-25 所示的代码。

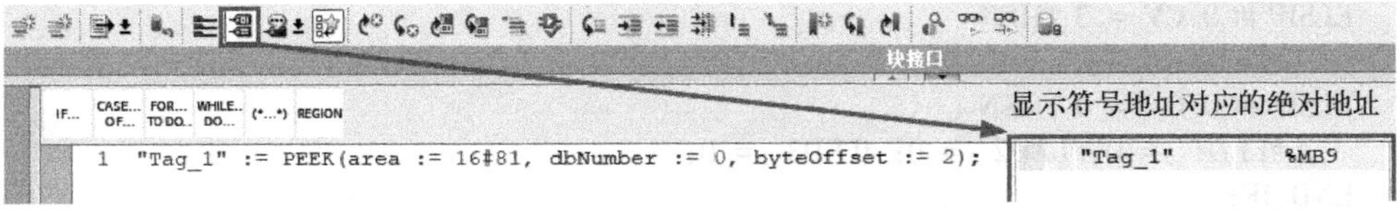

图 11-25 PEEK 指令读取 IB2 到 MB9

图 11-24 中的 PEEK_BOOL 指令来读取布尔型数据，其返回值是布尔型变量。从指令列表中添加 PEEK_BOOL 指令的初始状态如下：

```
PEEK_BOOL(area:=_byte_in_, dbNumber:=_dint_in_,
          byteOffset:=_dint_in_, bitOffset:=_int_in_)
```

该指令有 4 个参数：area、dbNumber、byteOffset 和 bitOffset。前 3 个参数的含义与 PEEK 指令中介绍的相同，第 4 个参数 bitOffset 表示要读取的位的偏移，其取值范围为 0~7。

举个例子，假设要读取 M1.5 的值，并将其赋值给 Q1.0，则可以使用如下的代码：

```
"Tag_2":=PEEK_BOOL(area := 16#83, dbNumber := 0, byteOffset := 1, bitOffset := 5);    "Tag_2"  %Q1.0
```

PEEK_WORD 指令用来读取字（Word）类型数据。假设要读取 DB1 的第 10 个字节开始的字到 MW10 中，则可以使用如下的代码：

```
"Tag_3":=PEEK_WORD(area := 16#84, dbNumber := 1, byteOffset := 10);    "Tag_3"  %MW10
```

PEEK_DWORD 指令用来读取双字（DWord）类型数据。假设要读取 DB1 的第 10 个字节开始的双字到 MD0 中，则可以使用如下的代码：

```
"Tag_4" := PEEK_DWORD(area := 16#84, dbNumber := 1, byteOffset := 10);    "Tag_4"  %MD0
```

注意： 使用间接寻址 PEEK 或 POKE 指令访问 DB 时，DB 必须是非优化的块访问。

2. POKE 指令

POKE 指令用来将某一个存储区地址的数据写入另一个存储区地址，无须指定数据类型。POKE 指令的位置如图 11-24 所示。

将 POKE 指令添加到程序块中的初始状态如下：

```
POKE(area:=_byte_in_,
     dbNumber:=_dint_in_,
     byteOffset:=_dint_in_,
     value:=_byte_in_);
```

可以看出，POKE 指令有 4 个参数：area、dbNumber、byteOffset 和 value，各参数的含义如下。

1）area：与 PEEK 指令中介绍的相同。

2）dbNumber：与 PEEK 指令中介绍的相同。

3）byteOffse：双整型数据（DInt），用来指定写入数据的地址偏移量。

4）value：可以为字节型、整型、双整型数据，用来表示要写入的数据值及类型，必须为变量，不能为常量。POKE 指令根据 value 的数据类型来决定写入多少个字节。

例如，使用 POKE 指令将位存储区 MB1 的值写入输出缓存区 QB2 的代码如下：

```
POKE(area:=16#82,dbNumber:=0,byteOffset:=2,value:="Tag_5");    "Tag_5"  %MB1
```

如果是操作整型或字型的数据，只需要改变 value 的数据类型。将 MW12 的值写入输出缓存区 QW10 的代码如下：

```
1  POKE(area:=16#82,dbNumber:=0,byteOffset:=10,value:="Tag_6");      "Tag_6"  %MW12
```

同理，将 MD0 的值写入 DB1. DBD10 的代码如下：

```
1  POKE(area:=16#84,dbNumber:=1,byteOffset:=10,value:="Tag_4");      "Tag_4"  %MD0
```

如果要操作布尔型数据，则需要使用 POKE_BOOL 指令。从指令列表中添加该指令的初始状态如下：

```
POKE_BOOL(area:=_byte_in_,
          dbNumber:=_dint_in_,
          byteOffset:=_dint_in_,
          bitOffset:=_int_in_,
          value:=_bool_in_);
```

该指令有 5 个参数：area、dbNumber、byteOffset、bitOffset 和 value，各参数的含义如下。

1）area、dbNumber、byteOffset 与 POKE 指令相同。

2）bitOffset：整型数据（Int），用来指定要写入的位的偏移。

3）value：要写入的地址或布尔数据常数。

举个例子：将 M0. 0 的值写入 Q1. 2，可以使用下面的代码：

```
1  POKE_BOOL(area:=16#82,dbNumber:=0,byteOffset:=1,bitOffset:=2,value:="Tag_7");      "Tag_7"  %M0.0
```

除了 POKE 和 POKE_BOOL 指令，SCL 还提供 POKE_BLK 指令（见图 11-24）用来进行较大数据的移动与复制。名称中的“BLK”为 Block 的缩写，即数据块的意思。

从指令列表中添加 POKE_BLK 的初始状态如下：

```
POKE_BLK(area_src:=_byte_in_,
         dbNumber_src:=_dint_in_,
         byteOffset_src:=_dint_in_,
         area_dest:=_byte_in_,
         dbNumber_dest:=_dint_in_,
         byteOffset_dest:=_dint_in_,
         count:=_dint_in_);
```

可以看出，该指令有 7 个参数，各参数的含义如下。

1）area_src：字节型数据（Byte），用来指定源数据存储区。其取值同 POKE 指令的 area 参数。

2）dbNumber_src：双整型数据（DInt），用来指定源数据块的编号，仅在访问 DB 时使用，访问其他存储区时设置为 0。

3）byteOffset_src：双整型数据（DInt），用来指定源数据存储区中写入数据的地址偏移量。

4）area_dest：字节型数据（Byte），用来指定目标数据存储区。其取值同 POKE 指令的 area 参数。

5）dbNumber_dest：双整型数据（DInt），用来指定目标数据块的编号，仅在访问 DB 时使用，访问其他存储区时设置为 0。

6）byteOffset_dest：双整型数据（DInt），用来指定目标数据存储区中写入数据的地址偏移量。

7）count：双整型数据（DInt），用来指定需要复制的字节数。

例如，将 DB10. DBB0 开始的 20 个字节复制到 DB11. DBB40 开始的 20 个字节，代码如下：

```
POKE_BLK(area_src:=16#84,dbNumber_src:=10,byteOffset_src:=0,
         area_dest:=16#84,dbNumber_dest:=11,byteOffset_dest:=40,count:=20);
```

11.3 SCL 编程实例

11.3.1 燃气供给的调节控制

如图 11-26 所示，根据室外温度调节一幢大楼的暖气。进气口阀门的开口度 y 与室外温度 T 线性相关：

$$y=\begin{cases}0 & T\geqslant 20℃\\ 5(20-T) & 0℃<T<20℃\\ 100 & T\leqslant 0℃\end{cases} \tag{11-1}$$

要求用 SCL 完成。

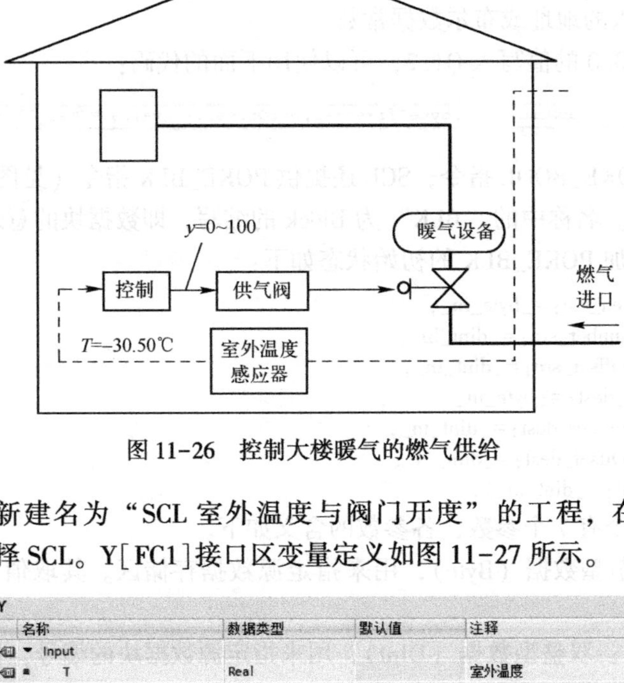

图 11-26 控制大楼暖气的燃气供给

在 TIA Portal 中新建名为“SCL 室外温度与阀门开度”的工程，在工程中新建函数 Y [FC1]，编程语言选择 SCL。Y[FC1]接口区变量定义如图 11-27 所示。

Y

	名称	数据类型	默认值	注释
1	▼ Input			
2	■ T	Real		室外温度
3	■ Manual	Bool		手自动标志:0自动 1手动
4	■ y_Manual	Real		手动设置的阀门开度值
5	▶ Output			
6	▶ InOut			
7	▼ Temp			
8	■ tmpResult	Real		临时中间结果
9	▶ Constant			
10	▼ Return			
11	■ Y	Real		函数返回值:阀门开度

图 11-27 Y[FC1]接口区变量定义

Y[FC1]接口区定义了 T、Manual 和 y_Manual 三个输入变量以及 tmpResult 一个临时变量。变量 Y 是函数的返回值。

在 Y[FC1]代码区中输入如图 11-28 所示的 SCL 语句。

```
//LIMIT: 设置限值
(* 如果参数 IN 的值满足条件 MN <= IN <= MX, 则IN作为该指令的结果返回。
如果不满足该条件, 而且输入值 (IN) 小于下限 MN, 则将参数 MN 的值作为结果返回。
如果超出了上限 MX, 则将参数 MX 的值作为结果返回。 *)
#tmpResult:=LIMIT(MN := 0, IN := 5.0 * (20 - #T), MX := 100);
//SEL: 选择
(* 根据一个开关参数 (G 参数) 选择参数 IN0 或 IN1 中的一个, 并将所选参数中的内容作为结果返回。
如果参数 G 的信号状态为"0", 将参数 IN0 的值作为结果返回。
如果参数 G 的信号状态为"1", 将参数 IN1 的值作为结果返回。 *)
#Y:=SEL(G := #Manual, IN0 := #tmpResult, IN1 := #y_Manual);
```

图 11-28　Y[FC1]代码区 SCL 语句

提示：SCL 语言中“//”为单行注释，“(*…*)”为多行注释。

在主程序 OB1 中编写梯形图，实现对 Y[FC1]的调用，如图 11-29 所示。

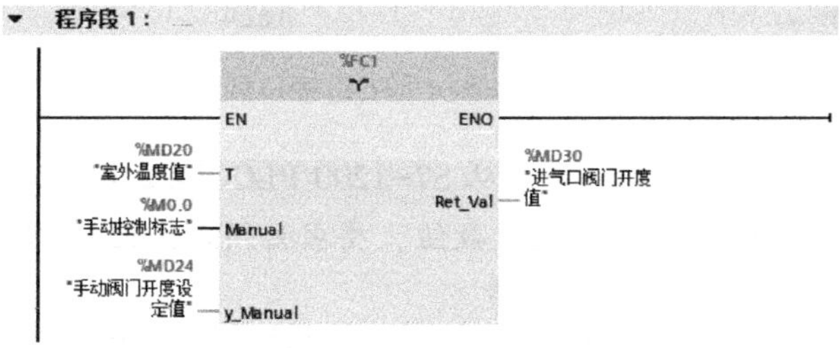

图 11-29　OB1 中调用 Y[FC1]

将编译成功的程序下载到 S7-PLCSIM 中仿真运行，并监控和调试，如图 11-30 所示。

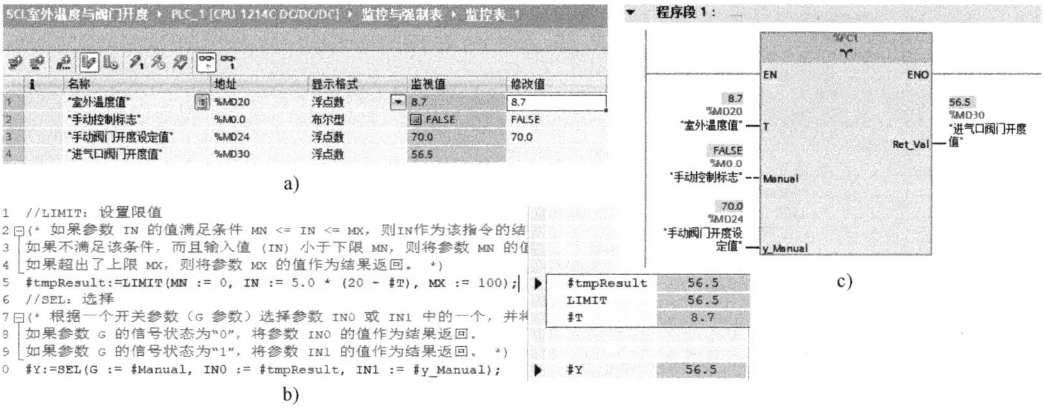

图 11-30　监控调试程序

a）监控表　b）SCL 语句　c）启用 OB1 程序监控

11.3.2　选择排序算法

作为一种高级语言，SCL 比梯形图、功能块图等语言更擅长数据的处理。在实际项目中可能需要对数组中的数值进行排序，这种情况使用梯形图或功能块图编写程序会比较复杂，而使用 SCL 就能轻松处理。

选择排序（Selection Sort）是一种简单直观的排序算法。它的工作原理是：第一次从待排序的数据元素中选出最小（或最大）的一个元素，存放在序列的起始位置，然后再从剩余的未排序元素中寻找到最小（或最大）元素，然后放到已排序的序列的末尾。以此类推，直到全部待排序的数据元素的个数为零。

在 TIA Portal 中新建名为“SCL 选择排序”的工程，在工程中新建函数 SelectionSort [FC1]，编程语言选择 SCL。SelectionSort [FC1]接口区变量定义如图 11-31 所示。

SelectionSort

	名称	数据类型	默认值	注释
1	▼ Input			
2	■ enable	Bool		使能
3	■ mode	Bool		排序方式，0-升序，1-降序
4	▶ Output			
5	▼ InOut			
6	■ ▶ arraySort	Array[*] of Int		要排序的数组
7	▼ Temp			
8	■ i	DInt		循环变量i
9	■ j	DInt		循环变量j
10	■ tmpIndex	DInt		临时索引DInt
11	■ tmpInt	Int		临时变量int
12	■ tmpLowBound	DInt		数组下限
13	■ tmpUpBound	DInt		数组上限

图 11-31　SelectionSort [FC1]接口区变量定义

提示： arraySort 是要排序的数组。从 S7-1200 PLC V4.2 开始，FC 的 Input/InOut 以及 FB 的 InOut 可以定义形如 Array[*]的变长数组，要求必须是优化 FC/FB，在调用 FC/FB 的实参中可以填写任意数据类型相同的数组变量。

在 SelectionSort [FC1]代码区中输入如图 11-32 所示的 SCL 语句。

```
//SCL选择排序
IF #enable THEN
    // 获取数组上限
    #tmpUpBound := UPPER_BOUND(ARR := #arraySort, DIM := 1);//从第一维度读取 #arraySort的可变上限值
    // 获取数组下限
    #tmpLowBound := LOWER_BOUND(ARR := #arraySort, DIM := 1);//从第一维度读取 #arraySort的可变下限值
    //选择排序
    FOR #i := #tmpLowBound TO (#tmpUpBound-1) DO
        #tmpIndex := #i;//先假设每次循环时，最小数的索引为i
        FOR #j := (#i+1) TO #tmpUpBound DO //每一个元素都和剩下的未排序的元素比较
            IF NOT #mode THEN
                // 升序
                IF #arraySort[#tmpIndex] > #arraySort[#j] THEN
                    #tmpIndex := #j;//寻找最小数,将最小数的索引保存
                END_IF;
            ELSE
                //降序
                IF #arraySort[#tmpIndex] < #arraySort[#j] THEN
                    #tmpIndex := #j;//寻找最大数,将最大数的索引保存
                END_IF;
                ;
            END_IF;
        END_FOR;
        //经过一轮循环，就可以找出最值的索引，然后把最值放到i的位置
        IF #i<>#tmpIndex THEN
            #tmpInt:=#arraySort[#i];
            #arraySort[#i] := #arraySort[#tmpIndex];
            #arraySort[#tmpIndex] := #tmpInt;
        END_IF;

    END_FOR;
END_IF;
```

图 11-32　SelectionSort [FC1]代码区 SCL 语句

在工程中添加全局数据块“数据块_1”，在“数据块_1”的接口区定义一个 Int 型数组并进行初始化，如图 11-33 所示。

在主程序 OB1 中编写梯形图，实现对 SelectionSort [FC1]的调用，如图 11-34 所示。将编译成功的程序下载到 S7-PLCSIM 中仿真运行，并监控和调试，如图 11-35 所示。

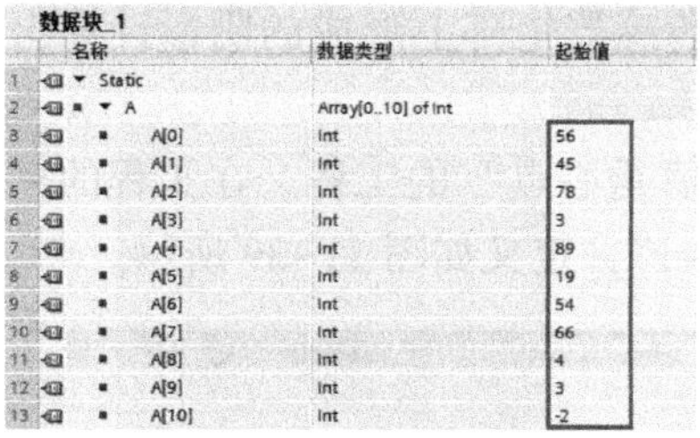
数据块_1

	名称	数据类型	起始值
1	▼ Static		
2	▼ A	Array[0..10] of Int	
3	A[0]	Int	56
4	A[1]	Int	45
5	A[2]	Int	78
6	A[3]	Int	3
7	A[4]	Int	89
8	A[5]	Int	19
9	A[6]	Int	54
10	A[7]	Int	66
11	A[8]	Int	4
12	A[9]	Int	3
13	A[10]	Int	-2

图 11-33 “数据块_1”的接口区数组定义

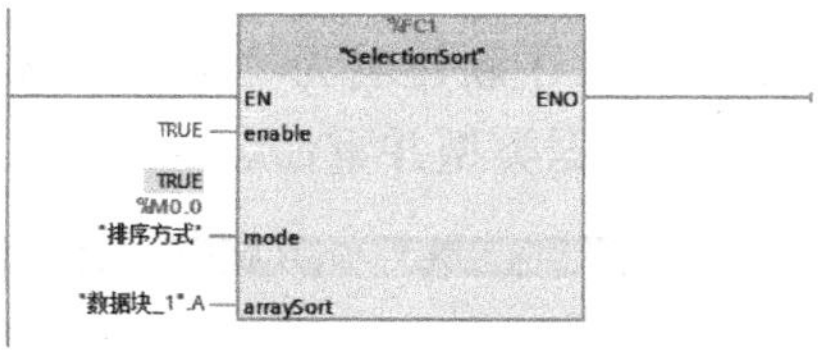

图 11-34 OB1 中调用 FC1

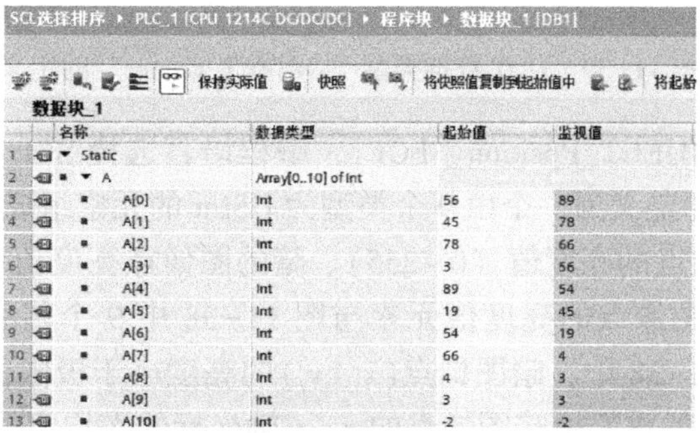
SCL选择排序 ▸ PLC_1 [CPU 1214C DC/DC/DC] ▸ 程序块 ▸ 数据块_1 [DB1]

保持实际值 快照 将快照值复制到起始值中 将起始

数据块_1

	名称	数据类型	起始值	监视值
1	▼ Static			
2	▼ A	Array[0..10] of Int		
3	A[0]	Int	56	89
4	A[1]	Int	45	78
5	A[2]	Int	78	66
6	A[3]	Int	3	56
7	A[4]	Int	89	54
8	A[5]	Int	19	45
9	A[6]	Int	54	19
10	A[7]	Int	66	4
11	A[8]	Int	4	3
12	A[9]	Int	3	3
13	A[10]	Int	-2	-2

图 11-35 监控调试-降序排序

11.3.3 传感器矩阵计算重心点

如图 11-36 所示，一个机械手臂的机械手要抓取一个物体。抓取过程中，最重要的是物体要尽可能地处于机械手的两个手指之间。

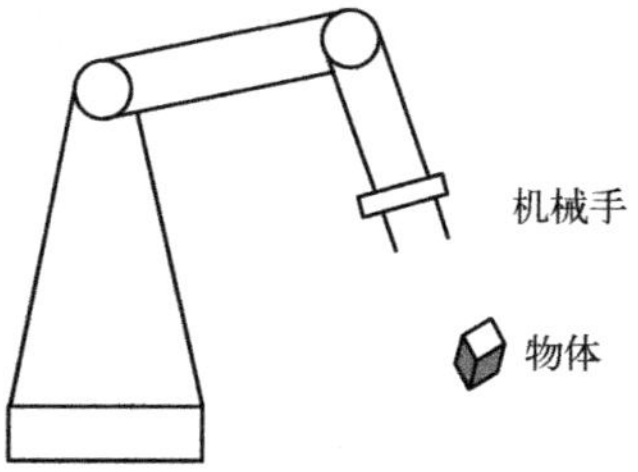

图 11-36 带机械手的机器人

为了保障这一点，在机械手的左边安装光源，右边安装 9 个感光的传感器，如图 11-37 所示。当一个物体位于机械手中间时，会遮挡一部分光线，使光线不能照到所有传感器。每个传感器向 PLC 传送一个 0~255 之间的亮度值。传感器接收到的亮度越低，传送的亮度值越低。带物体阴影的传感器矩阵平面坐标系如图 11-38 所示。

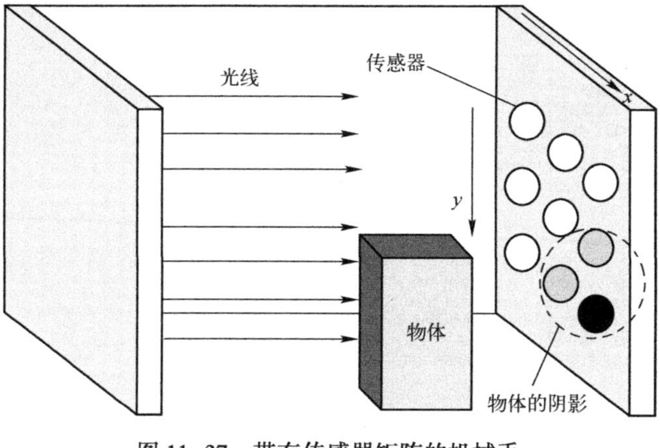

图 11-37 带有传感器矩阵的机械手

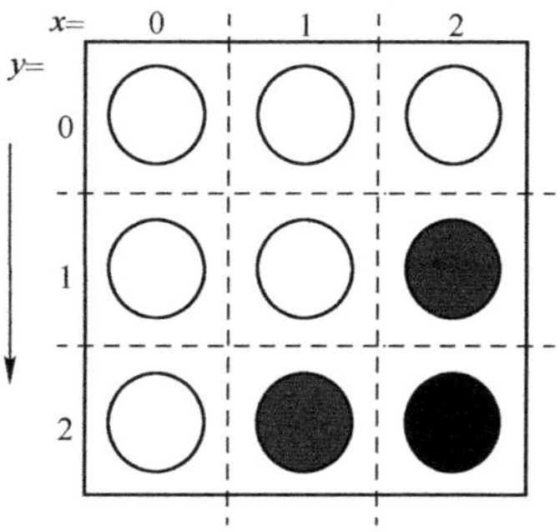

图 11-38 带物体阴影的传感器矩阵平面坐标系

要求在 PLC 中用 SCL 编写程序，通过物体在传感器矩阵上形成的阴影计算出其重心点的平面坐标。

在 TIA Portal 中新建名为“SCL 传感器矩阵计算重心点”的工程。在工程的“PLC 数据类型”中添加新数据类型并重命名为“OBJECT_Center”，定义如图 11-39 所示。

SCL传感器矩阵计算重心点 ▸ PLC_1 [CPU 1214C DC/DC/DC] ▸ PLC 数据类型 ▸ OBJECT_Center

OBJECT_Center

	名称	数据类型	默认值	从 HMI/OPC...	从 H...	在 HMI ...	设定值	注释
1	X_POS	Real	0.0	☑	☑	☑	☐	重心的X坐标
2	Y_POS	Real	0.0	☑	☑	☑	☐	重心的Y坐标
3	N_NUM	Int	0	☑	☑	☑	☐	物体阴影覆盖的传感器个数

图 11-39　UDT 数据类型“OBJECT_Center”的定义

在工程中添加函数 OBJECT_Position [FC1]，编程语言选择 SCL。函数接口区变量定义如图 11-40 所示。SENSORS 定义为一个由 9 个类型为 USInt 的元素组成的数组，用每个元素描述一个解析度为 8 bit 的图像点的亮度值（0~255）。暗的图像点亮度值较低，亮的图像点亮度值高。在这个数组里，9 个图像点的亮度值元素与图 11-38 中 9 个传感器的对应关系是从左到右、从上到下排列。图 11-38 中，暗图像点$(x_i \mid y_i)$的亮度小于极限值 50，在传感器矩阵上形成物体的阴影。物体阴影的重心由暗图像点的 x、y 轴坐标的平均值得出，即

$$x_{\mathrm{POS}} = \frac{1}{N}\sum_{i=0}^{N-1} x_i, \quad y_{\mathrm{POS}} = \frac{1}{N}\sum_{i=0}^{N-1} y_i \tag{11-2}$$

式中，N 为物体阴影覆盖的传感器个数，图 11-38 中 $N=3$。物体阴影的重心$(x_{\mathrm{POS}} \mid y_{\mathrm{POS}})$由式（11-2）计算。

OBJECT_Position

	名称	数据类型	默认值	注释
1	▼ Input			
2	▸ SENSORS	Array[0..8] of USInt		传感器矩阵的亮度值数组
3	▸ Output			
4	▼ InOut			
5	▸ OBJECT	"OBJECT_Center"		标记抓取的物体
6	▼ Temp			
7	x	Int		循环变量x
8	y	Int		循环变量y

图 11-40　OBJECT_Position [FC1]接口区变量定义

在 OBJECT_Position [FC1]代码区中输入图 11-41 所示的 SCL 语句。

```
//初始化
#OBJECT.X_POS := 0;
#OBJECT.Y_POS := 0;
#OBJECT.N_NUM := 0;
FOR #y := 0 TO 2 DO      //图像的行
    FOR #x := 0 TO 2 DO //图像的列
        IF #SENSORS[#x+3*#y] <50 THEN //传感器暗点代表物体的阴影部分
            #OBJECT.X_POS := #OBJECT.X_POS + #x;//暗点的x坐标求和
            #OBJECT.Y_POS := #OBJECT.Y_POS + #y;//暗点的y坐标求和
            #OBJECT.N_NUM := #OBJECT.N_NUM + 1;//暗点的个数求和
        END_IF;
    END_FOR;
END_FOR;
IF #OBJECT.N_NUM>0 THEN //物体进入机械手传感器矩阵，形成阴影
    #OBJECT.X_POS := #OBJECT.X_POS / #OBJECT.N_NUM;//计算物体阴影重心的x坐标
    #OBJECT.Y_POS := #OBJECT.Y_POS / #OBJECT.N_NUM;//计算物体阴影重心的y坐标
ELSE                     //物体未进入机械手传感器矩阵，未形成阴影
    #OBJECT.X_POS := -1.0;//物体阴影重心的x坐标为负，未进入
    #OBJECT.Y_POS := -1.0;//物体阴影重心的y坐标为负，未进入
END_IF;
```

图 11-41　OBJECT_Position [FC1]代码区 SCL 语句

在工程中添加全局数据块“数据块_1”，在“数据块_1”的接口区定义一个 USInt 型数组 A，用于存放传感器矩阵各点的亮度值，数组 A 中的元素进行初始化；此外，定义一个 UDT 数

据类型“OBJECT_ Center”的变量 OBJ，用于存放物体阴影的重心坐标，如图 11-42 所示。

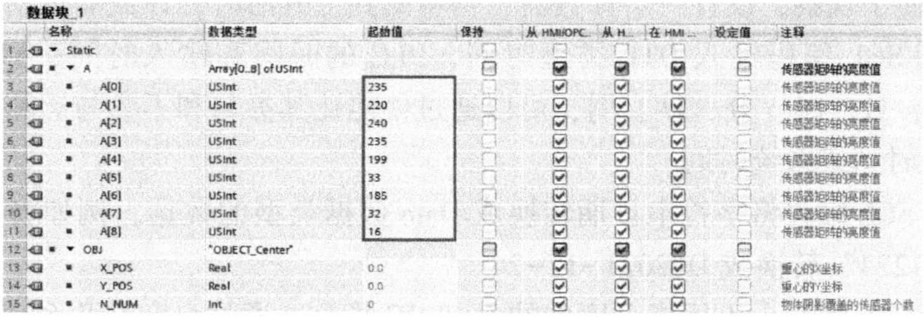

图 11-42 “数据块_1”的接口区变量定义

在主程序 OB1 中插入 SCL 程序段（参见图 11-2），用 SCL 实现对 OBJECT_Position[FC1] 的调用，如图 11-43 所示。

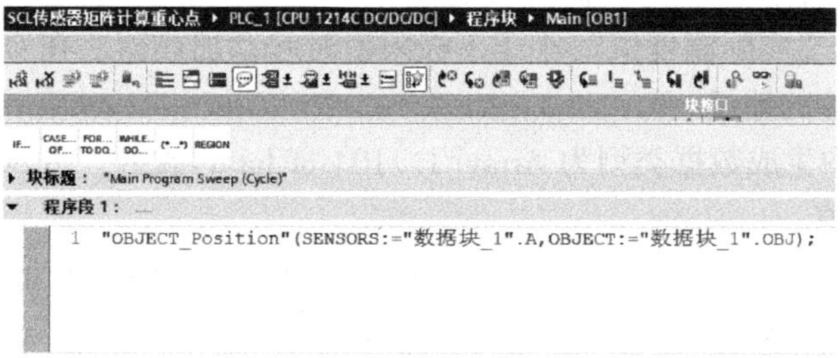

图 11-43 OB1 中用 SCL 调用 OBJECT_Position[FC1]

编译成功的程序下载到 S7-PLCSIM 中仿真运行，并监控和调试。由于传感器矩阵中亮度值低于 50 的点即为暗点，对于图 11-38 来说，暗点坐标$(x|y)=(2|1)$、$(1|2)$、$(2|2)$，根据式（11-2）计算，阴影的重心位置为（1.666667|1.666667），如图 11-44 所示。

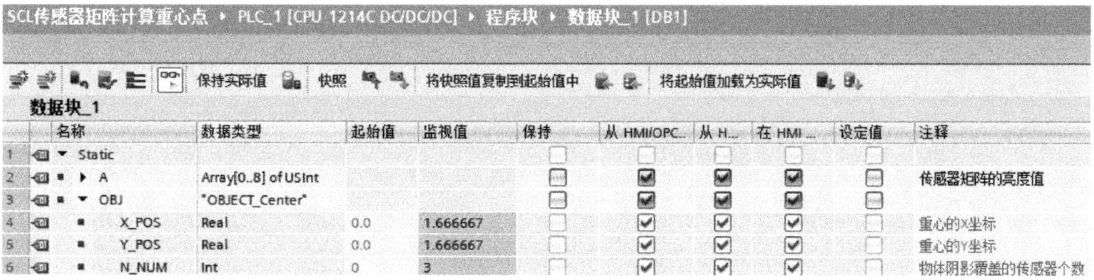

图 11-44 监控调试

习 题

11-1 使用 SCL 编程实现数组的冒泡排序。

11-2 使用 SCL 编程求半径为 1~10 的 10 个圆的面积，并将圆面积存储到数据块 DB1 的数组中。

11-3 使用 SCL 编程把一个字（Word）中的 16 个位的值转移到一个具有 16 个元素的位数组中。

11-4 定义一个 FC 或 FB，使用 SCL 编程比较两个数（长整型）的大小，不能使用大于、小于、IF 语句。

11-5　使用 SCL 编程设计一个上升沿检测程序，由于上升沿的检测结果只发生在一个扫描周期内，为了便于观察，设计一个计数器，当检测到上升沿时，计数器自动加 1。

11-6　使用 SCL 编程输入 DTL 类型时间，PLC 的时间和输入时间一致时，输出报警。DTL 中的年、月、日、时、分、秒、周，可以通过使能让其参与和不参与运算，可以通过使能比对 PLC 的本地时间或系统时间。

11-7　使用 SCL 编程将字符串日期转换成 Date 数据类型的数据，例如将年月日按照字符串格式为“20211224”转换成 D#2021-12-24。

11-8　使用 SCL 编程，不用指令库中的 R_TRIG 指令，通过自定义几个变量记录新旧值的变化检测上升沿。

11-9　FC1 用 SCL 编程，输入参数为“温度设定值”“实际温度值”和“允许误差值”(浮点数)。输出参数为“风扇”和“加热器”(Bool 变量)。上极限值为“温度设定值”+0.7×“允许误差值”，下极限值为“温度设定值”-0.7×“允许误差值”。“实际温度值”大于上极限值时起动风扇，“实际温度值”小于下极限值时起动加热器。在 OB1 中调用 FC1，为输入、输出参数指定具体的地址。

11-10　在 DB1 中生成数据类型为 Array[1..10] of Int 的数组，用 SCL 编程的 FC1 求数组元素的最大值和平均值。

11-11　用 SCL 编程实现一台电机运行时间的累计。FC1 接口变量中定义“单次运行小时”“单次运行分钟”“单次运行秒”“总运行小时”“总运行分钟”“总运行秒”以及“运行信号”“复位信号”。当“运行信号”为 TRUE 时开始计时，为 FALSE 时停止计时，并且单次运行时间全部清零；当长按“复位信号”超过 5 s 时，单次和总运行时间都全部清零。完成一台电动机运行时间的累计之后，可以尝试把一台电动机扩展为多台如 100 台，该如何实现。

11-12　用 SCL 编程实现一个跑马灯，使用脉冲发生器产生定时振荡，捕获每个振荡周期的上升沿用于驱动 ROR 或者 ROL 移位，可以通过一个位（M1.0）来设定跑马灯的方向。

第 12 章　S7-1200 PLC 的通信

本章对计算机网络和工业以太网进行简单介绍，并对 S7-1200 PLC 的 S7 通信、TCP 通信、Modbus TCP 通信、ISO-on-TCP 通信、UDP（User Datagram Protocol，用户数据报协议）通信、PROFINET 通信、串行点对点通信以及 Modbus RTU 通信的协议进行说明和实例介绍。

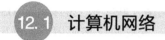

12.1 计算机网络

12.1.1 OSI 模型

开放式系统互联（Open System Interconnect，OSI）参考模型由 ISO（国际标准化组织）于 1984 年提出，主要目的是支持异构网络的互联互通。该模型并未实际应用到市场，但仍具有一定的理论价值。

OSI 定义了网络互连的 7 层框架（物理层、数据链路层、网络层、传输层、会话层、表示层、应用层），即 OSI 参考模型，如图 12-1 所示。

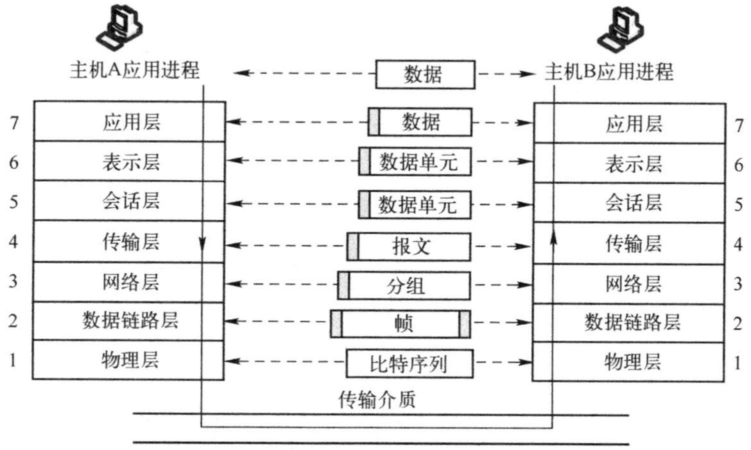

图 12-1　OSI 参考模型

在 OSI 参考模型中，当发送方主机 A 需要传送用户的数据到接收方主机 B 时，数据首先进入应用层。在应用层，用户的数据被加上应用层的报头，然后被递交到表示层。表示层并不“关心”应用层的数据格式而是把整个应用层递交的数据包看成是一个整体进行封装，即加上表示层的报头，然后递交到会话层。同样，会话层、传输层、网络层、数据链路层也要分别给上层递交下来的数据加上自己的报头。其中，数据链路层还要给网络层递交的数据加上数据链路层报尾，形成最终的一帧数据。当一帧数据通过物理层的传输介质传送到接收方主机 B 的物理层时，该主机的物理层把它递交到数据链路层。数据链路层负责去掉数据帧的头部和尾部，同时进行数据校验，如果数据正确，则递交到网络层。同样，网络层、传输层、会话层、表示层、应用层也要做类似的解封工作。最终，原始数据被递交到接收方主机 B 的具体应用程序中。

注意：图 12-1 中实线表示数据真正的传递方向，虚线表示对等层在逻辑上相互通信，虚线连接的对等层之间并没有实际的通信链路，数据最终通过物理层在传输介质上进行传递。

12.1.2 TCP/IP 模型

OSI 参考模型更多的是概念上的描述，描述每一层有什么功能，而具体怎么实现、是什么协议并没有确定。

TCP/IP 是一个完整的协议簇，并不仅仅指 TCP 和 IP 两个协议，这个模型有具体的协议、功能、实现，是一个正在使用的实用型模型。

OSI 是一种理论下的模型，而 TCP/IP 已经被广泛应用，成为网络互联实施上的标准。OSI 先有模型，后有协议，先有标准，后进行实践；而 TCP/IP 则相反，先有协议和应用，再提出了模型，而且参照了 OSI 模型。OSI 参考模型与 TCP/IP 模型对比如图 12-2 所示。

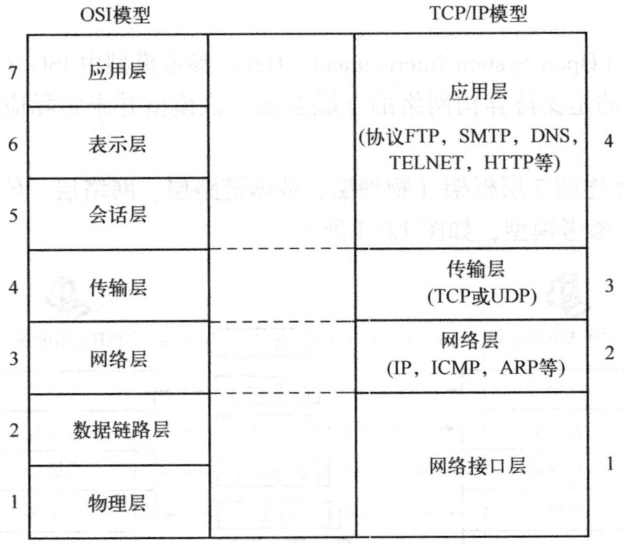

图 12-2　OSI 参考模型与 TCP/IP 模型对比

1. 物理层

主机 A 与主机 B 要进行通信时，物理层负责把这两台计算机通过光纤、电缆、双绞线等介质连接起来，然后在计算机之间通过高低电平来传送 0、1 这样的电信号。

2. 数据链路层

物理层只是单纯负责把计算机连接起来，并且在计算机之间传输 0、1 这样的电信号。但如果 0、1 组合的传送毫无规则，计算机是无法解读的。因此，需要制定一套规则来进行 0、1 的传送，如多少个电信号为一组，每一组信号应该如何标识等，即产生了以太网协议。

以太网协议规定，一组电信号构成一帧，每一帧由报头、数据和报尾三部分组成。

以太网数据帧结构如图 12-3 所示，报头固定为 22 个字节，数据为 46~1500 个字节，报尾固定为 4 个字节。帧的大小为 72~1526 个字节。如果需要传送很大的数据，可以分成多个帧进行传送。

前导同步码 7字节	帧首界定符 1字节	目的MAC地址 6字节	源MAC地址 6字节	类型/长度 2字节	数据 46~1500 字节	校验 4字节

图 12-3　以太网数据帧结构

连入网络的每一台计算机都会有网卡接口，每一个网卡都会有一个唯一的 MAC 地址。计算机之间的数据通过 MAC 地址来唯一寻找、传送。MAC 地址由 6 个字节构成，在网卡生产时就被唯一标识。

一个网络里可能有多台计算机，主机 A 知道了主机 B 的 MAC 地址，要给主机 B 传送一个数据帧，这个数据帧会包含主机 B 的 MAC 地址。当主机 A 发送时，同一个子网中的其他计算机也会收到这个数据帧，然后收到这个数据帧的计算机会把数据帧的目的 MAC 地址取出来，与自身的 MAC 地址对比，如果两者相同，则接收这个数据帧，否则丢弃这个数据帧。

3. 网络层

假如是同一个子网，发送方就可以直接把数据传送给同一子网内的接收方；如果不是同一个子网，发送方就会把数据发给网关，让网关进行转发。为了判断发送方和接收方是否属于同一个子网，产生了 IP。

IP 定义的地址称为 IP 地址。IP 有两种版本，一种是 IPv4，另一种是 IPv6。目前大多数用的是 IPv4，其 IP 地址由 4 个字节组成，一般把它分成 4 段十进制数表示，地址范围为 0.0.0.0~255.255.255.255。

每一台想要联网的计算机都有一个 IP 地址。这个 IP 地址被分为两部分，前面一部分代表网络部分，后一部分代表主机部分。并且网络部分和主机部分所占用的二进制位数是不固定的。

假如两台计算机的网络部分一模一样，就说这两台计算机处于同一个子网中。例如 192.168.43.1 和 192.168.43.2，假如这两个 IP 地址的网络部分为 24 位，主机部分为 8 位，那么它们的网络部分都为 192.168.43，所以它们处于同一个子网中。

可是怎么知道网络部分占几位，主机部分占几位呢？只从两台计算机的 IP 地址是无法判断它们是否处于同一个子网中的。

这就引出了子网掩码。子网掩码也是 4 个字节，只不过它的网络部分规定全部为 1，主机部分规定全部为 0。也就是说，假如上面两个 IP 地址的网络部分为 24 位，主机部分为 8 位，那它们的子网掩码都为 11111111.11111111.11111111.00000000，即 255.255.255.0。

知道了子网掩码，也就知道了 IP 地址中网络部分和主机部分各是多少二进制位。只需把 IP 地址与它的子网掩码做二进制的位与运算，然后把各自的结果进行比较，如果比较的结果相同，则代表是同一个子网，否则不是同一个子网。

例如 192.168.43.1 和 192.168.43.2 的子网掩码都为 255.255.255.0，把 IP 地址与子码掩码相与，可以得到它们都为 192.168.43.0，因此它们处于同一个子网中。

假如子网掩码都为 255.255.255.0 的同一子网的主机 192.168.43.1，需要向主机 192.168.43.2 发送一个 IP 数据包，由以太网数据帧结构可知，主机 192.168.43.1 还要知道主机 192.168.43.2 的 MAC 地址，于是产生了 ARP。ARP 的基本功能是使用目标主机的 IP 地址，查询其对应的 MAC 地址，以保证底层链路上数据包通信的进行。

主机 192.168.43.1 向主机 192.168.43.2 发送一个 IP 数据包时，主机会在自己的 ARP 缓存表中寻找是否有目标 IP 地址。如果找到了该地址，也就知道了目标 MAC 地址为 04-02-35-00-00-01，此时，主机直接把目标 MAC 地址写入以太网数据帧报头发送即可；如果在 ARP 缓存表中没有找到相对应的 IP 地址，此时数据需要被延迟发送，随后主机会在网络上发送一个广播（ARP 请求，以太网目的 MAC 地址为 FF-FF-FF-FF-FF-FF），广播的 ARP 请求表示同一网段内所有主机将会收到这样一条信息："192.168.43.2 的 MAC 地址是什么？请回答"。网络 IP 地址为 192.168.43.2 的主机接收到这个帧后，有义务做出这样的回答（ARP 应答）："192.168.43.2 的 MAC 地址是 04-02-35-00-00-01"。因此，发送方主机知道了接收方主机的 MAC 地址，先前被延时的数据包就可以被发送了，此外主机将这个地址对保存在缓存表中，以便后续数据包发送时使用。

提示： ARP 缓存表中记录了一条一条的<IP 地址，MAC 地址>对，它们是主机最近运行获得的关于周围其他主机的 IP 地址到物理地址的绑定。

4. 传输层

通过物理层、数据链路层以及网络层的互相帮助，已经把数据成功从主机 A 传送到主机 B，可是主机 B 里面有各种各样的应用程序，计算机该如何知道这些数据是给谁的呢？这就需要引入端口（Port）的概念。也就是说，在主机 A 传送数据给主机 B 时，需要指定一个端口，以供特定的应用程序来接受处理。

传输层的功能就是建立端口到端口的通信，而网络层的功能是建立主机到主机的通信。也即只有有了 IP 和端口，才能进行准确的通信。

可能有人会说，自己输入 IP 地址的时候并没有指定一个端口。其实，对于有些传输协议，已经设定了一些默认端口。例如 http 的传输默认端口是 80，这些端口信息也会包含在数据包里的。

传输层最常见的两个协议是 TCP 和 UDP，两者最大的不同就是 TCP 提供可靠的传输，而 UDP 提供的是不可靠传输。

5. 应用层

应用层最接近用户，虽然收到了传输层传来的数据，可这些数据五花八门，有 html 格式、mp4 格式等。因此需要指定这些数据的格式规则，收到后才好解读渲染。例如最常见的 http 协议数据包中会指定该数据包是什么格式的文件。

12.2 工业以太网简介

12.2.1 PROFINET 接口

S7-1200 PLC CPU 本体上集成了一个 PROFINET 接口，支持以太网和基于 TCP/IP 和 UDP 的通信标准。PROFINET 接口支持 10~100 Mbit/s 的 RJ45 口，支持电缆交叉自适应，因此一个标准或交叉的以太网线都可以用于这个接口。使用这个接口可以实现 S7-1200 PLC CPU 与编程设备的通信、与 HMI 触摸屏的通信以及与其他 CPU 之间的通信。

提示： 根据现在的发展趋势 PROFINET 应该是以后的主流，它优势很明显，传输和响应速度快、数据不丢失、方便。

12.2.2　支持的协议和连接资源数

S7-1200 PLC CPU 的 PROFINET 通信口主要支持以下通信协议及服务：PROFINET IO（V2.0 开始）、S7 通信（V2.0 开始支持客户端）、TCP 通信、ISO on TCP 通信、UDP 通信（V2.0 开始）、Modbus TCP 通信、HMI 通信、Web 通信（V2.0 开始）。

在“设备视图”中选中 CPU，在巡视窗口中选择“属性”→“常规”→“连接资源”，显示界面如图 12-4 所示。

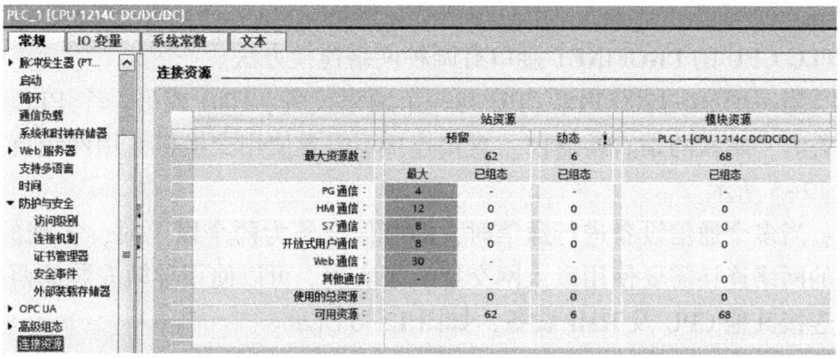

图 12-4　连接资源数

从图 12-4 中可以看出，S7-1200 PLC 一共有 68 个连接资源，包括预留 62 个资源和 6 个动态资源，6 个动态资源由系统自动分配给 HMI 通信、S7 通信、开放式用户通信（Open User Communication，OUC），不能分配给 PG 通信、Web 通信。

注意：开放式用户通信包含 TCP 通信、ISO-on-TCP 通信、UDP 通信、Modbus TCP 通信。

PG 通信：代表和 PC 进行通信所占用的资源，如在线监控、下载程序。

HMI 通信：代表和 HMI 通信所占用的资源。

S7 通信：代表和通信伙伴建立 S7 通信连接所占用的资源。

开放式用户通信：代表和通信伙伴建立开放式用户通信连接所占用的资源。

Web 通信：代表和 Web 浏览器通信所占用的资源。

动态资源：由系统自动分配的连接资源。

依据上面的解释，构成表 12-1，其中最大连接资源=预留连接资源+动态资源。

表 12-1　连接资源分配

资源类型	预留连接资源	最大连接资源	最大连接伙伴
PG 通信	4	4	1 个 PG
HMI 通信	12	12+6	18 个 HMI
S7 通信	8	8+6	14 个伙伴
开放式用户通信	8	8+6	14 个伙伴
Web 通信	30	30	3 个 Web 浏览器
动态资源	6	HMI+S7+OUC	

注意：①PG 通信资源有 4 个，不代表一个 PLC 可以被 4 个 PC 同时监控，依旧是最多 1 个 PC 监控 PLC，其所占用资源最多可以有 4 个，依据 PC 中运行的不同工作任务，所占用的资源个数会有所不同。②PROFINET IO 通信连接的 IO 设备个数不受该资源控制，其依旧最多可以连接 16 个 IO 设备。

根据表 12-1 可以得出，一个 PLC 最多可以和 14 个伙伴建立 S7 通信或开放式用户通信。

12.2.3 物理网络连接

S7-1200 PLC CPU 的 PROFINET 接口有两种网络连接方法。

直接连接：当一个 S7-1200 PLC CPU 与一个编程设备、HMI 或另一个 PLC 通信时，即只有两个通信设备时，实现的是直接通信。直接连接不需要使用交换机，用网线直接连接两个设备即可，如图 12-5 所示。

网络连接：当多个通信设备进行通信时，即通信设备为两个以上时，实现的是网络连接。多个通信设备的网络连接需要使用以太网交换机来实现。可以使用导轨安装的西门子 CSM1277 的 4 口交换机连接其他 CPU 及 HMI 设备，如图 12-6 所示。

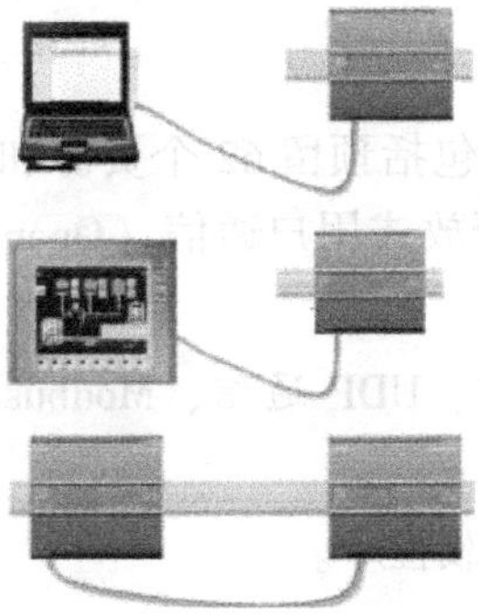

图 12-5 直接连接

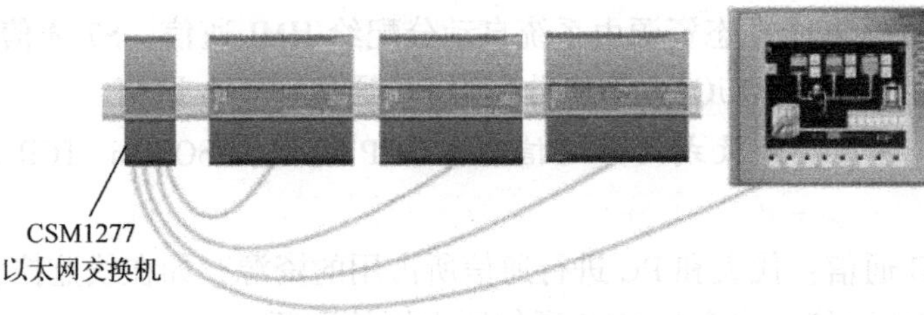

图 12-6 网络连接

12.2.4 PLC 与 PLC 之间通信的过程

实现两个 CPU 之间通信的步骤如下：

1）建立硬件通信物理连接。由于 S7-1200 PLC CPU 的 PROFINET 接口支持交叉自适应功能，因此连接两个 CPU 既可以使用标准的以太网电缆也可以使用交叉的以太网线。两个 CPU 的连接可以直接连接，不需要使用交换机。

2）配置硬件设备。在“设备视图”中配置硬件组态。

3）配置永久 IP 地址。为两个 CPU 配置不同的永久 IP 地址。

4）在网络连接中建立两个 CPU 的逻辑网络连接。

5）编程配置连接及发送、接收数据参数。在两个 CPU 里分别调用 TSEND_C、TRCV_C 通信指令，并配置参数，使其能双边通信。

配置 CPU 之间的逻辑网络连接：配置完 CPU 的硬件后，在“网络视图”下，创建两个设备的连接。要想创建 PROFINET 的逻辑连接，选中第一个 PLC 上的 PROFINET 接口的绿色小方框，然后拖拽出一条线到另外一个 PLC 上的 PROFINET 接口，松开鼠标，连接建立完成。

12.3 S7 通信协议

12.3.1 S7 通信协议介绍

S7 是西门子 S7 系列 PLC 内部集成的一种通信协议。它是一种运行在传输层之上（会话层/表示层/应用层）、经过特殊优化的通信协议。

S7 是面向连接的协议，S7 连接需要组态，占用 CPU 的连接资源。S7 通信支持两种方式：基于客户端（Client）/服务器（Server）的单边通信和基于伙伴（Partner）/伙伴（Partner）的双边通信。

单边通信模式是最常用的通信方式，S7-1200 PLC 仅支持 S7 单边通信。在该模式中，只需要在客户端一侧进行配置和编程；服务器一侧只需要准备好需要被访问的数据，不需要任何编程（服务器的“服务”功能是硬件提供的，不需要用户软件的任何设置）。

单边通信中的客户端是向服务器请求服务的设备，可以是 HMI、编程计算机（PG/PC）、S7-PLC 等，客户端调用 PUT/GET 指令读、写服务器的存储区。服务器通常是 S7-PLC 的 CPU，是通信中的被动方、资源的提供者，这里的资源就是其内部的变量/数据等。当两台 S7-PLC 进行 S7 通信时，可以把一台设置为客户端，另一台设置为服务器。

因为客户端可以读、写服务器的存储区，单边通信实际上可以双向数据传输。V2.0 及以上版本的 S7-1200 PLC CPU 的 PROFINET 接口可以作 S7 通信的服务器或客户端。

12.3.2 两台 S7-1200 PLC 之间的 S7 通信

1. 硬件组态

使用 STEP7 V16 创建一个名为“1200_1200_S7”的新项目，并通过“添加新设备”组态两个型号均为 CPU 1214C DC/DC/DC V4.4 的 1200 PLC 站点，其中客户端名称为“PLC_1”，服务器名称为“PLC_2”。“项目树”中展开“PLC_1”，双击“设备组态”，打开“设备视图”，在 CPU 的“属性”→“常规”→“以太网地址”中设置客户端的 IP 地址。用同样的方法设置“PLC_2”的 IP 地址，注意两个 PLC 的 IP 要设置在同一网段。“PLC_1”的 IP 地址为 192.168.0.1，“PLC_2”的 IP 地址为 192.168.0.2，子网掩码均为 255.255.255.0，如图 12-7 所示。

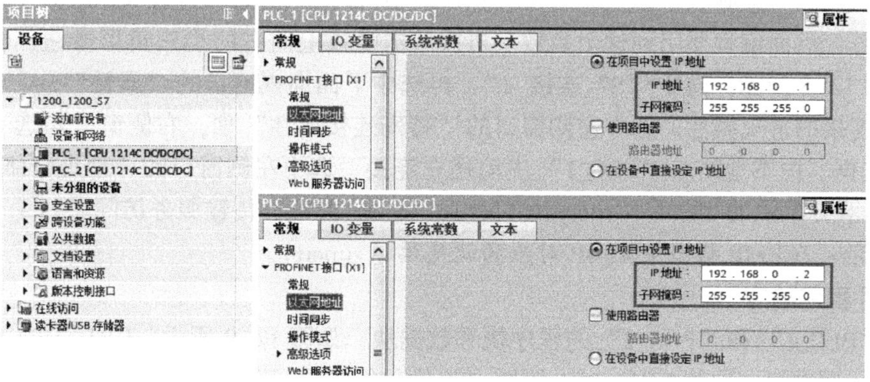

图 12-7　客户端和服务器 IP 地址设置

在“PLC_1”的 CPU“属性”→“常规”→“系统和时钟存储器”中勾选“启用时钟存储器字节”复选框，启用时钟存储器字节 MB0，因为客户端程序要用到 M0.5 提供的 1 Hz 频率脉冲。在“PLC_2”的 CPU“属性”→“常规”→“防护与安全”→“连接机制”中勾选“允许来自远程对象的 PUT/GET 通信访问”复选框，这里切记一定要勾选。双击“项目树”中的“设备和网络”，打开“网络视图”，单击左上角的“连接”按钮，用选择框设置连接类型为 S7 连接。用拖拽的方法建立两个 CPU 的 PN 接口之间名为“S7_连接_1”的连接，如图 12-8 所示。

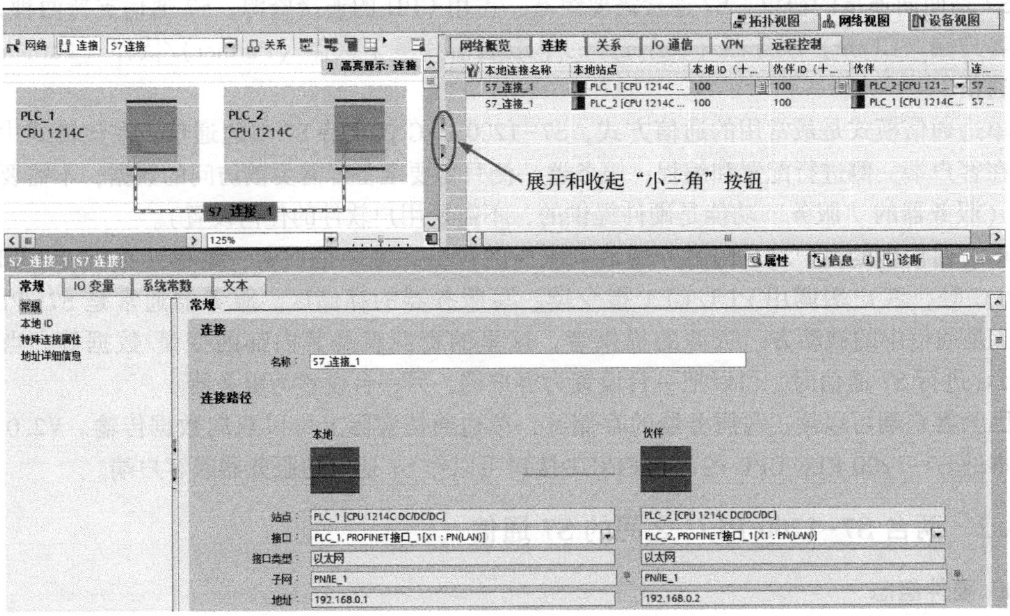

图 12-8　组态 S7 连接的属性

提示： *建立“连接”后，两者之间的“网络”也相应建立了。*

以后打开“网络视图”后，为了高亮（用双轨道线）显示连接，应单击按下“网络视图”左上角的“连接”按钮，将光标放到两者之间名为“PN/IE_1”的网络细线上，单击出现的小方框中的“S7_连接_1”，连接变为高亮显示，出现“S7_连接_1”字样的双轨道线，如图 12-8 所示。单击“网络视图”右侧竖条上向左的小三角形按钮，打开从右到左展开的视图，通过视图中的“连接”选项卡可以查看生成的 S7 连接的详细信息，连接的 ID 为十六进制 100（W#16#100），后面编程要用到这个参数。再次单击竖条上向右的小三角形按钮，收起展开的视图，如图 12-8 所示。选中“S7_连接_1”，再选中下面巡视窗口的“属性”→“常规”，可以看到 S7 连接的常规属性。选中左侧窗口的“特殊连接属性”项，右侧窗口勾选“主动建立连接”复选框，由本地站点“PLC_1”主动建立连接。选中左侧窗口的“地址详细信息”，可以看到通信双方默认的 TSAP（Transport Service Access Point，传输服务访问点）。

提示： *TCP/IP 模型中 TSAP 对应的就是端口（port）。*

2. 软件程序编写

建立“PLC_1”和“PLC_2”的程序块和数据块，如图 12-9 所示。DB1～DB4 中生成长度为 100 的 Int 型数组。取消 DB1～DB4 属性中“优化的块访问”复选框勾选。

DB1～DB4 内数据的定义相同，参见图 12-10 所示的 DB1。

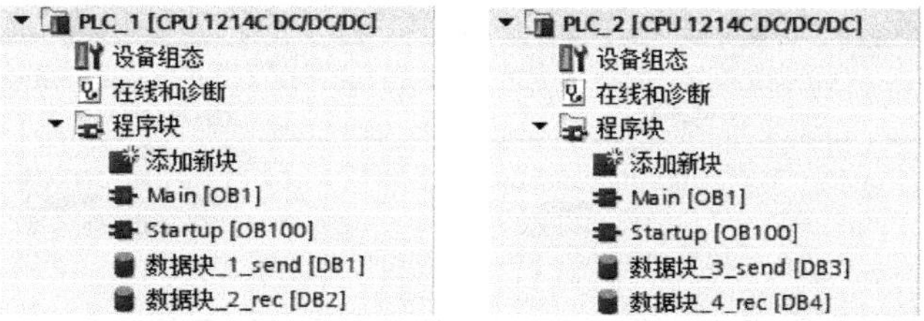

图 12-9 “PLC_1” 和 “PLC_2” 的程序块和数据块

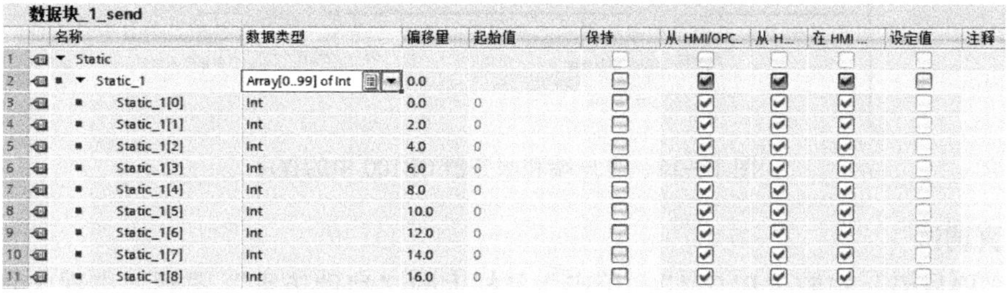
数据块_1_send

	名称	数据类型	偏移量	起始值	保持	从 HMI/OPC..	从 H...	在 HMI ...	设定值	注释
1	▼ Static				☐	☐	☐	☐	☐	
2	▼ Static_1	Array[0..99] of Int	0.0		☐	☑	☑	☑	☐	
3	Static_1[0]	Int	0.0	0	☐	☑	☑	☑	☐	
4	Static_1[1]	Int	2.0	0	☐	☑	☑	☑	☐	
5	Static_1[2]	Int	4.0	0	☐	☑	☑	☑	☐	
6	Static_1[3]	Int	6.0	0	☐	☑	☑	☑	☐	
7	Static_1[4]	Int	8.0	0	☐	☑	☑	☑	☐	
8	Static_1[5]	Int	10.0	0	☐	☑	☑	☑	☐	
9	Static_1[6]	Int	12.0	0	☐	☑	☑	☑	☐	
10	Static_1[7]	Int	14.0	0	☐	☑	☑	☑	☐	
11	Static_1[8]	Int	16.0	0	☐	☑	☑	☑	☐	

图 12-10　DB1

注意： DB1～DB4 定义好后一定要记得对 DB 进行编译，才能生成图 12-10 中“偏移量”这一列的地址，否则后面的 OB100 程序将出错。

“PLC_1”作为通信的客户端，打开其 OB1，将右侧“指令”→“通信”→“S7 通信”下的“GET”和“PUT”指令拖拽到梯形图中，拖拽过程中系统会提示生成相应的背景数据块。程序中 GET 指令的功能是将 PLC_2 的数据块 DB3 的前 5 个数据读到 PLC_1，并保存在 PLC_1 的 DB2 的前 5 个整型变量中；PUT 指令的功能是将 PLC_1 的数据块 DB1 的前 5 个数写到 PLC_2，并保存在 PLC_2 的 DB4 的前 5 个整型变量中。程序如图 12-11 所示。

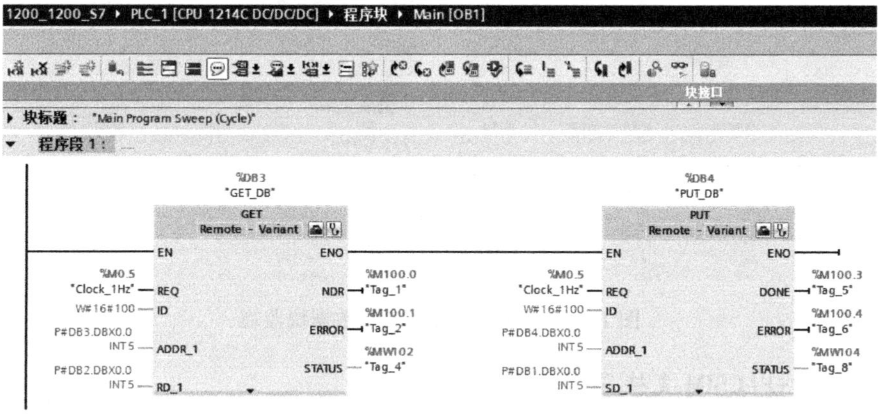

图 12-11　客户端读、写服务器数据的程序

M0.5 为时钟存储器位，每 1 s 进行一次读、写操作。连接 ID 为“W#16#100”。ADDR_1 为服务器数据区的地址。SD_1 为客户端数据区的地址。PLC_2 在 S7 通信中作为服务器，不用编写调用指令 GET 和 PUT 的程序。在 PLC_1 的 OB100 中将 DB1 的前 5 个数初始化为 16#1234（对应的十进制数 4660），DB2 的数据全部清零。在 PLC_2 的 OB100 中将 DB3 的前 5 个数初始化为 16#5678（对应的十进制数 22136），DB4 的数据全部清零。OB100 中的程序如图 12-12 所示。

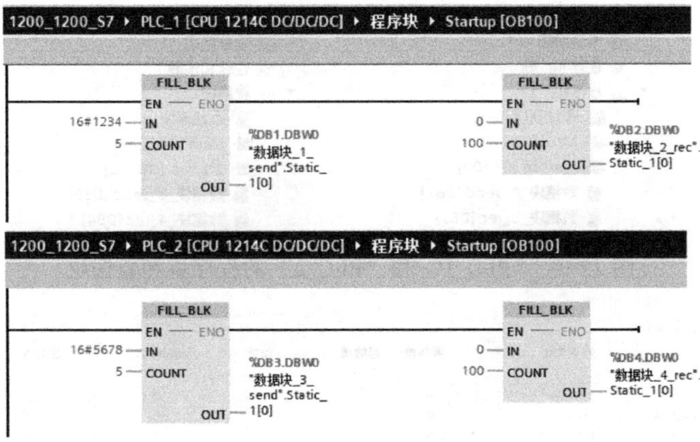

图 12-12 客户端和服务器 OB100 中的程序

3. 仿真调试

选中“项目树”中的“PLC_1”，单击工具栏上的“启动仿真”图标，出现仿真的精简视图，将程序和组态数据下载到仿真 PLC 并切换到 RUN 模式。选中“PLC_2”，用同样的方法将程序和组态数据下载到仿真 PLC 并切换到 RUN 模式。两台 PLC 监视各自发送和接收的 DB，如图 12-13 所示，客户端和服务器成功实现了数据通信。

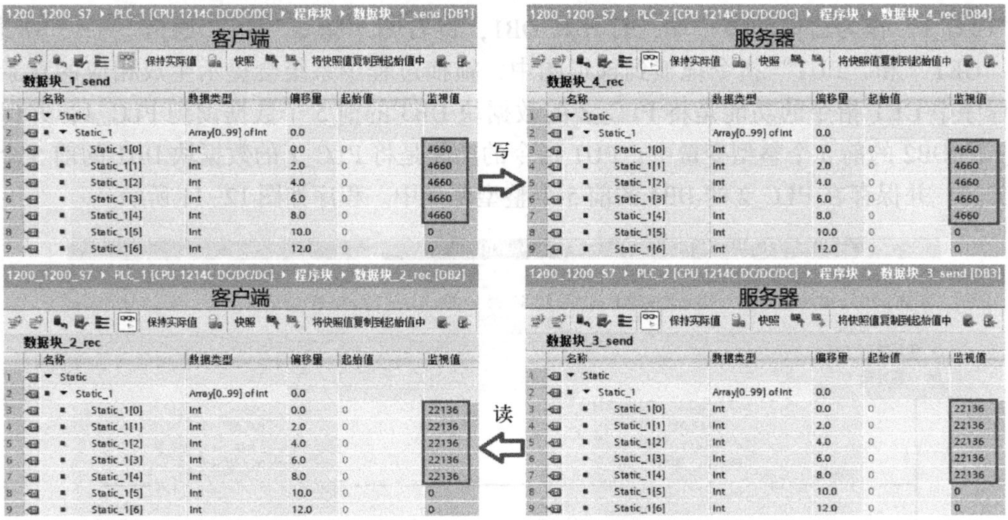

图 12-13 PLC_1 与 PLC_2 数据块监视

提示：S7-PLCSIM 支持 S7 通信的软件仿真。

12.4 TCP 通信协议

12.4.1 TCP 通信协议介绍

开放式用户通信是套接字（Socket）通信方式，包含 TCP 通信。TCP 属于 OSI 参考模型的第 4 层（UDP 也位于该层），IP 位于第 3 层。TCP/IP 通信是面向连接的，提供站点之间的可靠通信，具有回传机制，支持路由功能，可用于西门子 SIMATIC 系统内部及 SIMATIC 与 PC 或其他支持 TCP/IP 的系统通信。TCP/IP 的通信需要设置本地和远程 IP 地址，以及与进程相关的端口号（Port Number）。TIA V16 编程软件中关于开放式用户通信指令库的截图如图 12-14 所示。

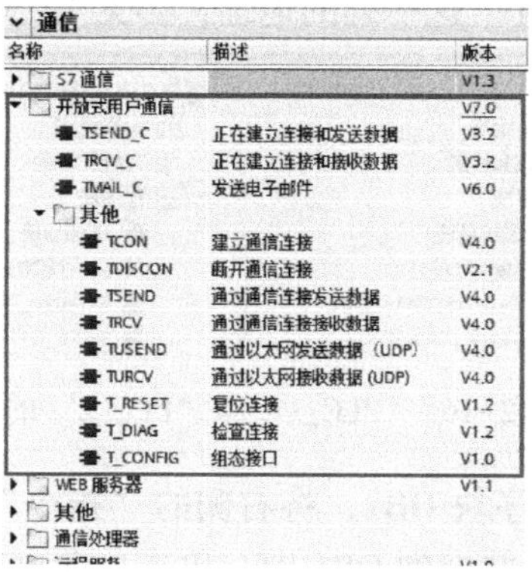

图 12-14　开放式用户通信指令库

提示：套接字 Socket=（IP 地址：端口号），例如（192.168.0.5:80）。

12.4.2　两台 S7-1200 PLC 之间的 TCP 通信

S7-1200 PLC 与 S7-1200 PLC 之间的以太网通信可以通过 TCP 来实现，这里使用图 12-14 中的 TSEND_C 和 TRCV_C 指令来实现。通信方式为双边通信，即通信双方都要编写程序，一侧编写发送程序，另一侧则必须编写对应的接收程序。这里要完成的通信任务有：①将 PLC_1 的通信数据区 DB1 中 100 个字节的数据发送到 PLC_2 的接收数据区 DB2 中；②将 PLC_2 的通信数据区 DB1 中 100 个字节的数据发送到 PLC_1 的接收数据区 DB2 中。

1. 硬件组态

使用 STEP7 V16 创建一个名为“1200_1200_TCP”的新项目，并通过“添加新设备”组态两个型号均为 CPU 1214C DC/DC/DC V4.4 的 1200 PLC 站点，分别命名为“PLC_1”和“PLC_2”。设置“PLC_1”的 IP 地址为 192.168.0.1，“PLC_2”的 IP 地址为 192.168.0.2，子网掩码均为 255.255.255.0，设置方法参见 12.3.2 节相关内容。勾选“PLC_1”和“PLC_2”的“启用时钟存储器字节”复选框，启用时钟存储器字节 MB0。后面程序要使用 M0.3，它是 2 Hz 时钟脉冲，可以用它去自动激活发送任务，设置方法参见 12.3.2 节相关内容。双击“项目树”中的“设备和网络”，打开“网络视图”，单击左上角的“网络”按钮，选中“PLC_1”上 PROFINET 接口的绿色小方框，然后拖拽出一条线到“PLC_2”上的 PROFINET 接口，松开鼠标，连接建立完成，如图 12-15 所示。

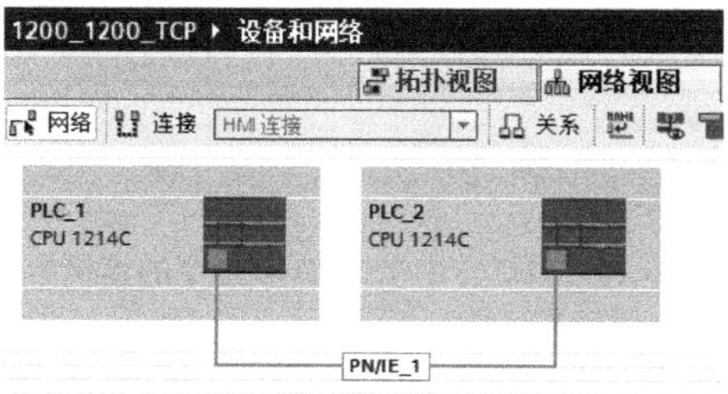

图 12-15　建立两个 CPU 的逻辑连接

2. 软件程序编写

新建“PLC_1”和“PLC_2”的 DB，如图 12-16 所示。“PLC_1”和“PLC_2”中的 DB1、DB2 均生成长度为 100 的 Int 型数组，取消 DB1、DB2 属性中“优化的块访问”复选框的勾选，编译 DB，生成“偏移量”这一列的地址，参见 12.3.2 节相关内容。

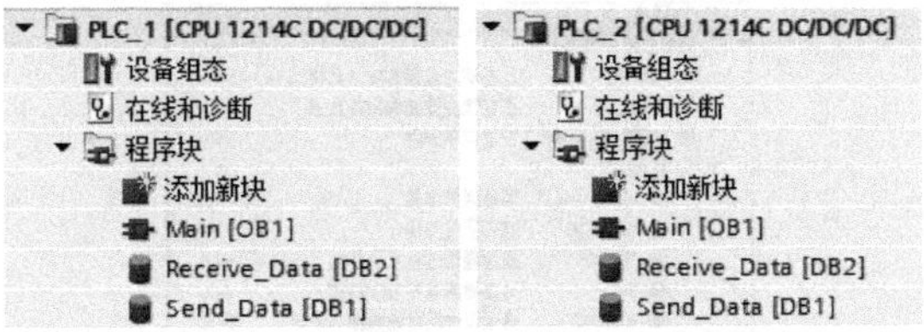

图 12-16 “PLC_1”和“PLC_2”的 DB

在“PLC_1”项目中打开程序块 OB1，将右侧的“指令”→“通信”→“开放式用户通信”下的“TSEND_C”指令选中并拖到 OB1 中。单击自动出现的“调用选项”对话框的“确定”按钮，自动生成该指令的背景数据块 DB3，名称为“TSEND_C_DB”。用同样的方法调用“TRCV_C”指令，自动生成它的背景数据块 DB4，名称为“TRCV_C_DB”。在“项目树”的“PLC_1”→“程序块”→“系统块”→“程序资源”下，可以看到这两条指令和自动生成的它们的背景数据块。用同样的方法将“TSEND_C”指令和“TRCV_C”指令拖拽到“PLC_2”的 OB1 程序中，这里不再赘述。

OB1 中选中新添加的“TSEND_C”指令，在下面巡视窗口中选择“属性”→“组态”→“连接参数”，在右侧的窗口中单击“伙伴”的“端点”选择框右侧的下拉按钮，在出现的下拉列表中选择通信伙伴为 PLC_2，两台 PLC 图标之间出现绿色连线。单击“本地”的“连接数据”选择框右侧的下拉按钮，单击出现的“<新建>”，自动生成连接描述数据块 DB5，名称为“PLC_1_Send_DB”。单击“伙伴”的“连接数据”选择框右侧的下拉按钮，单击出现的“<新建>”，在“PLC_2”的“系统块”中自动生成连接描述数据块 DB5，名称为“PLC_2_Receive_DB”。TSEND_C 指令的连接参数配置结果如图 12-17 所示。

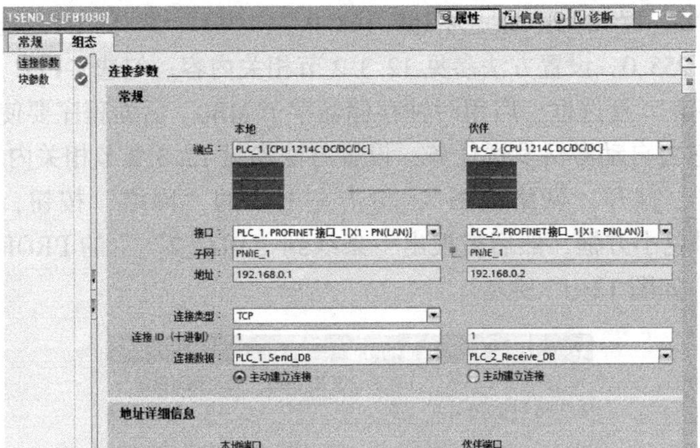

图 12-17 PLC_1 中 TSEND_C 指令的连接参数

在 OB1 中选中新添加的“TRCV_C”指令，在下面巡视窗口中选择“属性”→“组态”→“连接参数”，在右侧的窗口中单击“伙伴”的“端点”选择框右侧的下拉按钮，在出现的下拉列表中选择通信伙伴为 PLC_2，两台 PLC 图标之间出现绿色连线。

单击"本地"的"连接数据"选择框右侧的下拉按钮，单击出现的"<新建>"，自动生成连接描述数据块 DB6，名称为"PLC_1_Receive_DB"。单击"伙伴"的"连接数据"选择框右侧的下拉按钮，单击出现的"<新建>"，在"PLC_2"的"系统块"中自动生成连接描述数据块 DB6，名称为"PLC_2_Send_DB"。单选框设置由"PLC_2"伙伴"主动建立连接"。TRCV_C 指令的连接参数配置结果如图 12-18 所示。

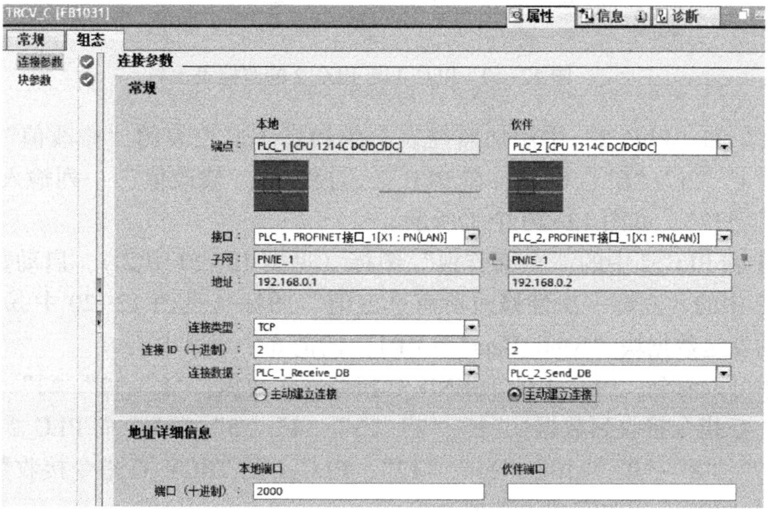

图 12-18　PLC_1 中 TRCV_C 指令的连接参数

PLC_2 中 TSEND_C 指令组态"连接参数"的对话框与图 12-18 的结构相同，只是"本地"与"伙伴"列的内容互相交换。PLC_2 中 TRCV_C 指令组态"连接参数"的对话框与图 12-17 的结构相同，只是"本地"与"伙伴"列的内容互相交换。

提示： 通信的一方作为主动的伙伴，启动通信连接的建立。另一方作为被动的伙伴，对启动的连接做出响应。

PLC_1 中 OB1 中的完整参数设定结果如图 12-19 所示。PLC_2 中 OB1 中的内容与 PLC_1 基本相同，这里不再赘述。

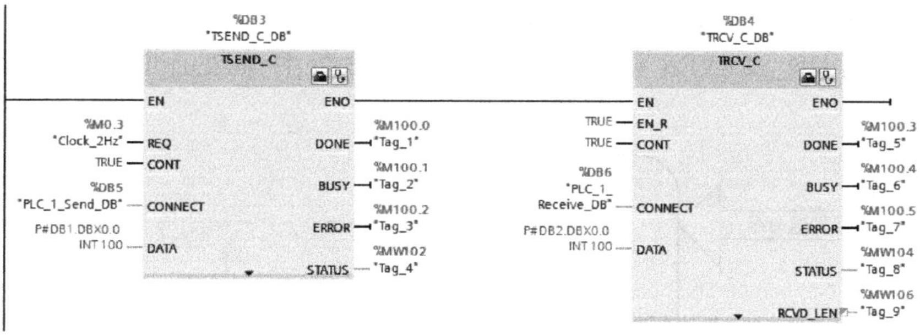

图 12-19　PLC_1 中 OB1 的程序

3. 仿真调试

选中"项目树"中的"PLC_1"，单击工具栏上的"启动仿真"图标，出现仿真的精简视图，将程序和组态数据下载到仿真 PLC 并切换到 RUN 模式。选中"PLC_2"，用同样的方法将程序和组态数据下载到仿真 PLC 并切换到 RUN 模式。监控表如图 12-20 所示。

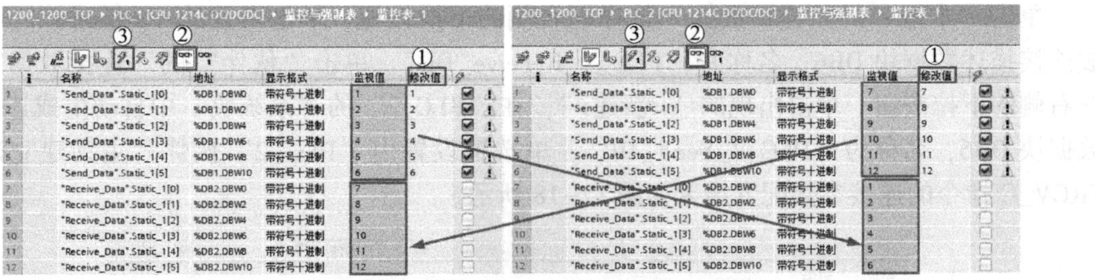

图 12-20　PLC_1 与 PLC_2 的监控表

在“PLC_1”和“PLC_2”中添加监控表，在 PLC_1 监控表的“修改值”一列输入整数“1”“2”“3”“4”“5”“6”。同理，在 PLC_2 监控表的“修改值”一列输入整数“7”“8”“9”“10”“11”“12”，如图 12-20 中①所示。

单击 PLC_1 和 PLC_2 中的“全部监视”图标（见图 12-20 中②），启动数据监视。单击 PLC_1 和 PLC_2 中的“立即一次性修改所有选定值”图标（见图 12-20 中③），将修改值一次性写入对应的发送数据块“Send_Data”（DB1）的前 6 个元素中。

从监控表中可以看到，PLC_1 的 TSEND_C 指令发送数据：“1”“2”“3”“4”“5”“6”，PLC_2 的 TRCV_C 指令接收到数据：“1”“2”“3”“4”“5”“6”。而 PLC_2 的 TSEND_C 指令发送数据：“7”“8”“9”“10”“11”“12”，PLC_1 的 TRCV_C 指令接收数据：“7”“8”“9”“10”“11”“12”，成功实现了数据通信。

提示：S7-PLCSIM 支持 TCP 通信的软件仿真。

12.5 Modbus TCP 通信协议

12.5.1 Modbus TCP 通信协议介绍

Modbus TCP 是标准的网络通信协议，通过 CPU 上的 PN 接口进行 TCP/IP 通信，不需要额外的通信硬件模块，Modbus TCP 使用开放式用户通信连接。S7-1200 PLC 使用 Modbus TCP 通信时，S7-1200 PLC 可以做客户端主站，也可以做服务器从站，做客户端时主动请求连接并发送命令，做服务器时被动等待连接并反馈状态，如图 12-21 所示。客户端使用 MB_CLIENT 指令，服务器使用 MB_SERVER 指令。TIA V16 编程软件中 Modbus TCP 指令库如图 12-22 所示。

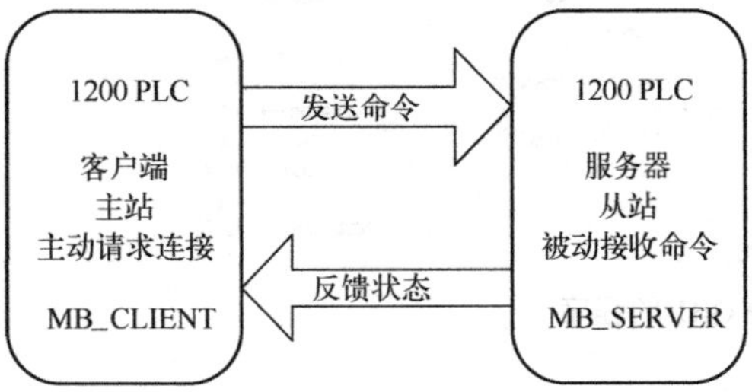

图 12-21　Modbus TCP 通信中客户端与服务器关系

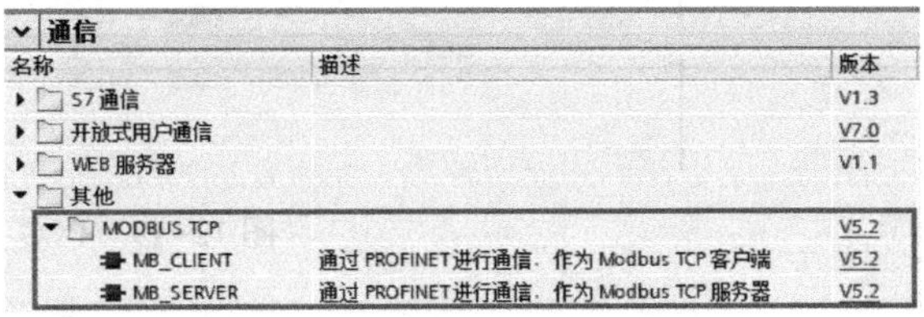

图 12-22　Modbus TCP 指令库

12.5.2 两台 S7-1200 PLC 之间的 Modbus TCP 通信

下面以两台 S7-1200 PLC 之间进行 Modbus TCP 通信为例，详细阐述客户端与服务器侧如何编程及通信的过程。

1. 硬件组态

使用 STEP7 V16 创建一个名为“1200_1200_Modbus_TCP”的新项目，并通过“添加新设备”组态两个型号均为 CPU1214C DC/DC/DC V4.4 的 1200 PLC 站点，分别命名为“PLC_1”和“PLC_2”。PLC_1 为客户端，PLC_2 为服务器。设置 PLC_1 的 IP 地址为 192.168.0.1，PLC_2 的 IP 地址为 192.168.0.2，子网掩码均为 255.255.255.0。设置方法参见 12.3.2 节相关内容。

2. S7-1200 PLC Modbus TCP 客户端编程

S7-1200 PLC 客户端需要调用 MB_CLIENT 指令块，该指令块主要完成客户端和服务器的 TCP 连接、发送命令消息、接收响应以及控制服务器断开的工作任务。在“PLC_1”项目中打开程序块 OB1，将“MB_CLIENT”指令选中并拖到 OB1 中，调用时会自动生成背景数据块 DB1，名称为“MB_CLIENT_DB”，单击“确定”即可，如图 12-23 所示。

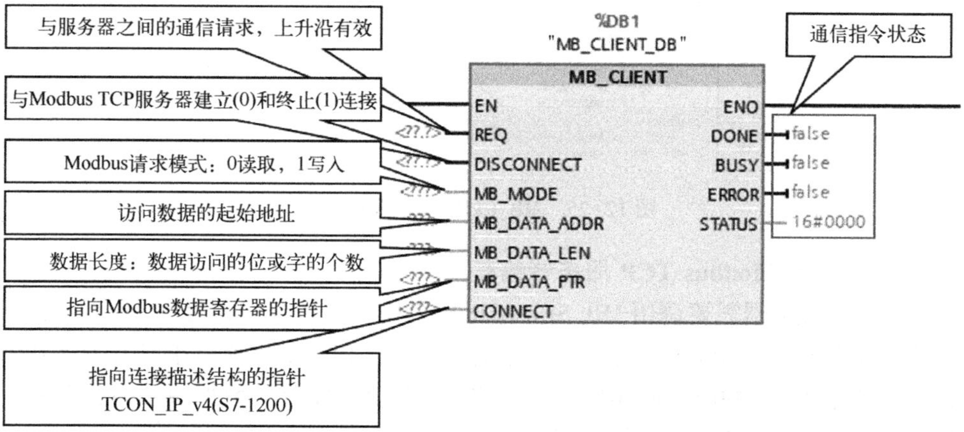

图 12-23　Modbus TCP 客户端指令块及参数说明

接下来创建图 12-23 中“CONNECT”参数的指针类型。第一步，先创建一个新的全局数据块 DB2，名称为“CONNECT_DB”。第二步，双击打开新生成的 DB，定义变量名称为“aa”，数据类型为“TCON_IP_v4”，然后按〈Enter〉键。该数据类型结构创建完毕。本节远程服务器的 IP 地址为 192.168.0.2，远程端口号设为 502，硬件标识符为 64，连接 ID 为 1。客户端该数据结构的各项值如图 12-24 所示。

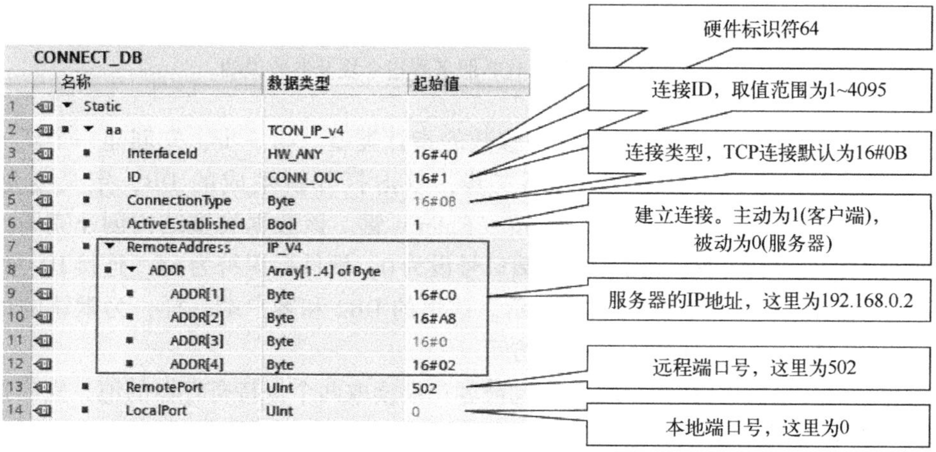

图 12-24　MB_CLIENT 指令中的 TCP 连接结构数据类型及初值设置

注意： DB2（“CONNECT_DB”）为默认的优化的数据块，编程时需要以符号寻址的方式进行访问。

下面创建图12-23中的“MB_DATA_PTR”数据缓冲区。第一步，创建一个全局数据块DB3，名称为“Modbus_Data_DB”。双击打开新生成的DB3，定义变量名称为“ff”、数据长度为10的Word型数组（Array［0..9］of Word），以便通信中存放数据，取消DB3属性中“优化的块访问”复选框勾选，编译DB，生成“偏移量”这一列的地址。

注意： DB3（“Modbus_Data_DB”）为非优化的DB（标准的DB），编程时需要以绝对地址的方式进行访问。

客户端调用MB_CLIENT指令块，实现从Modbus TCP通信服务器中读取两个保持寄存器的值，完成指令块的编程，如图12-25所示。

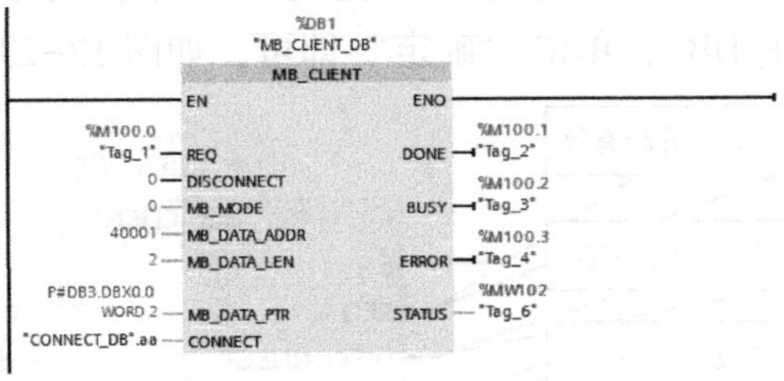

图12-25　MB_CLIENT指令块编程

3. S7-1200 PLC Modbus TCP服务器编程

S7-1200 PLC服务器需要调用MB_SERVER指令块，该指令块将处理Modbus TCP客户端的连接请求、接收并处理Modbus请求、发送响应。在“PLC_2”项目中打开程序块OB1，将“MB_SERVER”指令选中并拖到OB1中，调用时会自动生成背景数据块DB1，名称为“MB_SERVER_DB”，单击“确定”即可，如图12-26所示。

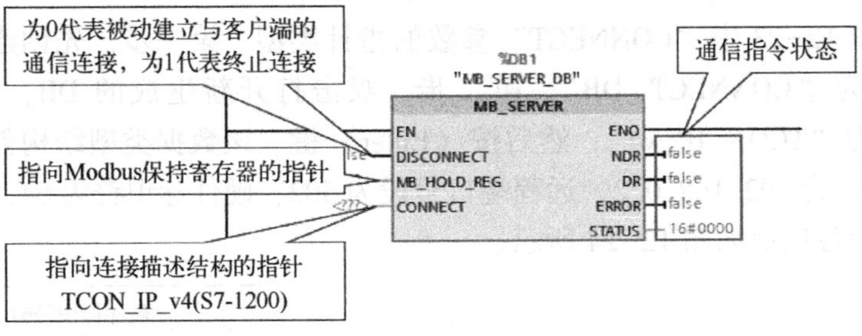

图12-26　Modbus TCP服务器指令块及参数说明

接下来创建图12-26中“CONNECT”参数的指针类型。第一步，先创建一个新的全局数据块DB2，名称为“CONNECT_DB”。第二步，双击打开新生成的DB，定义变量名称为“ss”，数据类型为“TCON_IP_v4”，然后按〈Enter〉键。该数据类型结构创建完毕。本节远程客户端的IP地址为192.168.0.1，远程端口号设为0，硬件标识符为64，连接ID为1。所以客户端该数据结构的各项值如图12-27所示。这里的DB2和客户端一样，为默认的优化的数据块，编程时需要以符号寻址的方式进行访问。

服务器调用MB_SERVER指令块，实现被客户端读取两个保持寄存器的值，完成指令块的编程，如图12-28所示。

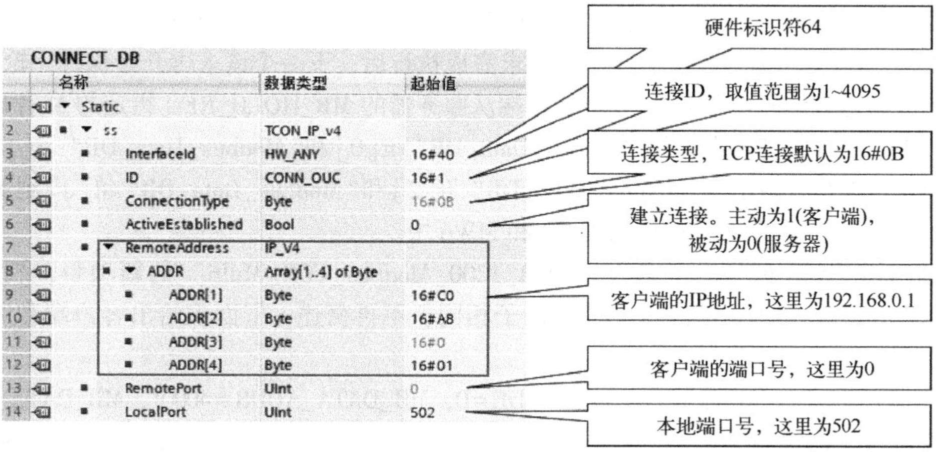

图 12-27　MB_SERVER 指令中的 TCP 连接结构数据类型及初值设置

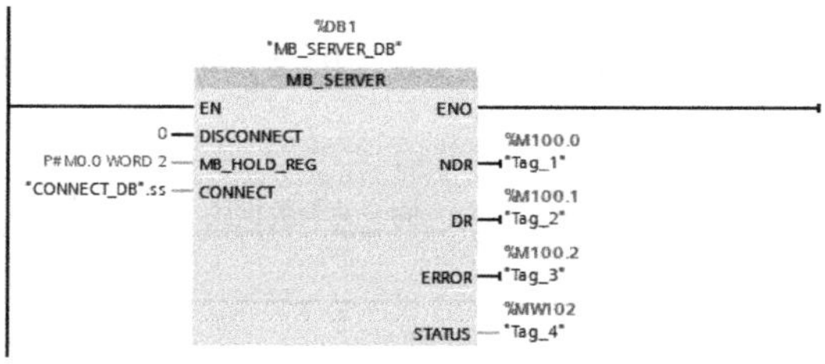

图 12-28　MB_SERVER 指令块编程

注意： MB_HOLD_REG 指定的数据缓冲区可以设为 DB 或 M 存储区地址。DB 可以为优化的数据块，也可以为标准的数据块结构。

4. S7-1200 PLC Modbus TCP 通信硬件调试

S7-PLCSIM 不支持 Modbus TCP 的软件仿真，所以本项目需要进行物理硬件调试。将通信双方的用户程序和组态信息分别下载到物理的 S7-1200 PLC CPU 中，用电缆连接两台 PLC 的以太网接口（或者两台 PLC 都通过以太网接口连接到交换机上）。两台 PLC 各自添加监控表，S7-1200 PLC Modbus TCP 服务器准备数据，用于客户端读访问。服务器监控表的“修改值”一列输入 16#0007 和 16#0017，单击“全部监视”图标，启动在线监视。然后单击“立即一次性修改所有选定值”图标，将“修改值”列输入的值写入 MW0 和 MW2 两个字中，如图 12-29 所示。S7-1200 PLC Modbus TCP 客户端给 MB_CLIENT 指令块中 REQ 引脚（M100.0）一个上升沿，监控数据读取成功，如图 12-30 所示。

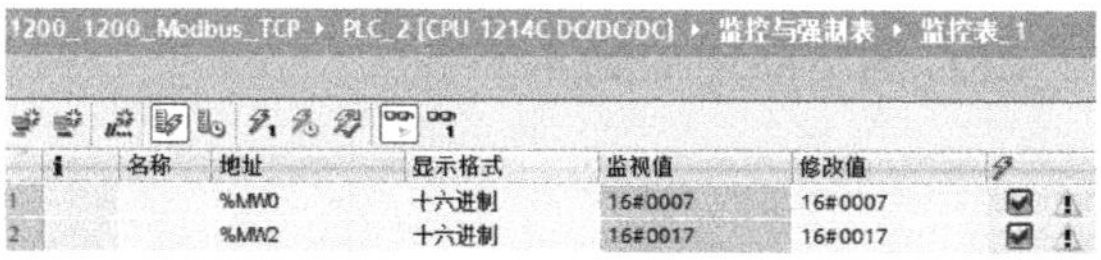

图 12-29　服务器监控表

图 12-30　客户端监控表

提示： S7-PLCSIM 不支持 Modbus TCP 通信的软件仿真。

12.5.3　S7-1200 PLC Modbus TCP 通信多请求处理

对于多请求处理，可以通过公共的连接发送多个请求，MB_CLIENT 功能块多次被调用，但是需要使用相同的背景数据块，连接 ID 号、IP 地址和端口号。在任意时间，只能有一个 MB_CLIENT 请求处于激活状态，在一个请求完成执行后，下一个请求再开始执行，轮询处理。

要完成的通信任务：在 12.5.2 节客户端从服务器的 MB_HOLD_REG 指定的 M 存储区读取 MW0 和 MW2 两个字到客户端的"Modbus_Data_DB".ff[0]和"Modbus_Data_DB".ff[1]的基础上，增加客户端写入两个字"Modbus_Data_DB".ff[2]和"Modbus_Data_DB".ff[3]到服务器的 MB_HOLD_REG 指定的 M 存储区的 MW4 和 MW6 中。

使用 STEP7 V16 创建一个名为“1200_1200_Modbus_TCP_Multi”的新项目，硬件组态、客户端编程、服务器编程与 12.5.2 节的例子相同，不再赘述，下面仅给出客户端和服务器的 OB1 程序。

客户端左侧 MB_CLIENT 指令：MB_MODE=0，MB_DATA_ADDR=40001，MB_DATA_LEN=2，读取服务器保持寄存器 MW0 开始的两个字的数据，并将读取到的数据保存到"Modbus_Data_DB".ff[0]和"Modbus_Data_DB".ff[1]。客户端右侧 MB_CLIENT 指令：MB_MODE=1，MB_DATA_ADDR=40003，MB_DATA_LEN=2，往服务器保持寄存器 MW4 开始写入两个字的数据，需要写入的数据来自客户端的"Modbus_Data_DB".ff[2]和"Modbus_Data_DB".ff[3]。客户端 OB1 程序如图 12-31 所示。

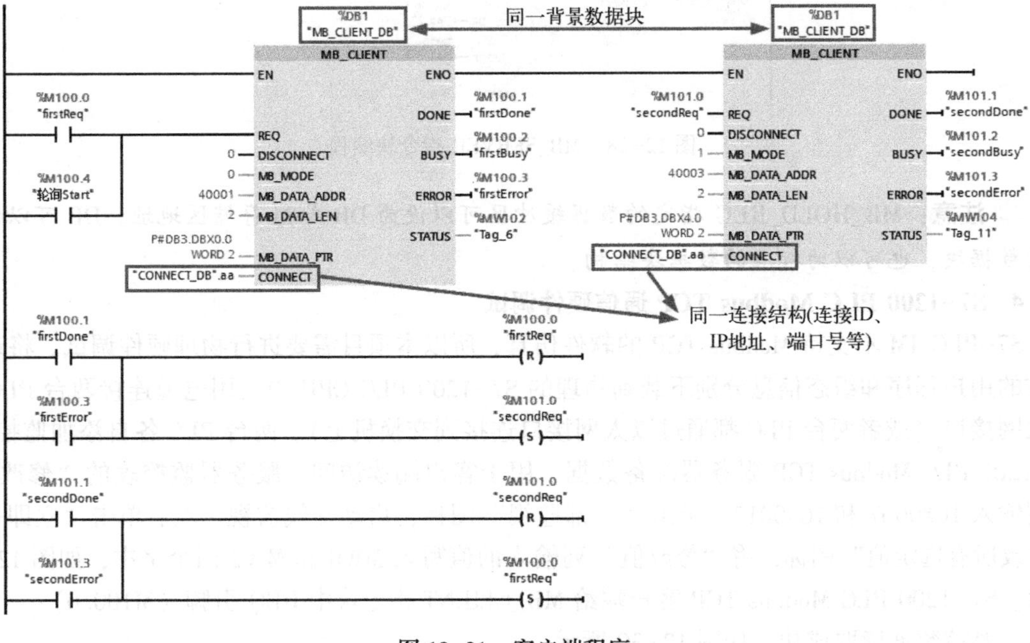

图 12-31　客户端程序

服务器 OB1 程序如图 12-32 所示。MB_HOLD_REG 的空间增加到 4 个字。

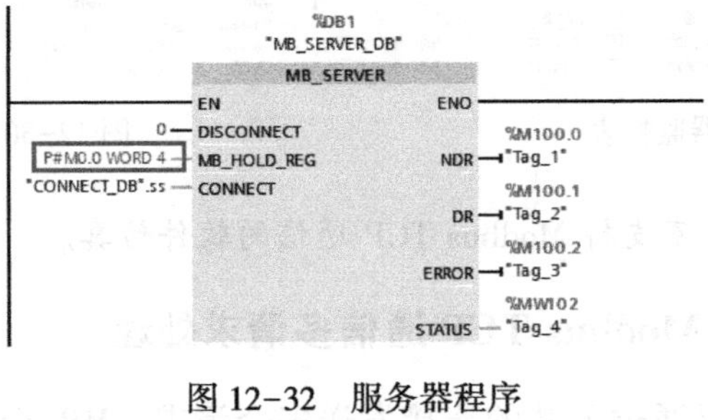

图 12-32　服务器程序

Modbus TCP 通信轮询读、写的监控表如图 12-33 所示。采用硬件 PLC 进行调试，当 M100.4 由 0 修改为 1 时（上升沿），启动轮询读、写，后面便可以将 M100.4 重新修改为 0。轮询读、写启动以后，程序会不断将服务器的 MW0 和 MW2 的值读到客户端的"Modbus_Data_DB".ff[0]和"Modbus_Data_DB".ff[1]中，也不断将客户端的"Modbus_Data_DB".ff[2]和"Modbus_Data_DB".ff[3]的值写到服务器的 MW4 和 MW6 中。

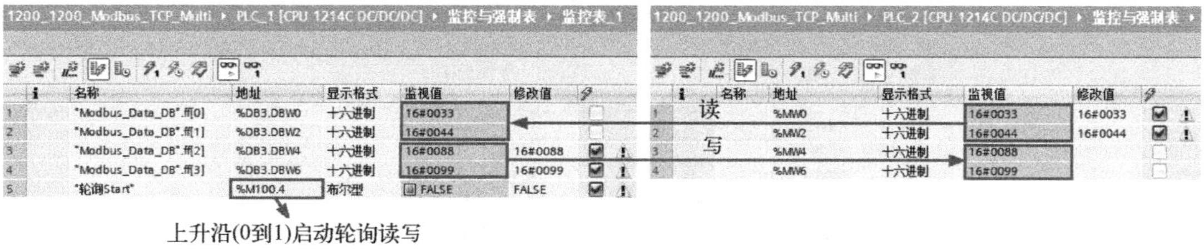

图 12-33　Modbus TCP 通信轮询读、写的监控表

12.6 ISO-on-TCP 通信协议

12.6.1　ISO-on-TCP 通信协议介绍

ISO-on-TCP 位于 OSI 参考模型的第 4 层（传输层），默认的端口号为 102。ISO-on-TCP 的使用过程中，还涉及 TSAP 的设置。在一个传输的链接中，可能存在多个进程。为了区分不同进程的数据传输，需要提供一个进程独用的访问点，这个访问点被称为 TSAP。TSAP 相当于 TCP 或 UDP 中的端口。ISO-on-TCP 的优势是能传输大量的数据并且支持路由功能，但是它仅适用于 SIMATIC 系统，只能在西门子内部使用，在一定程度上限值了其应用。

提示：端口包括逻辑端口和物理端口两种类型。物理端口指的是物理存在的端口，如集线器、交换机、路由器上用于连接其他网络设备的接口，如 RJ-45 端口等。逻辑端口是指逻辑意义上用于区分服务的端口，如 TCP/IP 中的服务端口，端口号的范围为 0~65535，如用于浏览网页服务的 80 端口、用于 FTP 服务的 21 端口等。由于物理端口和逻辑端口数量较多，为了对端口进行区分，将每个端口进行了编号，这就是端口号。

12.6.2　两台 S7-1200 PLC 之间的 ISO-on-TCP 通信

使用 ISO-on-TCP 通信，TSEND_C 指令和 TRCV_C 指令的“连接参数”中“连接类型”的定义不同，本例的“连接类型”选择“ISO-on-TCP”。连接类型修改后，“连接参数”界面最下面的“地址详细信息”会自动更新为 TSAP 相关信息，不需要额外设置，如图 12-34 所示。除此之外的其他组态编程与 TCP 通信完全相同，参见 12.4.2 节的介绍。使用 STEP7 V16 创建一个名为“1200_1200_ISO_on_TCP”的新项目，实现与 12.4.2 节“两台 S7-1200 PLC 之间的 TCP 通信”完全相同的功能，这里不再赘述。

提示：S7-PLCSIM 支持 ISO-on-TCP 通信的软件仿真。

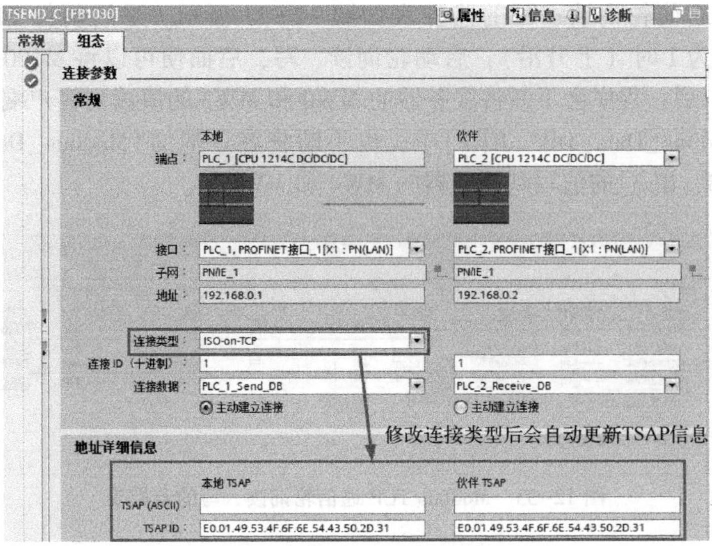

图 12-34 ISO-on-TCP 连接参数设置

12.7 UDP 通信协议

12.7.1 UDP 通信协议介绍

UDP 是一种无连接的传输层协议，提供面向事务的简单不可靠信息传送服务。UDP 通信双方不发送任何建立连接的信息，只需要在通信双方调用指令注册通信服务。传输数据时需要指定 IP 地址和端口号作为通信端点，数据的传输无须对方应答，没有 TCP 中的安全机制，因而数据传输的可靠性得不到保证。UDP 位于 OSI 参考模型的第 4 层（传输层）。由于数据传输时仅加入少量的管理信息，与 TCP 相比其具有更大的数据传输效率。

12.7.2 两台 S7-1200 PLC 之间的 UDP 通信

两台 S7-1200 PLC 之间的以太网通信可以通过 UDP 来实现，使用的通信指令是在双方 CPU 调用 TCON、TDISCON、TUSEND、TURCV 指令（见图 12-14）来实现。通信方式为双边通信，TUSEND 和 TURCV 必须成对出现。

这里要完成的通信任务为：①将 PLC_1 的通信数据区 DB11 中的 100 个字节的数据发送到 PLC_2 的接收数据区 DB12 中；②将 PLC_2 的通信数据区 DB11 中的 100 个字节的数据发送到 PLC_1 的接收数据区 DB12 中。

1. 硬件组态

使用 STEP7 V16 创建一个名为“1200_1200_UDP”的新项目，并通过“添加新设备”组态两个型号均为 CPU 1214C DC/DC/DC V4.4 的 1200 PLC 站点，分别命名为“PLC_1”和“PLC_2”。设置 PLC_1 的 IP 地址为 192.168.0.1，PLC_2 的 IP 地址为 192.168.0.2，子网掩码均为 255.255.255.0。勾选“PLC_1”和“PLC_2”的“启用时钟存储器字节”复选框，启用时钟存储器字节 MB0。后面程序要使用 M0.3，它是 2 Hz 时钟脉冲，可以用它来自动激活发送任务。双击“项目树”中的“设备和网络”，打开“网络视图”，单击左上角的“网络”图标，选中“PLC_1”上 PROFINET 接口的绿色小方框，然后拖拽出一条线到“PLC_2”上

PROFINET 接口，松开鼠标，连接建立完成。

2. PLC_1 的组态和编程

在 PLC_1 中定义全局数据块 DB11（名称为 Send_DB）和 DB12（名称为 Rcv_DB），它们均为长度是 100 的 Byte 型数组（Array[0..99] of Byte），取消 DB11、DB12 属性中“优化的块访问”复选框勾选，编译 DB，生成“偏移量”这一列的地址。

在“PLC_1”项目中打开程序块 OB1，将右侧的“指令”→“通信”→“开放式用户通信”→“其他”下的“TCON”指令选中并拖到 OB1 中。单击自动出现的“调用选项”对话框的“确定”按钮，自动生成该指令的背景数据块 DB1，名称为“TCON_DB”。

单击“TCON”指令框右上角的“开始组态”图标，在下面的巡视窗口快速定位到该指令的“连接参数”界面。组态 UDP 连接（TCON 指令），如图 12-35 所示。设置过程请参见 12.4.2 节“两台 S7-1200 PLC 之间的 TCP 通信”。

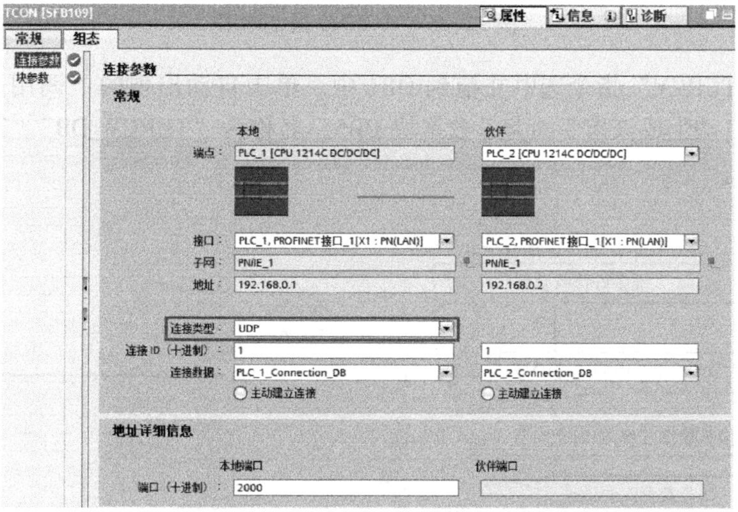

图 12-35　“PLC_1”的 UDP 连接参数（TCON 指令）

添加数据块“AddrTusend1”（DB3），在弹出的“添加新块”对话框的“类型”下拉列表中选择“TADDR_Param”，并单击“确定”按钮。

在数据块“AddrTusend1”中定义本地 PLC 发送数据时，接收方 IP 地址和端口号（如果需要发送 UDP 广播报文，则需要将目的方 IP 地址设置为广播地址）如图 12-36 所示。

TCON 指令调用如图 12-37 所示，M100.0 上升沿用于触发连接。

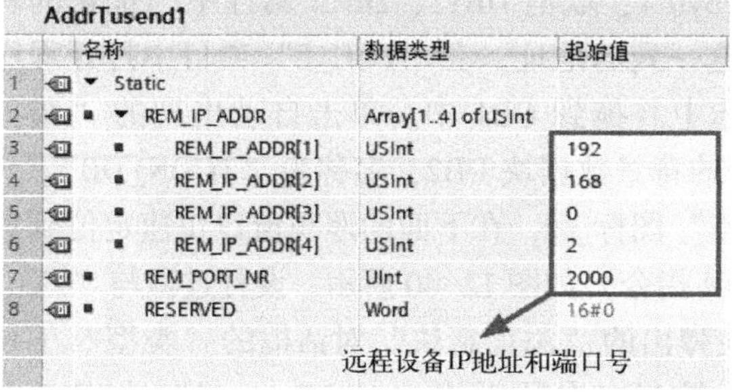

AddrTusend1

	名称	数据类型	起始值
1	▼ Static		
2	▼ REM_IP_ADDR	Array[1..4] of USInt	
3	REM_IP_ADDR[1]	USInt	192
4	REM_IP_ADDR[2]	USInt	168
5	REM_IP_ADDR[3]	USInt	0
6	REM_IP_ADDR[4]	USInt	2
7	REM_PORT_NR	UInt	2000
8	RESERVED	Word	16#0

远程设备IP地址和端口号

图 12-36　定义接收方地址

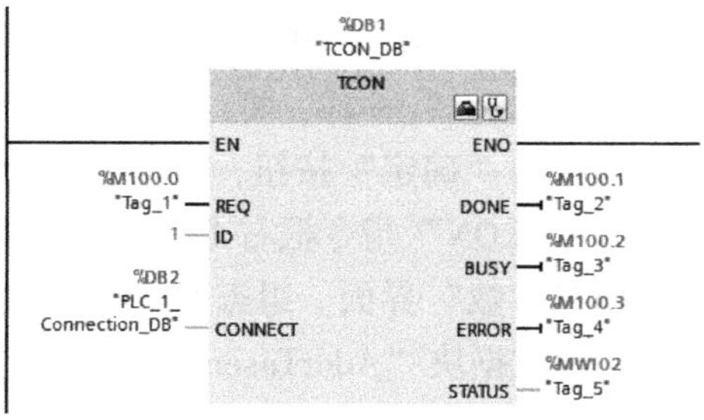

图 12-37　TCON 指令调用

同上，将“TUSEND”指令选中并拖到 OB1 中。单击自动出现的“调用选项”对话框的

“确定”按钮，自动生成该指令的背景数据块 DB4，名称为“TUSEND_DB”。TUSEND 指令调用如图 12-38 所示。

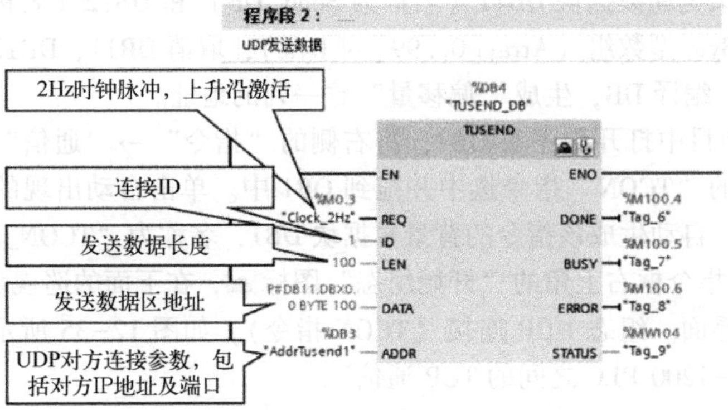

图 12-38　TUSEND 指令调用

同上，将“TURCV”指令选中并拖到 OB1 中。单击自动出现的“调用选项”对话框的“确定”按钮，自动生成该指令的背景数据块 DB5，名称为“TURCV_DB”。TURCV 指令调用如图 12-39 所示。

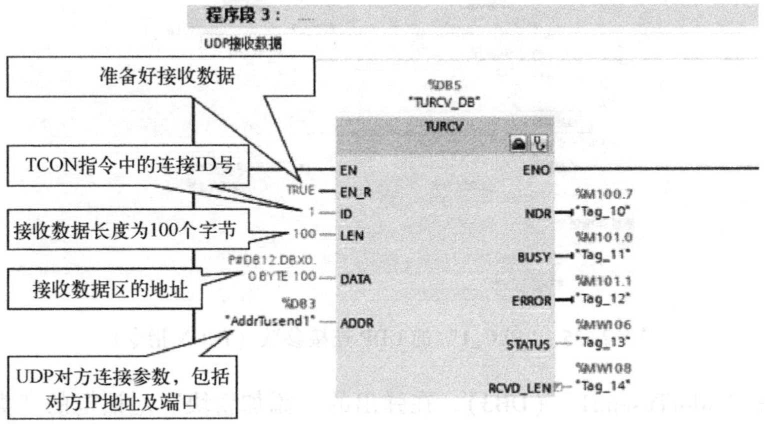

图 12-39　TURCV 指令调用

3. PLC_2 的组态和编程

“PLC_2”中定义全局数据块 DB11（名称为 Send_DB）和 DB12（名称为 Rcv_DB）均为长度是 100 的 Byte 型数组（Array［0..99］of Byte），取消 DB11、DB12 属性中“优化的块访问”复选框勾选，编译 DB，生成“偏移量”这一列的地址。在“PLC_2”项目中打开程序块 OB1，同“PLC_1”一样，将“TCON”指令选中并拖到 OB1 中。单击自动出现的“调用选项”对话框的“确定”按钮，自动生成该指令的背景数据块 DB2，名称为“TCON_DB”。

单击“TCON”指令框右上角的“开始组态”图标，在下面的巡视窗口快速定位到该指令的“连接参数”界面。组态 UDP 连接（TCON 指令）如图 12-40 所示。设置过程与“PLC_1”类似。添加数据块“AddrTusend2”（DB3），在弹出的“添加新块”对话框的“类型”下拉列表中选择“TADDR_Param”，并单击“确定”按钮。在数据块“AddrTusend2”中定义本地 PLC 发送数据时，接收方 IP 地址和端口地址如图 12-41 所示。TCON 指令调用如图 12-42 所示，M200.0 上升沿用于触发连接。

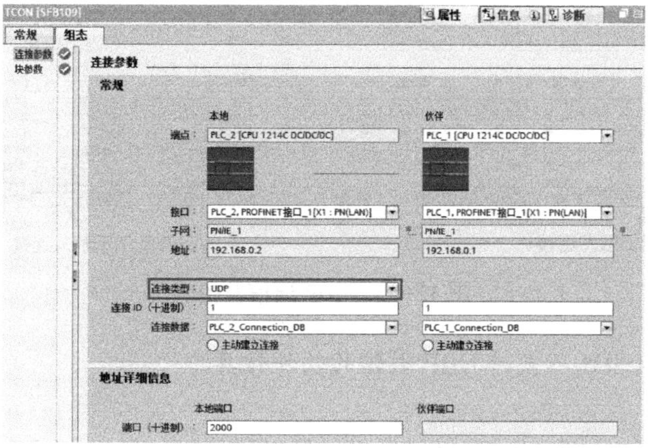

图 12-40　“PLC_2” 的 UDP 连接参数（TCON 指令）

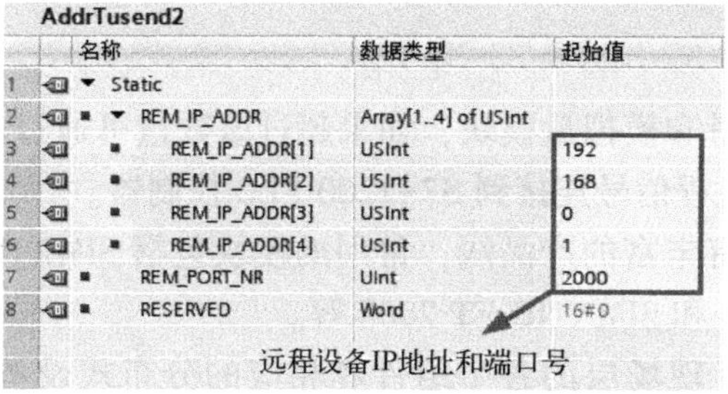
AddrTusend2

	名称	数据类型	起始值
1	▼ Static		
2	▪ ▼ REM_IP_ADDR	Array[1..4] of USInt	
3	▪ REM_IP_ADDR[1]	USInt	192
4	▪ REM_IP_ADDR[2]	USInt	168
5	▪ REM_IP_ADDR[3]	USInt	0
6	▪ REM_IP_ADDR[4]	USInt	1
7	▪ REM_PORT_NR	UInt	2000
8	▪ RESERVED	Word	16#0

远程设备IP地址和端口号

图 12-41　定义接收方地址

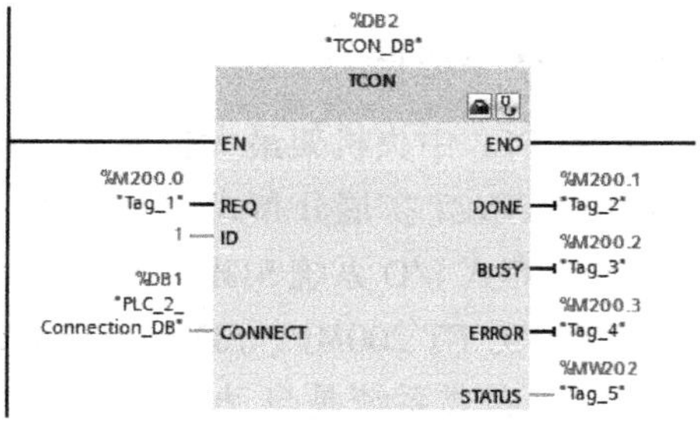

图 12-42　TCON 指令调用

将“TUSEND”指令选中并拖到 OB1 中。自动生成该指令的背景数据块 DB4，名称为“TUSEND_DB”。TUSEND 指令调用如图 12-43 所示。

同上，将“TURCV”指令选中并拖到 OB1 中。自动生成该指令的背景数据块 DB5，名称为“TURCV_DB”。TURCV 指令调用如图 12-44 所示。

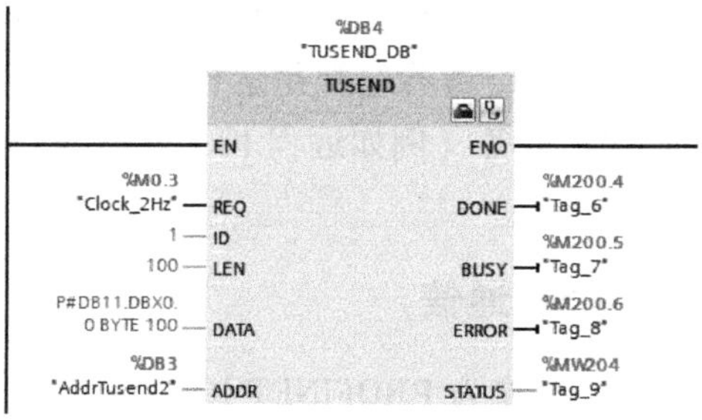

图 12-43　TUSEND 指令调用

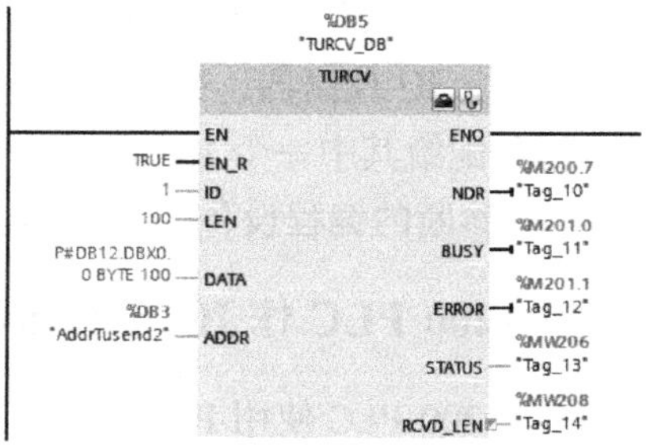

图 12-44　TURCV 指令调用

4. S7-1200 PLC UDP 通信硬件调试

本项目需要进行物理硬件调试。将通信双方的用户程序和组态信息分别下载到物理的 S7-1200 PLC CPU 中，用电缆连接两台 PLC 的以太网接口（或者两台 PLC 都通过以太网接口连接到交换机上）。从监控表中可以看到，PLC_1 发送十六进制数据“44”“55”“66”，PLC_2 接收十六进制数据“44”“55”“66”。而 PLC_2 发送十六进制数据“11”“22”“33”，PLC_1 接收十六进制数据“11”“22”“33”。M100.0 和 M200.0 的上升沿（0 到 1 跳变）分别用于触发各自的连接，如图 12-45 所示。

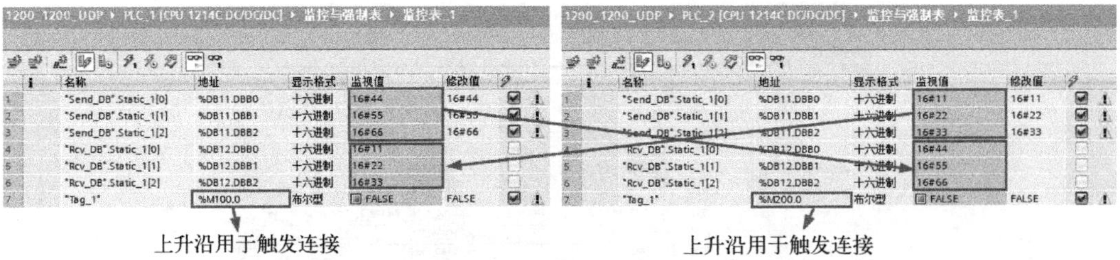

图 12-45　UDP 通信监控表

提示：S7-PLCSIM 不支持 UDP 通信的软件仿真。

12.8　PROFINET 总线通信

12.8.1　总线通信简介

S7-1200 PLC 中央机架最大扩展 8 个数字量和模拟量模块，如果超过该数量可通过 PROFIBUS 或 PROFINET 扩展分布式 I/O 系统，将过程信号连接到 S7-1200 PLC 控制器。

西门子分布式 I/O 系统 SIMATIC ET200 具有丰富的产品线，常用的模块包括 SIMATIC ET 200SP、SIMATIC ET 200MP、SIMATIC ET 200M 和 SIMATIC ET 200S 等。

ET 200 分布式系统是自动化系统的基础，现场层的各个组件和相应的分布式设备通过 PROFINET、PROFIBUS 和上层的 PLC 实现快速的数据交换，是 PLC 系统的重要组成部分。开放的 PROFINET 和 PROFIBUS 通信标准，给自动化系统带来灵活的连接方式。

12.8.2　PROFINET 简介

PROFINET 是开放、标准、实时的工业以太网标准。尽管工业以太网和标准以太网组件可以一起使用，但工业以太网设备更加稳定可靠，因此更适合于工业环境（温度、抗干扰等）。作为 PROFINET 的一部分，PROFINET IO 是用于实现模块化、分布式应用的通信概念。PROFINET IO 分为 IO 控制器、IO 设备、IO 监控器。IO 控制器通常是运行自动化程序的控制器，IO 设备指分配给其中一个 IO 控制器的分布式现场设备（例如远程 IO、变频器），IO 监控器指用于调试和诊断的编程设备、PC 或 HMI 设备。

12.8.3　S7-1200 PLC 作 IO 控制器与 ET 200SP 通信

西门子 S7-1200 PLC 使用 PROFINET 通信时，一个作为 PROFINET IO 控制器，一个作为 PROFINET IO 设备。一个 PROFINET IO 控制器可以最多支持 16 个 PROFINET IO 设备。PROFINET 通信不使用通信指令，只需要配置好数据传输地址，就能够实现数据的交互。这里要完成的通信任务为：1 个 S7-1200 PLC 作为 IO 控制器，1 个 ET 200SP 作为 IO 设备，建立 PROFINET IO 通信。

1. 新建工程

使用 STEP7 V16 创建一个名为“1200_ET200SP_IO_Controller”的新项目。

2. 添加 S7-1200 PLC 并硬件组态

“添加新设备”组态一个型号为 CPU 1214C DC/DC/DC V4.4 的 1200 PLC 站点，命名为“PLC_1”。设置 PLC_1 的 IP 地址为 192.168.0.1，子网掩码均为 255.255.255.0。

3. 添加 ET 200SP 并硬件组态

打开"网络视图"，将右侧硬件目录窗口的"分布式 IO"→"ET 200SP"→"接口模块"→"PROFINET"→"IM 155-6 PN ST"文件夹下订货号为"6ES7 155-6AU01-0BN0"的接口模块拖拽到网络视图，生成分布式 IO 设备 ET 200SP。双击生成的 ET 200SP 站点，打开它的"设备视图"，将表 12-2 中的模块依次插入 0~6 号槽，如图 12-46 所示。

表 12-2　ET 200SP 站点信号模块

插 槽 号	型 号	订 货 号	硬 件 目 录
0	IM 155-6 PN ST	6ES7 155-6AU01-0BN0	接口模块/ PROFINET
1	CM PtP ST	6ES7 137-6AA00-0BA0	通信模块/点到点
2	DI 16×24VDC ST	6ES7 131-6BH01-0BA0	DI
3	DQ 16×24VDC/0.5A BA	6ES7 132-6BH00-0AA0	DQ
4	AI 4×U/I 2-wire ST	6ES7 134-6HD01-0BA1	AI
5	AQ 2×U/I HF	6ES7 135-6HB00-0CA1	AQ
6	服务器模块	6ES7 193-6PA00-0AA0	服务器模块

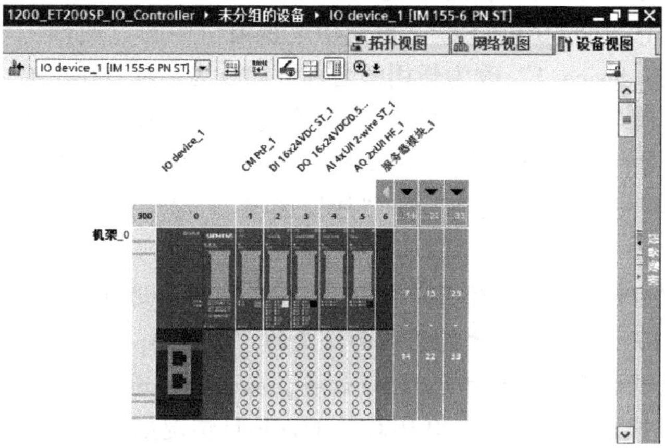

图 12-46　ET 200SP 接口模块与信号模块组态

提示：ET 200SP 分布式 I/O 系统由接口模块和信号模块组成，信号模块插在底座上，通过底座与接口模块相连。底座分白色底座（带配电端子，接电源供电）和深色底座（不带配电端子，与前面的底座连通，用白色底座的电能）。IM（Interface Module，接口模块）、PN 表示该模块支持 PROFINET 工业以太网、BA（Basic，基本型）、ST（Standard，标准型）、HF（High Feature，高性能型）。

注意：图 12-46 的硬件组态与实验室平台是一致的（见图 12-47），读者应根据自己的实际硬件情况进行组态，不可盲目照抄。这里的底座均根据实物用的是白色底座，设置方法是在插入的信号模块的"属性"→"常规"→"电位组"里选择"启用新的电位组（浅色 Base Unit)"。特别强调，组态信号模块的时候一定要非常细心，订货号千万不要选错，否则会通信失败。

4. S7-1200 PLC 与 ET 200SP 建立连接

打开"网络视图"，单击左上角的"网络"图标，选中"PLC_1"上 PROFINET 接口的绿色小方框，然后拖拽出一条线到 ET 200SP 上的 PROFINET 接口，松开鼠标，名称为"PLC_

1. PROFINET IO-System”的连接建立完成。鼠标左键选中该连接，在下方巡视窗口的“属性”→“常规”→“地址总览”中可以看到 ET 200SP 所占用的 S7-1200 PLC I/O 区域。

图 12-47 ET 200SP 硬件实物

S7-1200 PLC 作为 IO 控制器，是通过 ET 200SP 的设备名称来对 IO 设备寻址的。打开“网络视图”，选中“IM 155-6 PN ST”，再选中巡视窗口中的“属性”→“常规”→“项目信息”，将名称由“IO device_1”改为想用的名称，如改为“et 200sp st”。

为了让 S7-1200 PLC 在下载组态时能用上面修改后的 IO 设备名称覆盖已分配名称的 IO 设备中的已有名称，需要在“网络视图”中选中“PLC_1”的以太网接口，再选中巡视窗口中的“属性”→“常规”→“高级选项”→“接口选项”，勾选“允许覆盖所有已分配 IO 设备名称”复选框。

提示：*“允许 PLC 覆盖所有已分配 IO 设备名称”该选项十分关键。只有选中了该选项，在下载组态时，S7-1200 PLC 才能将前面修改的“et 200sp st”名称写入 IO 设备中，并保证 S7-1200 PLC 能通过该设备名称寻址到 IO 设备，从而保证通信的成功。*

ET 200SP 网络连接及占用 S7-1200 PLC 的 I/O 地址情况如图 12-48 所示。组态时将 IO 设备的名称已修改为“et 200sp st”。IO 设备数字量输入占用 S7-1200 PLC 的 IB2、IB3 两个字节，数字量输出占用 QB2、QB3 两个字节，对于 S7-1200 PLC 来说，与使用自带的数字量 I/O 相同。

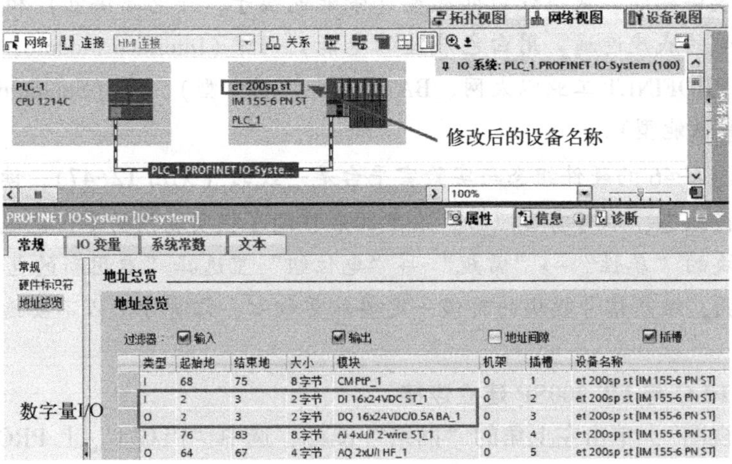

图 12-48 ET 200SP 网络连接及 I/O 地址

打开“拓扑视图”，S7-1200 PLC 的 CPU 1214C 只有一个 PROFINET 接口，而 IM 155-6 PN ST 接口模块的总线适配器 BA（Bus Adapter）带有两个 RJ45 接口，所以需要根据实物的连接情况进行网络拓扑的连接，这里 PLC 的 PN 接口与 IM 155-6 PN ST 的 1 号 RJ45 口（Port_1）相连，如图 12-49 所示。

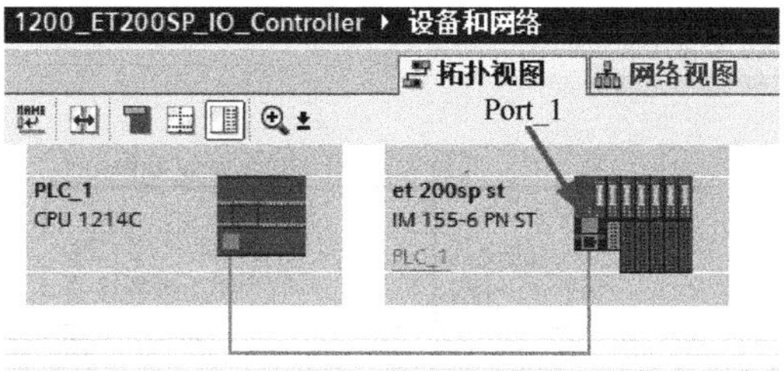

图 12-49　拓扑视图

5. 组态下载和通信调试

项目硬件和软件全部编译后下载，在 S7-1200 PLC 监控表中可以监视 DI 变量的状态，也可以给 DO 变量赋值，观察 DO 模块的输出。IB2 和 QB2 是 ET 200SP 中 DI 和 DQ 信号模块占用的 S7-1200 PLC 的地址。监控表在线监视时，将 DQ 模块的 QB2 的值修改为“2#0011_0011”，观察到 DQ 模块的面板指示灯同步变化，如图 12-50 所示。

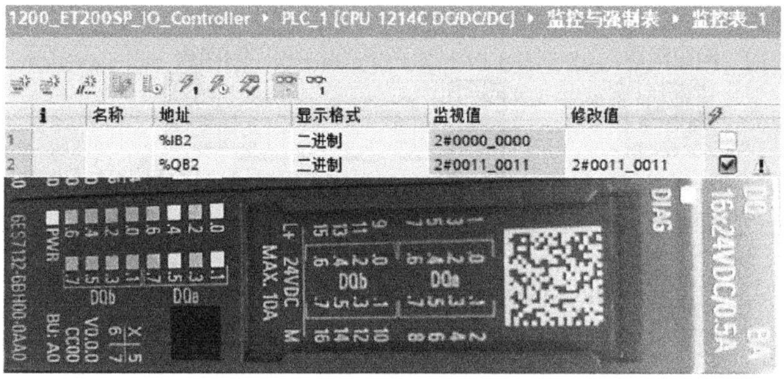

图 12-50　监控表在线监控与 DQ 模块指示灯对照

提示： PLC 的 PN 接口与 IM 155-6 PN ST 的 1 号 RJ45 口（Port_1）相连是为了通过 PG（计算机，IO 监控器）往 PLC 下载组态和在线监控的方便，可以将 PG 的网口和 IM 155-6 PN ST 的 2 号 RJ45 口（Port_2）相连，使得 PG、PLC 和 ET 200SP 通过 PROFINET 网络相互通信。当然，也可以通过增加交换机的方式实现上述功能。

12.8.4　S7-1200 PLC 与 PROFINET 智能设备通信

PROFINET 智能设备（I Device）使 CPU 不但可作为一个智能处理单元处理生产工艺的某一过程，而且可以和 IO 控制器之间交换过程数据。该 PN 设备可同时作为 IO 控制器和 IO 设备。智能设备可作为 IO 设备链接到上层 IO 控制器。图 12-51 中作为智能设备的 SIMATIC CPU/CP 不仅能处理下层分布式 I/O 数据，还能将数据传递给上层的 IO 控制器。

1. S7-1200 PLC 连接智能设备网络结构

PROFINET 智能设备的网络结构如图 12-52 所示。IO 控制器 CPU 1214C DC/DC/DC V4.4 连接 SCALANCE XC206-2 交换机和一个 IO 设备 CPU 1214C DC/DC/DC V4.4 构成一个 PROFINET IO 系统 1。IO 设备 CPU 1214C DC/DC/DC V4.4 同时作为 PROFINET IO 系统 2 的 IO 控制

器，并通过 SCALANCE XC206-2 交换机连接一台 IO 设备 ET 200SP IM155-6PN ST，IO 设备/IO 控制器 2（CPU 1214C）就是这个系统中的智能设备。

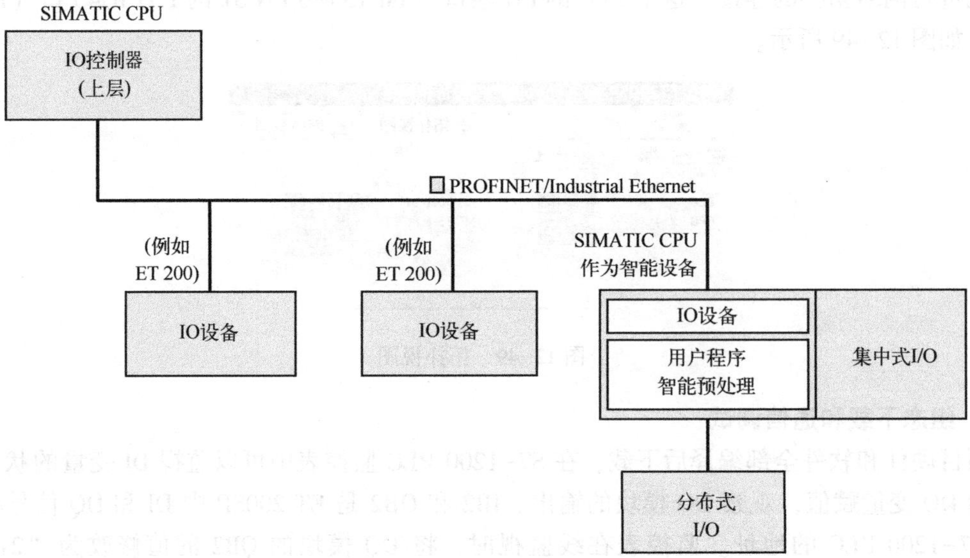

图 12-51　智能设备功能

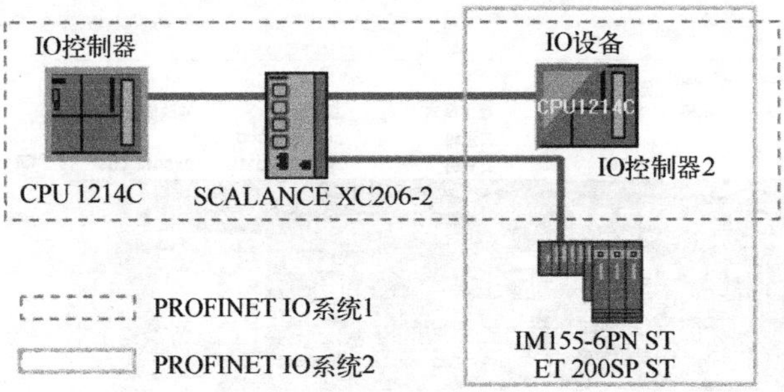

图 12-52　PROFINET 智能设备的网络结构

2. S7-1200 PLC 连接智能设备组态步骤

使用 STEP7 V16 创建一个名为“1200_I_Device”的新项目，并通过“添加新设备”组态两个型号均为 CPU 1214C DC/DC/DC V4.4 的 1200 PLC 站点，“设备名称”分别命名为“IO 控制器”和“智能设备”。

打开“网络视图”，将右侧硬件目录窗口的“分布式 IO”→“ET 200SP”→“接口模块”→“PROFINET”→“IM 155-6 PN ST”文件夹下订货号为“6ES7 155-6AU01-0BN0”的接口模块拖拽到网络视图，生成分布式 IO 设备 ET 200SP。双击生成的 ET 200SP 站点，打开它的“设备视图”，将表 12-2 中的模块依次插入 0~6 号槽。

打开“网络视图”，将右侧硬件目录窗口的“网络组件”→“工业以太网交换机”→“SCALANCE-200 网管型”→“SCALANCE XC-200”→“SCALANCE XC206”文件夹下订货号为“6GK5 206-2BB00-2AC2”的交换机拖拽到网络视图。

打开“网络视图”，单击左上角的“网络”图标，选中“智能设备”上 PROFINET 接口的绿色小方框，然后拖拽出一条线到 ET 200SP 上的 PROFINET 接口，松开鼠标，名称为“智能设备 . PROFINET IO-System”的连接建立完成。鼠标左键选中该连接，在下方巡视窗口的“属性”→“常规”→“地址总览”中可以看到 ET 200SP 所占用的“智能设备”的 I/O 区域，参看图 12-48。

提示： 带有 PROFINET IO-System 的网络连接实时性很高，传输数据量不大。而带有 PN/IE 的网络连接实际中用的比较多，可以做 S7、TCP、Modbus TCP、ISO-on-TCP、UDP 等通信，实时性不高，但数据包可以很大，可以传输大数据。

“智能设备”是通过 ET 200SP 的设备名称来对 IO 设备寻址的。打开“网络视图”，选中“IM 155-6 PN ST”，再选中巡视窗口中的“属性”→“常规”→“项目信息”，将名称由“IO device_1”改为想用的名称，如改为“et 200sp st”。

为了让“智能设备”在下载组态时能用上面修改后的 IO 设备名称覆盖已分配名称的 IO 设备中的已有名称，需要在“网络视图”中选中“智能设备”的以太网接口，再选中巡视窗口中的“属性”→“常规”→“高级选项”→“接口选项”，勾选“允许覆盖所有已分配 IO 设备名称”复选框。

由于“智能设备”除了作为 ET 200SP 的 IO 控制器，也作为“IO 控制器”的 IO 设备。在“网络视图”中选中“智能设备”的以太网接口，在巡视窗口的“属性”→“常规”→“操作模式”中勾选“IO 设备”，并在下面的“已分配的 IO 控制器”列表框中选择“IO 控制器 . PROFINET 接口_1”，完成为“智能设备”分配控制器的工作。

提示： 操作过程中如果出现“子网修改”提示对话框，默认选择“使用子网的下一个空闲地址进行修改”，单击“确定”即可。

为了将交换机接入网络连接中，在“网络视图”中选中“Switch_1”的以太网接口，在巡视窗口的“属性”→“常规”→“操作模式”中的“已分配的 IO 控制器”列表框中选择“IO 控制器 . PROFINET 接口_1”。最终的“网络视图”如图 12-53 所示。

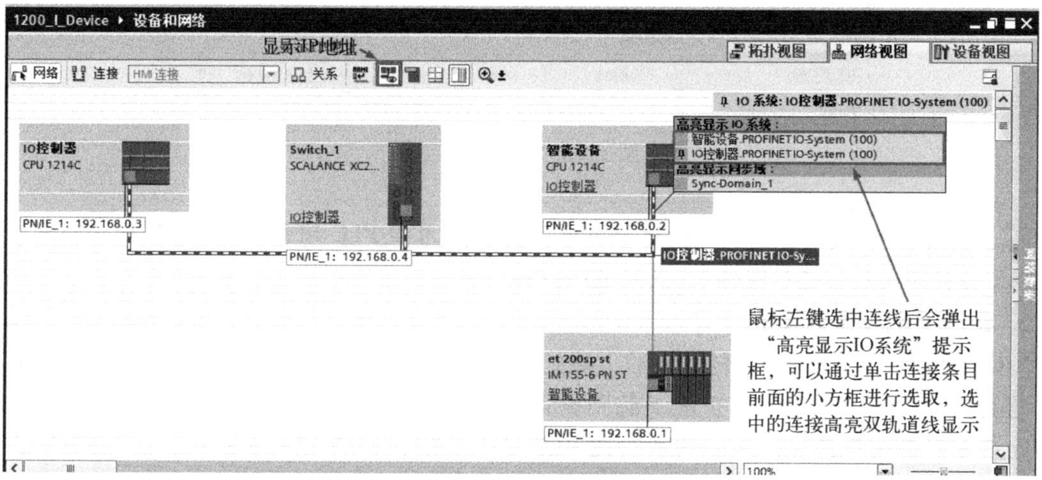

图 12-53　网络视图

提示： 交换机 SCALANCE XC206 带处理器，不是普通的交换机，这里也是作为“IO 控制器”的智能设备。

网络视图组态好之后，还要根据实际网口连接情况组态“拓扑视图”。打开“拓扑视图”，将“IO 控制器”的 PN 网口连接到交换机的 1 号口（P1），“智能设备”的 PN 网口连接到交换机的 2 号口（P2），而 IM 155-6 PN ST 接口模块的总线适配器 BA 带有两个 RJ45 接口，这里根据实际情况将 IM 155-6 PN ST 的 1 号 RJ45 口（Port_1）与交换机的 3 号口（P3）相连。

拓扑视图如图 12-54 所示。

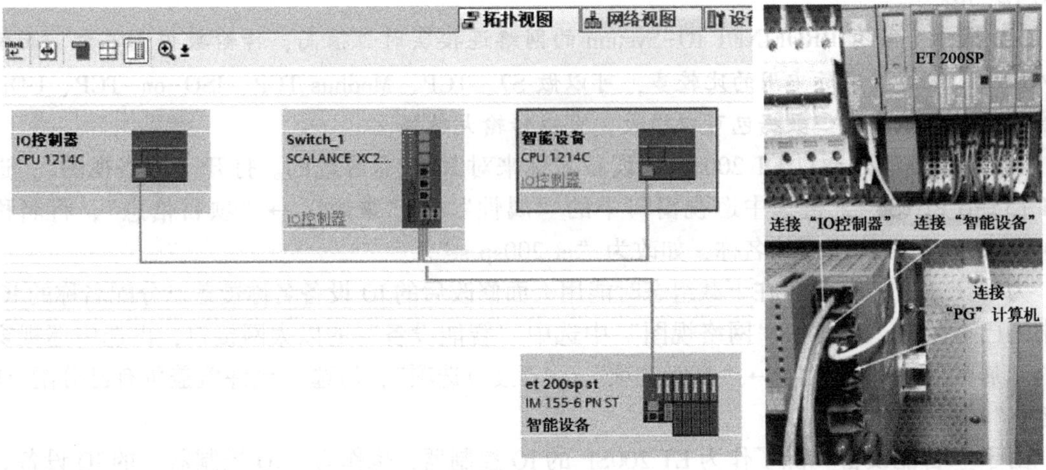

图 12-54 拓扑视图与实物对应

提示：“PG” 计算机可以连接到交换机的 4 号口（P4），这不需要组态，为下一步的下载和调试提供方便。

在“网络视图”中选中“智能设备”的以太网接口，在巡视窗口的“属性”→“常规”→“操作模式”→“智能设备通信”的“传输区域”中定义“智能设备”与“IO 控制器”通信的数据区域。如图 12-55 所示，将“IO 控制器”的 QB2 传送给“智能设备”的 IB4。

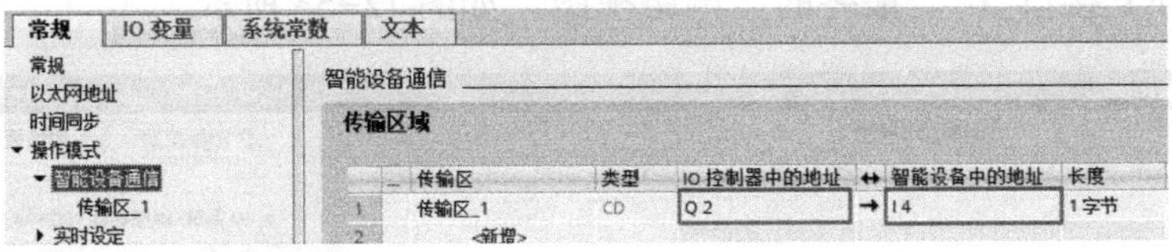

图 12-55 传输区定义

注意：传输区 I 和 Q 的起始地址避开了已经占用的 PLC 硬件 IO 点（包括分布式 IO 占用的）。它实际代表的是非硬件 IO 点的 IO 缓存。

3. 组态下载和通信调试

“IO 控制器”的硬件和软件编译后下载到对应的 IO 控制器 PLC 中，为了在下载时对 2 个 PLC 进行区分，可通过勾选“扩展下载到设备”窗口的“闪烁 LED”复选框，观察所选 PLC 面板上指示灯的闪烁情况，从而判断所选 PLC 是否正确，如图 12-56 所示。用相同的方法将“智能设备”的硬件和软件编译后下载到对应的 IO 设备 PLC 中。

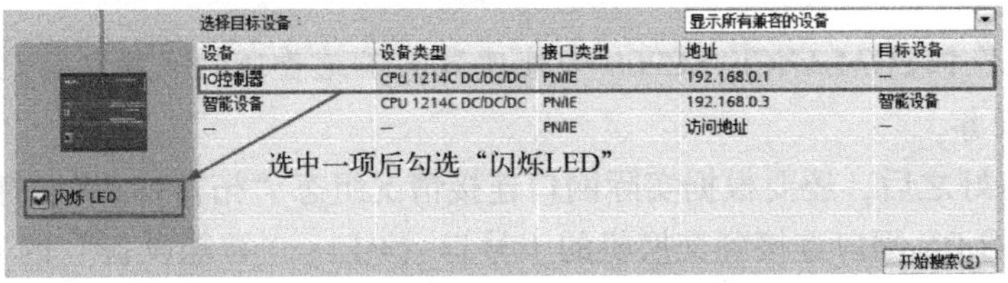

图 12-56 下载界面

系统结构建立后，PROFINET IO 控制器 S7-1200、智能设备 S7-1200、PROFINENT IO 设备 IM155-6PN 之间可以进行数据交换。将 IO 控制器 PLC 和智能设备 PLC “转至在线”，进行通信的调试。通过 IO 控制器 S7-1200 的监控表对其变量 QB2 赋值为 1，如图 12-57 所示。

在传输区配置中，PROFINET IO 控制器 S7-1200 的 QB2 对应 PROFINET 智能设备 S7-1200 的 IB4，所以智能设备 S7-1200 的 IB4 的值应为 1，如图 12-58 所示。

图 12-57　PROFINET IO 控制器的变量赋值

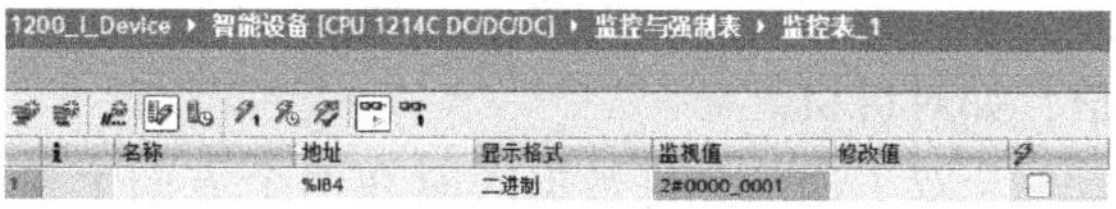

图 12-58　PROFINET 智能设备的变量监控

同时智能设备 S7-1200 作为 IM155-6PN 的控制器，也可以与 IM155-6PN 进行数据交换，例如当 IM155-6PN 的数字量输入点有信号输入时，智能设备 S7-1200 的输入变量会采集到该信号。

12.9　串行通信简介

12.9.1　并行通信与串行通信

数据传输的两种方式为并行和串行。并行通信传输中，一组数据的各数据位在多条线上同时被传输，以字或字节为单位并行进行。并行通信使用的通信线路多、成本高，另外由于线路长度增加时，干扰增加，数据也容易出错，所以并行方式不适宜远距离通信，工业上很少使用。串行通信使用一条数据线，将数据一位接一位地按顺序依次传输，每一位数据占据一个固定的时间长度，只需要较少的通信线路就可以在系统间交换信息，特别适用于计算机与计算机、计算机与外设之间的远距离通信，工业上广泛使用。

12.9.2　同步通信与异步通信

串行通信一般又分为同步通信和异步通信。同步通信收发设备需要使用一根同步时钟信号线，在时钟信号的驱动下双方进行协调，同步数据。例如，通信中双方通常会统一规定在时钟信号的上升沿（或下降沿）对数据线进行采样。异步通信则不需要同步时钟信号，而是采用字符同步的方式，字符帧格式如图 12-59 所示。

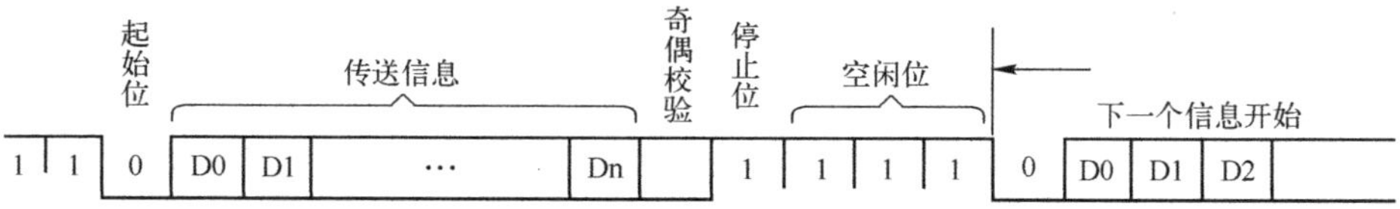

图 12-59　异步通信的字符帧格式

发送的字符由 1 个低电平起始位、7 或 8 个传送信息数据位、1 个奇偶校验位（可以没有）、1 或 2 个停止位组成。通信双方需要对采用的字符帧格式和数据的传输速率做相同的约定。异步通信传送的附加位（非有效传送信息）较多，传输效率低，但随着通信速率的提高，可以满足控制系统通信的要求。S7-1200 PLC 采用异步通信方式。

提示：串行通信中，波特率指的是数据传输速率，即每秒传送的二进制位数，其符号为 bit/s 或 bps。

12.9.3 单工、半双工与全双工通信

单工通信只支持数据在一个方向上传输，不能实现双向通信，例如电视、广播。

半双工通信允许数据在两个方向上传输，但同一时刻只允许数据在一个方向上传输，它实际上是一种切换方向的单工通信。在同一时间只可以有一方接收或发送信息，可以实现双向通信，如对讲机。

全双工通信允许数据同时在两个方向上传输，因此全双工通信是两个单工通信方式的结合。在同一时间可以同时接收和发送信息，实现双向通信，如电话通信。

单工、半双工和双工示意图如图 12-60 所示。

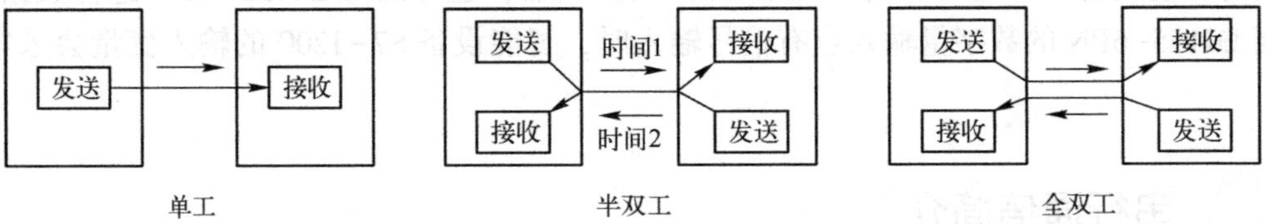

图 12-60　单工、半双工和双工示意图

12.9.4 串行通信的接口标准

1. RS232C

RS232C 是美国电子工业联盟（EIA）1969 年公布的串行数据通信的接口标准，现在已基本上被 USB 取代。C 代表最新一次修改。RS232C 接口信号线的电压均为负逻辑，逻辑“1”为-15～-3 V；逻辑“0”为 3～15 V，即要求接收器能识别高于 3 V 的信号作为逻辑“0”，低于-3 V 的信号作为逻辑“1”。TTL 电平 5 V 为逻辑“1”，0 V 为逻辑“0”。RS232C 与 TTL 电平不兼容，故需使用电平转换电路方能与 TTL 电路连接。RS232C 传输速率较低，在异步传输时，最高传输速率为 20 kbit/s。接口使用共地的传输形式，这种共地传输容易产生共模干扰，所以抗噪声干扰性弱，如图 12-61 所示。RS232C 传输距离有限，最大传输距离为 15 m。

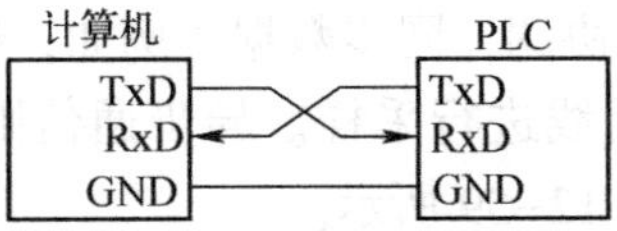

图 12-61　RS232 通信接线

2. RS422A

RS422A 采用平衡驱动、差分接收电路，利用两根导线之间的电位差传输信号。这两根导线称为 A 线和 B 线。当 B 线的电压比 A 线高时，一般认为传输的是数字“1”；反之认为传输的是数字“0”。因为接收器是差分输入，两根线上的共模干扰信号互相抵消。与 RS232 相比，RS422A 的通信速率和传输距离有了很大的提高。在最大传输速率为 10 Mbit/s 时，允许的最大传输距离为 12 m。传输速率为 100 kbit/s 时，最大传输距离为 1200 m，一台驱动器可以连接 10 台接收器。RS422A 是全双工通信，用 4 根导线传输数据，两对平衡差分信号线分别用于发送和接收（见图 12-62）。

3. RS485

RS485 是 RS422A 的变形，为半双工通信，对外只有一对平衡差分信号线，不能同时发送和接收信号（见图 12-63）。使用 RS485 通信接口和双绞线可以组成串行通信网络，构成分布式系统，总线上最多可以有 32 个站。

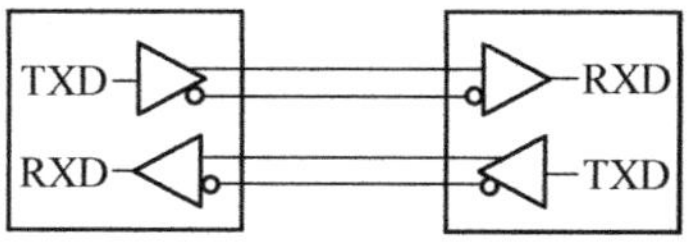

图 12-62　RS422A 通信接线

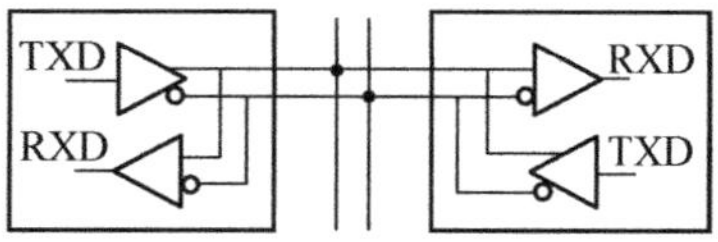

图 12-63　RS485 通信接线

注意： 以上介绍的 3 种串行通信接口标准是介质（物理层），不要与通信协议混为一谈。例如打电话，电话是物理层，通话的人之间说的语言就是协议。同一个物理层可以传输不同的协议，就像电话两边的人可以用各种语言（协议）沟通。RS485 通信就好比是电话，是物理层，可传输 Modbus 协议、PROFIBUS 协议和自由口协议（无标准，用户自己规定的协议）等。

12.10 点对点通信

12.10.1 点对点通信概述

S7-1200 PLC 支持使用自由口协议的点对点通信。点对点通信具有很大的自由度和灵活性，可以将信息直接发送给外部设备并接收外部设备的信息。S7-1200 PLC 自由口协议的点对点通信实质是串口通信，通过外插模块可实现 232/422/485 通信，如 CM 1241 通信模块和 CB 1241 通信板。S7-1200 PLC 需要先进行硬件配置，再进行软件程序设计。

案例：CPU 1215C 的 CB 1241 通信板发送十六进制数据“01 02 03 04 05”至上位机（PC），上位机返回十六进制“01 03 05”至 CPU 1215C 的 CB 1241 通信板，通过监控查看数据正确性，以验证程序执行情况。

12.10.2 S7-1200 PLC 点对点通信

1. 新建工程

使用 STEP7 V16 创建一个名为“1200_PTP_RS485”的新项目。

2. 添加 S7-1200 PLC 并硬件组态

“添加新设备”组态 1 个型号为 CPU 1215C DC/DC/DC V4.4 的 1200 PLC 站点，命名为“PLC_1”。

3. 添加 CB 1241（RS485）通信板并硬件组态

打开“设备视图”，将右侧硬件目录窗口的文件夹“\通信板\点到点\”中的 RS485 通信板 CB 1241 拖放到 CPU 中间的通信板预留位置。选中该通信板后，单击下面的巡视窗口的“属性”→“常规”→“IO-Link”，在右侧窗口中设置通信参数，如图 12-64 所示，波特率为 9.6 kbit/s，无校验，8 位数据位，1 位停止位，等待时间可自行根据情况设定，等待时间越长，收发耗时也越长，时间太短，导致通信不稳定或收到错误数据。

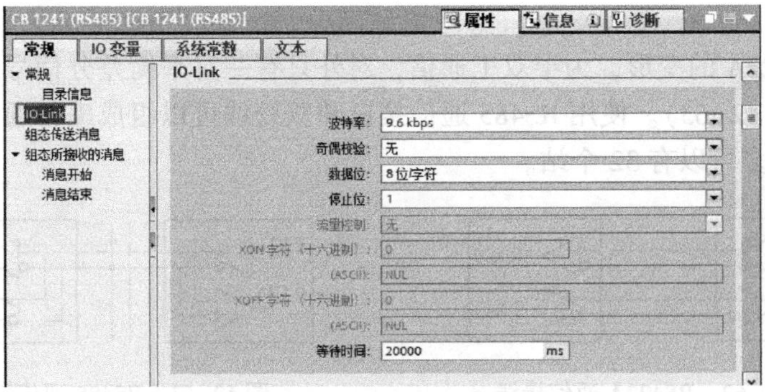

图 12-64 串行通信参数设置

4. 新建 DB

新建两个全局数据块 DB1 和 DB2。DB1 存放发送数据，DB2 存放接收数据。DB 均设置为非优化的块访问，这样设置可以避免系统对存储空间进行优化配置，致使无法进行指针访问。取消优化的块访问后，存储空间为连续空间，通过指针偏移访问、存放数据。DB1 开辟名称为 send 的 5 个字节的数组 Array[0..4] of Byte 空间，用于存放发送数据。DB2 开辟名称为 rec 的 3 个字节的数组 Array[0..2] of Byte 空间，用于存放接收数据。

打开 DB1，对发送数据 send[0]~send[4]赋十六进制起始值“01 02 03 04 05”，以设置发送内容。分别对 DB1 和 DB2 进行编译，编译后 DB 中显示出偏移量。

5. 编写主程序

打开 OB1，将右侧指令窗口的“通信”选项板的文件夹“\通信处理器\点到点\”中的 SEND_PTP 和 RCV_PTP 指令拖入梯形图中。自动生成它们的背景数据块 DB3 和 DB4。OB1 轮询程序如图 12-65 所示。

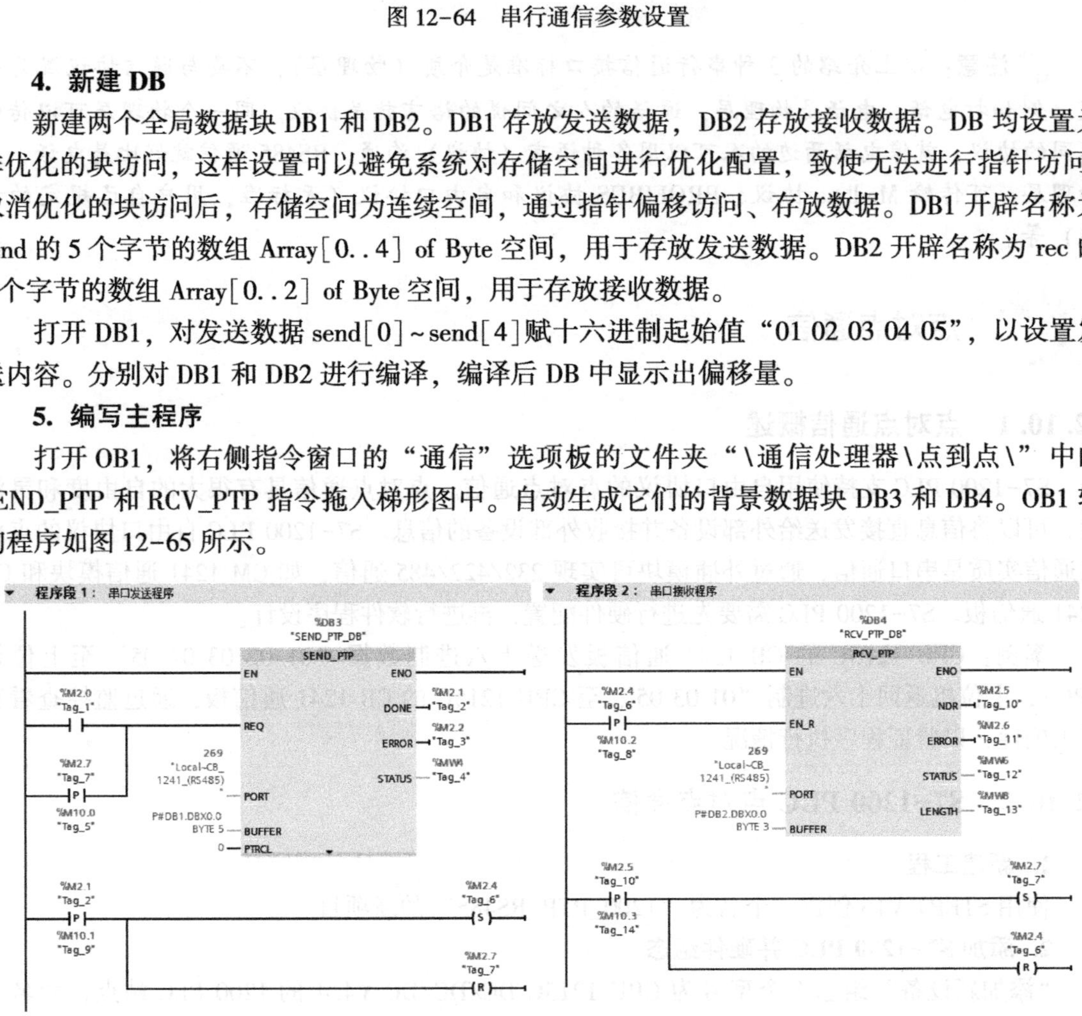

图 12-65 OB1 中的串行收发程序

PORT 是通信端口的硬件标识符，输入该参数时两次单击地址域的<???>，再单击出现的图标，选中列表中的“Local~CB_1241_(RS485)”，其值为 269。

BUFFER 是指向发送缓冲区起始地址的指针，这个指针指向缓冲区的第一个数据。REQ（首次由 M2.0 启动发送）为上升沿触发串口发送程序 SEND_PTP，将 DB1 数组中的 5 个数据发送后，引脚 DONE（M2.1）为 1 状态，表示发送完成，将 M2.4 置位、M2.7 复位。用 M2.4 上升沿检测触点作为 RCV_PTP 的上升沿启用接收信号 EN_R 的实参，M2.4 的上升沿触发接收程序 RCV_PTP，接收函数接收后 NDR（M2.5）输出 1，表示已接收到新数据。M2.5 的上升沿将 M2.7 置位（重新启动发送过程）、M2.4 复位。

6. 点对点通信调试

CB1241-RS485 没有使用标准的 9 针串口，而是使用接线端子（编号：X20），X20 与 9 针 RS485 接口的比较见表 12-3。

表 12-3　X20 与 9 针 RS485 接口比较

针	9 针 connector	X20
1	RS485/Logic GND	
2	RS485/Not Used	
3	RS485/TxD+	T/RB
4	RS485/RTS	RTS
5	RS485/ Logic GND	
6	RS485/5 V Power	
7	RS485/ Not Used	
8	RS485/TxD-	T/RA
9	RS485/ Not Used	
Shell		M

表 12-3 里没有写 TA 和 TB，因为在 RS485 中没有这两个针脚，X20 各端子含义如下。

M：屏蔽接地；TA：连接终端电阻；T/RA：A（发送/接收）；T/RB：B（发送/接收）；TB：连接终端电阻；RTS：请求发送。

CB1241 内部有终端电阻，可以通过接线实现终端电阻的 ON 和 OFF 状态。当需要打开终端电阻时，把 T/RA 连接到 TA、T/RB 连接到 TB，如图 12-66 中①所示。当不需要使用终端电阻时，不连接 TA 和 TB 即可。

提示： *终端电阻的作用是为了匹配通信线的特性阻抗，防止信号反射，提高信号质量。本案例由于通信速度低、距离近，所以可以不加终端电阻。*

本案例的调试采用 CPU 1215C 的 CB 1241 通信板与 PC 上安装的串口助手联合调试的方式进行。硬件接线示意图如图 12-66 所示。

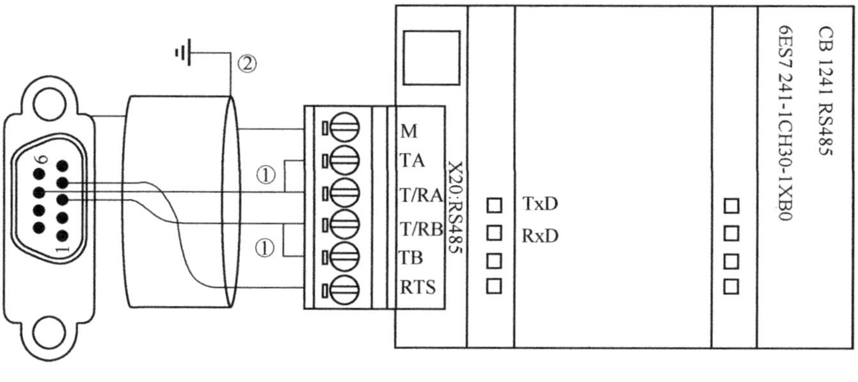

图 12-66　CB1241-RS485 通信板与通信伙伴接线图

提示： 由于现在的计算机已取消 9 针串口，基本上都是 USB 接口，所以为了方便本案例的调试，计算机端采用 USB 转 RS485 转换器实现，如图 12-67 所示。

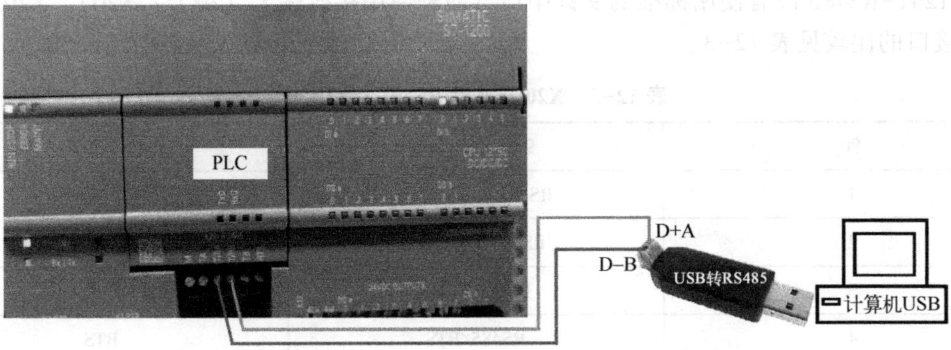

图 12-67　本案例实际接线图

注意： CB 1241-RS485 通信板的 T/RB 接 USB 转 RS485 转换器的 D+A，CB 1241-RS485 通信板的 T/RA 接 USB 转 RS485 转换器的 D-B。这一点尤其要引起注意，一定不要接反。

硬件接线完成后，将“1200_PTP_RS485”项目的硬件和软件编译后下载到 PLC 中。

send[0]~send[4]设置为“16#01 16#02 16#03 16#04 16#05”。可以看到通过串口助手接收区接收到数据“16#01 16#02 16#03 16#04 16#05”。在串口助手发送区发送“16#01 16#03 16#05”，可以在 PLC 1200 的 DB2 中看到所接收的数据“16#01 16#03 16#05”。自由口协议的 RS485 接口的点对点通信收发成功，如图 12-68 所示。

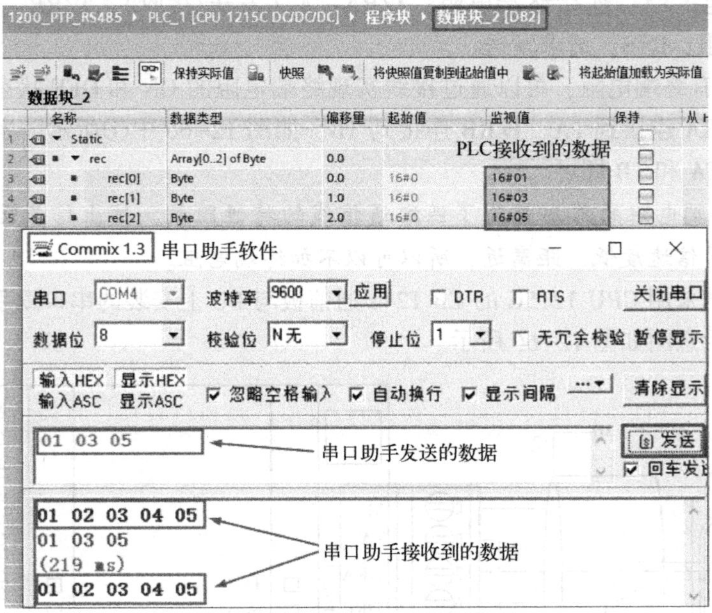

图 12-68　串口助手软件调试界面

注意： 串口助手版本有很多，使用时注意串口号一定要与计算机的“计算机管理”→“设备管理器”→“端口（COM 和 LPT）”中查询到的 COM 口编号一致。波特率、数据位、校验位、停止位参数的设置一定要与 PLC 一致。

12.11 Modbus RTU 通信协议

12.11.1　S7-1200 PLC Modbus RTU 通信概述

Modbus 通信协议是 Modicon 公司提出的一种报文传输协议，Modbus 协议在工业控制中得到了广泛的应用，它已经成为一种通用的工业标准，许多工控产品都有 Modbus 通信功能。根据传输网络类型的不同，Modbus 分为串行链路上的 Modbus 和基于 TCP/IP 的 Modbus（见 12.5 节）。

Modbus 串行链路协议是一种单主站的主从通信模式，采用请求-响应方式。Modbus 网络上只能有一个主站存在，主站在 Modbus 网络上没有地址，每个从站必须有唯一的地址，从站的地址范围为 0~247，其中 0 为广播地址，从站的实际地址范围为 1~247。主站发送带有从站地址的请求帧，具有该地址的从站接收后发送响应帧进行应答。从站没有收到来自主站的请求时不会发送数据，从站之间也不会互相通信。

Modbus 串行链路协议具有两种串行传输模式：ASCII 和 RTU，S7-1200 PLC 采用 RTU 模式，S7-1200 PLC 以下模块支持 Modbus RTU 通信：CM1241 RS232、CM1241 RS422/485 和 CB 1241 RS485。

注意：西门子不提供 Modbus ASCII 通信模式的指令，需用户自己用自由口编程。

12.11.2　S7-1200 PLC 作为 Modbus RTU 主站通信

本案例以 S7-1200 PLC 作为 Modbus RTU 主站，以 ModSim（该软件是第三方软件，可以从网络下载）作为 Modbus RTU 从站，完成以下通信任务：

1）将 Modbus RTU 从站 ModSim 中 Modbus 地址从 40001 开始的 5 个字中的数据，分别读取到 Modbus RTU 主站 CPU 1215C 中地址从 DB3. DBW0 开始的 5 个字中。

2）将 Modbus RTU 主站 CPU 1215C 中地址从 DB4. DBW0 开始的 5 个字中的数据写入从站 ModSim 中 Modbus 地址从 40006 开始的 5 个字中。

1. 新建工程

使用 STEP7 V16 创建一个名为“1200_Modbus_RTU”的新项目。

2. 添加 S7-1200 PLC 并硬件组态

“添加新设备”组态 1 个型号为 CPU 1215C DC/DC/DC V4.4 的 1200 PLC 站点，命名为“PLC_1”。在 CPU“属性”→“常规”→“系统和时钟存储器”中使能系统存储器位，即勾选“启用系统存储器字节”选项，以方便后续程序编写。

3. 添加 CB 1241（RS485）通信板并硬件组态

打开“设备视图”，将硬件目录文件夹“\通信板\点到点\”中的 RS485 通信板 CB 1241 拖放到 CPU 中间。选中通信板“属性”→“常规”→“IO-Link”，设置通信参数：波特率为 9.6 kbit/s，无校验，8 位数据位，1 位停止位，等待时间可自行根据情况设定，见图 12-64。

4. 新建 DB

新建两个全局数据块 DB3 和 DB4。DB3 存放接收数据，DB4 存放发送数据。数据块均设置为非优化的块访问。DB3（名称为 rec）和 DB4（名称为 send）均开辟 5 个字元素的数组 Array[0..4] of Word 空间，分别用于存放接收和发送数据。

打开 DB4，对发送数据 send[0]~send[4]赋十六进制起始值“01 02 03 04 05”，以设置发送内容。分别对 DB3 和 DB4 进行编译，编译后 DB 中显示出偏移量。

5. Modbus RTU 主站编程

Modbus RTU 主站编程需要调用 Modbus_Comm_Load 指令和 Modbus_Master 指令，其中 Modbus_Comm_Load 指令通过 Modbus RTU 协议对通信模块进行组态，Modbus_Master 指令用于 Modbus 主站与指定的从站进行通信，主站可以访问一个或多个 Modbus 从站设备的数据。打开 OB1，将右侧指令窗口的“通信”选项板的文件夹“\通信处理器\MODBUS(RTU)\”中的 Modbus_Comm_Load 和 Modbus_Master 指令拖入梯形图中。自动生成它们的背景数据块 Modbus_Comm_Load_DB（DB1）和 Modbus_Master_DB（DB2）。程序如图 12-69 和图 12-70 所示。

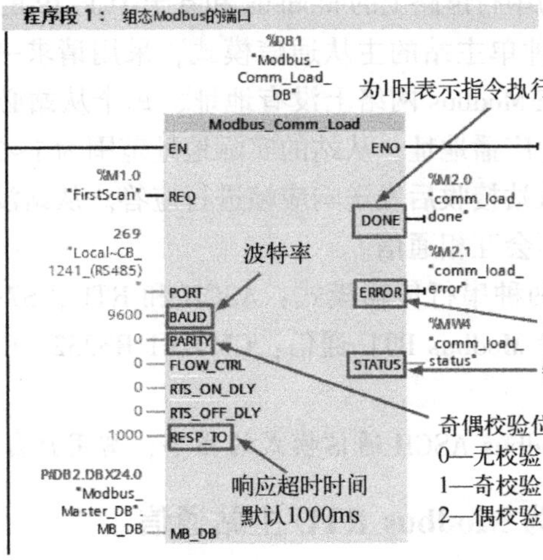

图 12-69 OB1 中的 Modbus_Comm_Load 指令

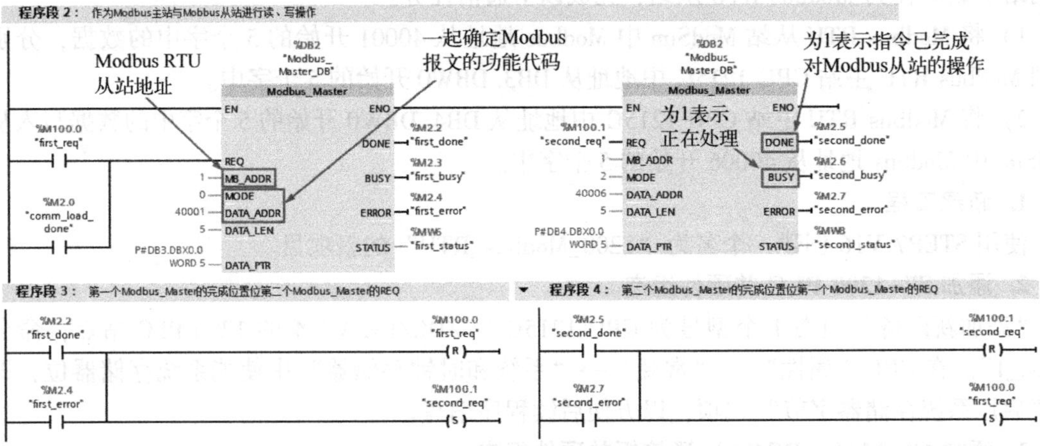

图 12-70 OB1 中的 Modbus_Master 指令

Modbus_Comm_Load 指令在 OB1 中调用时，其输入位 REQ 需使用上升沿触发，本例中该输入位采用 FirstScan 系统存储器位。

Modbus_Comm_Load 指令背景数据块中的静态变量 MODE 默认值为 0（RS232 全双工模式），本例中 CB 1241（RS485）通信板工作在 RS485 半双工模式，将该值改为 4。

Modbus_Comm_Load 指令的 PORT 是通信端口的硬件标识符，两次单击地址域的<???>，再单击出现的图标，选中列表中的“Local~CB_1241_(RS485)”，其值为 269。

Modbus_Comm_Load 指令的 MB_DB 参数必须连接到 Modbus_Master 指令在创建时生成的背景数据块（本例为 DB2）中的“MB_DB”静态变量上。

当 Modbus RTU 网络中存在多个 Modbus RTU 从站或一个 Modbus RTU 从站同时需要读操作和写操作，则需要调用多个 Modbus_Master 指令，Modbus_Master 指令之间需要采用轮询方式调用。

本例在 OB1 中两次调用 Modbus_Master 指令，读取 1 号从站中 Modbus 地址从 40001 开始的 5 个字中的数据，保存到主站的 DB3 中；将主站 DB4 中 5 个字的数据写入从站的 Modbus 地址从 40006 开始的 5 个字中。

Modbus_Master 指令的 MODE 参数用于选择 Modbus 功能的类型（见表 12-4）。

表 12-4　Modbus_Master 指令的 MODE 参数对应的 Modbus 部分功能表

	Modbus 地址参数（DATA_ADDR）	操　作	Modbus 数据长度参数（DATA_LEN）	Modbus 功能（十进制）
MODE=0（模式 0）				
读取	00001~09999	读取输出位（线圈状态）	1~2000 个位	01
	10001~19999	读取输入位	1~2000 个位	02
	40001~49999	读取保持寄存器	1~125 个字	03
	30001~39999	读取输入寄存器	1~125 个字	04
MODE=1（模式 1）				
写入	00001~09999	写入 1 个输出位（单线圈）	1（单个位）	05
	40001~49999	写入 1 个保持寄存器	1（单个字）	06
	00001~09999	写入多个输出位（多线圈）	2~1968 个位	15
	40001~49999	写入多个保持寄存器	2~123 个字	16
MODE=2（模式 2）				
有些 Modbus 从站不支持使用 Modbus 功能 05 或 06 写入单个位或字。在这样的情况下，可通过模式 2 强制使用 Modbus 功能 15 或 16 写入单个位或字				
写入	00001~09999	写入 1 个或多个输出位	1~1968 个位	15
	40001~49999	写入 1 个或多个保持寄存器	1~123 个字	16

注意：用于同一个 Modbus 端口的所有 Modbus_Master 指令，都必须使用同一个 Modbus_Master 背景数据块，本案例为 DB2。

6. Modbus RTU 通信调试

本案例的调试采用 CPU 1215C 的 CB 1241 通信板与 PC 上安装的 ModSim 软件联合调试的方式进行。硬件接线图如图 12-67 所示。

硬件接线完成后，将“1200_Modbus_RTU”项目的硬件和软件编译后下载到 PLC 中。

在打开的 ModSim 软件中建立连接，并设置 RTU 模式的参数：波特率 Baud=9600，数据位 Data=8，停止位 Stop=1，校验 Parity=NONE，如图 12-71 所示。

选择 ModSim 软件菜单“File”→“New”打开 ModSim 通信界面，设置 Modbus RTU 从站的地址 Device Id=1，开始地址 Address=0001，数据长度 Length=10，Modbus 操作保持寄存器（HOLDING REGISTER）。依次双击 Modbus 地址 40001 ~ 40005 的数据区，出现“Write Register”对话框，在此写入固定数据值（或生成随机数据值）。

DB4 的 send[0]~send[4] 设置为“16#01 16#02 16#03 16#04 16#05”。通过在线监视，Modbus RTU 主站 CPU 1215C 将 Modbus RTU 从站 ModSim 中 Modbus 地址从 40001 开始的 5 个字中的数据分别读取到 DB3 地址从 DB3. DBW0 开始的 5 个字中。Modbus RTU 主站 CPU 1215C

中地址从 DB4. DBW0 开始的 5 个字中的数据写入从站 ModSim 中 Modbus 地址从 40006 开始的 5 个字中。调试结果，如图 12-72 所示。

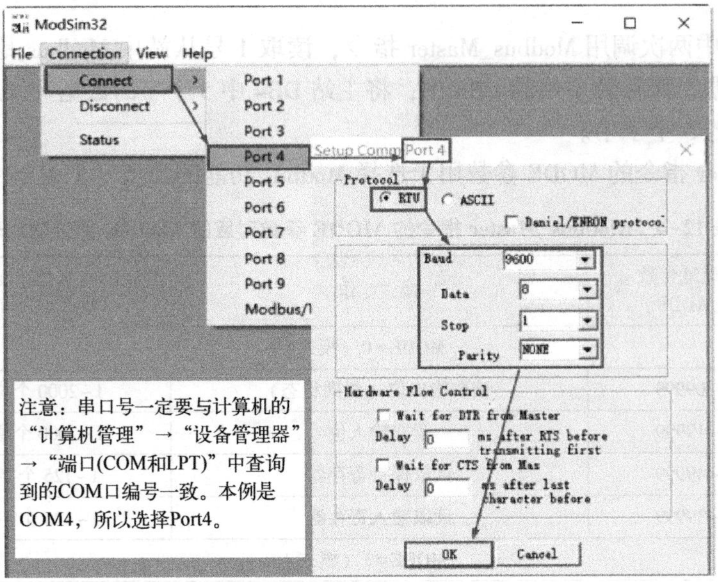

图 12-71 建立 ModSim 连接

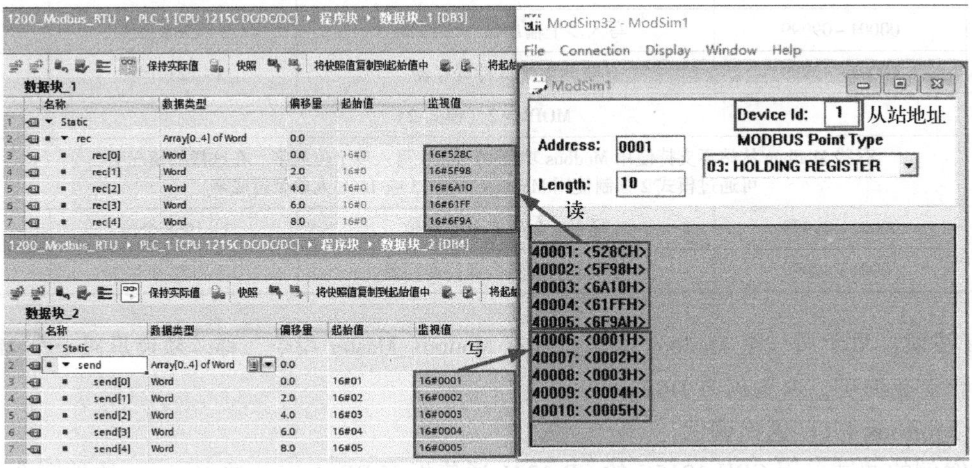

图 12-72 Modbus RTU 调试结果

习 题

12-1 一个 Modbus 网络上可以有多少个主站进行通信？(　　)

A. 2　　B. 1　　C. 由用户设置　　D. 127

12-2 已经使用了 12 个 HMI 连接、2 个 OUC、6 个 PUT/GET 连接，最多可以组态多少 Modbus TCP 连接？(　　)

A. 12　　B. 8　　C. 16　　D. 10

12-3 Modbus RTU 通信模式的消息以哪个标记开始？(　　)

A. 无开始字符　　B. 分号　　C. 冒号　　D. CR

12-4　Modbus ASCII 通信模式的消息以哪个标记开始？（　　）

A. 句号　B. 分号　C. 冒号　D. 逗号

12-5　S7-1200 PLC 串口通信模块 CM 1241 RS232 支持的通信距离最远是多少？（　　）

A. 10 m　B. 5 m　C. 100 m　D. 1000 m

12-6　S7-1200 PLC 串口通信模块 CM 1241 RS422/485 支持的通信距离最远是多少？（　　）

A. 10 m　B. 5 m　C. 100 m　D. 1000 m

12-7　Modbus RTU 通信模式采用哪种检验方式？（　　）

A. BCC　B. CRC　C. MD5　D. LRC

12-8　S7-1200 V4.2 CPU 最多可以组态多少个 S7 连接？（　　）

A. 6　B. 8　C. 14　D. 12

12-9　PUT/GET 指令输出参数 STATUS 为 16#0002 错误原因最可能是什么？（　　）

A. S7 连接未建立

B. 伙伴 CPU 未使能允许 PUT/GET 访问

C. SD_x/RD_x 参数与 ADDR_x 参数数据长度不一致

D. SD_x/RD_x 参数与 ADDR_x 参数数据类型不一致

12-10　S7-1200 PLC V4.2 CPU 最多可以组态多少个 UDP 连接？（　　）

A. 6　B. 8　C. 8+6　D. 12

12-11　S7-1200 PLC V4.2 CPU 可以最多连接多少个 PROFINET IO 设备？（　　）

A. 16　B. 8　C. 128　D. 32

12-12　S7-1200 PLC 串口通信模块 CM 1241 RS422/485 使用 RS422 接口通信时，总线上支持最多的节点数量是多少？（　　）

A. 1　B. 32　C. 5　D. 10

12-13　S7-1200 PLC 串口通信模块 CM 1241 RS232 不支持哪个协议？（　　）

A. Modbus RTU　B. USS　C. 3964（R）　D. 自由口

12-14　Modbus 主站在网络上的站地址是多少？（　　）

A. 1　B. 由用户设置　C. 0　D. 没有地址

12-15　S7-1200 PLC TCP 通信的最大数据长度是多少？（　　）

A. 1460 字节　B. 1472 字节　C. 1024 字节　D. 8192 字节

12-16　TCON 指令的 CONNECT 数据类型为下面哪种？（　　）

A. TADDR_Param　B. TCON_IP_v4　C. Any　D. UDINT

12-17　S7-1200 PLC CPU 未正确识别到串口通信模块 CM 1241 时，CM 1241 的 DIAG 指示灯是什么状态？（　　）

A. 绿色常亮　B. 红色闪烁　C. 绿色闪烁　D. 红色常亮

12-18　一个 PLC 已经和 14 个其他 PLC 建立了 S7 通信，是否还可以建立 14 个 TCP 通信？

12-19　Modbus RTU 通信程序编写：两台 S7-1200 PLC 进行 Modbus RTU 通信，一台作为主站，一台作为从站。主站读取从站的 DB20.DBW0～DB20.DBW4 的数据，并存放到主站的 DB10.DBW0～DB10.DBW4；主站将 DB10.DBX10.0～DB10.DBX10.4 的数据写到从站的 Q0.0～Q0.4 中。

12-20　自由口通信程序编写：两台 S7-1200 PLC 进行自由口通信，一台作为发送端，一台作为接收端。发送端将 DB10.DBW0～DB10.DBW4 中的数据发送到接收端的 DB20.DBW0～DB20.DBW4 中。

12-21 PROFINET 通信程序编写：两台 S7-1200 PLC 进行 PROFINET 通信，一台作为 IO 控制器，一台作为 IO 设备。IO 控制器将 IO 设备 QB100 中的数据读取到 IB100 中，将 QB100 中的数据写到 IB100 中。

12-22 S7 通信程序编写：两台 S7-1200 PLC 进行 S7 通信，一台作为客户端，一台作为服务器。客户端读取服务器 MW100~MW104 中的数据到客户端的 DB10. DBW0~DB10. DBW4 中；客户端将 DB10. DBW6~DB10. DBW10 的数据写到服务器的 MW200 到 MW204 中。

12-23 Modbus TCP 通信程序编写：两台 S7-1200 PLC 进行 Modbus TCP 通信，一台作为客户端，一台作为服务器。客户端将 DB10. DBW0 ~ DB10. DBW4 的数据写到服务器的 DB100. DBW0~DB100. DBW4 中。

12-24 什么是异步通信？什么是同步通信？

参 考 文 献

[1] 廖常初. S7-1200 PLC 编程及应用 [M]. 4 版. 北京：机械工业出版社，2021.
[2] 陈建明，王成凤. 电气控制与 PLC 应用：基于 S7-1200 PLC [M]. 3 版. 北京：电子工业出版社，2020.
[3] 王淑芳. 电气控制与 S7-1200 PLC 应用技术 [M]. 北京：机械工业出版社，2016.
[4] 叶建雄，贾昊，张朝兰. 电气控制与 PLC 应用技术 [M]. 成都：电子科技大学出版社，2019.
[5] 王明武. 电气控制与 S7-1200 PLC 应用技术 [M]. 2 版. 北京：机械工业出版社，2022.
[6] 郑萍. 现代电气控制技术 [M]. 重庆：重庆大学出版社，2001.
[7] 任胜杰. 电气控制与 PLC 系统 [M]. 北京：机械工业出版社，2013.
[8] 刘华波，马艳，何文雪，等. 西门子 S7-1200 PLC 编程与应用 [M]. 2 版. 北京：机械工业出版社，2020.
[9] 吴繁红. 西门子 S7-1200 PLC 应用技术项目教程 [M]. 北京：电子工业出版社，2017.
[10] 芮庆忠，黄诚. 西门子 S7-1200 PLC 编程及应用 [M]. 北京：电子工业出版社，2020.